U0359459

普通高等教育“十三五”规划教材

# 电工电子技术

## 电 工 部 分

主 编 田 宏

副主编 武丽英 杨 丽 郭 怡

中国水利水电出版社

www.waterpub.com.cn

·北京·

## 内 容 提 要

"电工电子技术"是高等学校电类专业必须掌握的一门专业基础课程，其概念多，原理较抽象。根据高职院校"电工电子技术"课程的特点，本教材为理实一体化教材，理论结合于实训项目中，故全书主要内容以典型任务形式呈现。

本教材分为《电工电子技术 电工部分》《电工电子技术 电子部分》两册，共23个任务。其中《电工电子技术 电工部分》包括11个任务：电工电子一体化工作室制度，常用电工工具的识别及接线练习，万用表的使用及电阻的辨识和测量，电路基本定律，简单照明电路，室内简单照明电路，多地控制电路，综合照明电路，三相交流电路电压、电流的测量，电能的测量，功率因数的提高。

本教材可作为高等职业院校、高等专科学校、民办高等院校和成人高校的电气、电子、通信、计算机、自动化和机电专业"电工电子技术"等课程的理论和实训教材，也可供从事上述专业方向的操作工种和初学人员参考。

图书在版编目（CIP）数据

电工电子技术. 电工部分 / 田宏主编. -- 北京 : 中国水利水电出版社, 2019.9
普通高等教育"十三五"规划教材
ISBN 978-7-5170-8042-8

Ⅰ. ①电… Ⅱ. ①田… Ⅲ. ①电工技术－高等学校－教材 Ⅳ. ①TM②TN

中国版本图书馆CIP数据核字(2019)第200836号

| | |
|---|---|
| 书　　名 | 普通高等教育"十三五"规划教材<br>**电工电子技术　电工部分**<br>DIANGONG DIANZI JISHU　DIANGONG BUFEN |
| 作　　者 | 主　编　田　宏<br>副主编　武丽英　杨　丽　郭　怡 |
| 出版发行 | 中国水利水电出版社<br>（北京市海淀区玉渊潭南路1号D座　100038）<br>网址：www.waterpub.com.cn<br>E-mail：sales@waterpub.com.cn<br>电话：(010) 68367658（营销中心） |
| 经　　售 | 北京科水图书销售中心（零售）<br>电话：(010) 88383994、63202643、68545874<br>全国各地新华书店和相关出版物销售网点 |
| 排　　版 | 中国水利水电出版社微机排版中心 |
| 印　　刷 | 北京瑞斯通印务发展有限公司 |
| 规　　格 | 184mm×260mm　16开本　20.25印张（总）　518千字（总） |
| 版　　次 | 2019年9月第1版　2019年9月第1次印刷 |
| 印　　数 | 0001—2000册 |
| 总 定 价 | **52.00**元（共2册） |

凡购买我社图书，如有缺页、倒页、脱页的，本社营销中心负责调换

**版权所有·侵权必究**

# 前言

“电工电子技术”课程是电类专业，如电气自动化、机电一体化、检测技术及应用、计算机应用技术等专业必不可少的一门专业基础课，而且也可作为其他专业，如冶金、化工、机械等专业必修的一门课程。因此，本课程进行理实一体化的教学改革，是职业教育发展的必然趋势。

目前，教育部大力提倡在高职高专的教学中采用理实一体化教学模式，全程构建素质和技能培养框架，丰富课堂教学和实践教学环节，提高教学质量。在学院大力开展理实一体化教学模式的形势下，本教材将理论教学和实践教学融为一体，突破了传统理论与实践分割的教学模式。本教材力求重点在教学方法和教学内容上对学生的理论知识和实践能力，特别是操作能力进行培养。本教材主要内容涉及电工及电子的基本理论、操作、分析、设计及施工等多方面。

本教材为《电工电子技术》理实一体化课程教材，分为《电工电子技术 电工部分》《电工电子技术 电子部分》2册。本教材以典型任务形式呈现，难易程度适中，内容以现场实际应用操作为主。电工部分主要内容有：电工电子一体化工作室制度，常用电工工具的识别及接线练习，万用表的使用及电阻的辨识和测量，电路基本定律，简单照明电路，室内简单照明电路，多地控制电路，综合照明电路，三相交流电路电压、电流的测量，电能的测量，功率因数的提高等。电子部分主要内容有：信号发生器和示波器的使用、直流稳压电源、单管放大电路、发光闪烁器装调、小功率放大器、逻辑电平检测电路——数字逻辑笔、表决器的制作、8路抢答器的制作、流水灯的制作、单键触发照明灯装调、变音门铃装调和电子钟的制作等。

由于课程内容安排的原因，本教材篇幅不多，并未将交流电机控制线路的安装调试维修、直流电机控制线路的安装调试维修、机床电气线路的安装调试与维修的内容编写在内，上述内容有后续课程教学。在内容编写组织上，本教材主要是为了增强对学生动手能力和专业技能的培养，并拓宽学生的实际操作知识，提高就业适应性；同时考虑到教师授课的条理性、学生自学及扩展讨论研究的可行性，突出强调理实一体化教学的特点，将理论和实践充分结合，通过设定教学任务和教学目标，让师生双方边教、边学、边做，全程构建素质和技能培养框架，丰富课堂理论教学和实践教学环节，提高教学质量。

经过三年的理实一体化教学实践，参与一体化教学探索和实践的教师在对实施理实一体化教学的认识态度上发生转变，从彷徨、观望转变为积极配合并主动参与探索、实践；学生也由过去厌倦重理论教学模式、被动学习转变为积极、主动学习，很大程度上提高了学习兴趣。事实证明，理实一体化教学是当前我国职业教育中行之有效的一种教学模式，我们在未来的教学中将继续探索、创新。

本课程教学学时可针对不同专业需求，安排为90～170学时，如学院实验实训设备条件较好，可增加实训学时或可安排实训科目。全书的学习内容分为熟、知、会三个层次：第一层次指大部分内容的基础知识及现场实际操作方法，应达到熟练掌握的程度；第二层次指现场故障排除的技能，要求掌握；第三层次要求了解实际电路设计的方法。

本教材由田宏担任主编，武丽英、杨丽、郭怡担任副主编，部分老师参编。其中电工部分任务一～任务四由赵芳编写，任务五～任务八由郭怡编写，任务九～任务十一由田宏编写；电子部分任务一、任务三、任务九由杨丽编写，任务二由张瑞芳、李颖共同编写，任务四由张瑞芳编写，任务五由李颖编写，任务六由田琳编写，任务七由闫闯编写，任务八由武丽英编写，任务十由王薇编写，任务十一由李秀英编写，任务十二由武丽英、刘丽霞共同编写。田宏、武丽英对全书进行审核。

由于编者水平有限，加之编写时间仓促，书中难免有错漏及不足之处，恳请广大读者提出宝贵意见，批评指正。

本教材在编写过程中，参考和引用了相关文献资料，在此特向其作者表示由衷的感谢！

**编者**

2019年5月

# 目录

前言

# 任务一　电工电子一体化工作室制度

## 一、任务描述

本次任务将介绍电工技能工作室的使用，包括工作室的电源操作、学生角色分组及岗位职责、任务计划的实施与决策、物料与工具的领取、典型工作任务的开展、违规操作与处理、清洁整顿等内容，让同学们能够快速熟悉和顺利使用一体化电工技能工作室，完成课程任务。

## 二、任务要求

(1) 熟悉电工电子一体化工作室的布局及工作区分布。

(2) 能够认识电工技能工作岛、电子技能工作岛。

(3) 能够使用电工技能工作岛。

(4) 熟悉一体化课程制度，按要求分组、分工。

(5) 熟悉用电安全知识。

## 三、能力目标

(1) 能够熟练完成电工技能工作岛电源的接通、关断，出现紧急情况时使用和恢复“急停”按钮，选择不同参数电源等操作。

(2) 按课程要求分组，选出组长、领料员，组长提供组员名单。

(3) 牢记用电安全常识，正确、安全用电，完成后续任务。

## 四、相关理论知识

1. 电工电子一体化工作室

根据制造型企业现场管理及布局原则，一体化教学将学校实训室改造成为工学结合一体化的教学工作室，由示教区、资讯区、工作区、讨论区、物料管理间（领料区、回收区）和消防及清洁区等功能区域组成。

(1) 示教区。示教区是教师授课演示区域，由 SX - CSET - JD 通用多媒体主控台构成。教师可采用屏幕和黑板授课两种方式。结合理论课堂情况，教师在此区域进行理论知识讲解。

(2) 资讯区。该区域主要提供网络资讯查询配置，在工学结合一体化教学中，学生需要充分发挥自主学习精神，通过工作页的指引，熟练运用各种资讯查询和搜索手段，逐步形成自行解决问题的习惯和方法。

(3) 工作区。工作区分别配备 SX - CSET - JD01 电工技能工作岛和 SX - CSET - JD02 电子技能工作岛，模拟工厂实际情况，进行工厂机电操作教学模拟。

(4) 讨论区。当一体化教学深入开展后，在教学任务执行的过程中，可在讨论区进行项目计划与规划、实施方案、人员分工、进度制作、调试方式等具体实施情况的讨论与分析，模拟企业实际生产过程中的产前任务分析及生产过程中的变更集体讨论，充分锻炼团队意识。

(5) 物料管理间。该区域相当于制造企业中的原料仓库。任何一个制造性质的行业都离不开原料仓，因此在一体化教学开展的过程中，工作任务所需要的元器件、耗材、工具等部件，学生需要按照企业做法自行制作清单，再到物料管理间领取这些部件。整个过程按照企业通用流程完成，并且这个流程是培训的一部分，学生在完成任务的同时体验企业管理。

（6）消防及清洁区。消防器材（干粉灭火器）放置于工作室，如工作室出现火灾事故，教师与学生能够冷静果断的利用现场消防设施，抵御火灾事故，保障人员生命安全，降低火灾损失。清洁工具置于实训室后部，并实现定位、定职、定责管理。

2. SX－CSET－JD01 电工技能工作岛的使用

（1）电工技能工作岛的组成。

电工技能工作岛如图 1－1 所示。

图 1－1　电工技能工作岛

①—六工位工作台；②—实训屏；③—典型任务模型；④—模型旋转台；⑤—网孔板拉手；⑥—梯型网孔板；⑦—配电箱；⑧—储存柜

（2）实训屏电源控制面板。实训屏电源控制面板由电源控制开关、三相隔离电源输出、控制变压器输出和开关电源输出等部分构成，如图 1－2 所示。

该技能工作岛实训屏为 6 面，分别对应 6 个工位。每个工位对应的面可提供 380V、220V、110V、24V、6.3V 交流电源及 24V 直流电源。每组电源都经隔离变压器输出。每个工位的电源由该工位的电源控制板控制通断。

（3）电源输出。实训屏面板上的“电源控制”区有“总电源”指示灯、“急停”按钮、“电源开”［图 1－3（a）］和“电源关”薄膜开关［图 1－3（b）］。当工作岛通电后，实训屏“电源控制”区“总电源”指示灯亮，“电源关”薄膜开关红色指示灯亮，“电源开”薄膜开关绿色指示灯灭。

（4）万能网孔板的使用。配合固定胶粒，安装固定元器件。安装器件前可提拉网孔板拉

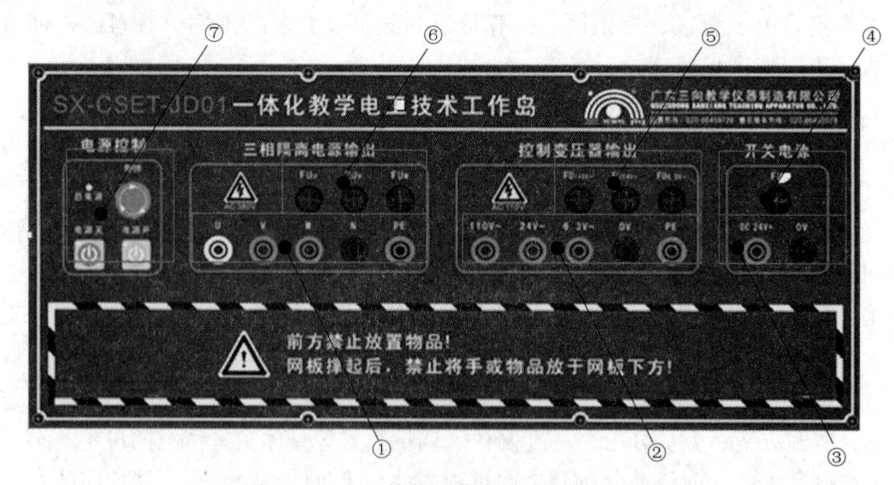


图 1－2　电工技能工作岛实训屏面板图解

①—三相隔离电源；②—控制变压器电源；③—开关电源；④—开关电源保险；⑤—控制变压器电源保险；⑥—三相隔离电源保险；⑦—实训屏面板电源控制

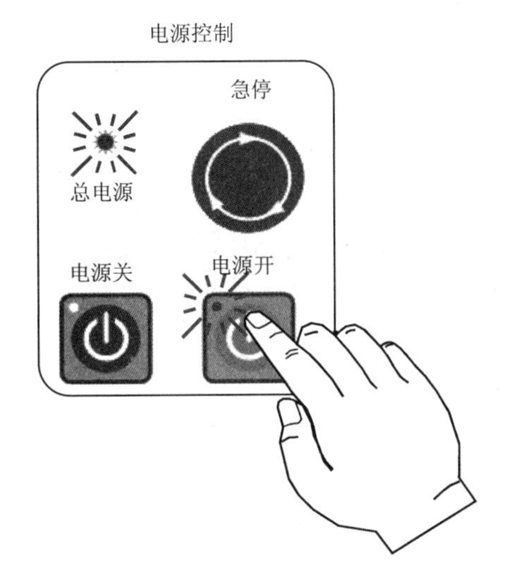


（a）“电源开”薄膜开关

（b）“电源关”薄膜开关

图 1-3 实训屏电源开、关操作

手，拉起角度与梯形网孔板上边不得高过实训屏面板警示框的上边框，否则将会损坏设备。拉起后支好网孔板支撑架，即可在斜面上安装器件工作。在网孔板上安装器件效果如图 1-4 所示。

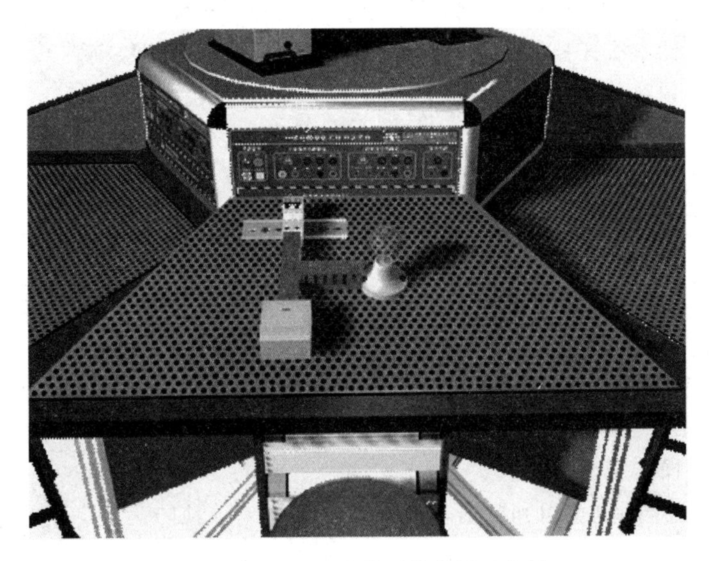

图 1-4 网孔板安装器件效果示意图

3. 学生角色分组及岗位职责

在一体化教学过程中必须严格进行学生角色分组，使大家都能明确自己的岗位职责与分工，团结协作地完成每一项实训工作任务。一体化教学中学生分项目组长、领料员和组员三个角色。各角色的分工如下：

（1）项目组长：任务分析、设备管理、清单审核。

1）教师下达任务于各组后，各组项目组长首先要对本次任务进行分析，包括如何去实施、分工和执行等。

2）项目组长要对本组及工作室工具、器械、设备进行管理和相互监督，发现不安全操作及违规操作者及时对其进行纠正。

3）本次任务所需物料由领料员统计后，项目组长进行审核签字。

（2）领料员：领取与归还物料及工具。

1）领料员主要负责对本组工作所需的工具、物料等做好清单，由本组项目组长审核、签字后，交于任课教师进行物料领取，并将领料清单留于物料间。

2）归还物料及工具时，物料员核对物料及数量，交给任课教师。核实无误后，取回领料清单。

3）如发现有损坏丢失的物料，视情况组织小组或个人进行赔偿。

（3）组员：执行工作任务。

1）配合项目组长对任务的实施执行，操作中发现问题及时反馈于项目组长，由项目组长分析后给予明确指导。

2）在操作中发现不合格产品及时报告组长，避免不必要的时间浪费以及物料浪费。

3）任务工作质量评估、组员结果互评、结论总结。

4. 任务项目实施开展

实施步骤：下达任务→分析任务→编制清单→审核清单→领取物料→实施任务→检查调试→评估任务→总结分析→归还物料→清洁整顿。

（1）教师下达任务于各组后，各组项目组长首先要对本次任务进行分析。

（2）领料员统计本次任务所需物料后，由项目组长进行审核签字。

（3）领料员将领料单交予授课老师并领取本组所需物料。

（4）工作任务的实施由组员、组长、领料员一起完成。

（5）组长跟组员进行产品调试，完成后组员相互检验。

（6）组员互检后，示意授课教师检验本次任务的实施情况。

（7）工作任务完成后，各组组长、组员、教师一同分析本次任务。

（8）本次工作任务结束后，对物料进行整理。不用的器具仪表、剩余材料，由领料员统计归还物料间。

（9）组长组织组员对实训室区域、设备进行清洁整顿。

5. 违规操作与处理

（1）电气设备操作安全常识。

1）自觉提高安全用电意识和觉悟，坚持“安全第一，预防为主”的思想，确保生命和财产安全。

2）要熟悉自己工作室空气断路器（俗称总闸）的位置。一旦发生火灾触电或其他电气事故时，应第一时间切断电源，避免造成更大的财产损失和人身伤亡事故。

3）没有经过教师允许不能私拉私接电线，不能私自加装使用大功率或不符合国家安全标准的电器设备。

4）若设备内部出现冒烟、拉弧、有焦味等不正常现象，应立即切断设备的电源，并通知上级进行检修，避免扩大故障范围和发生触电事故。

5）在工作室使用金属工具或操作电气试验时，要做好绝缘处理并检查绝缘部分是否完整，避免因电气的绝缘变差而发生触电事故。

6）确保电气设备散热良好，不能在其周围堆放易燃易爆物品及杂物，防止因散热不良而损坏设备或引起火灾。

7）珍惜电力资源，养成安全用电和节约用电的良好习惯，当使用者要长时间离开或不使用器具（特别是电热器具）时，要在确保切断电源的情况下才能离开。

8）在使用电热器具时更要注意安全，如使用电烙铁时不得将烙铁头的焊锡乱甩，以免发生对他人、设备的损害。

9）带有机械传动的电器、电气设备，必须装护盖、防护罩或防护栅栏进行保护才能使用；不能将手或身体伸入运行中的设备机械传动位置；对设备进行清洁时，须确保切断电源、机械停止工作并确认安全才能进行，防止发生人身伤亡事故。

（2）预防电气火灾事故的发生及火灾后及时进行处理。首先，在安装电气设备的时候，必须保证质量，并应满足安全防火的各项要求。要用合格的电气设备，破损的开关、灯头和破损的电线都不能使用，电线的接头要按规定连接法牢靠连接，并用绝缘胶带包好。对接线桩头、端子的接线要拧紧螺丝，防止因接线松动造成的接触不良。安装好设备并不意味着可以一劳永逸，在使用过程中，如发现灯头、插座接线松动（特别是移动电器插头接线）、接触不良或有过热现象，要及时处理。其次，不要在低压线路和开关、插座、熔断器附近放置油类、棉花、木屑、木材等易燃物品。要特别重视电气火灾的前兆，电线过热会烧焦绝缘外皮，散发出一种烧胶皮、烧塑料的难闻气味，当闻到此气味时，应首先想到可能是电气方面原因引起的，如查不到其他原因，应立即拉闸停电，直到查明原因，妥善处理后，才能合闸送电。

万一发生了火灾，不管是否是电气方面引起的，首先要想办法迅速切断火灾范围内的电源。因为，如果火灾是电气方面引起的，切断了电源，也就切断了起火的火源；如果火灾不是电气方面引起的，若不切断电源，会烧坏电线的绝缘，造成碰线短路，引起更大范围的电线着火。发生电气火灾后，应使用盖土、盖沙或灭火器灭火，但决不能使用泡沫灭火器或用水进行灭火；此类灭火剂是导电的。

（3）电工技能岛电气违规操作与处理。如在开展工作任务时有电源断路、电器元器件冒烟现象，操作人员应立即按下该实训屏“电源控制”区的“急停”开关，组长应立即拉下该工作岛配电箱的总电源开关，如图1－5和图1－6所示。

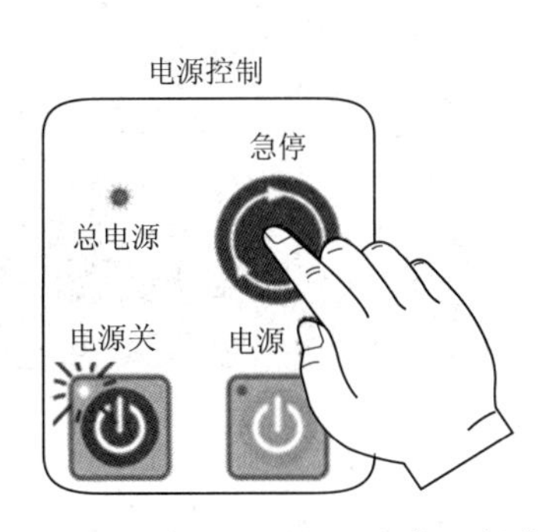


图1－5　实训屏电源“急停”操作

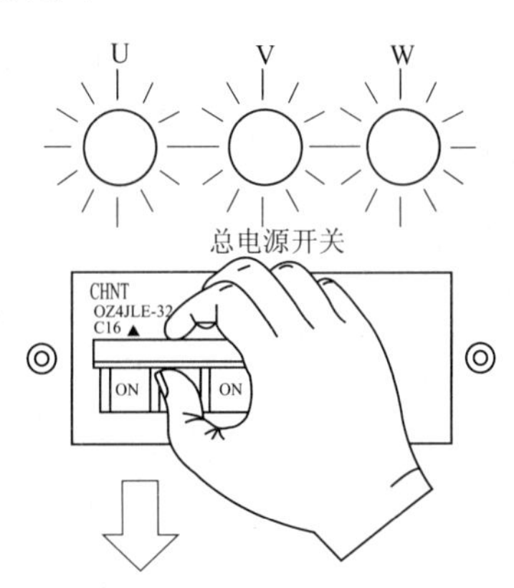


图1－6　工作岛配电箱总电源开关操作

(4) 干粉灭火器的使用方法。如电器设备发生燃烧，应第一时间组织学员离开现场，部分应急人员迅速地从消防区中提起灭火器，进行灭火工作，并依事态发展与处理结果进行上报。灭火器的使用如图 1-7 所示。

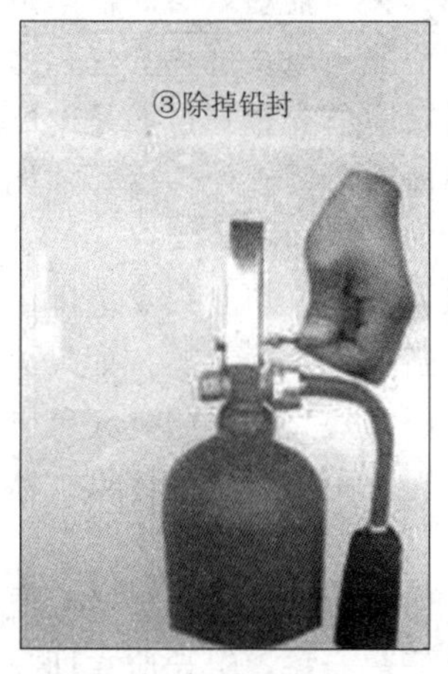


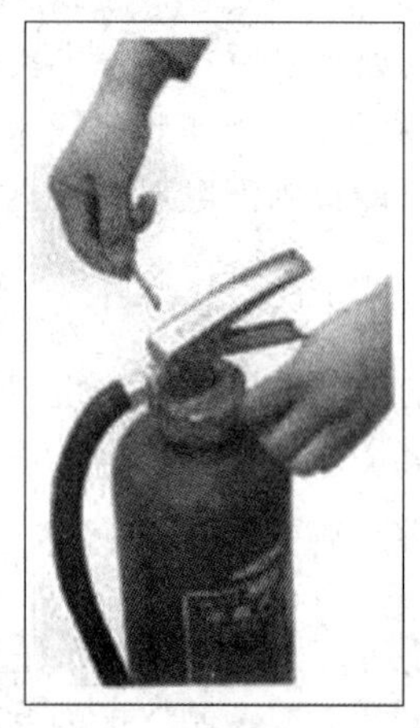

图 1-7 灭火器的使用

(5) 安全用电。进入工作室上课，学生必须统一穿实训服，禁止随意着装。电工电子一体化工作室安全用电注意事项如图 1-8～图 1-15 所示。

图1-8　要有防范意识

图1-9　要对设备进行定期检修

图1-10　电动工具使用前要进行检查

图1-11　要对不安全操作进行监督纠正

图1-12　要对损伤器具设备先进行处理

图1-13　操作不当触电后先切断电源

6. 清洁整理

清洁区有垃圾箱、耗材回收桶、清洁工具等。工作任务全部结束后，离开工作室前，组长安排值日生进行整理和卫生清扫。注意事项如下：

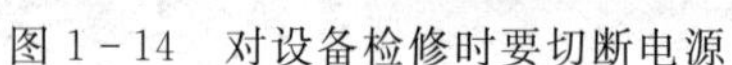
图 1-14 对设备检修时要切断电源

图 1-15 电气火灾后要选专用灭火材料

（1）把要与不要的东西分开，再将不需要的物料或产品物加以处理。用剩的物料、多余的半成品、切下的料头、切屑、垃圾、废品、多余的工具、报废的设备、与工作无关的个人生活用品等，要坚决清理出生产现场。工作室里各个工位或设备的前后、通道左右、工具箱内外以及工作室各个死角，都要彻底搜寻和清理，做到现场无不用之物。

（2）将需要留下的物品进行科学合理的布置和摆放，以便用最快的速度取得所需之物，在最有效的规章、制度和最简捷的流程下完成作业。

（3）把工作场所打扫干净。首先要保持自己工作岗位干净整洁，自己使用的物品，如设备、工具等，要自己清扫，不要依赖他人。

（4）必须认真维护，使现场保持最佳状态，从而消除发生安全事故的根源，创造良好的学习与工作环境。

## 五、任务总结

1. 本次任务用到了哪些知识？
2. 你从本次任务中获得了哪些经验？
3. 任务实施中，你遇到了哪些问题？是如何解决的？

## 六、思考与练习

1. 通过练习，熟练掌握电工技能工作岛控制面板的具体操作和安全维护。
2. 如何预防和及时处理电气火灾事故？

# 任务二　常用电工工具的识别及接线练习

## 一、任务描述

在此项工作任务中，学生必须掌握电工工具的选择、使用及现场常用的接线方式，根据要求完成各种导线绝缘层的剖削、连接与恢复。

学生接到本任务后，应根据任务要求，准备工具和仪器仪表，做好工作现场准备，施工时严格遵守作业规范，测量完毕后进行数据自检并交由指导老师检查。按照现场管理规范清理场地、归置物品。

## 二、任务要求

（1）能识别常用电工工具。

（2）掌握并正确使用常用电工工具。

（3）能对教师指定导线进行绝缘层的剖削。

（4）掌握单股、多股导线的连接。

（5）掌握对各种导线连接头的绝缘层恢复。

## 三、能力目标

（1）能够识别常用电工工具；能够针对不同的工作情况正确选择和使用电工工具。

（2）能完成对各种导线绝缘层的剖削；掌握各种导线的连接方法；掌握对各种导线连接头绝缘层的恢复。

（3）各小组发挥团队合作精神，学会对项目的步骤、实施过程和成果进行评估。

## 四、相关理论知识

### （一）常用电工工具

1. 测电笔

测电笔简称电笔，是用来检查低压导电设备外壳是否带电的辅助安全工具。电笔又分螺丝刀式电笔和钢笔式电笔两种，由笔尖、电阻、氖管、弹簧和笔身组成。弹簧与后端外部的金属部分相接触，使用时手应触及后端金属部分。其结构如图 2－1 所示。工作室所使用的为数字电笔，如图 2－2 所示。

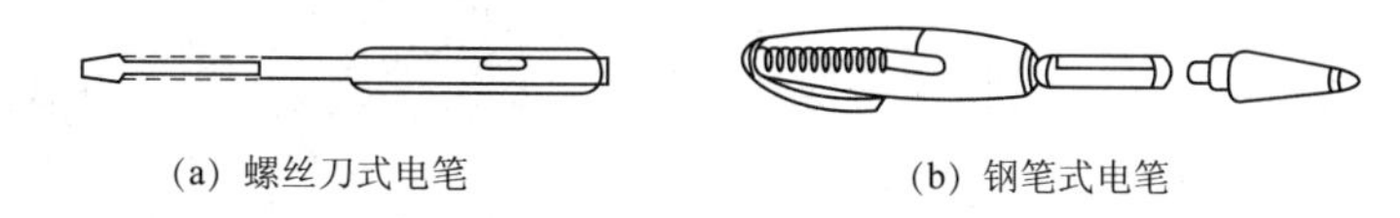

(a) 螺丝刀式电笔　　(b) 钢笔式电笔

图 2－1　测电笔

（1）电笔的工作原理。当用电笔测试带电体时，带电体经电笔、人体与大地形成了通电回路，只要带电体与大地之间的电位差超过一定的数值，电笔中的氖泡就能发出红色的辉光。

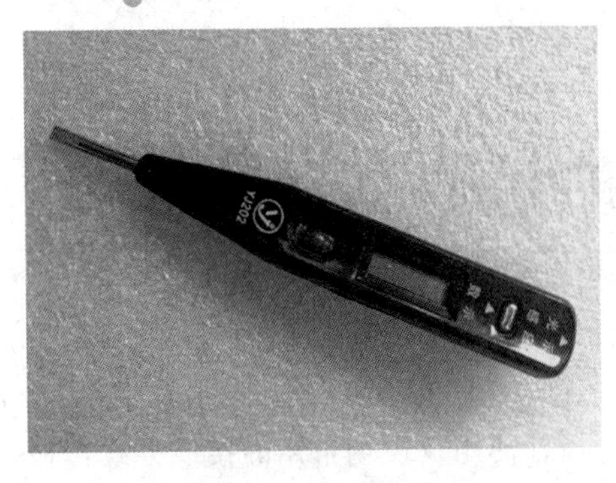

图 2-2 数字电笔

(2) 使用注意事项。

1) 测试带电体前，一定先要测试已知有电的电源，以检查电笔中的氖泡能否正常发光。

2) 在明亮的光线下测试时，往往不易看清氖泡的辉光，应当避光检测。

3) 电笔的金属探头多制成螺丝刀形状，它只能承受很小的扭矩，使用时应特别注意，以防损坏。

2. 螺丝刀

螺丝刀又称起子或旋具。它的种类很多，按头部形状不同，可分为一字形螺丝刀和十字形螺丝刀两种，以配合不同槽型的螺钉使用，如图 2-3 所示；按柄部材料不同，可分为木柄螺丝刀和塑料柄螺丝刀两种，其中塑料柄螺丝刀具有较好的绝缘性能，适合电工使用。

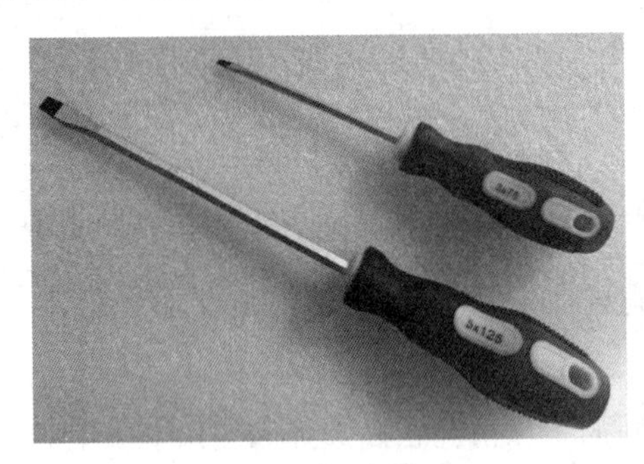

(a) 一字形螺丝刀

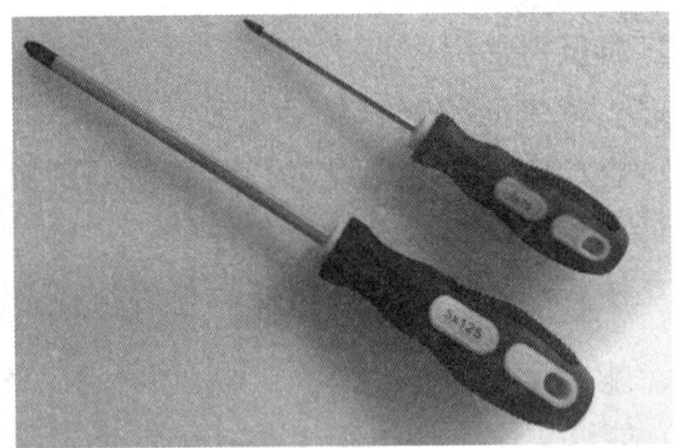

(b) 十字形螺丝刀

图 2-3 螺丝刀

(1) 一字形螺丝刀。一字形螺丝刀用来紧固或拆卸一字槽的螺钉和木螺钉，其柄部材料有木柄和塑料柄两种。它的规格用柄部以外的刀体长度表示，常用的规格有 100mm、150mm、200mm、300mm 和 400mm 等。

(2) 十字形螺丝刀。十字形螺丝刀用于紧固或拆卸十字槽的螺钉和木螺钉，其柄部材料有木柄和塑料柄两种。它的规格用刀体长和十字槽规格表示，十字槽规格有 4 种：Ⅰ号适用的螺钉直径为 2～2.5mm，Ⅱ号为 3～5mm，Ⅲ号为 6～8mm，Ⅳ号为 10～12mm。

3. 钢丝钳

钢丝钳是钳夹和剪切工具，由钳头和钳柄两部分组成。它的功能较多，钳口用来弯铰或钳夹导线线头，齿口用来旋紧或起松螺母，刀口用来剪切导线或剖切导线绝缘层，侧口用来铡切电线线芯和钢丝、铝丝等较硬的金属。常用的钢丝钳规格有 150mm、175mm、200mm 三种。电工所用的钢丝钳，在钳柄上应套有耐压为 500V 以上的绝缘管。钢丝钳如图 2-4 所示。

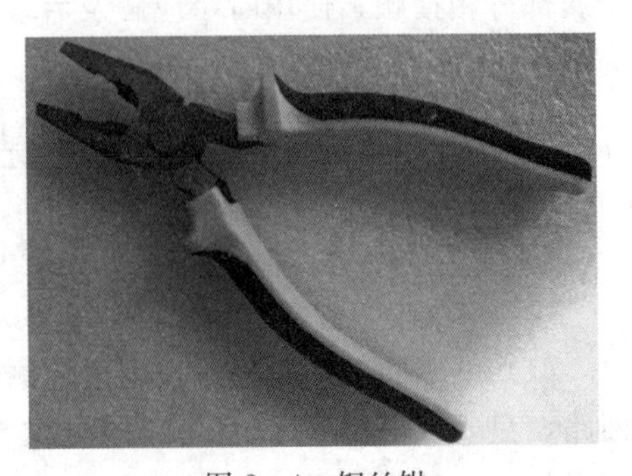

图 2-4 钢丝钳

4. 尖嘴钳

尖嘴钳的头部尖细，适用于在狭小的工作空间操作。带有刃口的尖嘴钳能剪断细小金属丝，有绝缘柄的尖嘴钳工作电压为 500V。其规格以全长表示，有 130mm、160mm、180mm 和 200mm 4 种。尖嘴钳如图 2－5 所示。

5. 斜口钳

斜口钳的刀口可用来剖切软电线的橡皮或塑料绝缘层。钳子的刀口也可用来切剪电线、铁丝。电工常用的有 150mm、175mm、200mm 及 250mm 等多种规格。铡口也可以用来切断电线、钢丝等较硬的金属线。斜口钳不宜剪切 2.5mm$^2$ 以上的单股铜线和铁丝。斜口钳如图 2－6 所示。

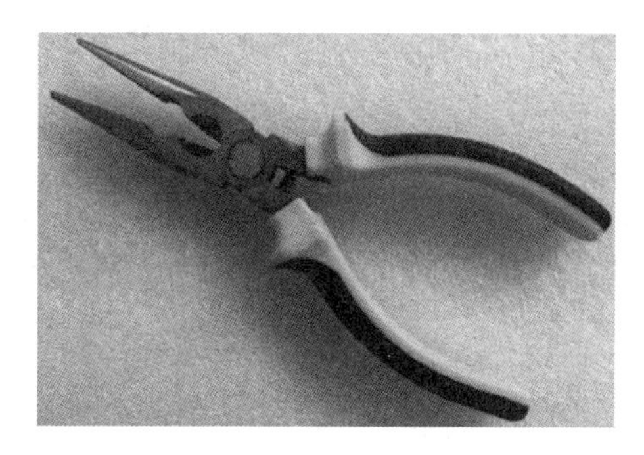
图 2－5　尖嘴钳

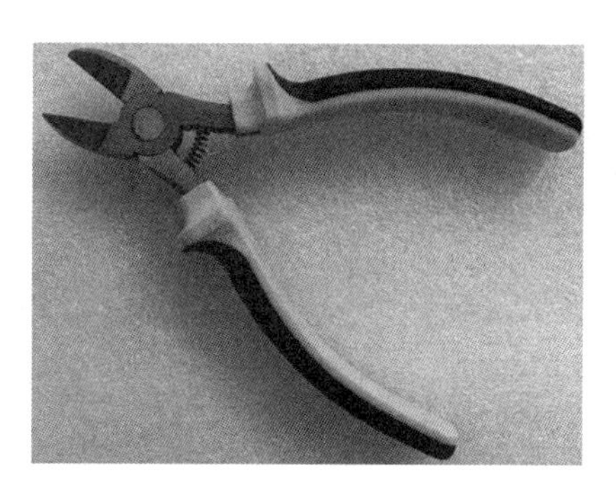
图 2－6　斜口钳

6. 剥线钳

剥线钳用于剥削 6 mm 以下电线端部塑料或橡胶线。它由钳头和手柄两部分组成。钳头部分由压线口和切口组成，分有直径为 0.5～3 mm 的多个切口，以适应不同规格的线芯。使用时，电线必须放在大于其线芯直径的切口上进行剥线，否则会切伤线芯。剥线钳如图 2－7所示。

7. 压线钳

电线压线钳是用来压制水晶头的一种工具。压线钳一般指驳线钳，常见的电话线接头和网线接头都是用压线钳压制而成的。它可以完成剪线、剥线和压线三种任务。压线钳的第一个刃口是用来剥皮的，第二个是用来剪断的，没有一点空隙。中间“凸”字形状的空间是用来压线的。压线钳如图 2－8 所示。

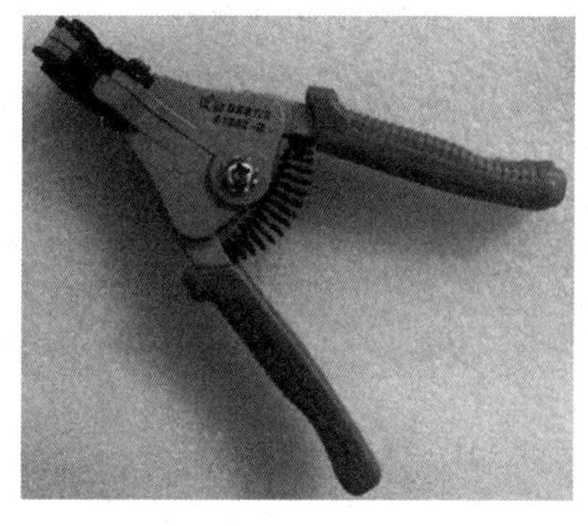

图 2－7　剥线钳

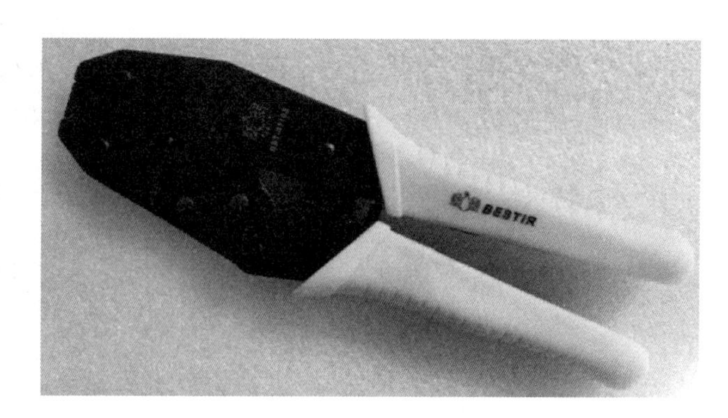

图 2－8　压线钳

8. 电工刀

电工刀用于剖削和切割电线绝缘、绳索、木桩及软性金属。使用时，刀口应向外剖削，用毕后，应随时将刀身折进刀柄。这里需提及的一点是，电工刀的刀柄不是用绝缘材料制成的，所以不能在带电导线或器材上剖削，以防触电。电工刀按刀片长度分为大号（112mm）和小号（88 mm）两种规格。电工刀如图 2－9 所示。

9. 活络扳手

活络扳手又称活络扳头，它由头部和柄部组成。头部由呆扳唇、活络扳口、蜗轮和轴销构成。旋动蜗轮可以调节扳口大小。活络扳手常用的规格有 150mm、200mm 和 300mm 等，按照螺母大小选用适当规格。活络扳手如图 2－10 所示。

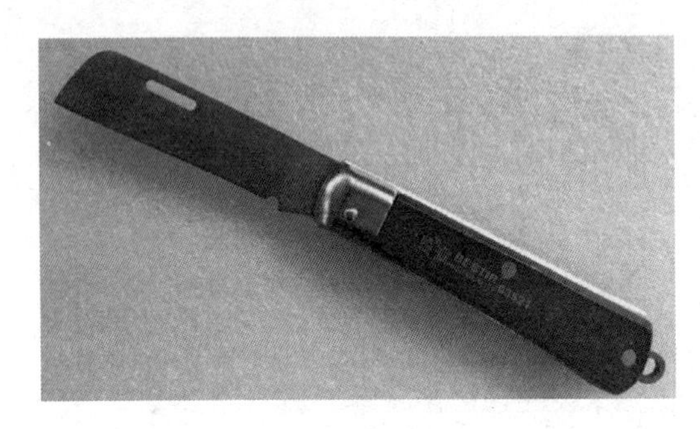

图 2－9　电工刀

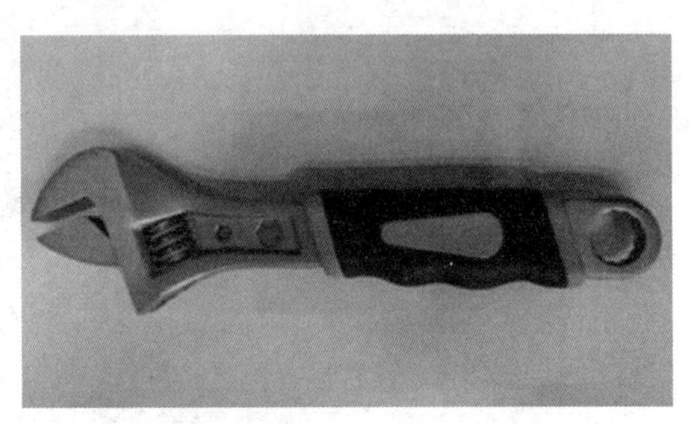

图 2－10　活络扳手

10. 内六角扳手

内六角扳手也称为艾伦扳手，简单而且轻巧通过扭矩施加对螺丝的作用力，大大降低了使用者的用力强度。内六角螺丝与扳手之间有 6 个接触面，受力充分且不容易损坏。扳手的两端都可以使用，可以用来拧深孔中螺丝，也可以用来拧非常小的螺丝。内六角扳手如图 2－11 所示。

11. 电烙铁

电烙铁是电子制作和电器维修的必备工具，主要用途是焊接元件及导线，按机械结构可分为内热式电烙铁和外热式电烙铁。外热式电烙铁的规格很多，常用的有 25W、45W、75W、100W 等。功率越大烙铁头的温度也就越高。常见的电烙铁普通内热和无铅长寿命内热电烙铁，功率有 20W、25W、35W、50W 等，其中 35W、50W 是最常用的。电烙铁如图 2－12 所示。

图 2－11　内六角扳手

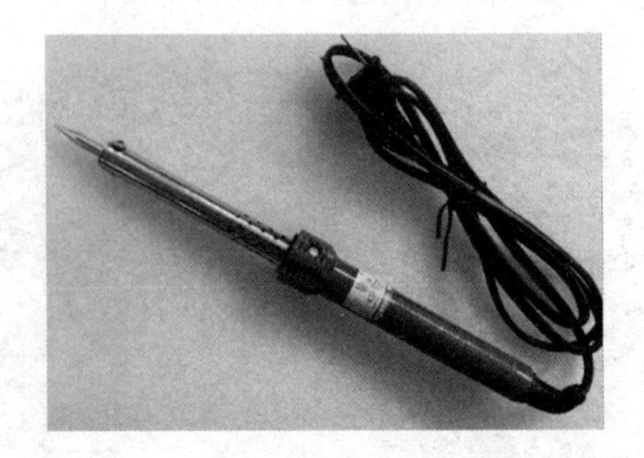

图 2－12　电烙铁

12. 吸锡器

吸锡器是一种修理电器用的工具，收集拆卸焊盘电子元件时融化的焊锡，有手动、电动两种。大部分吸锡器为活塞式。根据元器件引脚的粗细，可选用不同规格的吸锡头。标准吸锡头内孔直径为 1mm、外径为 2.5mm。若元器件引脚间距较小，应选用内孔直径为 0.8mm、外径为 1.8mm 的吸锡头；若焊点大、引脚粗，可选用内孔直径为 1.5～2.0mm 的吸锡头。吸锡器如图 2－13 所示。

**（二）导线的连接**

1. 电力线绝缘层的剖削

（1）塑料硬线绝缘层的剖削。

1）线芯截面为 $4mm^2$ 及以下的塑料硬线，一般用钢丝钳剖削。具体操作方法为：用左手捏住导线，根据线头所需长度，用钳头刀口轻切塑料层，但不可切入芯线，然后用右手握住钳子头部，用力向外勒去塑料层。右手握住钢丝钳时，用力要适当，避免伤及线芯，如图 2－14 所示。

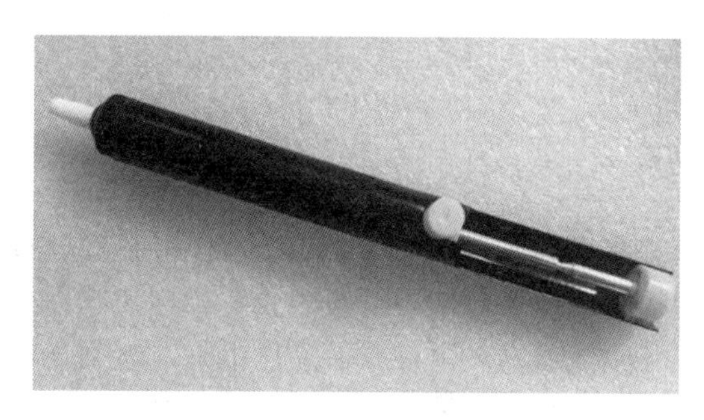

图 2－13　吸锡器

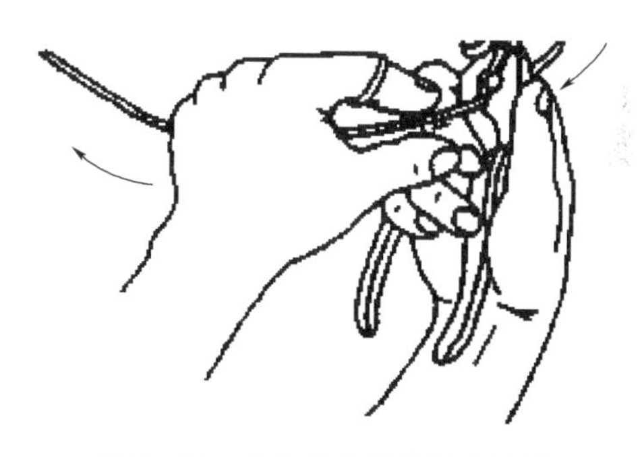

图 2－14　塑料硬线绝缘层的剖削

2）线芯截面大于 $4mm^2$ 的塑料硬线，可用电工刀来剖削绝缘层。具体操作方法为：根据所需的线端长度，用电工刀以 45°倾斜角切入塑料绝缘层，注意掌握刀口位置，使之刚好削透绝缘层而又不伤及线芯，接着刀面与芯线保持 15°角左右，用力向线端推削出一条缺口，然后把未削去的绝缘层剥离线芯，向后扳转，再用电工刀切齐，如图 2－15 所示。

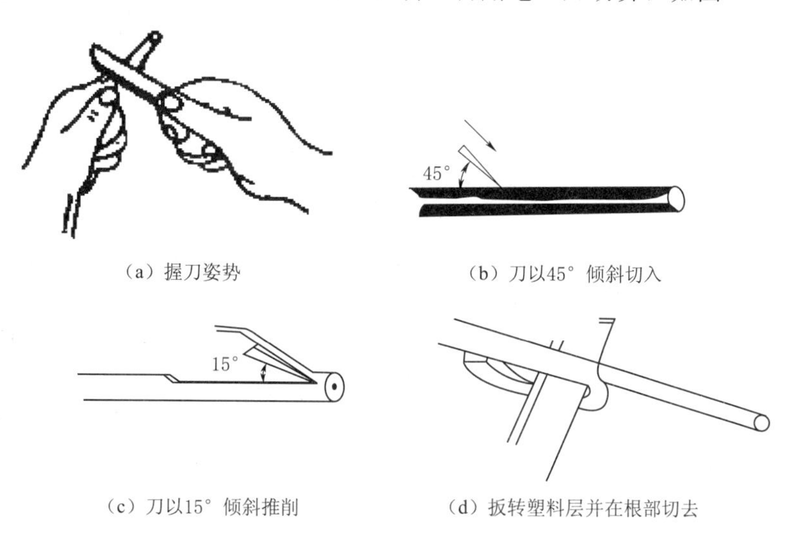


（a）握刀姿势　（b）刀以45°倾斜切入

（c）刀以15°倾斜推削　（d）扳转塑料层并在根部切去

图 2－15　电工刀剖削塑料硬导线绝缘层

（2）塑料软导线绝缘层的剖削。塑料软线的绝缘层只能用剥线钳或钢丝钳来剖削，不可用电工刀剖削。因为塑料软线太软，线芯又是多股的，用电工刀很容易切断线芯。具体方法同剖削芯线截面为 $4mm^2$ 及以下的塑料硬线。

（3）塑料护套导线绝缘层的剖削。塑料护套导线绝缘层分为外层的公共护套层和内部每根芯线的绝缘层。护套层用电工刀来剥离，如图 2-16 所示。根据所需长度用刀尖在线芯缝隙间划开护套层，将护套层向后扳翻，用电工刀齐根切齐。护套层被切去以后，露出每根芯线的绝缘层，其剖削方法与塑料线绝缘层的剖削方法相同，但要求在绝缘层的切口与护套层的切口之间，留有 5～10mm 的距离。

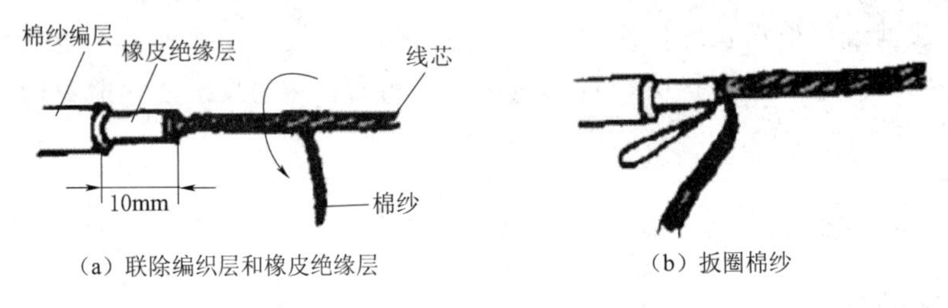


（a）联除编织层和橡皮绝缘层　　（b）扳圈棉纱

图 2-16　塑料护套线绝缘层的剖削

（4）花线绝缘层的剖削。花线的绝缘层分外层和内层，外层是一层柔韧的棉纱编织层。剖削时，在线头所需长度处用电工刀把外层的棉纱编织层切割一圈拉去；距棉纱织物保护层 10mm 处，用钢丝钳刀口切割橡胶绝缘层，不能损伤芯线，然后右手握住钳头，左手把花线用力抽拉，钳口勒出橡胶绝缘层；最后，把露出的棉纱层松散开来，用电工刀割断。

2. 导线的连接

（1）电磁线的连接。

1）直径在 2mm 以下的圆导线的接头，通常是先绞接再钎焊。绞接要均匀，两根线头至少要互绕 10 圈，两端要封口，不可留下毛刺，导线端头的连接方法如图 2-17 所示。绞接完毕后，再进行钎焊，钎焊时要使锡液充分渗入绞接处的缝隙中。

（a）绞线　　（b）固定线头　　（c）套管

图 2-17　导线端头连接方法

2）直径大于 2mm 的圆导线的接头，多用套管套接后再钎焊的方法。套管用镀过锡的薄铜皮卷成，在接缝处留有缝隙，以便注入锡液，套管内径要与线头大小配合好，套管长度一般取导线直径的 8 倍左右，如图 2-17（c）所示。连接时，先把两个去除了绝缘层的线端相对插入套管，使两个线头的端部对接在套管中间位置，然后再进行钎焊，钎焊时要使锡液从套管侧缝充分注入套管内部，充满中间缝隙和套管两端与导线连接处，从而把线头和套管铸成整体。

（2）电力线的连接。

1）铜芯导线的连接。

a. 单股铜芯导线的直接连接。先把两线端 X 形相交，如图 2-18（a）所示；互相绞合 2～3 圈，如图 2-18（b）所示；然后扳直两线端，将每线端在线芯上紧贴并绕 6 圈，如图

2－18（c）、（d）所示。多余的线端剪去，并钳平切口毛刺。

b. 单股铜芯导线的T字分支连接。连接时要把支线芯线头与干线芯线十字相交，使支线芯线根部留出3～5mm；较小截面芯线，环绕成结状，再把支线线头抽紧板直，然后紧密地并缠6～8圈，剪去多余芯线，钳平切口毛刺，如图2－18所示。较大截面的芯线绕成结状后不易平服，可在十字相交后直接并缠8圈，但并缠时必须紧密牢固。

c. 7股铜芯导线的直接连接，按下列步骤进行：①先将剖去绝缘层的芯线头拉直，接着把芯线头全长的1/3根部进一步绞紧，然后把余下的2/3根部的芯线头，分散成伞骨状，并将每股芯线拉直如图2－19（a）所示；②把两导线的伞骨状线头隔股对叉，如图2－19（b）所示，然后捏平两端每股芯线；③先把一端的7股芯线按2股、2股、3股分成三组，接着把第一组芯线扳起，垂直于芯线，如图2－19（c）所示，然后按顺时针方向紧贴并缠两圈，再扳成与芯线平行的直角，如图2－19（d）所示；④按照上一步骤相同方法继续紧缠第二组和第三组芯线，但在后一组芯线扳起时，应把扳起的芯线紧贴前一组芯线已弯成直角的根部，如图2－19（e）、（f）所示。第三组芯线应紧缠三圈。每组多余的芯线端应剪去，并钳平切口毛刺。导线的另一端连接方法相同。

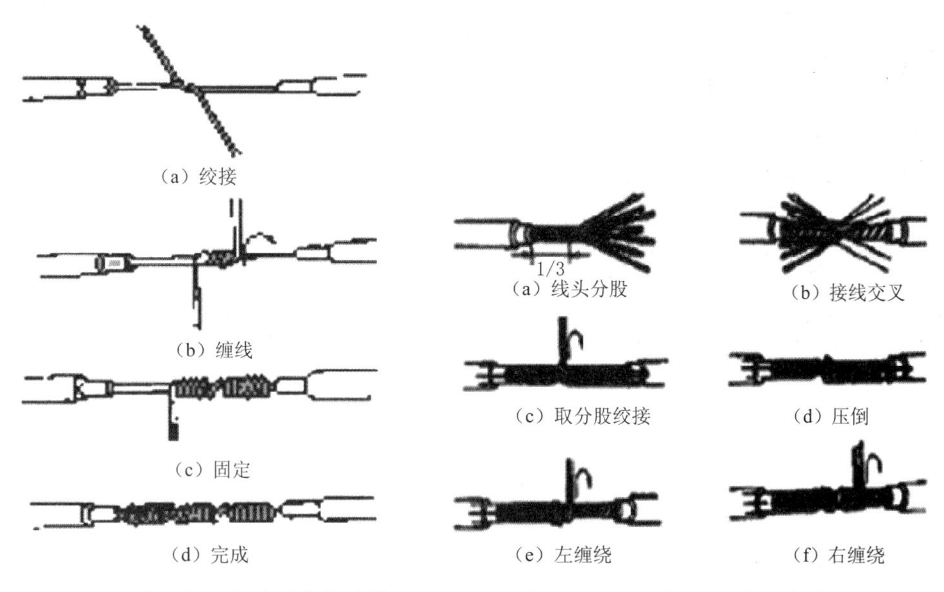


图2－18 单股铜芯导线的直接连接　　图2－19 7股铜芯导线的直接连接

d. 7股铜芯导线的T字分支连接。把分支芯线线头的1/8处根部进一步绞紧，再把7/8处部分的7股芯线分成两组，如图2－20（a）所示；接着把干线芯线用螺丝刀橇分两组，把支线四股芯线的一组插入干线的两组芯线中间，如图2－20（b）所示；然后把三股芯线的一组往干线一边按顺时针紧缠3～4圈，钳平切口，如图2－20（c）所示；另一组四股芯线则按逆时针方向缠绕4～5圈，两端均剪去多余部分，如图2－20（d）所示。

2）铝芯导线的连接。

a. 螺钉压接法连接。该方法适用于负荷较小的单股芯线连接。在线路上可通过开关、灯头和瓷接头上的接线桩螺钉进行连接。连接前必须用钢丝刷除去芯线表面的氧化铝膜，并立即涂上凡士林锌膏粉或中性凡士林，方可进行螺丝压接。作直线连接时，先把每根铝导线

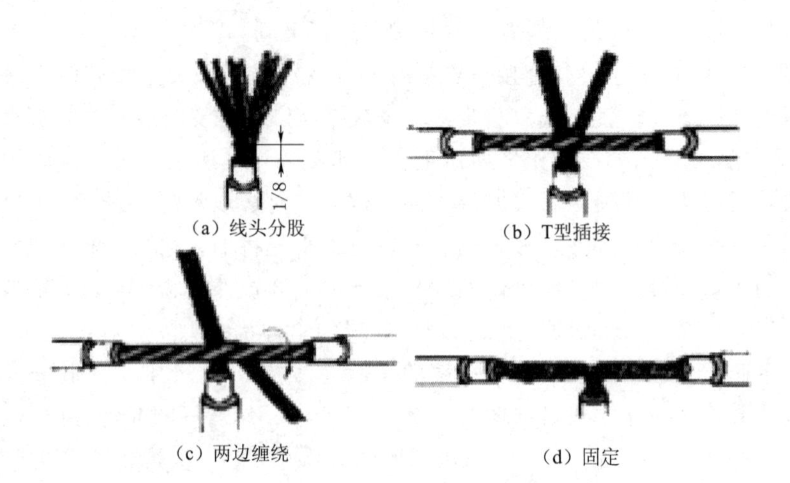


图 2-20 7股铜芯导线的T字分支连接

在接近线端处卷上2～3圈，以备线头断裂后再次连接用，若是两个或两个以上线头同接在一个接线桩时，则先把几个线头拧接成一体，然后压接。

b. 钳接管压接法连接。该方法适用于户内外较大负荷的多根芯线的连接。压接方法是：选用适应导线规格的钳接管（压接管），清除掉钳接管内孔和线头表面的氧化层，按如图2-21所示方法和要求，把两线头插入钳接管，用压接钳进行压接。若是钢芯铝绞线，两线之间则应衬垫一条铝质垫片，钳接管的压坑数和压坑位置的尺寸是有标准的（图2-21）。

c. 线头与针孔式接线桩的连接（图2-22）。

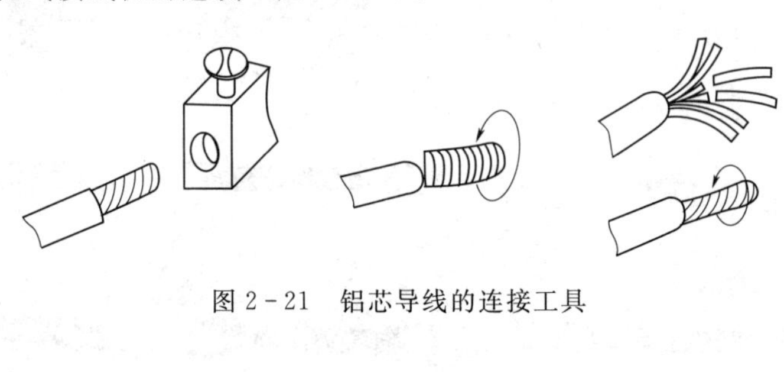

图 2-21 铝芯导线的连接工具

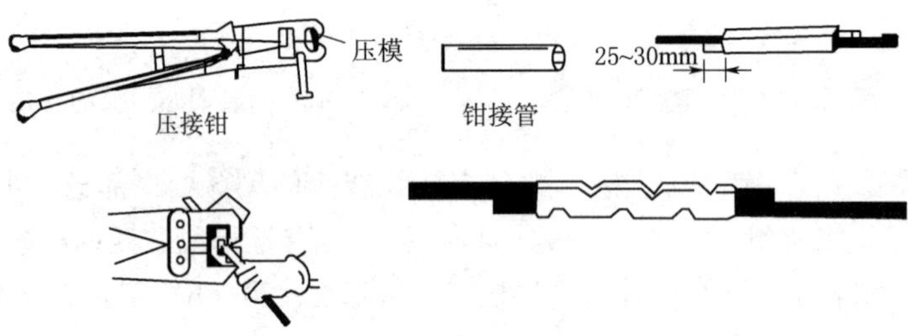


图 2-22 线头与针孔式接线桩的连接

d. 线头与螺钉平压式接线桩的连接（图2-23、图2-24）。

3. 导线的封端

（1）锡焊封端法。该方法适用于铜芯导线与铜接线端子的封端。方法是：焊接前，先清除导线端和接线耳内表面的氧化层，并涂上无酸焊锡膏，将线端搪一层锡后把接线耳加热，

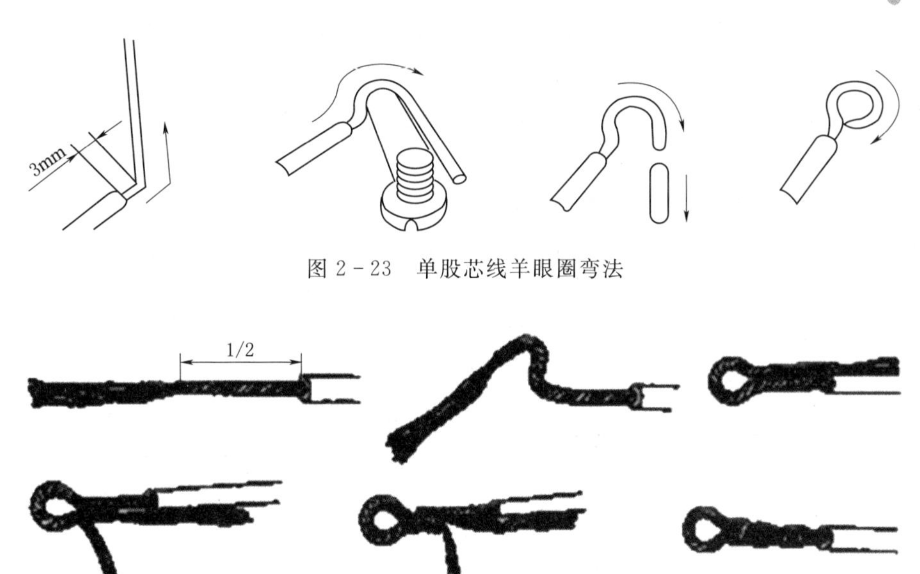


图 2-23　单股芯线羊眼圈弯法

图 2-24　多股芯线羊眼圈弯法

使锡熔化在接线耳孔内，再插入搪好锡的芯线继续加热，直到焊锡完全熔化渗透在线芯缝隙中为止；钎焊时，必须使锡液充分注入空隙，封口要丰满；灌满锡液后，导线与接线耳（或接线端子螺钉）之间的位置不可挪动，要等焊锡充分凝固后方可放手，否则，会使焊锡结晶粗糙，甚至脱焊。铜线接耳如图 2-25 所示。

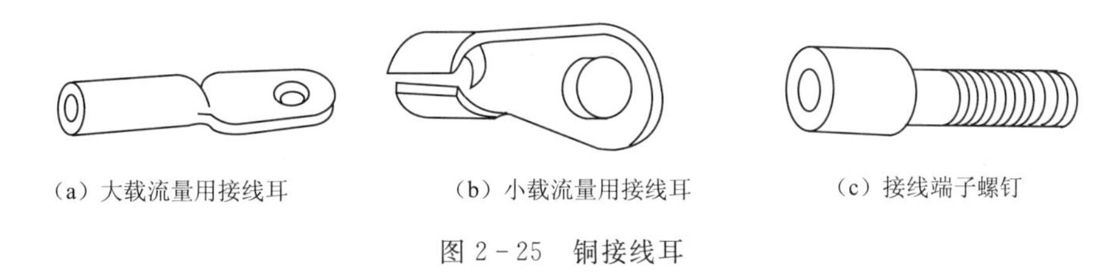

（a）大载流量用接线耳　　（b）小载流量用接线耳　　（c）接线端子螺钉

图 2-25　铜接线耳

（2）压接封端法。该方法适用于铜导线或铝导线与接线端子的封端（多用于铝导线的封端）。方法是：先把线端表面清除干净，将导线插入接线端子孔内，再用导线压接钳进行钳压，如图 2-26 所示。

4. 绝缘层的恢复

（1）线圈内部导线绝缘层的恢复。线圈内部导线绝缘层有破损，要根据线圈层间和匝间承受的电压及线圈的技术要求，选用合适的绝缘材料包覆。常用的绝缘材料有电容纸、黄蜡带、青壳纸和涤纶薄膜等。其中，电容纸和青壳纸的耐热性能最好，电容纸和涤纶薄膜最薄。电压较低的小型线圈选用电容纸，电压较高的选用涤纶薄膜，较大型的线圈则选用黄蜡带或青壳纸。

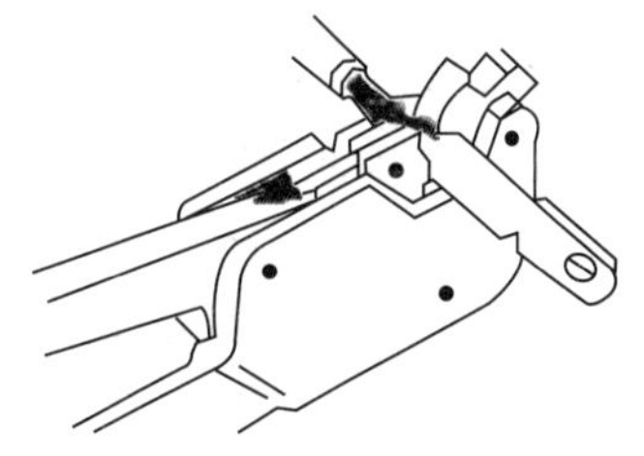

图 2-26　压接封端法

恢复方法：一般采用衬垫法，即在导线绝缘层破损处（或接头处）上下衬垫一层或两层绝缘材料，左右两侧借助于邻匝导线将其压住。衬垫时，绝缘垫层前后两端都要留出一倍于破损长度的余量。

（2）线圈线端连接处绝缘层的恢复。

1）绝缘材料一般选用黄蜡带、涤纶薄膜带或玻璃纤维带等。

2）绝缘带的包缠方法。将绝缘带从完整绝缘层上开始包缠，包缠两根带宽后方可进入连接处的线芯部分。包至连接处的另一端时，也需同样包入完整绝缘层上两根带宽的距离，如图 2-27（a）所示。包缠时，绝缘带与导线保持约 45°的倾斜角，每圈压叠带宽的 1/2，如图 2-27（b）所示。包缠一层黄蜡带后，将黑胶布带接在黄蜡带的尾端，朝相反方向斜叠包缠一层黑胶布带，每圈压叠带宽的 1/5～1/4，如图 2-27（c）所示。

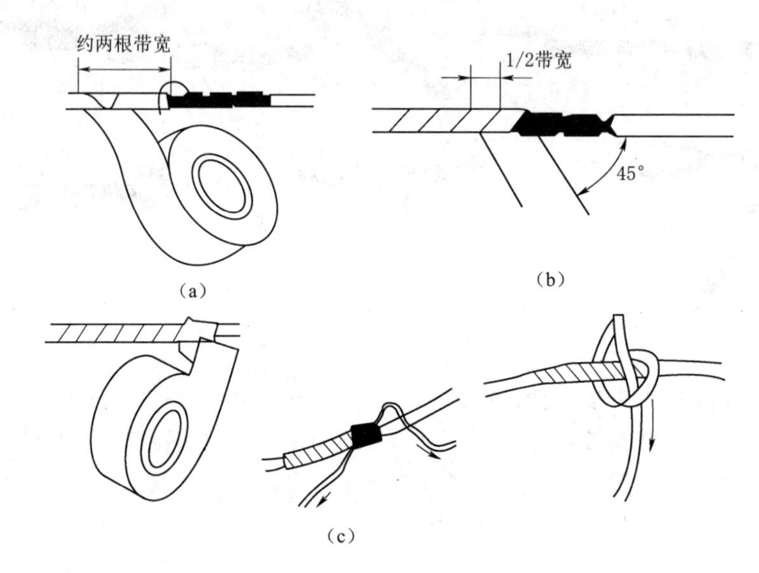


图 2-27　绝缘材料的包缠方法

若采用塑料绝缘带进行包缠时，按上述包缠方法来回包缠 3～4 层后，留出 10～15mm 长段，再切断塑料绝缘带；将留出段用火点燃，并趁势将燃烧软化段用拇指摁压，使其粘贴在塑料绝缘带上。

3）包缠要求。在 380V 线路上的导线恢复绝缘时，必须先包缠 1～2 层黄蜡带，然后再包缠一层黑胶布带。在 220V 线路上的导线恢复绝缘时，先包缠一层黄蜡带，再包缠一层黑胶布带，也可只包缠两层黑胶布带。绝缘带包缠时，不能过疏，更不能露出芯线，以免造成触电或短路事故。绝缘带平时不可放在温度很高的地方，也不可浸染油类。

## 五、任务实施

1. 任务准备

（1）设备、工具的准备。为完成工作任务，每个工作小组成员需要向各组物料管理工作人员提供借用工具清单。

（2）材料的准备。为完成工作任务，每个工作小组需要向任课教师提供领用材料清单。

（3）团队分配的方案。将学生分为 4 个工作岛，每个工作岛再分为 5 组。根据工作岛工位要求，每组 2～3 人，每个工作岛指定 1 人为组长、1 人为物料员，物料员负责材料的领取分发，小组长负责组织本组相关问题的计划、实施及讨论汇总，填写各组人员工作任务实施所需文字材料的相关记录表。

2. 任务要求

（1）正确选用电工工具。

（2）用所选用电工工具练习导线的剖削和连接：①进行单股和多股铜线的线头绝缘层的剖削训练；②进行单股铜芯线的直接连接训练；③进行单股铜芯线与多股铜芯线的分支连接训练；④进行多股铜芯线的直接连接和分支连接训练；⑤进行单股铜芯线的锡焊训练；⑥进行多股铜芯线的锡焊训练；⑦进行恢复绝缘层的训练。

3. 工艺要求

（1）选用常用电工工具的要求。常用电工工具是电工作业中必要的程序。选用电工工具是否正确直接关系到是否能够正确作业以及作业人员自身安全。选用工具的基本要求是能够根据实际作业环境选用正确规格的工具。

（2）导线连接的基本要求。导线连接是电工作业的一项基本工序，也是一项十分重要的工序。导线连接的质量直接关系到整个线路能否安全可靠地长期运行。对导线连接的基本要求是：连接牢固可靠、接头电阻小、机械强度高、耐腐蚀耐氧化、电气绝缘性能好。

（3）绝缘层处理基本要求。为了进行连接，导线连接处的绝缘层已被去除。导线连接完成后，必须对所有绝缘层已被去除的部位进行绝缘处理，以恢复导线的绝缘性能，恢复后的绝缘强度应不低于导线原有的绝缘强度，导线连接处的绝缘处理通常采用绝缘胶带进行缠裹包扎。一般电工常用的绝缘带有黄蜡带、涤纶薄膜带、黑胶布带、塑料胶带、橡胶胶带等。绝缘胶带的常用宽度为20mm，使用较为方便。

4. 注意事项

由于铜铝两种金属的化学性质不同，在接触处容易发生电化学腐蚀，长期作用下会引起接触不良、导电率差或接头断裂，因此，铜铝导线的连接应使用铜铝接头或铜铝压接管。铜铝母线连接可采用将铜母线镀锡再与铝母线连接的方法。

## 六、任务总结

1. 本次任务用到了哪些知识?

2、你从本次任务中获得了哪些经验?

3. 任务实施中，你遇到了哪些问题？是如何解决的?

## 七、思考与练习

1. 通过练习，知道各电工工具的使用场合，熟练其使用方法。

2. 通过练习，学会进行不同导线的连接。

# 任务三　万用表的使用及电阻的辨识和测量

## 一、任务描述

在此项典型工作任务中，学生必须掌握数字万用表的使用，并能够运用万用表对电工技术工作岛电源接口进行检测。除此之外，掌握用色环辨识电阻阻值的方法，并用万用表验证用色环辨识的电阻值是否正确。

学生接到本任务后，应根据任务要求，准备工具和仪器仪表，做好工作现场准备，严格遵守作业规范，测量完毕后进行数据自检，并交由指导教师验收。按照现场管理规范清理场地、归置物品。

## 二、任务要求

（1）熟悉数字万用表档位的选择和使用。

（2）能按操作规程使用数字万用表测量各电源接口电压。

1）测试隔离变压器输出电源的“U”“V”“W”“N”“PE”5个接线端子的电压值并记录。

2）测试变压器输出电源“110V”“24V”“6.3V”“0V”“PE”5个接线端子的电压值并记录。

3）测试开关电源“DC+24V ”“0V”两个接线端子电压值并记录。

（3）根据电阻色环辨识电阻阻值大小并记录，使用万用表检验辨识结果。

## 三、能力目标

（1）能掌握数字万用表档位的选择和使用。

（2）能掌握用数字万用表测量各种电源接口电压的方法。

（3）能通过色环辨识电阻阻值。

（4）各小组发挥团队合作精神，掌握数字万用表测量的步骤、实施成果评估。

## 四、相关理论知识

万用表是电工电子学习中必备的测试工具，一般情况下以测量电流（交直流）、电压（交直流）和电阻为主要目标，所以也叫做三用表。此外，万用表还可以测量电量、电平（分贝）、功率、电容、电感和晶体管的主要参数等。由于其用途的多样化，所以叫做万用表。

万用表种类很多，外形各异，但基本结构和使用方法是相同的。按其内部结构划分，常用的万用表有指针式和数字式两种。指针式万用表是以机械表头为核心部件的多功能测量仪表，所测数值由表头指针指示读取；数字式万用表所测数值由液晶屏幕直接以数字的形式显示，同时还带有某些语言的提示功能。万用表按外形划分，有台式、钳式、手持式和袖珍式等。

万用表由于可做多种测量，因此必须有转换装置把仪表的电路转接为所选定的测量种类

与量程。转换装置通常由选择开关（测量种类、量程选择开关）、接线柱、按钮、插孔等组成。选择（转换）开关是一个多档位的旋转开关，用来选择测量项目和量程。

万用表是由电流表、电压表和欧姆表等各种测量电路通过转换装置组成的综合性仪表。了解各测量电路的原理也就掌握了万用表的工作原理，各测量电路的原理基础就是欧姆定律和电阻串并联规律。下面分别介绍指针式和数字式万用表测量电路的工作原理。

**（一）指针式万用表**

指针式万用表的基本原理是利用一只灵敏的磁电式直流电流表（微安表）做表头，当微小电流通过表头，就会有电流指示。但表头不能通过大电流，所以，必须在表头上并联与串联一些电阻进行分流或降压，从而测出电路中的电流、电压和电阻。

1. 测直流电流原理

如图 3-1（a）所示，在表头上并联一个适当的电阻（叫分流电阻）进行分流，就可以扩展电流量程。改变分流电阻的阻值，就能改变电流测量范围。

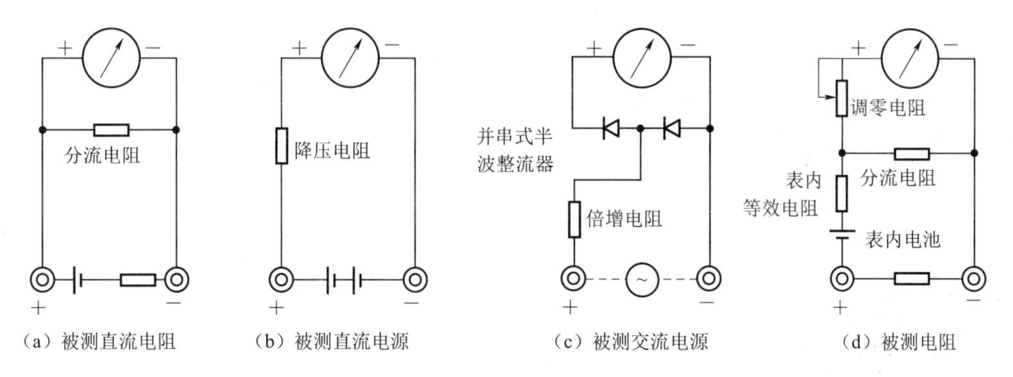


图 3-1　指针式万用表结构

2. 测直流电压原理

如图 3-1（b）所示，在表头上串联一个适当的电阻（倍增电阻）进行降压，就可以扩展电压量程。改变倍增电阻的阻值，就能改变电压的测量范围。

3. 测交流电压原理

如图 3-1（c）所示，因为表头是直流表，所以测量交流时，需加装一个并、串式半波整流电路，将交流进行整流，变成直流后再通过表头，这样就可以根据直流电的大小来测量交流电压。扩展交流电压量程的方法与直流电压量程相似。

4. 测电阻原理

如图 3-1（d）所示，在表头上并联和串联适当的电阻，同时串接一节电池，使电流通过被测电阻，根据电流的大小，就可测量出电阻值。改变分流电阻的阻值，就能改变电阻的量程。

**（二）数字式万用表**

20 世纪 90 年代以来，数字万用表在我国获得迅速普及与广泛使用，已成为现代电子测量与维修工作的必备仪表，并正在逐步取代传统的模拟指针式万用表。

数字万用表的测量过程是：由转换电路将被测量数值转换成直流电压信号，再由模/数（A/D）转换器将电压模拟量转换成数字量，通过电子计数器计数，最后把测量结果用数字直接显示在显示屏上。

1. 交流电压测量

(1) 将红表笔插入“VΩ”插孔，黑表笔插入“COM”插孔。

(2) 正确选择量程，将功能开关置于交流电压量程档，如果事先不清楚被测电压的大小时，应先选择最高量程档，根据读数需要逐步调低测量量程档。

(3) 将测试笔并联到待测电源或负载上，从显示器上读取测量结果。

注意：①如果事先对被测电压范围没有概念，应将量程开关转到最高档位，然后根据显示值转至相应档位上；②未测量时小电压档有残留数字属正常现象，不影响测试，如测量时高位显“1”，表明已超过量程范围，须将量程开关转至较高档位上；③输入电压切勿超过700V有效值，否则有损坏仪表线路的危险；④当测量高压电路时，注意避免触及高压电路。

2. 直流电压测量

(1) 将红表笔插入“VΩ”插孔，黑表笔插入“COM”插孔。

(2) 正确选择量程，将功能开关置于DCV直流电压量程档，如果事先不清楚被测电压的大小时，应先选择最高量程档，根据读数需要逐步调低测量量程档。

(3) 将测试笔并联到待测电源或负载上，从显示器上读取测量结果。

注意：①如果事先对被测电压范围没有概念，应将量程开关转到最高档位，然后根据显示值转至相应档位上；②未测量时小电压档有残留数字属正常现象，不影响测试，如测量时高位显“1”，表明已超过量程范围，须将量程开关转至较高档位上；③输入电压切勿超过1000V，如超过，则有损坏仪表线路的危险；④当测量高压电路时，注意避免触及高压电路。

3. 交流电流测量

(1) 将黑表笔插入“COM”插孔，红表笔插入“mA”插孔（最大为2A）中，或红表笔插入“20A”（最大为20A）中。

(2) 将量程开关转至相应的ACA档位上，然后将仪表串入被测电路中。

注意：①如果事先对被测电流范围没有概念，应将量程开关转到最高档位，然后按显示值转至相应档位上；②如LCD显“1”，表明已超过量程范围，须将量程开关调高一档；③最大输入电流为2A或者20A（视红表笔插入位置而定），过大的电流会将保险丝熔断，在测量20A要注意，该档位无保护，连续测量大电流将会使电路发热，影响测量精度甚至损坏仪表。

4. 直流电流测量

(1) 将黑表笔插入“COM”插孔，红表笔插入“mA”插孔（最大为2A）中，或红笔插入20A（最大为20A）中。

(2) 将量程开关转至相应的DCA档位上，然后将仪表串入被测电路中，被测电流值及红色表笔点的电流极性将同时显示在屏幕上。

注意：①如果事先对被测电压范围没有概念，应将量程开关转到最高档位，然后根据显示值转至相应档位上；②如LCD显“1”，表明已超过量程范围，须将量程开关调高一档；③最大输入电流为2A或者20A（视红表笔插人位置而定），过大的电流会将保险丝熔断，在测量20A要注意，该档位没保护，连续测量大电流将会使电路发热，影响测量精度甚至损坏仪表。

5. 电阻的测量

（1）将黑表笔插入“COM”插孔，红表笔插入 V/Ω/Hz 插孔。

（2）将所测开关转至相应的电阻量程上，将两表笔跨接在被测电阻上。

注意：①如果电阻值超过所选的量程值，则会显“1”，这时应将开关转高一档；当测量电阻值超过 1MΩ 以上时，读数需几秒时间才能稳定，这在测量高电阻值时是正常的；②当输入端开路时，则显示过载情形；③测量在线电阻时，要确认被测电路所有电源已关断，而所有电容都已完全放电时，才可进行；④请勿在电阻量程输入电压。

6. 数字式万用表特点

由于 CMOS 和 A/D 转换器的广泛应用，新型数字式万用表迅速得到推广，数字式万用表由数字式电压表 DVM 和信号调节器组成，它的核心是 A/D 模数转换器。

（1）数字式万用表的优点。

1）准确度高。数字式万用表没有摩擦损耗引起的误差，没有视差误差，受外界电磁干扰和原件参数变化小。

2）分辨率高。在最小量限上（例如 200mV）跳动一个数字所需电压值为 0.01mV，相当于一个字。

3）灵敏度高。集成器件制成的电路功耗极小，测量电压的灵敏度可达 0.01μV。

4）输入阻抗高。

5）易实现自动化测量、自动重复测量、自动选择量限、自动调零和校准操作，易与计算机配合，实现自动在线实时测量。

（2）使用数字式万用表注意事项。

1）为了减少误差，在一定频率范围内使用数字式万用表。

2）数字式万用表 AC/DC 转换器反映的是正弦电压的平均值，数字万用表不能测量非正弦周期电量的有效值。

3）严禁在 200V 以上或 0.5A 以上测量时，带电拨动量限开关，以防产生电弧烧毁开关触点。

4）用数字万用表欧姆档时，红表笔带正电，黑表笔带负电，这与指针式万用表黑表笔带正电恰恰相反。

5）在带电的电路中，不能用欧姆档测量电阻。

7. 电池更换

注意 9V 电池的使用情况，当 LCD 显示出符号“🔋”时，应更换电池，步骤如下：

（1）按指示拧动后盖上电池门两个固定锁钉，退出电池门。

（2）取下 9V 电池，换上一个新的电池，虽然任何标准 9V 电池都可使用，但为加长使用时间，最好用碱性电池。

（3）如果长时间不用仪表，应取出电池。

## （三）数字式和指针式万用表的选用

1. 选用原则

（1）指针表读取精度较差，但指针摆动的过程比较直观，其摆动速度幅度有时能比较客观地反映被测量数值的大小［比如测电视机数据总线（SDL）在传送数据时的轻微抖动］；

数字表读数直观，但数字变化的过程看起来很杂乱，不太容易观看。

（2）指针表内一般有两块电池，一块是低电压的1.5V，另一块是高电压的9V或15V，其黑表笔相对红表笔是正端。数字表则常用一块6V或9V的电池。在电阻档，指针表的表笔输出电流相对数字表来说要大很多，用R×1Ω档可以使扬声器发出响亮的“哒”声，用R×10kΩ档甚至可以点亮发光二极管（LED）。

（3）在电压档，相对数字表来说指针表内阻比较小，测量精度比较差，在某些高电压微电流的场合甚至无法测准，因为其内阻会对被测电路造成影响（比如在测电视机显像管的加速级电压时，测量值会比实际值低很多）。数字表电压档的内阻很大，至少在兆欧级，对被测电路影响很小。但极高的输出阻抗使其易受感应电压的影响，在一些电磁干扰比较强的场合测出的数据可能是虚的。

（4）总之，在大电流高电压的模拟电路测量中适用指针表，比如电视机、音响功放；在低电压小电流的数字电路测量中适用数字表，比如BP机、手机等。两种表的选用不是绝对的，可根据情况选用指针表和数字表。

2. 注意事项

（1）万用表是一台精密仪器，使用者不要随意更改电路。

（2）不要接入高于1000V直流电压或700V有效值的交流电压。

（3）不要在量程开关为Ω位置时，去测量电压值。

（4）在电池没有装好或后盖没有上紧时，不要使用此表进行测试工作。

（5）在更换电池或保险丝前，请将测试表笔从测试点移开，并关闭电源开关。

**（四）电阻及其辨识**

电阻在物理学中表示导体对电流阻碍作用的大小。导体的电阻越大，表示导体对电流的阻碍作用越大。电阻是导体本身的一种特性，不同的导体，电阻一般不同。

1. 电阻器的作用

（1）作为发热、发光元件如发热的电热器、发光的白炽灯，用于产生热量和照明。

（2）控制电路电流和电压。把电阻和某一器件串联可以分压，减小该器件上的电压；把电阻和某一器件并联可以分流，减小该器件上的电流。

（3）在不同的电路里起不同的作用，因此派生出不同的名称，如分压电阻、分流电阻、能耗电阻、再生电阻、光敏电阻、热敏电阻等。

2. 电阻型号的命名方法

电阻型号的命名根据GB/T 2471—1995《电阻器和电容器优先数系》，见表3-1。

3. 电阻阻值的标示方法

电阻的标称阻值和误差一般都标在电阻体上，标志方法有4种：直标法、文字符号法、色环标注法、数字标注法。

（1）直标法：用数字和单位符号在电阻器表面直接标出阻值，如图3-2所示，其允许误差直接用百分比标示。

（2）文字符号法：用数字和文字符号两者有规律的组合来表示标称阻值，如图3-3所示，符号前面的数字表示整数阻值，后面的数字依次表示第一位小数阻值和第二位小数阻值，如5K1 J表示阻值为5.1kΩ，其中“J”表示误差为±2%。

**表 3-1　　电阻型号的命名方法**

<table>
<tr><th colspan="2">第一部分：主称</th><th colspan="2">第二部分：材料</th><th colspan="3">第三部分：特征</th><th>第四部分：序号</th></tr>
<tr><th>符号</th><th>意义</th><th>符号</th><th>意义</th><th>符号</th><th>电阻器</th><th>电位器</th><th rowspan="19">对主称、材料相同，仅性能指标、尺寸大小有区别，但基本不影响互换使用的产品，给同一序号；若性能指标、尺寸大小明显影响互换使用时，则在序号后面用大写字母作为区别代号</th></tr>
<tr><td rowspan="18">R<br>W</td><td rowspan="18">电阻器<br>电位器</td><td>T</td><td>碳膜</td><td>1</td><td>普通</td><td>普通</td></tr>
<tr><td>H</td><td>合成膜</td><td>2</td><td>普通</td><td>普通</td></tr>
<tr><td>S</td><td>有机实心</td><td>3</td><td>超高频</td><td>—</td></tr>
<tr><td>N</td><td>无机实心</td><td>4</td><td>高阻</td><td>—</td></tr>
<tr><td>J</td><td>金属膜</td><td>5</td><td>高温</td><td>—</td></tr>
<tr><td>Y</td><td>氧化膜</td><td>6</td><td>—</td><td>—</td></tr>
<tr><td>C</td><td>沉积膜</td><td>7</td><td>精密</td><td>精密</td></tr>
<tr><td>I</td><td>玻璃釉膜</td><td>8</td><td>高压</td><td>特殊函数</td></tr>
<tr><td>P</td><td>硼酸膜</td><td>9</td><td>特殊</td><td>特殊</td></tr>
<tr><td>U</td><td>硅酸膜</td><td>G</td><td>高功率</td><td>—</td></tr>
<tr><td>X</td><td>绕线</td><td>T</td><td>可调</td><td>—</td></tr>
<tr><td>M</td><td>压敏</td><td>W</td><td>—</td><td>微调</td></tr>
<tr><td>G</td><td>光敏</td><td>D</td><td>—</td><td>多圈</td></tr>
<tr><td rowspan="5">R</td><td rowspan="5">热敏</td><td>B</td><td>温度补偿</td><td>—</td></tr>
<tr><td>C</td><td>温度测量</td><td>—</td></tr>
<tr><td>P</td><td>旁热式</td><td>—</td></tr>
<tr><td>W</td><td>稳压式</td><td>—</td></tr>
<tr><td>Z</td><td>正稳定系数</td><td>—</td></tr>
</table>

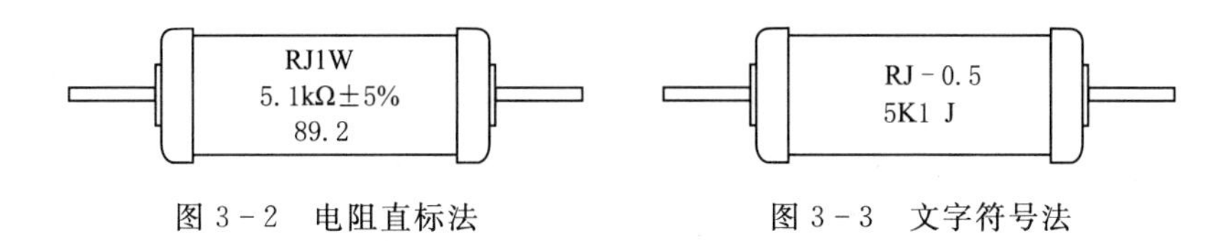


图 3-2　电阻直标法　　　　图 3-3　文字符号法

(3) 色环标注法：使用不同颜色的环在电阻器表面标出阻值和允许误差。普通电阻用 4 条色环表示阻值和误差，见表 3-2，精密电阻用 5 条色环表示阻值和误差，见表 3-3。

**表 3-2　　4 环普通电阻表示**

| 颜色 | 第一位有效数 | 第二位有效数 | 倍率 | 允许偏差 |
| --- | --- | --- | --- | --- |
| 黑 | 0 | 0 | $10^0$ | |
| 棕 | 1 | 1 | $10^1$ | |
| 红 | 2 | 2 | $10^2$ | |
| 橙 | 3 | 3 | $10^3$ | |
| 黄 | 4 | 4 | $10^4$ | |
| 绿 | 5 | 5 | $10^5$ | |
| 蓝 | 6 | 6 | $10^6$ | |

续表

| 颜色 | 第一位有效数 | 第二位有效数 | 倍率 | 允许偏差 |
| --- | --- | --- | --- | --- |
| 紫 | 7 | 7 | $10^7$ | |
| 灰 | 8 | 8 | $10^8$ | |
| 白 | 9 | 9 | $10^9$ | |
| 金 | | | $10^{-1}$ | ±5% |
| 银 | | | $10^{-2}$ | ±10% |
| 无色 | | | 无色 | ±20% |

**表 3-3　　5 环精密电阻表示**

| 颜色 | 第一位有效数 | 第二位有效数 | 第三位有效数 | 倍率 | 允许偏差 |
| --- | --- | --- | --- | --- | --- |
| 黑 | 0 | 0 | 0 | $10^0$ | |
| 棕 | 1 | 1 | 1 | $10^1$ | ±1% |
| 红 | 2 | 2 | 2 | $10^2$ | ±2% |
| 橙 | 3 | 3 | 3 | $10^3$ | |
| 黄 | 4 | 4 | 4 | $10^4$ | |
| 绿 | 5 | 5 | 5 | $10^5$ | ±5% |
| 蓝 | 6 | 6 | 6 | $10^6$ | ±0.25% |
| 紫 | 7 | 7 | 7 | $10^7$ | ±0.1% |
| 灰 | 8 | 8 | 8 | $10^8$ | |
| 白 | 9 | 9 | 9 | $10^9$ | |
| 金 | | | | $10^{-1}$ | |
| 银 | | | | $10^{-2}$ | |
| 无色 | | | | 无色 | |

(4) 数字标注法：一般矩形片状电阻（图 3-4）采用这种标称法。

图 3-4　矩形片状电阻

1）3 位数字表示法。这种表示法前两位数字代表电阻值的有效数字，第 3 位数字表示在有效数字后面应添加“0”的个数。当电阻小于 10Ω 时，在代码中用 R 表示电阻值小数点的位置，这种表示法通常用于阻值误差为 5%的电阻系列中。比如：220 表示 22Ω，而不是 220Ω；221 表示 220Ω；683 表示 68000Ω，即 68kΩ；105 表示 1000000Ω，即 1MΩ；R003 表示 0.003Ω。

2）4 位数字表示法。这种表示法前 3 位数字代表电阻值的有效数字，第 4 位表示在有效数字后面应添加 0 的个数。当电阻小于 10Ω 时，代码中仍用 R 表示电阻值小数点的位置，这种表示方法通常用于阻值误差为 1%的精密电阻系列中。比如：0100 表示 10Ω，而不是 100Ω；1000 表示 100Ω，而不是 1000Ω；4992 表示 49900Ω，即 49.9kΩ；1502 表示

15000Ω，即 15kΩ；0R56 表示 0.56Ω。

## 五、任务实施

1. 任务准备

（1）设备、工具的准备。为完成工作任务，每个工作小组需要向每组物料管理工作人员提供借用工具清单。

（2）材料的准备。为完成工作任务，每个工作小组需要向任课教师提供领用材料清单。

（3）团队分配的方案。将学生分为 4 个工作岛，每个工作岛再分为 5 组，根据工作岛工位要求，每组 2～3 人，每个工作岛指定 1 人为组长、1 人为物料员，物料员负责材料领取分发，小组长负责组织本组相关问题的计划、实施及讨论汇总，填写各组人员工作任务实施的相关记录表。

2. 万用表测量项目

（1）测试隔离变压器输出电源“U”“V”“W”“N”“PE”5 个接线端子的电压值并记录。

（2）测试变压器输出电源的“110V”“24V”“6.3V”“0V”“PE”5 个接线端子实际测量的电压值并记录。

（3）测试开关电源“DC＋24V”“0V”两个接线端子的电压值并记录。

3. 电阻阻值辨识项目

（1）根据色环电阻值对照表估算所领电阻值并记录。

（2）用万用表测量所领电阻值并记录。

（3）对比估算阻值和实际测量阻值。

4. 注意事项

（1）测量电压时，请勿输入超过直流 1000V 或交流 700V 有效值的极限电压。

（2）36V 以下的电压为安全电压，在测高于 36V 直流、25V 交流电压时，要检查表笔是否可靠接触、是否正确连接、是否绝缘良好等，以避免电击。

（3）选择功能和量程时，表笔应离开测试点。

（4）选择正确的功能和量程，谨防误操作，仪表虽然有全量程保护功能，但为了安全起见，仍要多加注意。

（5）测量电流时，请勿输入超过 20A 的电流。

## 六、任务总结

1. 本次任务用到了哪些知识？

2. 你在本次任务中获得了哪些经验？

3. 任务实施中，你遇到了哪些问题？是如何解决的？

## 七、思考与练习

1. 找出数字式万用表上的各功能和量程。

2. 如何判断数字式万用表能否正常使用？

3. 测电压、电阻、电流时，数字式万用表的红黑表笔分别插在哪个孔？

4. 数字式万用表在不使用时，应该打在什么档位上？

5. 练习电阻的色环识别方法。

# 任务四　电路基本定律

## 一、任务描述

在此项典型工作任务中学生要掌握电路分析中常用的基本定律，包括基尔霍夫定律、叠加定理、戴维南定理。根据基本定律的理论叙述，设计相应的电路连接，验证结论。

学生接到本任务后，应根据任务要求，准备工具和仪器仪表，做好工作现场准备，施工时严格遵守作业规范，测量完毕后进行数据自检，并交由指导教师验收。按照现场管理规范清理场地、归置物品。

## 二、任务要求

（1）掌握电路基本定律的理论内容。

（2）根据每个定律分别设计简单工作电路。

（3）根据设计电路，准确选用项目物料。

（4）连接设计电路，验证实验结果并记录。

（5）用实验证明电路中电位的相对性、电压的绝对性，加深对参考方向的理解。

## 三、能力目标

（1）熟悉电路基本定律的理论内容。

（2）熟练设计简单工作电路。

（3）准确选用电路工作需要物料。

（4）熟练运用万用表测量电压、电流。

（5）各小组发挥团队合作精神，掌握设计项目的步骤、实施、成果评估。

## 四、相关理论知识

### （一）电路和电路模型

1. 电路及其组成

简单地讲，电路是电流的通路。实际电路是为完成某种预期目的而设计、安装、运行的，由电路器件相互连接而成的电流通路装置，常借助电压、电流来完成传输电能或信号、处理信号、测量、控制、计算等功能。其中，电能或电信号的发生器称为电源，用电设备称为负载。手电筒电路、单个照明灯电路是实际应用中较为简单的电路，而电动机电路、雷达导航设备电路、计算机电路、电视机电路是较为复杂的电路，但不管简单还是复杂，电路的基本组成部分都离不开三个基本环节：电源、负载和中间环节。

电源是向电路提供电能的装置。它可以将其他形式的能量，如化学能、热能、机械能、原子能等转换为电能。在电路中，电源是激励，是激发和产生电流的因素。负载是取用电能的装置，其作用是把电能转换为其他形式的能（如机械能、热能、光能等）。通常在生产与生活中经常用到的电灯、电动机、电炉、扬声器等用电设备，都是电路中的负载。中间环节在电路中起着传递电能、分配电能和控制整个电路的作用。一个实用电路的中间环节通常还有一些保护和检测装置。最简单的中间环节即开关和连接导线；复杂的中间环节可以是由许多电路元件组成的网络系统。图 4－1 所示的手电筒照明实际电路中，电池作电源，灯作负载，导线和开关作为中间环节将灯和电池连接起来。

2. 电路的种类及功能

工程应用中的实际电路，按照功能的不同可概括为两大类：一是完成能量的传输、分配和转换的电路，如图 4－1 所示，电池通过导线将电能传递给灯，灯将电能转化为光能和热能；二是实现对电信号的传递、变换、储存和处理的电路，图 4－2 所示是一个扩音机电路，话筒将声音的振动信号转换为电信号即相应的电压和电流，经过放大处理后，通过电路传递给扬声器，再由扬声器还原为声音。

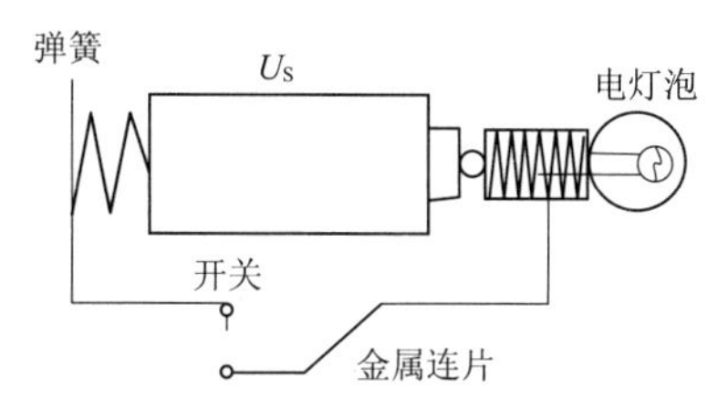


图 4－1　手电筒照明实际电路

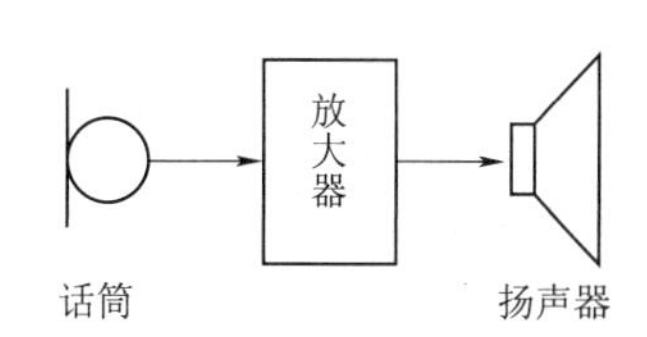


图 4－2　扩音机电路

3. 电路模型

实际电路的电磁过程是相当复杂的，难以进行有效的分析计算。为了方便对实际电路的分析和计算，我们通常在工程实际允许的条件下对实际电路进行模型化处理，即忽略次要因素，抓住足以反映其功能的主要电磁特性，抽象出实际电路器件的电路模型。

我们将实际电路器件理想化后得到的只具有某种单一电磁性质的元件，称为理想电路元件，简称为电路元件。常用的有表示将电能转换为热能的电阻元件、表示电场性质的电容元件、表示磁场性质的电感元件及电压源元件和电流源元件等，其电路符号如图 4－3所示。

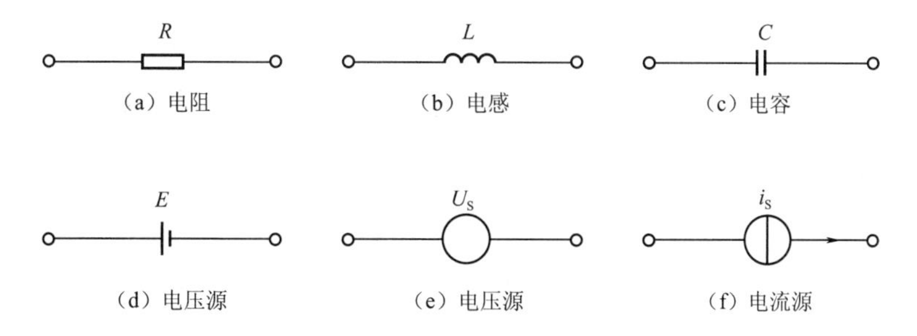


图 4－3　理想电路元件的符号

由理想电路元件相互连接组成的电路称为电路模型。图 4－4 是图 4－1 的电路模型。

**（二）电流、电压及其参考方向**

无论是电能的传输和转换，还是信号的传递和处理，都是电流和电压这两个量变化的结果。因此，弄清电流与电压的概念及其参考方向，对进一步掌握电路的分析与计算是十分重要的。

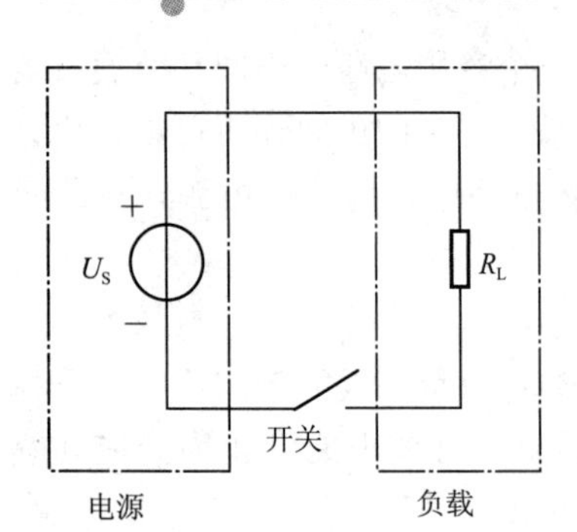

图 4-4 手电筒电路的电路模型

1. 电流及其参考方向

(1) 电流。电荷的定向移动形成电流。电流的大小用电流强度来衡量，其定义为单位时间内通过导体横截面的电荷量，用公式表示为

$$i=\frac{dq}{dt} \tag{4-1}$$

式中：$i$ 为随时间变化的电流，A；d$q$ 为在 d$t$ 时间内通过导体横截面的电荷量，C。

在国际制单位中，电流的单位为安培，简称安（A）。实际应用中，大电流用千安（kA）表示，小电流用毫安（mA）表示或者用微安（μA）表示。它们的换算关系是

$$1\text{kA}=10^3\text{A}=10^6\text{mA}=10^9\mu\text{A}$$

在外电场的作用下，正电荷将沿着电场方向运动，而负电荷将逆着电场方向运动（金属导体内是自由电子在电场力的作用下定向移动形成电流），习惯上规定：正电荷运动的方向为电流的正方向。

电流有交流和直流之分，大小和方向随时间周期性变化的电流称为交流电流；方向不随时间变化的电流称为直流电流；大小和方向都不随时间变化的电流称为稳恒直流。

(2) 电流的参考方向。简单电路中，电流从电源正极流出，经过负载，回到电源负极。在分析复杂电路时，一般难于判断出电流的实际方向，为了便于分析，需要对电流有一个约定的方向，即电流的“参考方向”。

参考方向可以任意设定，如用一个箭头表示某电流的假定正方向，就称之为该电流的参考方向。当电流的实际方向与参考方向一致时，电流的数值就为正值（即 $i>0$），如图 4-5 (a) 所示；当电流的实际方向与参考方向相反时，电流的数值就为负值（即 $i>0$），如图 4-5 (b) 所示。需要注意的是，未规定电流的参考方向时，电流的正负没有任何意义，如图 4-5 (c) 所示。

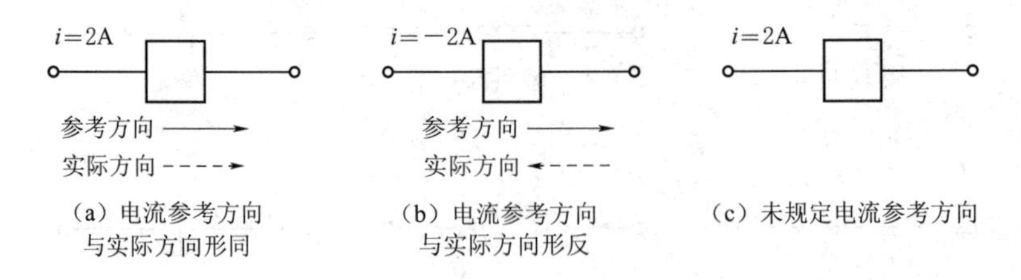

图 4-5 电流及其参考方向

2. 电压及其参考方向

(1) 电压。如图 4-6 所示的闭合电路，电场力把单位正电荷从 a 点经外电路（电源以外的电路）移送到 b 点所做的功，叫做 a、b 两点之间的电压，记作 $U_{ab}$。因此，电压是衡量电场力做功本领大小的物理量。

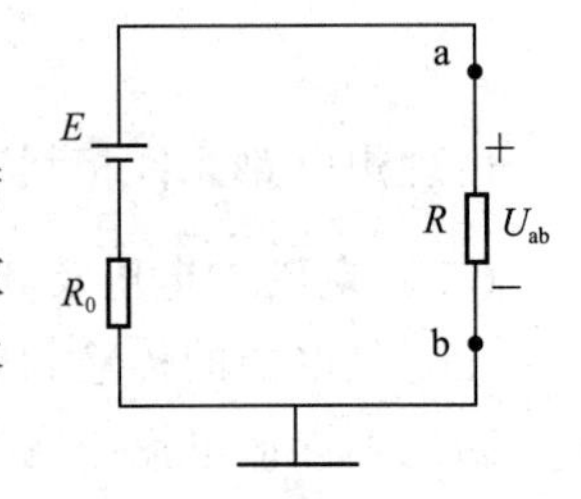

图 4-6 定义电压示意图

若电场力将正电荷 d$q$ 从 a 点经外电路移送到 b 点所做的功是

d$w$，则 a、b 两点间的电压为

$$U_{ab}=\frac{dw}{dq} \tag{4-2}$$

在国际制单位中，电压的单位为伏特，简称伏（V）。实际应用中，大电压用千伏（kV）表示，小电压用毫伏（mV）表示或者用微伏（$\mu$V）表示。它们的换算关系是

$$1kV=10^3 V=10^6 mV=10^9 \mu V$$

电压的方向规定为从高电位指向低电位，在电路图中可用箭头来表示。

（2）电压的参考方向。在比较复杂的电路中，很难知道电路中任意两点间的电压，为了分析和计算的方便，与电流方向的规定类似，在分析计算电路之前必须对电压标以极性（正、负号），或标以方向（箭头），即电压的参考方向，如图 4-7 所示。采用双下标标记时，电压的参考方向意味着从前一个下标指向后一个下标，图 4-7 元件两端电压记作 $U_{ab}$；若电压参考方向选 b 点指向 a 点，则应写成 $U_{ba}$，两者仅差一个负号，即 $U_{ab}=-U_{ba}$。

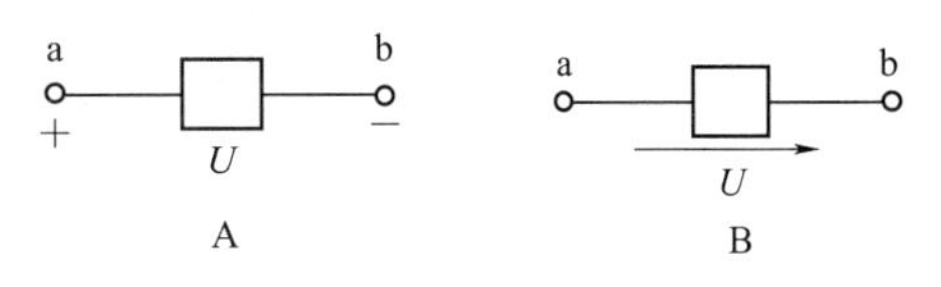


图 4-7　电压参考方向的表示方法

分析求解电路时，先按选定的电压参考方向进行分析、计算，再由计算结果中电压值的正负来判断电压的实际方向与任意选定的电压参考方向是否一致：若电压值为正，则实际方向与参考方向相同；电压值为负，则实际方向与参考方向相反。

3. 电位的概念及其分析计算

为了分析问题方便，常在电路中指定一点作为参考点，假定该点的电位是零，用符号“⊥”表示，如图 4-6 所示。在生产实践中，把地球作为零电位点，凡是机壳接地的设备，机壳电位即为零电位。有些设备或装置，机壳并不接地，而是把许多元件的公共点作为零电位点。

电路中其他各点相对于参考点的电压即是各点的电位，因此，任意两点间的电压等于这两点的电位之差，我们可以用电位的高低来衡量电路中某点电场能量的大小。

电路中各点电位的高低是相对的，参考点不同，各点电位的高低也不同，但是电路中任意两点之间的电压与参考点的选择无关。电路中，凡是比参考点电位高的各点电位是正电位，比参考点电位低的各点电位是负电位。

**【例 4-1】** 求图 4-8 中 a 点的电位。

**解：** 对于图 4-8 有

$$U_a=-4+\frac{30}{50+30}\times(12+4)=2(V)$$

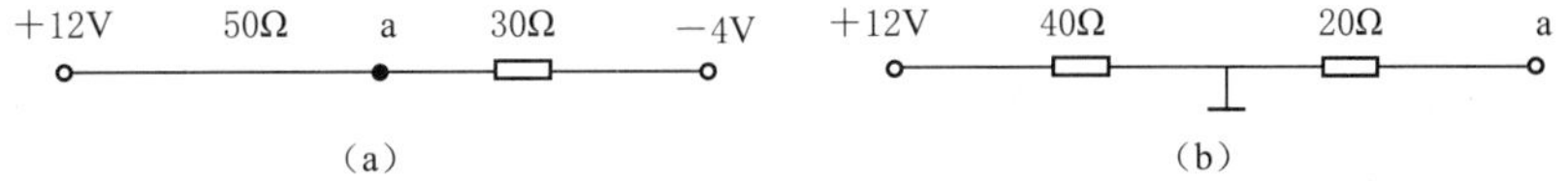

+12V　50Ω　a　30Ω　−4V

(a)

+12V　40Ω　20Ω　a

(b)

图 4-8　［例 4-1］图

**（三）电功率及电能的概念和计算**

1. 电功率

电流通过电路时传输或转换电能的速率，即单位时间内电场力所做的功，称为电功率，

简称功率。数学描述为

$$p=\frac{\mathrm{d}w}{\mathrm{d}t} \tag{4-3}$$

式中：$p$ 为功率，在国际单位制中，功率的单位是瓦特（W），常用的功率单位还有千瓦（kW），1kW＝1000W。

将式（4－3）等号右边分子、分母同乘以 $\mathrm{d}q$ 后，变为

$$p=\frac{\mathrm{d}w}{\mathrm{d}t}=\frac{\mathrm{d}w}{\mathrm{d}q}\frac{\mathrm{d}q}{\mathrm{d}t}=ui \tag{4-4}$$

可见，元件吸收或发出的功率等于元件上的电压乘以元件中的电流。

为了便于识别与计算，对同一元件或同一段电路，往往选用一致的电流和电压参考方向，称为关联参考方向，如图 4－9（a）所示。如果两者的参考方向相反则称为非关联参考方向，如图 4－9（b）所示。

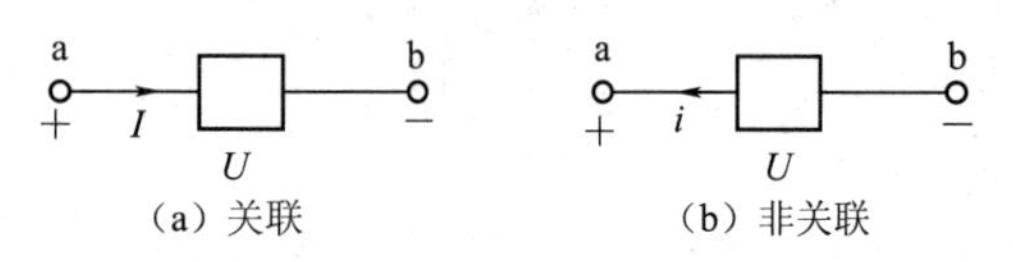


图 4－9　电压与电流的方向

有了参考方向与关联的概念，则电功率计算式（4－4）可以表示为以下两种形式：

当 $u$、$i$ 为关联参考方向时：

$$p=ui\text{（直流功率 } P=UI\text{）} \tag{4-5 (a)}$$

当 $u$、$i$ 为非关联参考方向时：

$$p=-ui\text{（直流功率 } P=-UI\text{）} \tag{4-5 (b)}$$

无论关联与否，只要计算结果 $p>0$，则该元件就是在吸收功率，即消耗功率，该元件是负载；若 $p<0$，则该元件是在发出功率，即产生功率，该元件是电源。

根据能量守恒定律，对一个完整的电路，发出功率的总和应正好等于吸收功率的总和。

**【例 4－2】** 计算图 4－10 中各元件的功率，指出是吸收还是发出功率，并求整个电路的功率。已知电路为直流电路，$U_1=4\text{V}$，$U_2=-8\text{V}$，$U_3=6\text{V}$，$I=2\text{A}$。

**解：** 在图 4－10 中，元件 1 电压与电流为关联参考方向，由式［4－5（a）］得

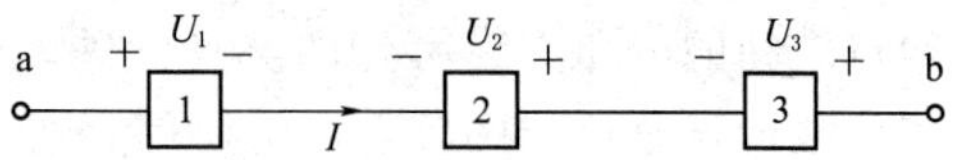

$$P_1=U_1I=4\times2=8(\text{W})$$

故元件 1 吸收功率。

图 4－10　［例 4－2］图

元件 2 和元件 3 电压与电流为非关联参考方向，由式［4－5（b）］得

$$P_2=-U_2I=-(-8)\times2=16(\text{W})$$

$$P_3=-U_3I=-6\times2=-12(\text{W})$$

故元件 2 吸收功率，元件 3 发出功率。

整个电路功率为

$$P=P_1+P_2+P_3=8+16-12=12(\text{W})$$

本例中，元件 1 和元件 2 的电压与电流实际方向相同，二者吸收功率；元件 3 的电压与电流实际方向相反，发出功率。由此可见，当压与电流实际方向相同时，电路一定是吸收功率，反之则是发出功率。实际电路中，电阻元件的电压与电流的实际方向总是一致的，说明电阻总在消耗能量；而电源则不然，其功率可能为正也可能为负，这说明它可能作为电源提

供电能，也可能被充电，吸收功率。

2. 电能

电路在一段时间内消耗或提供的能量称为电能。根据式（4－4），电路元件在 $t_0 \sim t$ 时间内消耗或提供的能量为

$$W = \int_{t_0}^{t} p\,\mathrm{d}t \qquad [4-6\ (a)]$$

直流时

$$W = P(t - t_0) \qquad [4-6\ (b)]$$

在国际单位制中，电能的单位是焦耳（J）。1J 等于 1W 的用电设备在 1s 内消耗的电能。通常电业部门用度作为单位测量用户消耗的电能，度是千瓦时（kW · h）的简称。1 度（或 1kW · h）电等于功率为 1kW 的元件在 1h 内消耗的电能。即

$$1\text{度} = 1\text{kW}\cdot\text{h} = 10^3 \times 3600 = 3.6 \times 10^6(\text{J})$$

如果通过实际元件的电流过大，会由于温度升高使元件的绝缘材料损坏，甚至使导体熔化；如果电压过大，会使绝缘击穿，所以必须加以限制。

电气设备或元件长期正常运行的电流容许值称为额定电流，其长期正常运行的电压容许值称为额定电压，额定电压和额定电流的乘积为额定功率。通常电气设备或元件的额定值标在产品的铭牌上。如一白炽灯标有“220V、40W”，表示它的额定电压为 220V，额定功率为 40W。

**（四）电阻、电感和电容元件**

电阻、电感和电容元件都是理想的电路元件，它们有线性和非线性之分。本节主要分析讨论线性电阻、电感、电容元件的特性。

1. 电阻元件

电阻是一种最常见的、用于反映电流热效应的二端电路元件。电阻元件可分为线性电阻和非线性电阻两类。如无特殊说明，本书所称电阻元件均指线性电阻元件。在实际电路中，白炽灯、电阻炉、电烙铁等均可看成是线性电阻元件。线性电阻元件的符号如图 4－11（a）所示，在电压、电流关联参考方向下，其伏安关系为

$$u = Ri \qquad [4-7\ (a)]$$

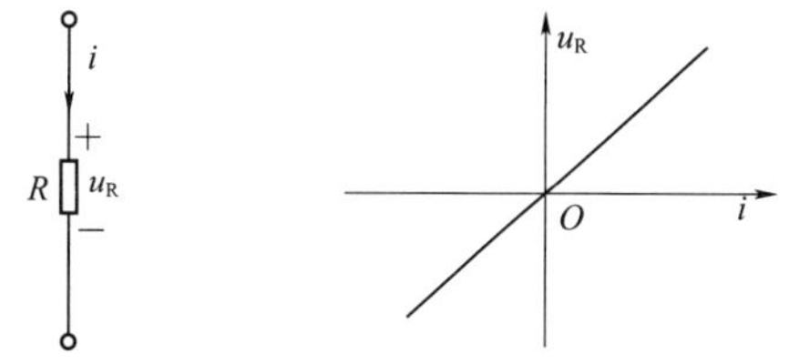

式中：$R$ 为常数，用来表示电阻及其数值。

（a）电阻元件　（b）伏安特性曲线

图 4－11　电阻元件及其伏安特性曲线

式［4－7（a）］表明，凡是服从欧姆定律的元件即是线性电阻元件。图 4－11（b）为它的伏安特性曲线。若电压、电流在非关联参考方向下，伏安关系应写成

$$u = -Ri \qquad [4-7\ (b)]$$

在国际单位制中，电阻的单位是欧姆（Ω），规定当电阻电压为 1V、电流为 1A 时的电阻值为 1Ω。此外电阻的单位还有千欧（kΩ）、兆欧（MΩ）。电阻的倒数称为电导，用符号 $G$ 来表示，即

$$G = \frac{1}{R} \qquad (4-8)$$

电导的单位是西门子（S），或 1/欧姆（1/Ω）。

电阻是一种耗能元件。当电阻通过电流时会发生电能转换为热能的过程。而热能向周围扩散后，不可能再直接回到电源而转换为电能。电阻所吸收并消耗的电功率可由式［4－5（a）］和式［4－7（a）］计算得到

$$p=ui=i^2R=\frac{u^2}{R} \tag{4-9}$$

一般地，电路消耗或发出的电能可由以下公式计算：

$$W=\int_0^t ui\,\mathrm{d}t \tag{4-10}$$

在直流电路中：

$$P=UI=I^2R=\frac{U^2}{R}$$

$$W=UI(t-t_0)$$

2. 电感元件

电感元件是实际的电感线圈即电路器件的电感效应的抽象，它能够存储和释放磁场能量。空心电感线圈常可抽象为线性电感，如图 4－12 所示。

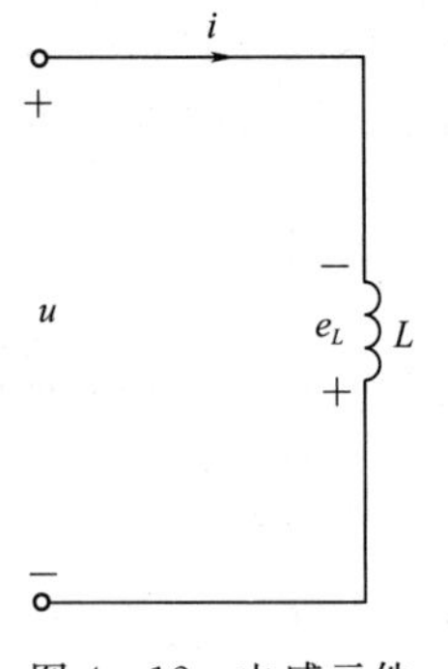

图 4－12 电感元件

$$u=-e_L=L\frac{\mathrm{d}i}{\mathrm{d}t} \tag{4-11}$$

式（4－11）表明，电感元件上任一瞬间的电压大小，与这一瞬间电流对时间的变化率成正比。如果电感元件中通过的是直流电流，因电流的大小不变，即 $\mathrm{d}i/\mathrm{d}t=0$，那么电感上的电压就为零，所以电感元件对直流可视为短路。

在关联参考方向下，电感元件吸收的功率为

$$p=ui=Li\frac{\mathrm{d}i}{\mathrm{d}t} \tag{4-12}$$

则电感线圈在 0～$t$ 时间内，线圈中的电流由 0 变化到 $I$ 时，吸收的能量为

$$W=\int_0^t p\,\mathrm{d}t=\int_0^I Li\,\mathrm{d}i=\frac{1}{2}LI^2 \tag{4-13}$$

即电感元件在一段时间内储存的能量与其电流的平方成正比。当通过电感的电流增加时，电感元件就将电能转换为磁能并储存在磁场中；当通过电感的电流减小时，电感元件就将储存的磁能转换为电能释放。所以，电感是一种储能元件，它以磁场能量的形式储能，同时电感元件也不会释放出大于自身吸收或储存的能量，因此它也是一个无源的储能元件。

3. 电容元件

电容器种类很多，但从结构上都可看成是由中间夹有绝缘材料的两块金属极板构成的。电容元件是实际的电容器即电路器件的电容效应的抽象，是能够储存和释放电场能量的理想化的电路元件。它的符号及规定的电压和电流参考方向如图 4－13 所示。

当电容接上交流电压 $u$ 时，电容器不断被充电、放电，极板上的电荷也随之变化，电路中出现了电荷的移动，形成电流 $i$。若 $u$、$i$ 为关联参考方向，则有

$$i=\frac{dq}{dt}=C\frac{di}{dt} \tag{4-14}$$

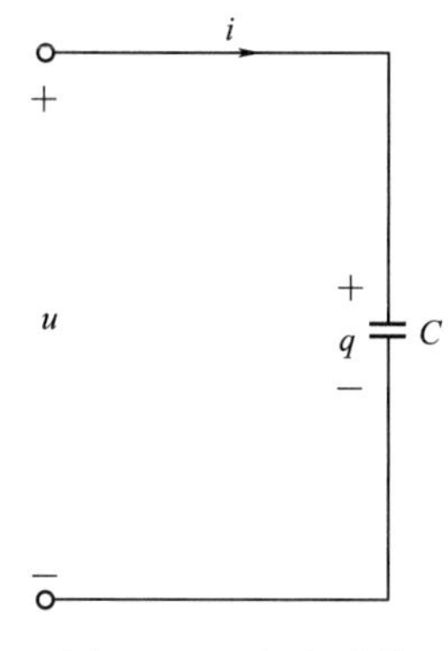

图 4-13　电容元件

式（4-14）表明，电容器的电流与电压对时间的变化率成正比。如果电容器两端接上直流电压，因电压的大小不变，即 $du/dt=0$，那么电容器的电流就为 0，电容元件对直流可视为断路，因此电容具有“隔直通交”的作用。

在关联参考方向下，电容元件吸收的功率为

$$p=ui=uC\frac{du}{dt}=Cu\frac{du}{dt} \tag{4-15}$$

则电容器在 0～t 时间内，其两端电压由 0 增大到 $U$ 时，吸收的能量为

$$W=\int_0^t p\,dt=\int_0^U Cu\,du=\frac{1}{2}CU^2 \tag{4-16}$$

式（4-16）表明，当电压的绝对值增大时，电容元件吸收能量，并转换为电场能量；电压减小时，电容元件释放点场能量。电容元件本身不消耗能量，同时也不会释放出大于自身吸收或储存的能量，因此电容元件也是一种无源的储能元件。

**（五）独立电源和受控电源**

电源是提供电能或电信号的元件，常称为有源元件，如发电机、电池等。能够独立地向外电路提供电能的电源称为独立电源；不能独立向外电路提供电能的电源称为非独立电源，又称为受控源。

1. 独立电源

一个电源可用两种不同的电路模型表示。用电压形式表示的称为电压源；用电流形式表示的称为电流源。

（1）电压源与电压源模型。

1）电压源。理想电压源是实际电源的一种抽象，它的端电压总能保持为某一恒定值或时间的函数，而与通过它们的电流无关，也称为恒压源。图 4-14（a）所示为理想电压源的一般电路符号，图 4-14（b）所示是理想电池符号，专指理想直流电压源。理想电压源的伏安特性可写为

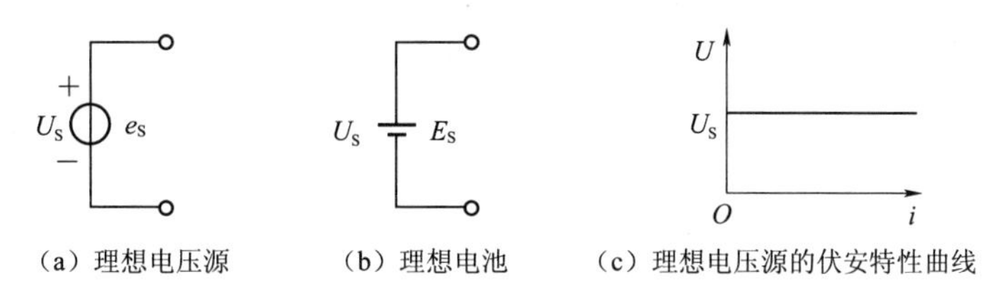

图 4-14　理想电压源

$$U=U_S(t) \tag{4-17}$$

理想电压源的电流是任意的，与电压源的负载（外电路）状态有关。图 4-14（c）所示为理想电压源的伏安特性曲线。

实际的电压源总是有内部消耗的，只是内部消耗通常都很小，因此可以用一个理想的电

压源元件与一个阻值较小的电阻（内阻）串联组合来等效，如图 4－15（a）虚线部分所示。

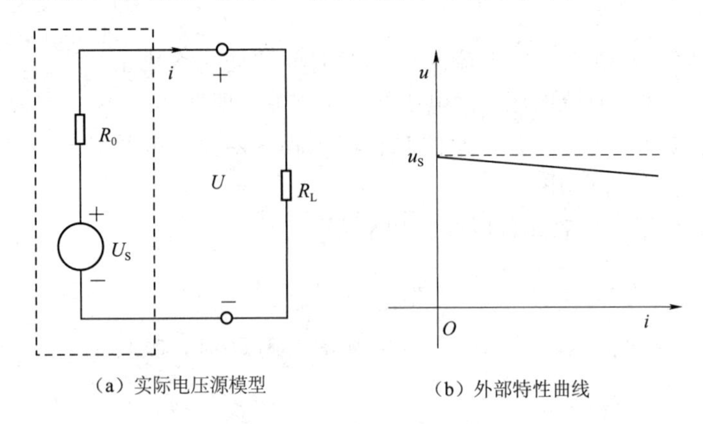


（a）实际电压源模型　　（b）外部特性曲线

图 4－15 实际电压源模型及其外部特性曲线

电压源两端接上负载 $R_L$ 后，负载上的电流 $i$ 和电压 $u$ 分别称为输出电流和输出电压。在图 4－15（a）中，电压源的外部特性方程为

$$u=u_S-iR_0 \tag{4-18}$$

由此可画出电压源的外部特性曲线，如图 4－15（b）的实线部分所示，它是一条具有一定斜率的直线段，因内阻很小，所以外特性曲线较平坦。

2）电压源模型。任何一个电源，例如发电机、电池或各种信号源都含有电动势 $E$ 和内阻 $R_0$。在分析与计算电路时，往往把它们分开，组成的电路模型如图 4－16 所示，此即电压源模型，简称电压源。图 4－16 中 $U$ 是电源端电压，$R_L$ 是负载电阻，$I$ 是负载电流。

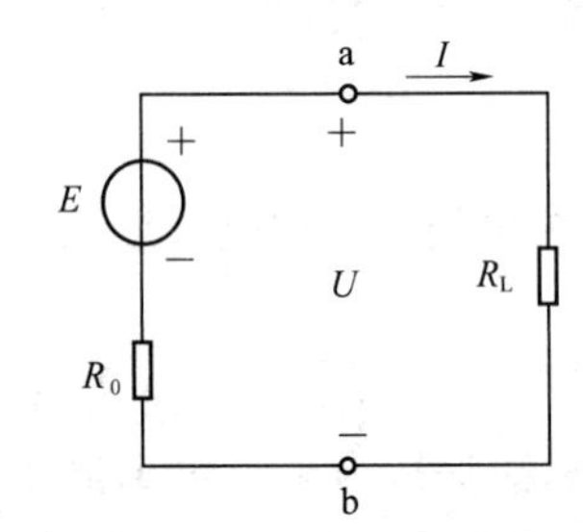


图 4－16 电压源电路模型

根据如图 4－16 所示的电路，可得出

$$U=E-R_0I \tag{4-19}$$

由此可作出电压源的外部特性曲线，如图 4－17 所示。当电压源开路时，$I=0$，$U=U_0=E$；短路时，$U=0$，$I=I_S=\dfrac{E}{R_0}$。内阻 $R_0$ 越小，则直线越平。当 $R_0=0$ 时，电压 $U$ 恒等于电动势 $E$，是一定值，而其中的电流 $I$ 则是任意的，由负载电阻 $R_L$ 及电压 $U$ 本身确定。这样的电源称为理想电压源或恒压源，其符号及电路模型如图 4－18 所示。

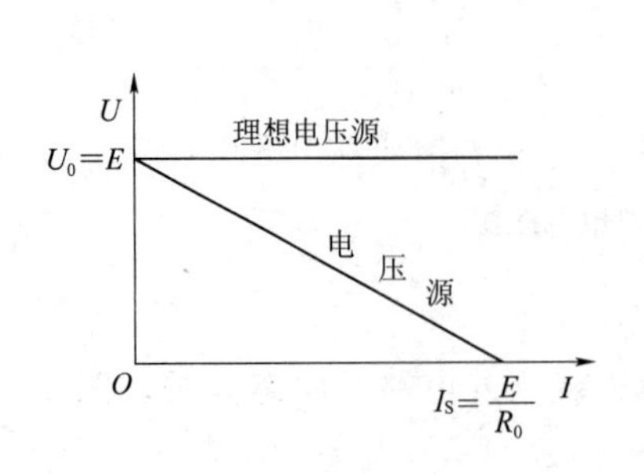


图 4－17 电压源和理想电压源的外部特性曲线图

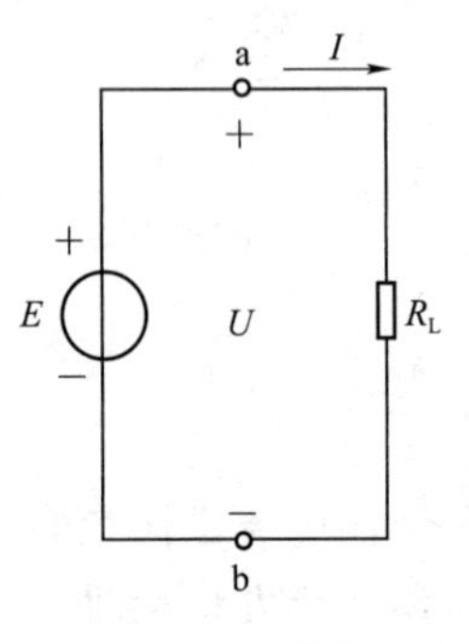


图 4－18 理想电压源符号及电路模型

理想电压源是理想的电源。如果一个电源的内阻远小于负载电阻，即 $R_0 \ll R_L$ 时，则内阻压降 $R_0 I \ll U$，于是 $U \approx E$，基本上恒定，可以认为是理想电压源。通常稳压电源也可认为是一个理想电压源。

（2）电流源与电流源模型。

1）电流源。理想电流源也是实际电源的一种抽象，它提供的电流为恒定值或时间的函数，与两端所加的电压无关，也称为恒流源。图 4-19（a）所示为理想电流源的一般电路符号。理想电流源的伏安特性可写为

$$i = i_S(t) \tag{4-20}$$

理想电流源两端所加电压是任意的，与电流源的负载（外电路）状态有关。理想电流源的伏安特性曲线如图 4-19（b）所示。

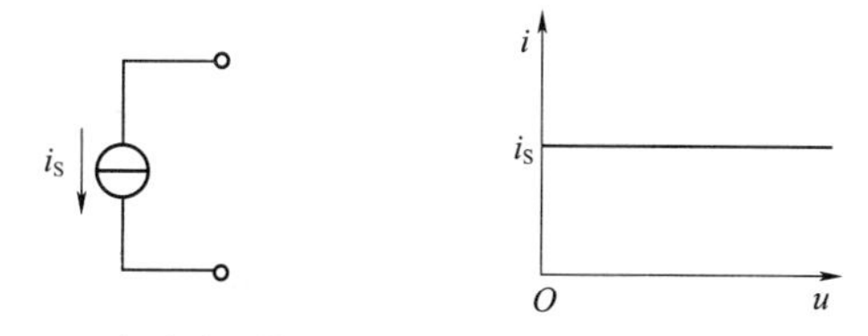

（a）理想电流源符号　（b）理想电流源的伏安特性曲线

图 4-19　理想电流源

实际的电源总是有内部消耗的，只是内部消耗通常都很小，因此可以用一个理想的电流源元件与一个阻值很大的电阻（内阻）并联组合来等效，如图 4-20（a）虚线部分所示。

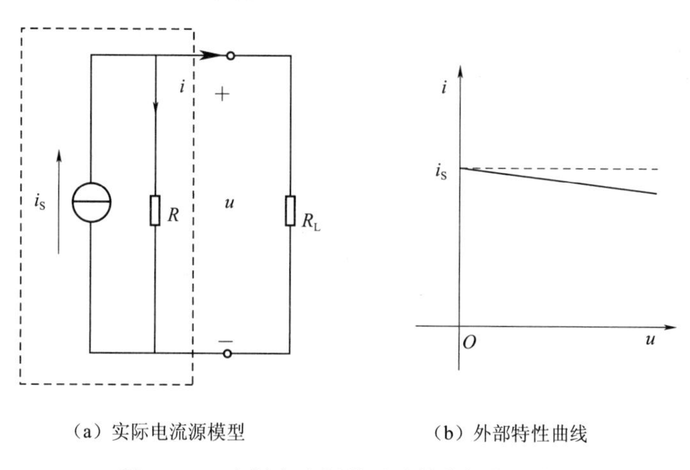

（a）实际电流源模型　（b）外部特性曲线

图 4-20　实际电流源模型及其外部特性曲线

电流源两端接上负载 $R_L$后，负载上就有电流 $i$ 和电压 $u$，分别称为输出电流和输出电压。在图 4-20 中，电压源的外部特性方程为

$$i = i_S - \frac{u}{R_0} \tag{4-21}$$

由此可画出电流源的外部特性曲线，如图 4-20（b）的实线部分所示，它是一条具有一定斜率的直线段，因内阻很大，外部特性曲线较平坦。

在电路分析中，一个实际电源可以用电压源与电阻串联电路或电流源与电阻并联电路的模型表示，采用哪一种计算模型，依计算繁简程度而定。

2）电流源模型。电源除用电动势 $E$ 和内阻 $R_0$ 的电路模型来表示外，还可以用另一种电路模型来表示。

如将式（4-19）两端除以 $R_0$，则得

$$\frac{U}{R_0}=\frac{E}{R_0}-I=I_S-I$$

即

$$I_S=\frac{U}{R_0}+I \tag{4-22}$$

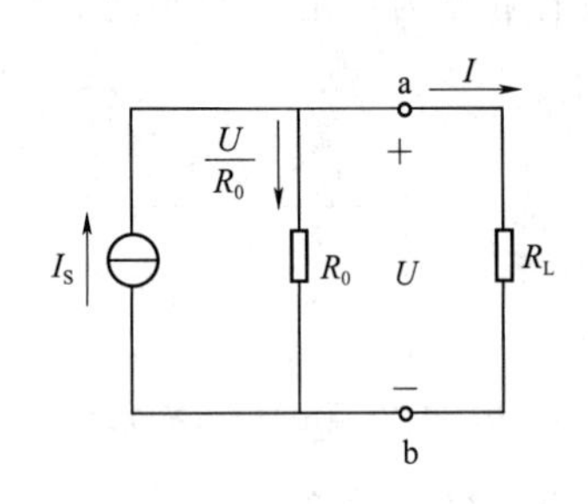


图 4-21 电流源电路模型

式中：$I_S=\frac{E}{R_0}$为电源的短路电流；$I$ 为负载电流；$\frac{U}{R_0}$为引出的另一个电流。如用电路图表示，则如图 4-21 所示。图 4-21 是用电流来表示的电源的电路模型，此即电流源模型，简称电流源。

两条支路并联，其中电流分别为 $I_S$和$\frac{U}{R_0}$。对负载电阻 $R_L$讲，与图 4-20 中 $R_0$是一样的，其上电压 $U$ 和通过的电流 $I$ 未有改变。由式（4-22）可作出电流源的外部特性曲线，如图 4-22 所示。当电流源开路时，$I=0$，$U=U_0=R_0I_S$；当短路时，$U=0$，$I=I_S$，内阻 $R_0$ 越大，则直线越陡。当 $R_0=\infty$（相当于并联支路 $R_0$断开）时，电流 $I$ 恒等于电流 $I_S$，是定值，而其两端的电压 $U$ 则是任意的，由负载电阻 $R_L$ 及电流 $I_S$ 本身确定。这样的电源称为理想电流源或恒流源，其符号及电路模型如图 4-23 所示。

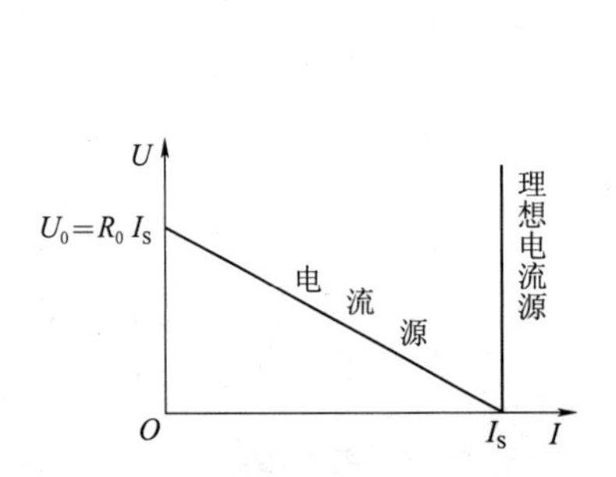


图 4-22 电流源和理想电流源的外部特性曲线

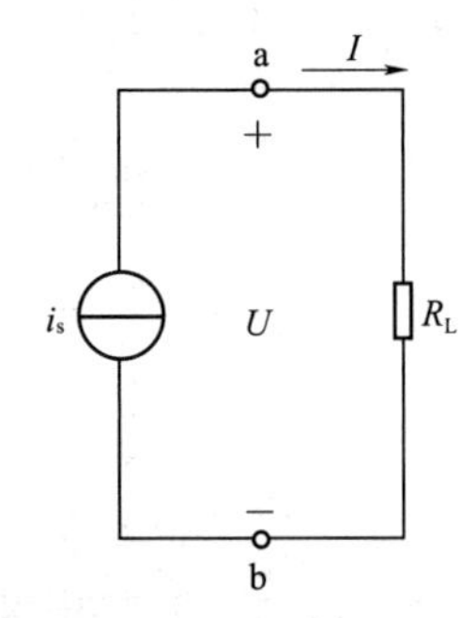


图 4-23 理想电流源符号及电路模型

理想电流源也是理想的电源。如果一个电源的内阻远大于负载电阻，即 $R_0\gg R_L$ 时，则 $I=I_S$，基本上恒定，可以认为是理想电流源。

**【例 4-3】** 计算图 4-24 中各电源的功率。

**解：** 对 30V 的电压源，电压与电流实际方向关联，则

$$P_{U_S}=30\times2=60(\text{W})(\text{恒压源吸收功率})$$

对 2A 的电流源，电压与电流实际方向非关联，则

$$P_{I_S}=-(30\times2)=-60(\text{W})(\text{恒流源释放功率})$$

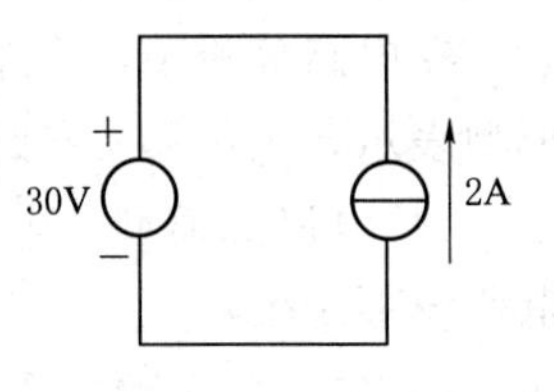


图 4-24 ［例 4-3］图

（3）两种电源模型的等效变换。一个电源可以用两种不同的电路模型来表示：一种是理想电压源与电阻串联的电路模型，称为电源的电压源模型；一种是理想电流源与电阻并联的电路模型，称为电源的电流源模型。

电压源模型和电流源模型的外特性是相同的。因此，电源的两种电路模型相互间是等效的，可以等效变换。但是，电压源模型和电流源模型的等效关系只是对外电路而言的，对电源内部，则是不等效的。例如在图 4-16 中，当电压源开路时，$I=0$，电源内阻 $R_0$ 上不损耗功率；但在图 4-21 中，当电流源开路时，电源内部仍有电流，内阻 $R_0$ 上有功率损耗。当电压源和电流源短路时也是这样，两者对外电路是等效的，$U=0$，$I_S=\frac{E}{R_0}$，但电源内部的功率损耗也不一样，电压源有损耗，而电流源无损耗，$R_0$ 被短路，其中不通过电流。

**【例 4-4】** 有一直流发电机，$E=230V$，$R_0=1\Omega$，当负载电阻 $R_L=22\Omega$ 时，用电源的两种电路模型分别求电压 $U$ 和电流 $I$，并计算电源内部的损耗功率和内阻压降，看是否也相等。

**解：** 图 4-25 所示的是直流发电机的电压源电路和电流源电路。

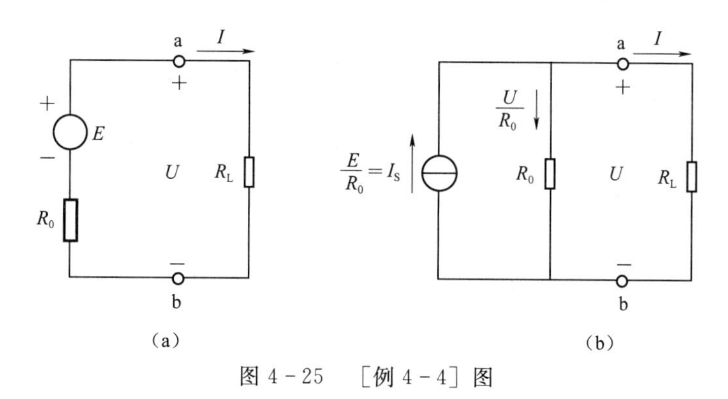


图 4-25　[例 4-4] 图

计算电压 $U$ 和电流 $I$：

在图 4-25（a）中：

$$I=\frac{E}{R_L+R_0}=\frac{230}{22+1}=10(A)$$

$$U=R_LI=22\times10=220(V)$$

在图 4-25（b）中：

$$I=\frac{R_0}{R_L+R_0}I_S=\frac{1}{22+1}\times\frac{230}{1}=10(A)$$

$$U=R_LI=22\times10=220(V)$$

计算内阻压降和电源内部损耗的功率：

在图 4-25（a）中：

$$R_0I=1\times10=10(V)$$

$$\Delta P_0=R_0I^2=1\times10^2=100(W)$$

在图 4-25（b）中：

$$\frac{U}{R_0}R_0=220(V)$$

$$\Delta P_0=\left(\frac{U}{R_0}\right)^2R_0=\frac{U^2}{R_0}=\frac{220^2}{1}=48400(W)=48.4(kW)$$

因此，电压源模型和电流源模型对于外电路相互间是等效的；但对于电源内部是不等

效的。

上面讲的是电源的两种电路模型。实际上，一种是电动势为 $E$ 的理想电压源和内阻 $R_0$ 串联的电路（图 4-16），一种是电流 $I_S$的理想电流源和 $R_0$并联的电路（图 4-21）。

一般不限于内阻 $R_0$，只要一个电动势为 $E$ 的理想电压源和某个电阻 $R$ 串联的电路都可以化为一个电流为 $I_S$的理想电流源和这个电阻并联的电路，两者是等效的（图 4-26），其中

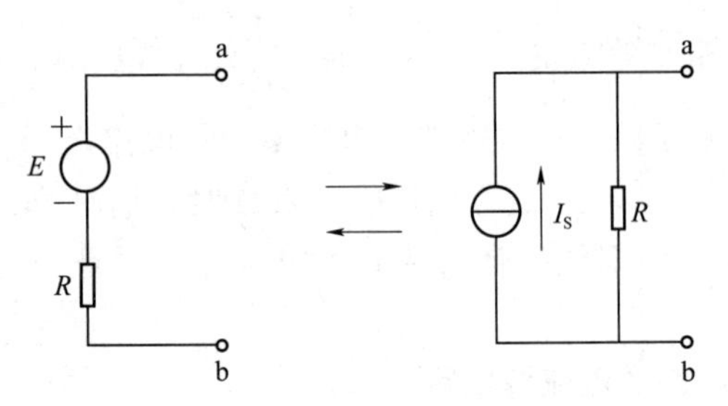

图 4-26　电压源和电流源的等效变换

$$I_S=\frac{E}{R}\text{或}E=RI_S$$

在分析与计算电路时，也可以用这种等效变换的方法。

但是，理想电压源和理想电流源本身没有等效的关系。因为对理想电压源（$R_0=0$）讲，其短路电流 $I_S$ 为无穷大，对理想电流源（$R_0=\infty$）讲，其开路电压 $U=U_0$ 为无穷大，都不能得到有限的数值，故两者之间不存在等效变换的条件。

**【例 4-5】** 试用电压源与电流源等效变换的方法计算图 4-27（a）中 1Ω 电阻上的电流 I。

**解：**根据图 4-27 的变换次序，最后化简为图 4-27（f）的电路，变换时应注意电流源电流的方向和电压源电压的极性。由此可得

$$I=\frac{2}{2+1}\times3=2(\text{A})$$

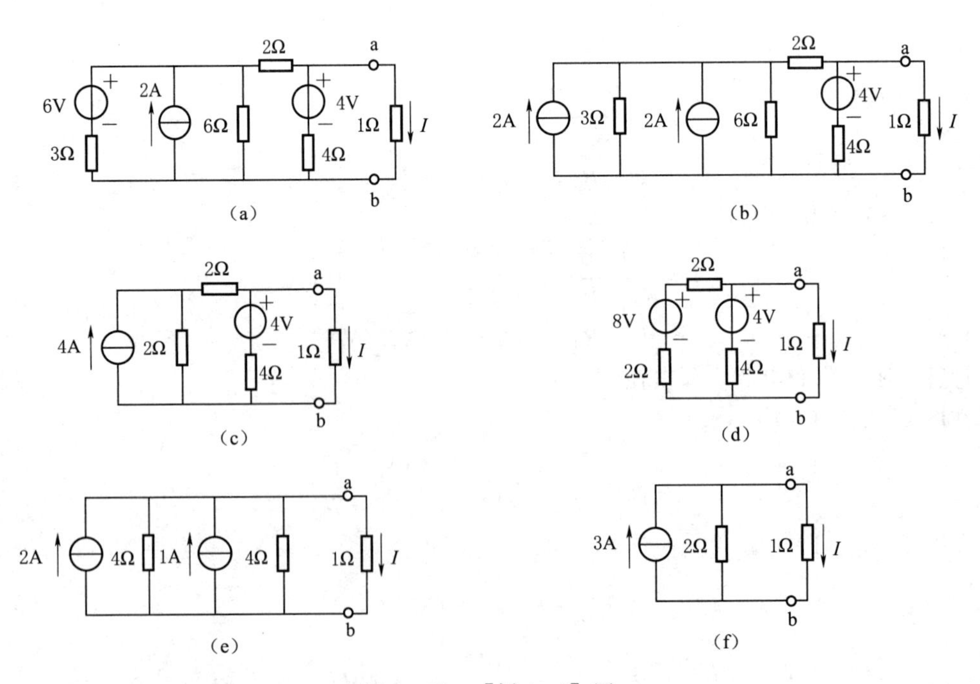

图 4-27　［例 4-5］图

【例 4－6】　如图 4－28 所示，一个理想电压源和一个理想电流源相连，试讨论它们的工作状态。

**解：** 在图 4－28 所示电路中，理想电压源中的电流（大小和方向）取决于理想电流源的电流 $I$，理想电流源两端的电压取决于理想电压源的电压 $U$。

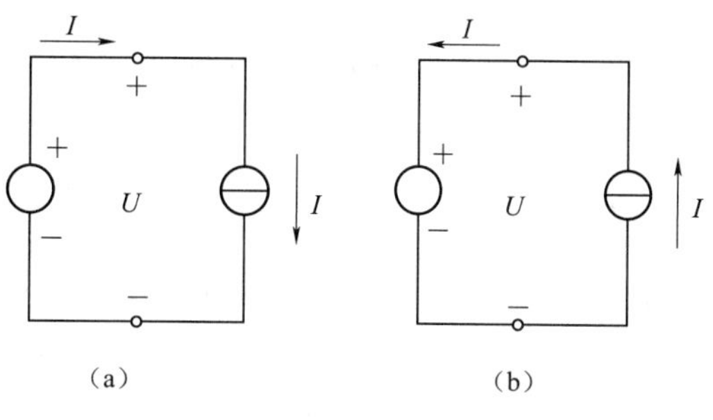


图 4－28　［例 4－6］图

在图 4－28（a）中，电流从电压源的正端流出（$U$ 和 $I$ 的实际方向相反），而流进电流源（$U$ 和 $I$ 的实际方向相同），故电压源处于电源状态，发出功率 $P=UI$，而电流源则处于负载状态，取用功率 $P=UI$。

如图 4－28（b）所示，电流从电流源流出（$U$ 和 $I$ 的实际方向相反），流进电压源的正端（$U$ 和 $I$ 的实际方向相同），故电流源发出功率，处于电源状态，而电压源取用功率，处于负载状态。

【例 4－7】　如图 4－29（a）所示，$U_1=10\text{V}$，$I_S=2\text{A}$，$R_1=1\Omega$，$R_2=2\Omega$，$R_3=5\Omega$，$R=10\Omega$。

（1）求电阻 $R$ 中的电流 $I$；（2）计算理想电压源 $U_1$ 中的电流 $I_{U1}$ 和理想电流源 $I_S$ 两端的电压 $U_{IS}$；（3）分析功率平衡。

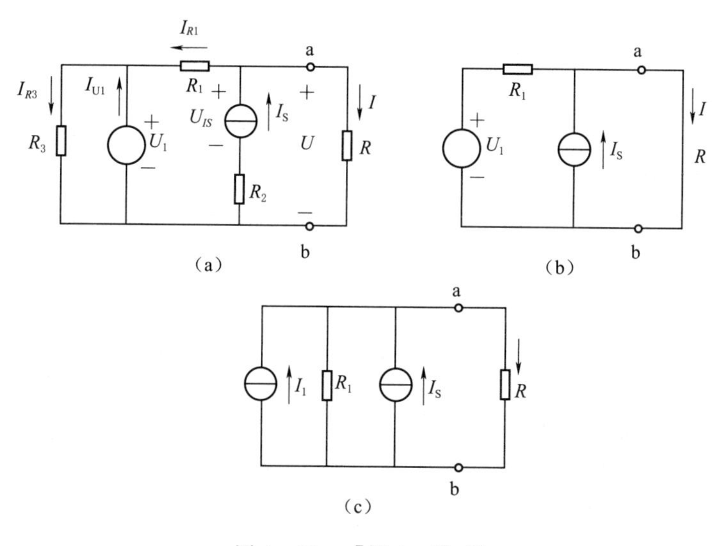


图 4－29　［例 4－7］图

**解：**（1）可将与理想电压源 $U_1$ 并联的电阻 $R_3$ 除去（断开），并不影响该并联电路两端的电压 $U_1$，也可将与理想电流源串联的电阻 $R_2$ 除去（短接），并不影响该支路中的电流 $I_S$。这样简化后得出图 4－29（b）的电路。而后将电压源（$U_1$、$R_1$）等效变换为电流源（$I_1$、$R_1$）得出图 4－29（c）的电路。由此可得

$$I_1=\frac{U_1}{R_1}=\frac{10}{1}=10(\text{A})$$

$$I=\frac{I_1+I_S}{2}=\frac{10+2}{2}=6(\text{A})$$

（2）应注意，求理想电压源 $U_1$ 电阻 $R_3$ 中的电流和理想电流源 $I_S$ 两端的电压以及电源的功率时，相应的电阻应保留。在 4－29（a）中 $I_{R1}=I_S-I=-4\text{A}$

$$I_{R3}=\frac{U_1}{R_3}=\frac{10}{5}=2(\text{A})$$

于是，理想电压源 $U_1$ 中的电流

$$I_{U1}=I_{R3}-I_{R1}=2-(-4)=6(\text{A})$$

理想电流源 $I_S$ 两端的电压

$$U_{IS}=U+R_2I_S=RI+R_2I_S=1\times6+2\times2=10(\text{V})$$

（3）本例中，理想电压源 $U_1$ 和理想电流源 $I_S$ 都是电源，它们发出的功率分别为

$$P_{U1}=U_1I_{U1}=10\times6=60(\text{W})$$

$$P_{IS}=U_{IS}I_S=10\times2=20(\text{W})$$

各个电阻所吸收的功率分别为

$$P_R=RI^2=1\times6^2=36(\text{W})$$

$$P_{R1}=R_1I_{R1}^2=1\times(-4)^2=16(\text{W})$$

$$P_{R2}=R_2I_S^2=2\times2^2=8(\text{W})$$

$$P_{R3}=R_3I_{R3}^2=5\times2^2=20(\text{W})$$

两者平衡，得

$$60\text{W}+20\text{W}=36\text{W}+16\text{W}+8\text{W}+20\text{W}$$

$$80\text{W}=80\text{W}$$

2. 受控电源

（1）受控电源的概念及分类。书中提到的电源如发电机和电池，因能独立地为电路提供能量，所以被称为独立电源。而有些电路元件，虽不能独立地为电路提供能量，但在其他信号控制下仍然可以提供一定的电压或电流，这类元件可以用受控电源模型来模拟。受控电源的输出电压或电流，与控制它们的电压或电流之间有正比关系时，称为线性受控源。受控电源是一个二端口元件，由一对输入端钮施加控制量，称为输入端口；一对输出端钮对外提供电压或电流，称为输出端口。

按照受控变量的不同，受控电源可分为 4 类：电压控制的电压源（VCVS）、电流控制的电压源（CCVS）、电压控制的电流源（VCCS）、电流控制的电源流（CCCS）。

为区别于独立电源，用菱形符号表示其电源部分，以 $u$、$i$ 表示控制电压、控制电流，则 4 种电源的电路符号如图 4－30 所示。

4 种受控源的伏安关系，即控制关系为

$$\left.\begin{aligned}&\text{VCVS}: u_1=\mu u\\&\text{CCVS}: u_1=\gamma i\\&\text{VCCS}: i_1=gu\\&\text{CCCS}: i_1=\beta i\end{aligned}\right\}\qquad(4-23)$$

式中：$\mu$、$\gamma$、$g$、$\beta$ 分别为有关的控制系数，且均为常数，其中 $\mu$、$\beta$ 是没有量纲的纯数，$\gamma$ 具有电阻量纲，$g$ 具有电导量纲。

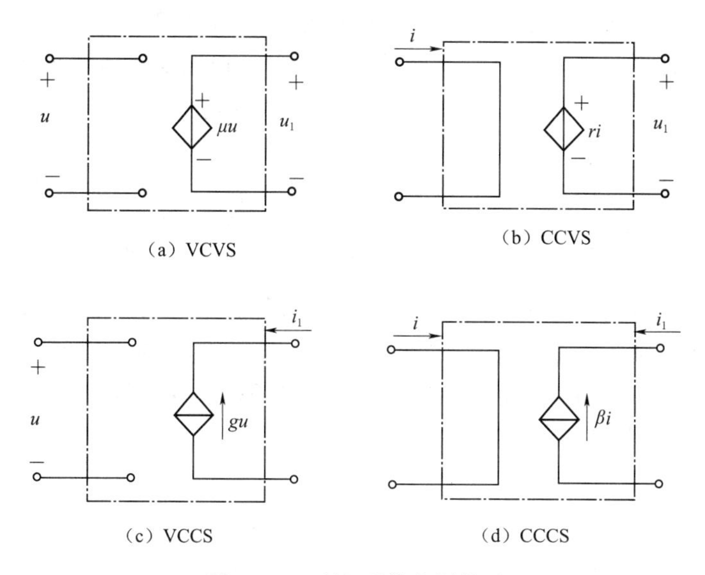


图 4-30　理想受控电源模型

在控制系数、控制电压和控制电流不变的情况下，受控电压源输出的电压及受控电流源输出的电流，都是恒定的或是一定的时间函数。

注意：判断电路中受控电源的类型时，应看它的符号形式，而不应以它的控制量作为判断依据。图 4-31 所示电路，由符号形式可知，电路中的受控电源为电流控制电压源，大小为 $10I$，其单位为伏特而非安培。

**【例 4-8】** 图 4-32 电路中 $I=5A$，求各个元件的功率并判断电路中的功率是否平衡。

解：发出功率：　$P_1=-20\times5=-100(W)$

消耗功率：　$P_2=12\times5=60(W)$

消耗功率：　$P_3=8\times6=48(W)$

发出功率：　$P_4=-8\times0.2I=8\times0.2\times5=-8(W)$

电路中功率平衡：　$P_1+P_4+P_2+P_3=0$

(2) 受控源的等效变换。同独立电源一样，有串联电阻的受控电压源和有并联电阻的受控电流源均称为实际受控源，而无串联电阻的受控电压源和无并联电阻的受控电流，称为理想受控源。含受控源电路示意图如图 4-33 所示。

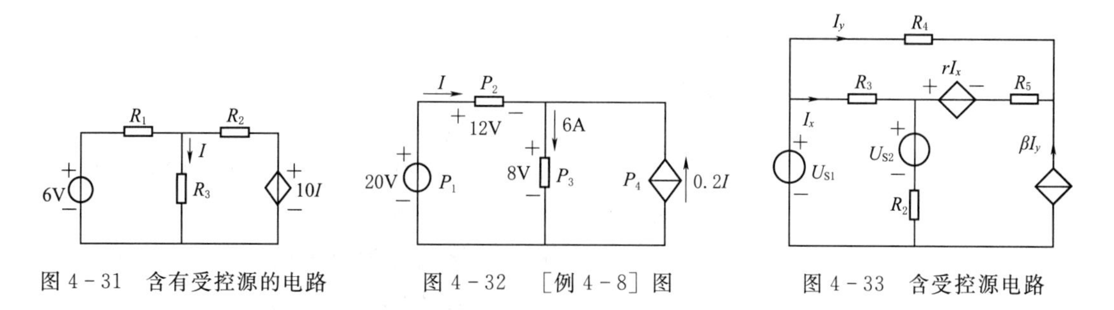


图 4-31　含有受控源的电路　　图 4-32　[例 4-8] 图　　图 4-33　含受控源电路

实际电源的两种模型之间的等效变换法可以用来解决电压源和电阻串联单口与电流源和电阻并联单口之间的等效变换。与此类似，一个受控电压源（仅指受控支路，以下同）和电阻串联的单口，也可以与一个受控电流源和电阻并联单口进行等效变换。变换的办法是将受控源当做独立源一样进行变换。但在变换过程中一定要把握受控源的控制量在变换前后不变异。

**【例 4-9】** 将图 4-34（a）所示的受控电压源变换为受控电流源。

**解：** 因受控电压源有串联电阻，故可采用等效变换的方法，求得等效电流源参数为 $\frac{A_{US}}{R}$，内电阻仍为 $R$，等效的受控电流源模型如图 4-34（b）所示。

（3）含受控源单口网络的简化。此处所指的含受控源单口网络是指单口网络内部只含有受控源和电阻，不含独立电源的情况。就端口特性而言，这样的单口可以对外等效为电阻；其等效电阻值等于端口处加一个电压源的电压和对应的端口电流的比值。

**【例 4-10】** 求如图 4-35（a）所示单口网络的等效电阻。

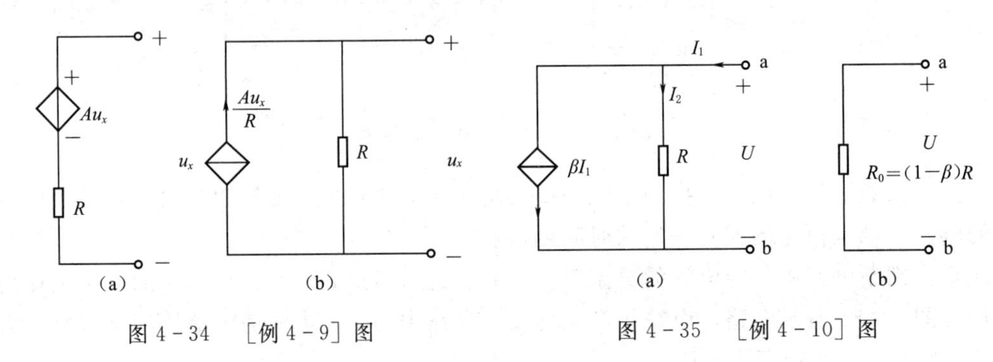


图 4-34 ［例 4-9］图　　图 4-35 ［例 4-10］图

**解：** 设想在端口处加电压源 $U$，求 $U$ 与 $I_1$ 的关系：

$$U=RI_2$$

$$I_2=I_1-\beta I_1$$

$$U=R(I_1-\beta I_1)=(1-\beta)RI_1$$

从而求得单口网络的等效电阻

$$R_0=\frac{U}{I_1}=(1-\beta)R$$

即图 4-35（a）所示电路的端口特性等效于如图 4-35（b）所示的电路。

对于含受控源（无独立源）单口网络求等效电阻的方法可归纳为：首先在端口处外加理想电压源，电压为 $U$，从而引起端口输入电流 $I$。

### （六）电阻串并联及其等效变换

在电路中，电阻的连接形式是多种多样的，其中最简单和最常用的是串联与并联。

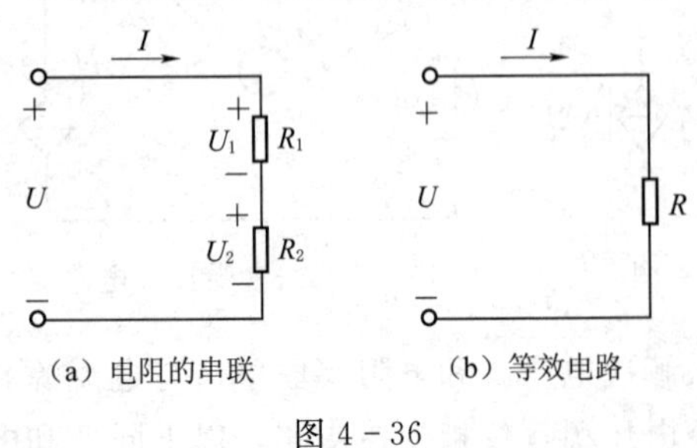


图 4-36

#### 1. 电阻的串联

如果电路中有两个或更多个电阻一个接一个地顺序相连，并且在这些电阻中通过相同的电流，则这样的连接法称为电阻的串联。图 4-36（a）所示是两个电阻串联的电路。

两个串联电阻可用一个等效电阻 $R$ 来代替，如图 4-36（b）所示，等效的条件是在同一电压

$U$ 的作用下电流 $I$ 保持不变。

串联电路的特点如下：

（1）各电阻中通过同一电流。

（2）等效电阻等于各个串联电阻之和，即

$$R=R_1+R_2 \tag{4-24}$$

（3）各电阻两端的电压与阻值成正比：

$$\left.\begin{aligned}U_1=\frac{R_1}{R_1+R_2}U\\U_2=\frac{R_2}{R_1+R_2}U\end{aligned}\right\} \tag{4-25}$$

（4）各电阻消耗的功率与阻值成正比。电阻串联的应用很多，譬如在负载的额定电压低于电源电压的情况下，通常需要与负载串联一个电阻，以降低一部分电压。有时为了限制负载中通过的电流过大，也可以与负载串联一个限流电阻。需要调节电路中的电流时，可以在电路中串联一个变阻器来进行调节。另外，改变串联电阻的大小以得到不同的输出电压，也是常见的方法。

2．电阻的并联

如果电路中有两个或更多个电阻连接在两个公共的结点之间，这样的连接法就称为电阻的并联。各个并联支路上的电压相同。两个电阻并联的电路如图 4－37（a）所示。两个并联电阻也可用一个等效电阻 $R$ 来代替，如图 4－37（b）所示。

等效电阻的倒数等于各个并联电阻的倒数之和，即

$$\frac{1}{R}=\frac{1}{R_1}+\frac{1}{R_2} \tag{4-26}$$

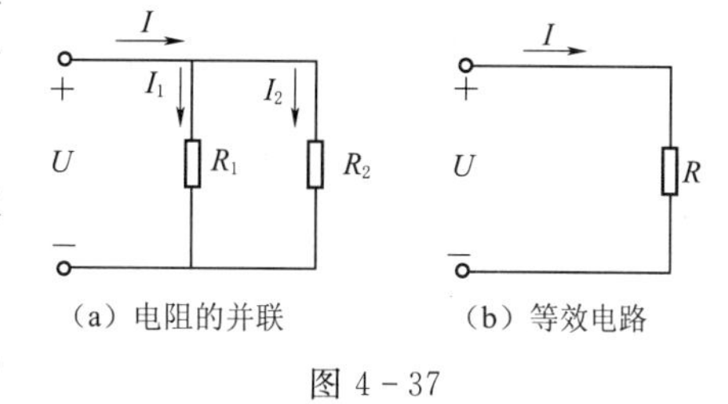

（a）电阻的并联　（b）等效电路

图 4－37

式（4－26）也可写成 $G=G_1+G_2$。在国际单位制中，电导的单位是西门子（S）。并联电阻用电导表示可使分析计算多支路并联电路更加简便。

并联电路的特点如下：

（1）各电阻两端的电压相同。

（2）等效电阻的倒数等于各个并联电阻的倒数之和。

（3）通过各电阻的电流与阻值成反比：

$$\left.\begin{aligned}I_1=\frac{R_2}{R_1+R_2}I\\I_2=\frac{R_1}{R_1+R_2}I\end{aligned}\right\} \tag{4-27}$$

（4）各电阻消耗的功率与阻值成反比。

一般负载都是并联使用的。负载并联使用时处于同一电压之下，任何一个负载的工作情况基本上不受其他负载的影响。并联的负载电阻越多（负载增加），则总电阻越小，电路中总电流和总功率也就越大。但是每个负载的电流和功率却没有变动（严格地讲，基本上不变）。为了某种需要，可将电路中的某一段与电阻或变阻器并联，以起分流或调节电流的

作用。

3. 电阻星形（Y）联结与三角形（△）联结的等效变换

在计算电路时，将串联与并联的电阻化简为等效电阻最为简便。但是有的电路，例如图4-38（a）所示的电路，5个电阻既非串联，又非并联，就不能用电阻串、并联来化简。在图4-38（a）中，如果能将a、b、c三端间连成三角形的三个电阻等效变换为星形联结的另外三个电阻，那么，电路的结构形式就变为如图4-38（b）所示。显然该电路中5个电阻是串、并联的，这样，就很容易计算电流 $I$ 和 $I_1$ 了。

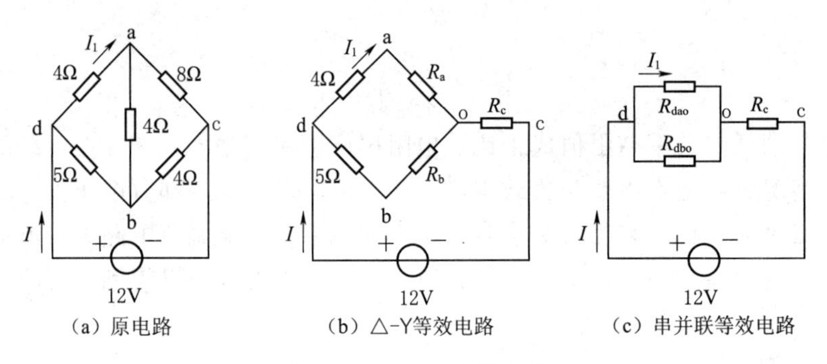


图4-38　△-Y等效变换

Y形联结的电阻与△形联结的电阻等效变换的条件是：对应端（如a、b、c）流入或流出的电流一一相等，对应端间的电压（如 $U_{ab}$、$U_{bc}$、$U_{ca}$）也一一相等（图4-39）。这样变换不影响电路其他部分的电压和电流。

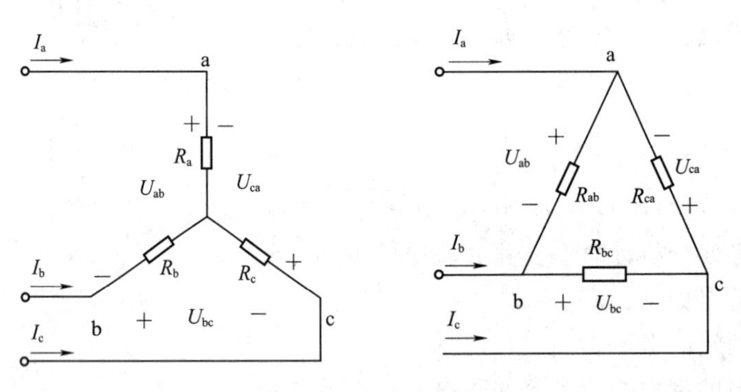


图4-39　Y-△等效变换

满足上述等效条件后，在Y形和△形两种接法中，对应的任意两端间的等效电阻也必然相等。设某一对应端（例如c端）开路时，其他两端（a和b）间的等效电阻为

$$R_a+R_b=\frac{R_{ab}(R_{bc}+R_{ca})}{R_{ab}+R_{bc}+R_{ca}} \tag{4-28}$$

同理可得

$$R_b+R_c=\frac{R_{bc}(R_{ca}+R_{ab})}{R_{ab}+R_{bc}+R_{ca}} \tag{4-29}$$

$$R_c+R_a=\frac{R_{ca}(R_{ab}+R_{bc})}{R_{ab}+R_{bc}+R_{ca}} \tag{4-30}$$

解上列三式，可得出：

将Y形联结等效变换为△形联结时：

$$\left.\begin{aligned}R_{ab}&=\frac{R_aR_b+R_bR_c+R_cR_a}{R_c}\\R_{bc}&=\frac{R_aR_b+R_bR_c+R_cR_a}{R_a}\\R_{ca}&=\frac{R_aR_b+R_bR_c+R_cR_a}{R_b}\end{aligned}\right\} \tag{4-31}$$

将△形联结等效变换为Y形联结时：

$$\left.\begin{aligned}R_a&=\frac{R_{ab}R_{ca}}{R_aR_b+R_bR_c+R_cR_a}\\R_b&=\frac{R_{bc}R_{ab}}{R_aR_b+R_bR_c+R_cR_a}\\R_c&=\frac{R_{ca}R_{bc}}{R_aR_b+R_bR_c+R_cR_a}\end{aligned}\right\} \tag{4-32}$$

当 $R_a=R_b=R_c=R_Y$，即电阻的Y形联结在对称的情况时，由式（4-28）可见：

$$R_{ab}=R_{bc}=R_{ca}=R_{\triangle}=3R_Y \tag{4-33}$$

即变换所得的△形联结也是对称的，但每边的电阻是原Y形联结时的三倍。反之亦然。

$$R_Y=\frac{1}{3}R_{\triangle} \tag{4-34}$$

Y形联结也常称为T形联结，△形联结也常称为π形联结（图4-40）。

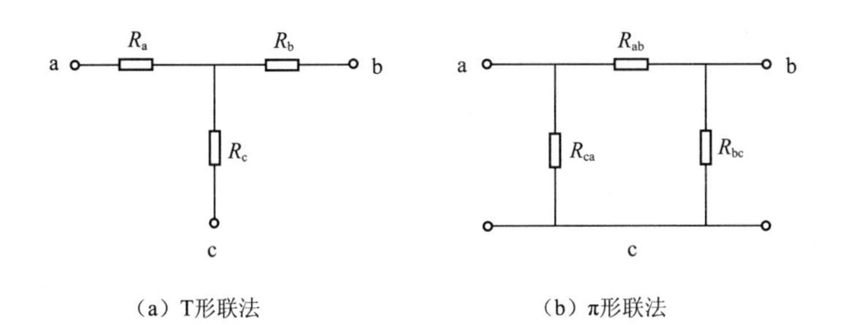


图4-40 电阻的T形联结和π形联结

**【例4-11】** 计算图4-38（a）所示电路中的电流 $I_1$。

解：将连成△形abc的电阻变换为Y形联络的等效电阻，其电路如图4-38所示。由式（4-32）得

$$R_a=\frac{4\times8}{4+4+8}=2(\Omega)$$

$$R_b=\frac{4\times4}{4+4+8}=1(\Omega)$$

$$R_c=\frac{8\times4}{4+4+8}=2(\Omega)$$

将图4-38（b）化简为图4-38（c）的电路，其中：

$$R_{dao}=4+2=6(\Omega)$$

$$R_{dbo}=5+1=6(\Omega)$$

于是有

$$I=\frac{12}{\frac{6\times6}{6+6}+2}=2.4(\mathrm{A})$$

$$I_1=2.4\times\frac{1}{2}=1.2(\mathrm{A})$$

**（七）电路基本定律**

在电路分析计算中，对于简单电路，可以用欧姆定律解决，而对于复杂电路，欧姆定律则无能为力。基尔霍夫定律就是表达复杂电路电压、电流在结构方面的规律和关系的。

1. 常用电路术语

基尔霍夫定律是与电路结构有关的定律，在研究基尔霍夫定律之前，先介绍几个有关的常用电路术语。

（1）支路。任意两个节点之间无分叉的分支电路称为支路，如图 4－41 中的 bafe 支路、be 支路、bcde 支路。

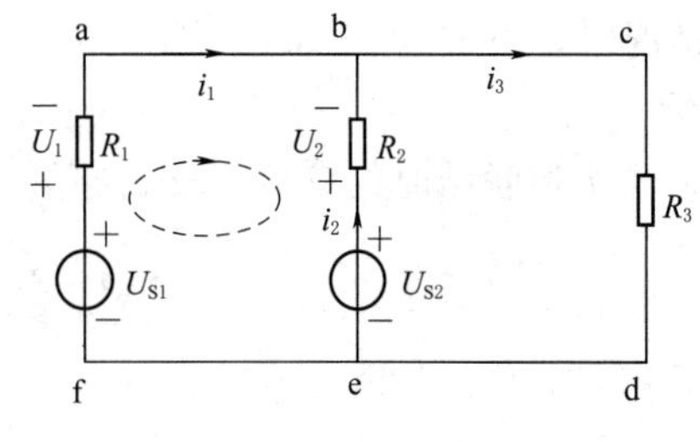


图 4－41　电路举例

（2）节点。电路中，三条或三条以上支路的汇交点称为节点，如图 4－41 中的 b 点、e 点。

（3）回路。电路中由若干条支路构成的任一闭合路径称为回路，如图 4－41 的 abefa 回路、bcdeb 回路、abcdefa 回路。

（4）网孔。不包围任何支路的单孔回路称网孔。如图 4－41 的 abefa 回路和 bcdeb 回路都是网孔，而 abcdefa 回路不是网孔。网孔一定是回路，而回路不一定是网孔。

2. 基尔霍夫定律

（1）基尔霍夫电流定律。基尔霍夫电流定律（KCL）用来反映电路中任意节点上各支路电流之间关系。其内容为：对于任何电路中的任意节点，在任意时刻，流过该节点的电流之和恒等于零。其数学表达式为

$$\sum i=0 \tag{4-35}$$

如果选定电流流出节点为正，流入节点为负，如图 4－41 所示的 b 节点，有

$$-i_1-i_2+i_3=0$$

将上式变换得

$$i_1+i_2=i_3$$

所以，基尔霍夫电流定律还可以表述为：对于电路中的任意节点，在任意时刻，流入该节点的电流总和等于从该节点流出的电流总和，即

$$\sum i_1=\sum i_{o} \tag{4-36}$$

KCL 不仅适用于电路中的任一节点，也可推广应用于广义节点，即包围部分电路的任一闭合面。可以证明流入或流出任一闭合面电流的代数和为 0。

如图 4－42 所示，对于虚线所包围的闭合面，可以证明有如下关系：

$$I_a-I_b+I_c=0$$

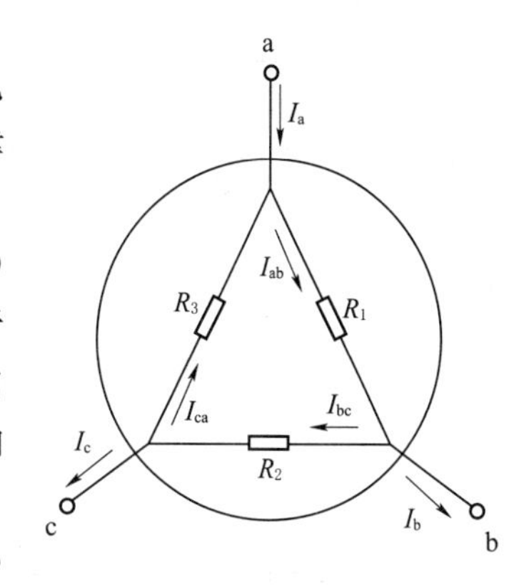

图 4-42　广义节点

基尔霍夫电流定律是电路中联接到任一节点的各支路电流必须遵守的约束，与各支路上的元件性质无关。这一定律对于任何电路都普遍适用。

（2）基尔霍夫电压定律。基尔霍夫电压定律（KVL）是反映电路中各支路电压之间关系的定律，可表述为：对于任何电路中任一回路，在任一时刻，沿着一定的循行方向（顺时针方向或逆时针方向）绕行一周，各段电压的代数和恒为零。其数学表达式为

$$\sum u=0 \tag{4-37}$$

如图 4-41 所示闭合回路中，沿 abefa 顺序绕行一周，则有

$$-u_{S1}+u_1-u_2+u_{S2}=0$$

式中，$u_{S1}$前之所以加负号，是因为按规定的循行方向，由电源负极到正极，属于电位升；$u_2$的参考方向与 $i_2$相同，与循行方向相反，所以也是电位升；$u_1$和 $u_{S2}$与循行方向相同，是电位降。当然，各电压本身还存在数值的正负问题，这是需要注意的。

由于 $u_1=R_1i_1$和 $u_2=R_2i_2$，代入上式有

$$-u_{S1}+R_1i_1-R_2i_2+u_{S2}=0$$

或

$$R_1i_1-R_2i_2=u_{S1}-u_{S2}$$

这时，基尔霍夫电压定律可表述为：对于电路中任一回路，在任一时刻，沿着一定的循行方向（顺时针方向或逆时针方向）绕行一周，电阻元件上电压降之和恒等于电源电压升之和。其表达式为

$$\sum R_i=\sum u_S \tag{4-38}$$

按式（4-38）列回路电压平衡方程式时，当绕行方向与电流方向一致时，则该电阻上的电压取“+”，否则取“－”；当从电源负极循行到正极时，该电源参数取“+”，否则取“－”。

注意应用 KVL 时，首先要标出电路各部分的电流、电压或电动势的参考方向。列电压方程时，一般约定电阻的电流方向和电压方向一致。

KVL 不仅适用于闭合电路，也可推广到开口电路（图 4-43）。则有

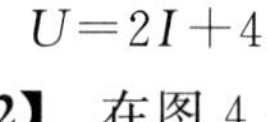

$$U=2I+4$$

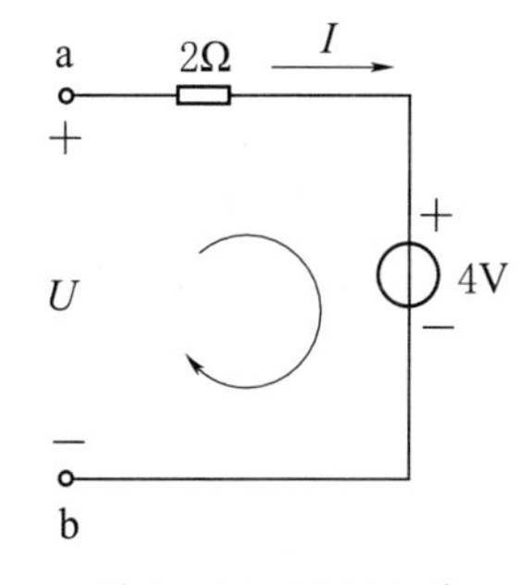

图 4-43　开口电路

**【例 4-12】** 在图 4-44 中 $I_1=3\text{mA}$，$I_2=1\text{mA}$。试确定电路元件 3 中的电流 $I_3$和其两端电压 $U_{ab}$，并说明它是电源还是负载。

**解：** 根据 KCL，对于节点 a 有

$$I_1-I_2+I_3=0$$

代入数值得

$$3-1+I_3=0$$

$$I_3=-2\text{mA}$$

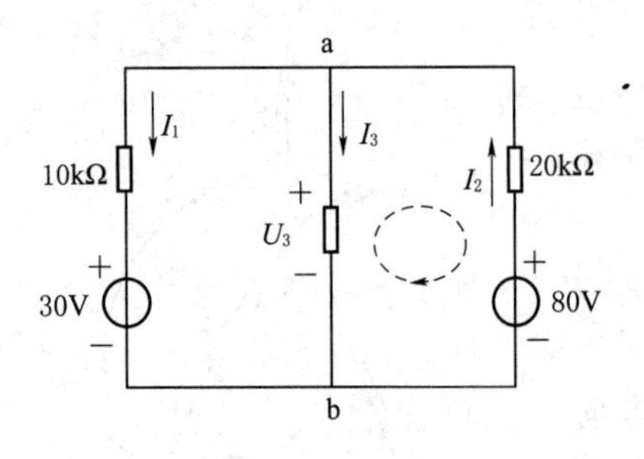


图 4-44 ［图 4-12］图

根据 KVL 和图 4-44 右侧网孔所示绕行方向，可列写回路的电压平衡方程式为

$$-U_{ab}-20I_2+80=0$$

代入 $I_2=1\text{mA}$ 数值，得

$$U_{ab}=60\text{V}$$

显然，元件 3 两端电压和流过它的电流实际方向相反，是产生功率的元件，即电源。

3. 叠加定理与替代定理

（1）叠加定理。叠加定理是线性电路中十分重要的定理。本章所涉及的线性电路是由线性电阻元件、独立电源和线性受控源构成的电路。叠加定理不仅可以用来计算电路，还可以建立响应与激励之间的内在关系，它还可以证明戴维宁定理和诺顿定理。如图 4-45（a）所示电路，以电源变换的办法来求电路中的 $I$，将 $U_S$ 与 $R_1$ 变换为电流源，再将两并联理想电流源合并，得到如图 4-45（b）所示电路，由分流关系求得

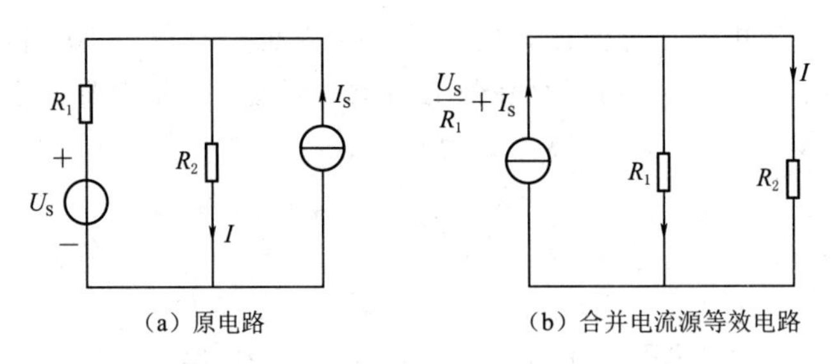


（a）原电路 （b）合并电流源等效电路

图 4-45

$$I=\left(\frac{U_S}{R_1}+I_S\right)\frac{R_1}{R_1+R_2}$$

$$I=\frac{U_S}{R_1+R_2}+\frac{R_1}{R_1+R_2}I_S=I'+I''$$

构成响应 $I$ 的第一部分分量为 $I'=\frac{U_S}{R_1+R_2}$，此分量与独立电流源无函数关系，是独立电压源 $U_S$ 的一次函数，其实质是将电源 $I_S$ 置零，即 $I_S$ 不作用，只有 $U_S$ 单独作用时，在 $R_2$ 电阻支路产生的响应；构成响应 $I$ 的第二部分分量为 $I''=\frac{R_1}{R_1+R_2}I_S$，是将独立电压源 $U_S$ 置零，即 $U_S$ 不作用，只有 $I_S$ 单独作用时，在 $R_2$ 电阻支路产生的响应。可见，电阻 $R_2$ 上的电流是两个独立电源分别单独作用在 $R_2$ 上产生的电流响应的叠加。下一任务将会讲到，电路中任何一处的电流或电压响应列出的方程均为电路中各个独立电源的一次函数。因此，叠加定理可陈述为：对于线性电路，任一瞬间，任一处的电流或电压响应等于各个独立电源单独作用时在该处产生的响应的叠加。

使用叠加定理时，应注意以下几点：

1）该定理只适用于线性电路。

2）叠加定理实质上包含“加性”和“齐性”。“齐性”是指某一独立电源扩大或缩小 $K$

倍时，该独立电源单独用所产生的响应分量亦扩大或缩小 $K$ 倍。

3）作为激励源即独立电源，一次函数的响应电压、电流可叠加，但功率是电压或电流的平方，是激励源的二次函数，不可叠加。

4）求一独立电源单独作用在某处产生的响应分量时，应去除其余独立电源，将电压源去除，是将其短接；将电流源去除，是将其开路。也就是说，去除电源意味着将该电源的参数置零。

5）应用叠加定理时，要注意各电源单独作用时所得电路各处电流、电压的参考方向应与原电路各电源共同作用时各处所对应的电流、电压的参考方向一致。

6）只对独立电源产生的响应叠加，受控源在每个独立电源单独作用时都应在相应的电路中保留。

**【例 4－13】** 用叠加定理计算图 4－46 中的电流 $I_3$。

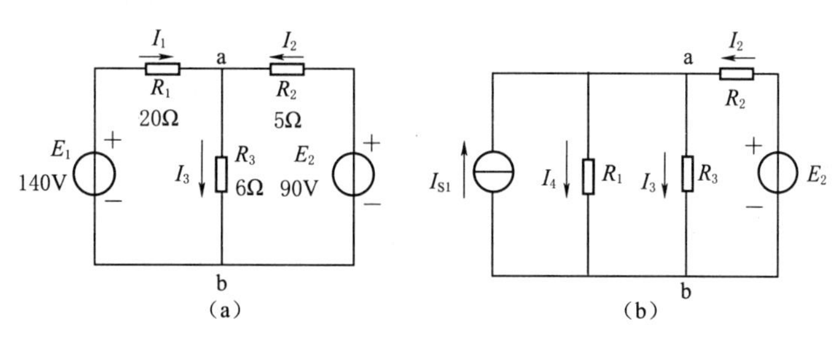


图 4－46　［例 4－13］图

**解：** 图 4－46 所示电路的电流 $I_3$ 可以看成是如图 4－47（a）和图 4－47（b）所示两个电路的电流 $I_3'$ 和 $I_3''$ 叠加起来的。当理想电流源 $I_{S1}$ 单独作用时，可将理想电压源短接（$E_2=0$），得出

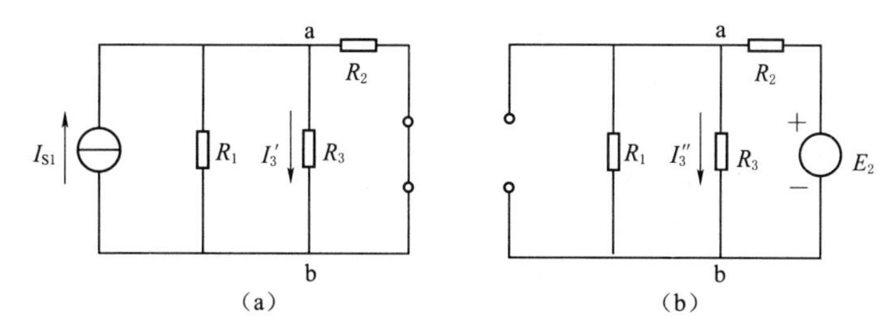


图 4－47　［例 4－13］图

$$I_3'=\frac{R_1/\!/R_2}{R_1/\!/R_2+R_3}I_{S1}$$

式中，$R_1/\!/R_2$是电阻 $R_1$和 $R_2$并联的等效电阻，即

$$R_1/\!/R_2=\frac{R_1R_2}{R_1+R_2}=\frac{20\times5}{20+5}=4$$

代入上式，得

$$I_3'=\frac{4}{4+6}\times7=2.8(\text{A})$$

当理想电压源 $E_2$单独作用时，可将理想电流源开路（$I_{S1}=0$），如图 4－47（b）所示。

可得

$$I_3''=\frac{R_1}{R_1+R_3}\frac{E_2}{R_2+R_1/\!/R_3}$$

式中：

$$R_1/\!/R_3=\frac{R_1R_3}{R_1+R_3}=\frac{20\times6}{20+6}=4.6(\mathrm{A})$$

代入上式，得

$$I_3''=\frac{20}{20+6}\times\frac{90}{5+4.6}=7.2(\mathrm{A})$$

所以

$$I_3=I_3'+I_3''=2.8+7.2=10(\mathrm{A})$$

**【例 4-14】** 用叠加定理计算图 4-48（a）所示电路中 A 点的电位 $V_A$。

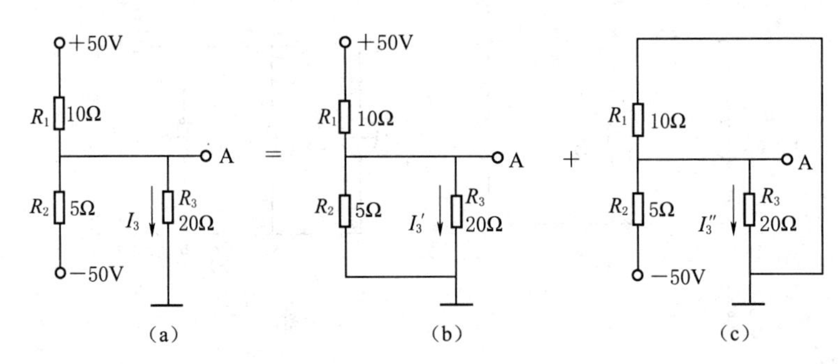


图 4-48 ［例 4-14］图

**解**：在图 4-48 中，$I_3=I_3'+I_3''$

$$I_3'=\frac{50}{R_1+\dfrac{R_2R_3}{R_2+R_3}}\frac{R_2}{R_2+R_3}=\frac{50}{10+\dfrac{5\times20}{5+20}}\times\frac{5}{5+20}=0.714(\mathrm{A})$$

$$I_3''=\frac{-50}{R_2+\dfrac{R_1R_3}{R_1+R_3}}\frac{R_1}{R_1+R_3}=\frac{-50}{5+\dfrac{10\times20}{10+20}}\times\frac{10}{10+20}=-1.43(\mathrm{A})$$

$$I_3=I_3'+I_3''=0.714-1.43=-0.716(\mathrm{A})$$

于是 A 点电位

$$V_A=R_3I_3=-20\times0.716=-14.3(\mathrm{V})$$

**【例 4-15】** 如图 4-49（a）所示电路，已知 $U_S=21\mathrm{V}$，$I_S=14\mathrm{A}$，$R_1=8\Omega$，$R_2=6\Omega$，$R_3=4\Omega$，$R=3\Omega$。用叠加定理求 $R$ 两端的电压 $U$。

**解**；将 $I_S$ 开路去掉，$U_S$ 单独作用，如图 4-49（b）所示，求 $U'$。

由分压公式得

$$U'=\frac{R}{\dfrac{(R_1+R_3)R_2}{R_1+R_2+R_3}+R}U_S=\frac{3}{3+4}\times21=9(\mathrm{V})$$

将 $U_S$ 短路，$I_S$ 单独作用，如图 4-49（c）所示，求 $U''$。

由分流公式得

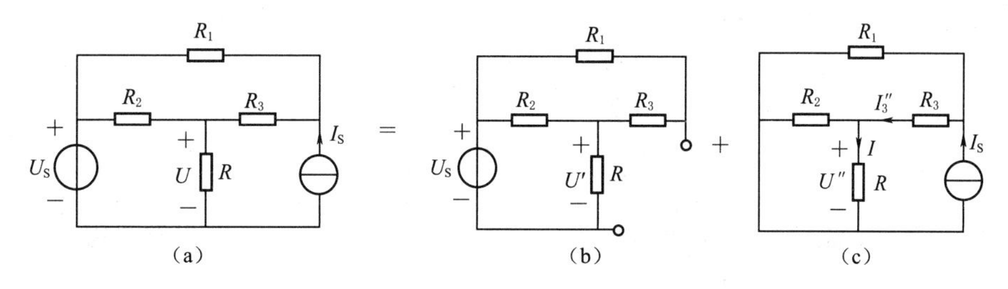


图 4－49　[例 4－15] 图

$$I''_3=\frac{R_1}{R_1+R_3+\dfrac{R_2R}{R_2+R}}I_S=\frac{8}{8+4+2}\times 14=8(\text{A})$$

$$I''=\frac{R_2}{R_2+R}I''_3=\frac{6}{6+3}\times 8=5.33(\text{A})$$

则

$$U''=RI''=3\times 5.33=16(\text{V})$$

最后叠加得

$$U=U'+U''=9+16=25(\text{V})$$

（2）替代定理。在一个电路中，能否将某一电路元件用其他形式的电路元件来替换，而整个电路其余各部分的工作状态不改变？若能替换，那么所用的替换元件与被替换元件之间应遵循什么规则？这就是替代定理要阐述的内容。

替代定理可陈述为：在任一电路中，第 $k$ 条支路的电压和电流为已知的 $U_k$ 和 $I_k$，则不管该支路原为什么元件，总可以用以下三个元件中任一个元件替代，替代前后电路各处电流、电压不变，三种原件为：①电压值为 $U_k$ 且方向与原支路电压方向一致的理想电压源；②电流值为 $I_k$ 且方向与原支路电流方向一致的理想电流源；③电阻值为 $R=\dfrac{U_k}{I_k}$ 的电阻元件。

由于替代前后电路各处的 KCL、KVL 方程保持不变，故替代前后电路各处的电流、电压不变。替代定理的实质来源于解的唯一性定理。以各支路电压或电流为未知量所列出的方程是一个代数方程组，这个代数方程组只要存在唯一解，则将其中一个未知量用其解去替代，不会影响其余未知量的值，还需要特别指出的是，使用替代定理时，并不要求电路一定线性电路。

**【例 4－16】** 求如图 4－50（a）所示电路中的 R 值。

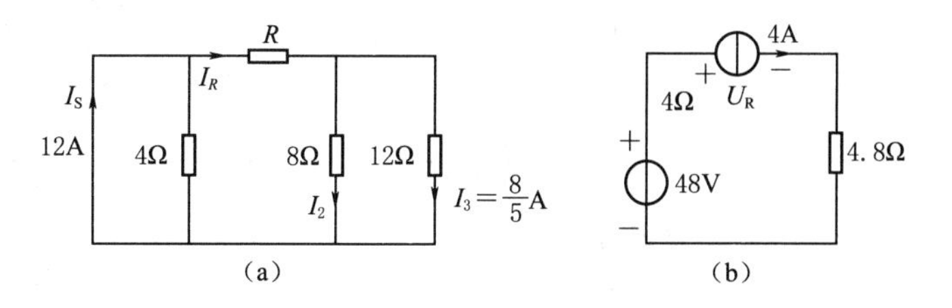


图 4－50　[例 4－16] 图

**解**：因为 $8I_2=12I_3$，所以

$$I_2=\frac{12}{8}I_3=\frac{12}{8}\times\frac{8}{5}=\frac{12}{5}(\text{A})$$

$$I_R=I_2+I_3=\frac{12}{5}+\frac{8}{5}=4(\text{A})$$

用4A的理想电流源替代 $R$ 可得如图 4－50（b）所示电路，由此电路求得

$$U_R=48-(4+4.8)\times4=12.8(\text{V})$$

$$R=\frac{U_R}{4}=\frac{12.8}{4}=3.2(\Omega)$$

4. 戴维宁定理与诺顿定理

所谓有源二端网络，就是具有两个出线端的部分电路，其中含有电源。有源二端网络可以是任意简单的或复杂的电路。但是不论简繁程度如何，它对所要计算的支路而言，仅相当于一个电源；因为它为这个支路供给电能，这个有源二端网络一定可以化简为一个等效电源。一个电源可以用两种电路模型表示：第一种是电动势为 $E$ 的理想电压源和内阻 $R_0$ 串联的电路（电压源）；第二种是电流为 $I_S$ 的理想电流源和内阻 $R_0$ 并联的电路（电流源）。由此而得出下述两个定理。

（1）戴维宁定理。任何一个有源二端线性网络都可以用一个电动势为 $E$ 的理想电压源和内阻 $R_0$ 串联的电源来等效代替（图 4－51）。等效电源的电动势 $E$ 就是有源二端网络的开路电压，即将负载断开后，a、b 两端之间的电压。等效电源的内阻 $R_0$ 等于有源二端网络中所有电源均除去（将各个理想电压源短路，即其电动势为零；将各个理想电流源开路，即其电流为零）后所得到的无源网络 a、b 两端之间的等效电阻。这就是戴维宁定理。如图 4－51（b）所示的等效电路是一个最简单的电路，其中电流可由下式计算：

$$I=\frac{E}{R_0+R_L}$$

等效电源的电动势和内阻可通过实验得出。

**【例 4－17】** 用戴维宁定理计算图 4－52 中的支路电流 $I_3$。已知：$E_1=140\text{V}$，$E_2=90\text{V}$，$R_1=20\Omega$，$R_2=5\Omega$，$R_3=6\Omega$。

**解**：图 4－52 的电路可化为如图 4－53 所示的等效电路。等效电源的电动势 $E$ 可由图 4－54（a）求得，于是

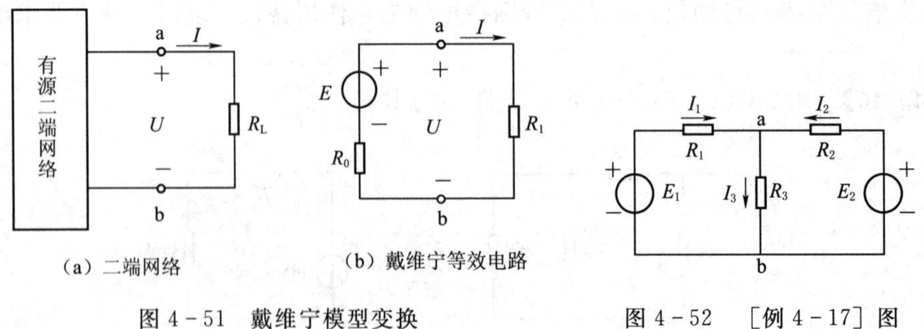


图 4－51 戴维宁模型变换

图 4－52 ［例 4－17］图

$$E=U_0=E_1-R_1I=140-20\times2=100(\text{V})$$

或

$$E=U_0=E_2+R_2I=90+5\times2=100(\mathrm{V})$$

等效电源的内阻 $R_0$ 可由图 4－54（b）求得。对 a、b 两端讲，$R_1$ 和 $R_2$ 是并联的，因此

$$R_0=\frac{R_1R_2}{R_1+R_2}=\frac{20\times5}{20+5}=4(\Omega)$$

而后由图 4－53 求出：

$$I_3=\frac{E}{R_0+R_3}=\frac{100}{4+6}=10(\mathrm{A})$$

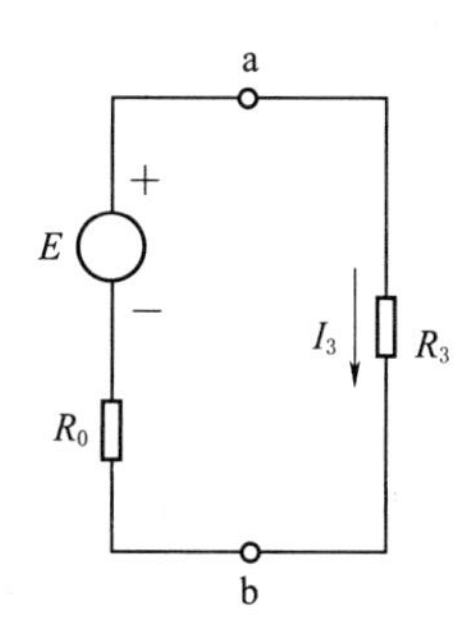


图 4－53　［例 4－17］图

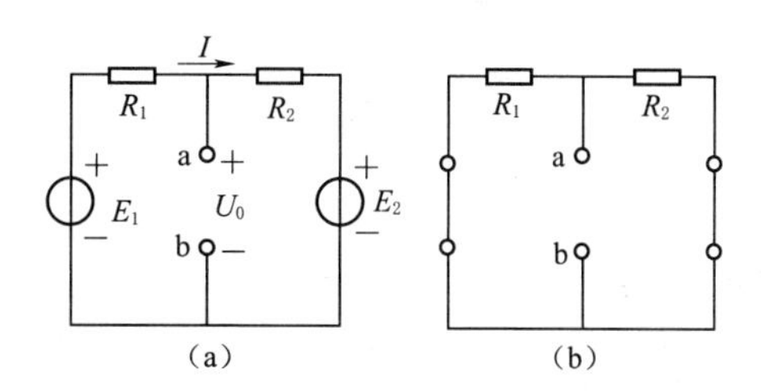


图 4－54　［例 4－17］图

**【例 4－18】**　用戴维宁定理计算图 4－55 中的电流 $I_G$。

**解：** 图 4－55 的电路可化简为如图 4－56 所示的等效电路。等效电路的电动势 $E'$ 可由图 4－57（a）求得

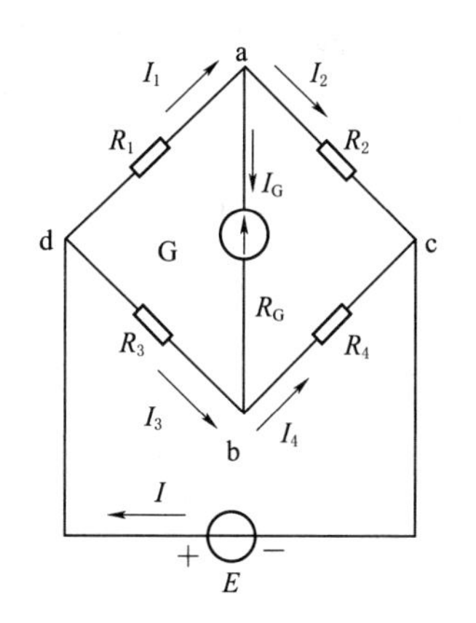


图 4－55　［例 4－18］图

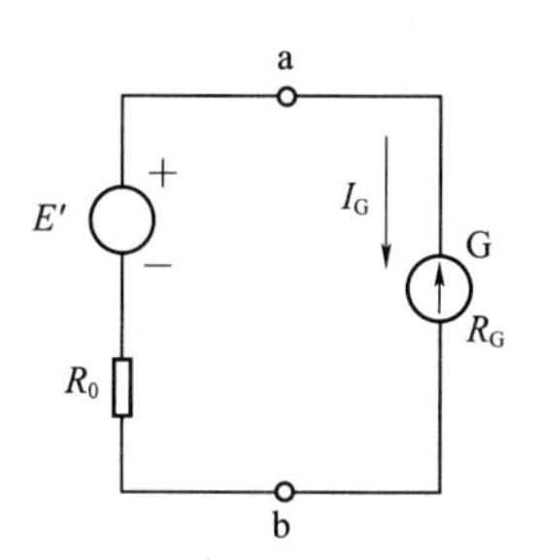


图 4－56　［例 4－18］图

$$I'=\frac{E}{R_1+R_2}=\frac{12}{5+5}=1.2(\mathrm{A})$$

$$E'=U_0=R_3I''-R_1I'=10\times0.8-5\times1.2=2(\mathrm{V})$$

或

$$E'=U_0=R_2I'-R_4=I''(5\times1.2-5\times0.8)\mathrm{V}=2(\mathrm{V})$$

等效电源的内阻 $R_0$ 可由图 4－57（b）求得

$$R_0=\frac{R_1R_2}{R_1+R_2}+\frac{R_3R_4}{R_3+R_4}=\frac{5\times5}{5+5}+\frac{10\times5}{10+5}=2.5+3.3=5.8(\Omega)$$

由图 4－56 求出：

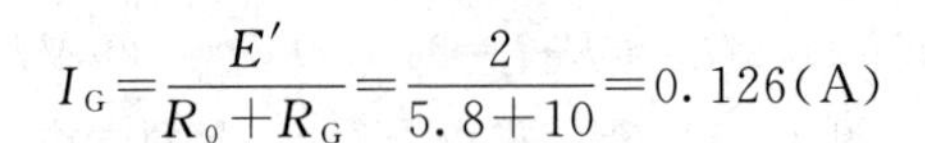

$$I_G=\frac{E'}{R_0+R_G}=\frac{2}{5.8+10}=0.126(A)$$

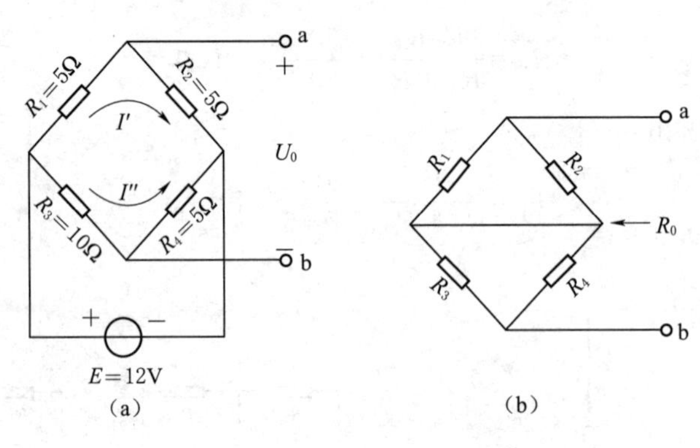


图 4-57　[例 4-18] 图

**【例 4-19】** 电路如图 4-58 所示，试用戴维宁定理求电阻 $R$ 中的电流 $I$，$R=2.5\text{k}\Omega$。

**解：** 图 4-58 的电路和如图 4-59 所示的电路是一样的。

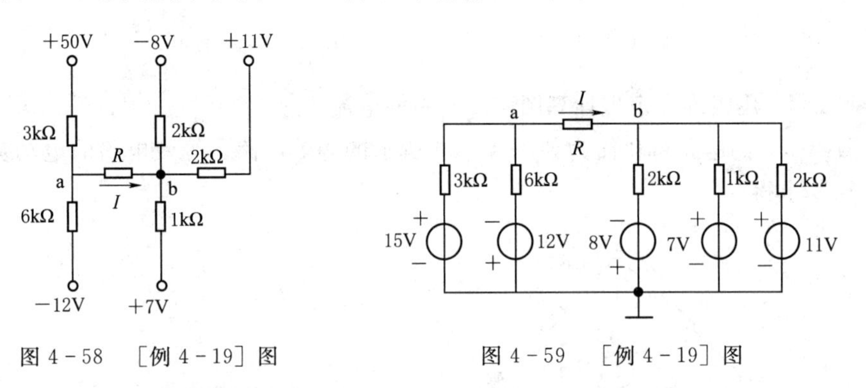


图 4-58　[例 4-19] 图　　　图 4-59　[例 4-19] 图

1）将 a、b 间开路，求等效电源的电动势 $E$：

$$U_{ao}=\frac{\frac{15}{3\times10^3}-\frac{12}{6\times10^3}}{\frac{1}{3\times10^3}+\frac{1}{6\times10^3}}=6(V)$$

$$U_{bo}=\frac{-\frac{8}{2\times10^3}+\frac{7}{1\times10^3}+\frac{11}{2\times10^3}}{\frac{1}{2\times10^3}+\frac{1}{1\times10^3}+\frac{1}{2\times10^3}}=4.25(V)$$

$$E=U_{abo}=U_{ao}-U_{bo}=(6-4.25)=1.75(V)$$

2）将 a、b 间开路，求等效电源的内阻 $R_0$：

$$R_0=3/\!/6+2/\!/1/\!/2=2.5(\text{k}\Omega)$$

3）求电阻 $R$ 中的电流 $I$：

$$I=\frac{E}{R+R_0}=\frac{1.75}{(2.5+2.5)\times10^3}=0.35\times10^{-3}(A)=0.35(mA)$$

（2）诺顿定理。任何一个有源二端线性网络都可以用一个电流为 $I_S$ 的理想电流源和内

阻 $R_0$ 并联的电阻来等效代替（图 4－60）。等效电源的电流 $I_S$ 就是有源二端网络的短路电流，即 a、b 两端短接后其中的电流。等效电源的内阻 $R_0$ 等于有源二端网络中所有电源均除去（理想电压源短路，理想电流源开路）后所得到的无源网络 a、b 两端之间的等效电阻。这就是诺顿定理。

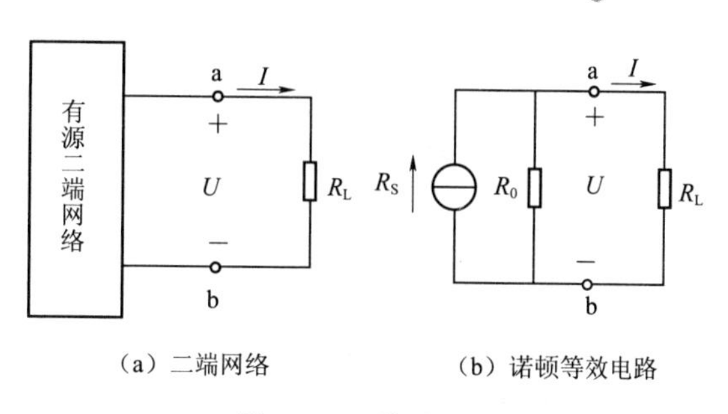


图 4－60　等效电源

由图 4－60（b）的等效电路，可用下式计算电流

$$I=\frac{R_0}{R_0R_L}I_S$$

因此，一个有源二端网络既可用戴维宁定理化为如图 4－51 所示的等效电源（电压源），也可用诺顿定理化为如图 4－60 所示的等效电源（电流源）。两者对外电路讲是等效的，关系是

$$E=R_0I_S \text{ 或 } I_S=\frac{E}{R_0}$$

**【例 4－20】** 用诺顿定理计算图 4－61 中的支路电流 $I_3$，已知：$E_1=140\text{V}$，$E_2=90\text{V}$，$R_1=20\Omega$，$R_2=5\Omega$，$R_3=6\Omega$。

**解：** 图 4－61 的电路可化为如图 4－62 所示的等效电路。等效电源的电流 $I_S$ 可由图 4－63 求得：

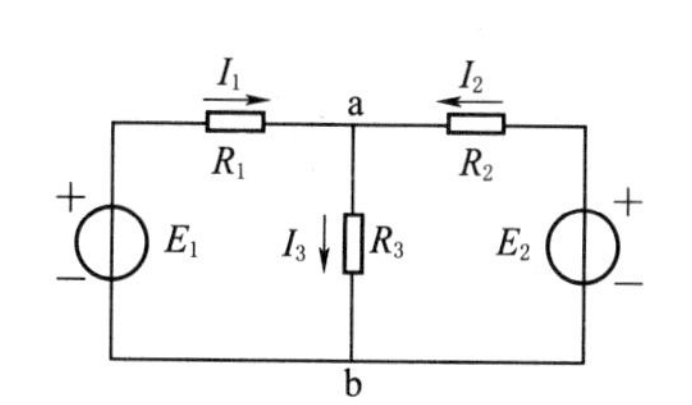


图 4－61　［例 4－20］图

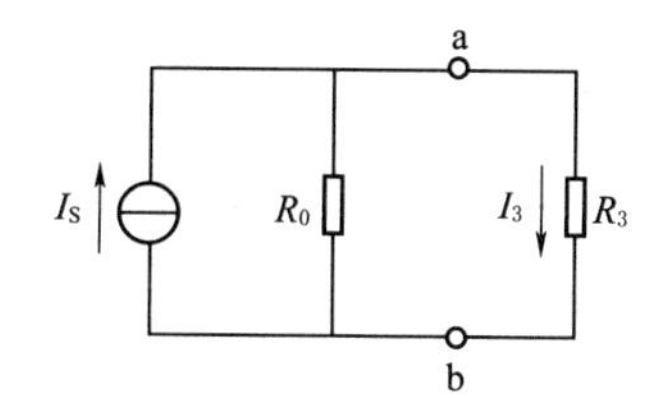


图 4－62　［例 4－20］图

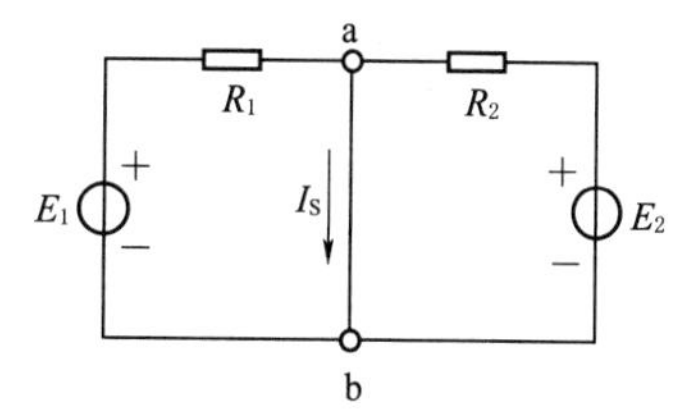


图 4－63　［例 4－20］图

$$I_S=\frac{E_1}{R_1}+\frac{E_2}{R_2}=\frac{140}{20}+\frac{90}{5}=25(\text{A})$$

于是，等效电源的内阻 $R_0$ 同［例 4－17］一样，可由图 4－54（b）求得 $R_0=4$。

$$I_3=\frac{R_0}{R_0+R_3}I_S=\frac{4}{4+7}\times25=10(\text{A})$$

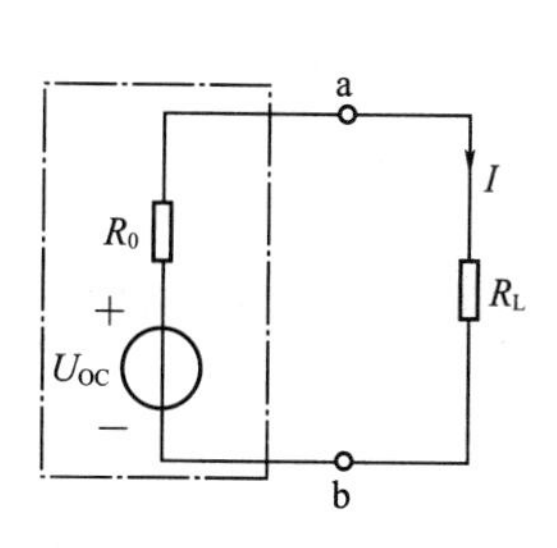


图 4－64　戴维宁等效电路

5. 最大功率传输条件

有源二端网络与负载电阻相连接，通过改变负载电阻的阻值可使有源二端网络对负载电阻提供的功率最大。问题是：满足什么条件时输出的功率最大？最大输出功率是多少？

应用戴维宁定理可方便地解决这一问题，将有源二端网络变换为一戴维宁等效电路，而后端口处连接负载 $R_L$，如图 4－64 所示，由此电路知：

$$I=\frac{U_{OC}}{R_0+R_L}$$

负载吸收的功率为

$$P_L=I^2R_L=\frac{U_{OC}^2}{(R_0+R_L)^2}R_L=\frac{U_{OC}^2}{R_0^2+R_L^2+2R_0R_L}R_L=\frac{U_{OC}^2}{\dfrac{R_0^2}{R_L}+R_L+2R_0}$$

由极值定理知，当$\frac{R_0^2}{R_L}=R_L$，即 $R_L=R_0$ 时，负载获得最大功率，也就是说有源二端网络向负载提供最大功率，满足此条件，即满足 $R_L=R_0$，此最大功率为

$$P_{Lmax}=\frac{U_{OC}^2}{4R_0}$$

**【例 4-21】** 求如图 4-65（a）所示电路的诺顿等效电路和戴维宁等效电路，若在该电路端口 a、b 处接一个负载电阻 $R$，求 $R$ 为何值时，可从电路获得最大功率，并求此最大功率。

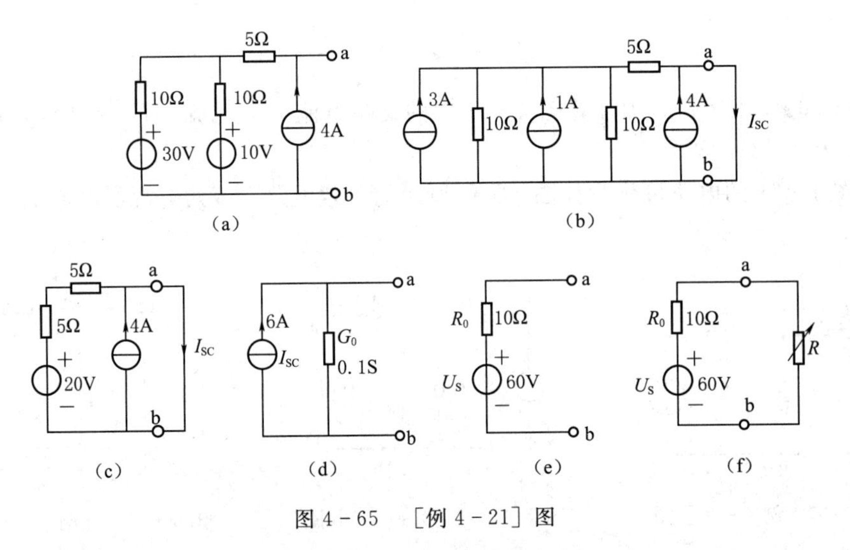


图 4-65 ［例 4-21］图

**解：** 将 a、b 端口短路，将两电压源变换为电流源，可得如图 4-65（b）所示电路，经简化和电源变换后得图 4-65（c），可知

$$I_{SC}=4+\frac{20}{5+5}=6(\text{A})$$

将图 4-65（c）中各独立源去掉，从 ab 端口向左侧电路看入的等效电导为

$$G_0=\frac{1}{5+5}\text{S}=0.1\text{S}$$

图 4-65（d）为诺顿等效电路，相应的戴维宁等效电路可由诺顿等效电路经电源变换得到

$$U_S=U_{OC}=\frac{I_{SC}}{G_0}=60\text{V}$$

$$R_0=\frac{1}{G}=10\Omega$$

图 4－65（e）为图 4－65（d）的戴维宁等效电路。

将可调负载电阻 $R$ 接于 a、b 端口处，得到如图 4－65（f）所示电路，负载电阻 $R$ 吸收的功率为

$$P=I^2R=\frac{U_S^2R}{(R_0+R_L)^2}$$

$R$ 变化时，要使 $P$ 最大，应满足：

$$\frac{dP}{dR}=0$$

$$\frac{dP}{dR}=U_S^2\left[\frac{(R_0+R)^2-2(R_0+R)R}{(R_0+R)^4}\right]=\frac{U_S^2(R_0-R)}{(R_0+R)^3}=0$$

由此得出，当 $R=R_0$ 时，本题中当 $R=10\Omega$ 时，负载获得最大功率

$$P_{max}=\frac{U_S^2}{4R_0}=\frac{60^2}{4\times10}=90(W)$$

## 五、任务准备

### 1. 设备、工具的准备

为完成工作任务，每个工作小组需要向每组物料管理工作人员提供借用工具清单。

### 2. 材料的准备

为完成工作任务，每个工作小组需要向任课教师提供领用材料清单。

### 3. 团队分配的方案

将学生分为 4 个工作岛，每个工作岛再分为 5 组，根据工作岛工位要求，每组 2～3 人，每个工作岛指定 1 人为组长，1 人为物料员，物料员负责材料领取分发，小组长负责组织本组相关问题的计划、实施及讨论汇总，填写各组人员工作任务实施所需文字材料的相关记录表。

## 六、任务实施

### 1. 基尔霍夫定律

（1）用万用表电流档测量三条支路电流值并记录。

（2）用万用表电压档分别测试电源及电阻元件上的电压值并记录。

### 2. 叠加定理

（1）调节 $U_{S1}=10V$，$U_{S2}=5V$、$I_S=5mA$。

（2）$S_1$ 接通电源 $U_{S1}$，$S_2$ 打向短路侧，$I_S$ 不接。测量各电压并记录。

（3）$S_1$ 打向短路侧，$S_2$ 接通电源 $U_{S2}$，$I_S$ 不接。测量各电压并记录。

（4）$S_1$、$S_2$ 都打向短路侧，$I_S$ 接入电路中，测量各电压并记录。

（5）将 $S_1$、$S_2$ 都接通电源，$I_S$ 也接入电路中，重复测量各电压记录。

### 3. 戴维宁定理

（1）测量等效内阻 $R_0$。

1）将该网络中的独立源置零，直接用万用表的电阻挡测 a、b 两端电阻。

2）测该网络的开路电压 $U_{OC}$ 和短路电流 $I_{SC}$，则

$$R_0=\frac{U_{OC}}{I_{SC}}$$

3）测该网络的开路电压$U_{OC}$且在一端口a、b两端接一固定电阻$R$，测量其电压$U$则可算出$R_0$。

$$R_0=\frac{U_{OC}-U}{U}R$$

（2）用万用表电压档测量开路电压$U_{OC}$。

4. 注意事项

（1）合理选用万用表档位、量程。

（2）任务结束后，先切断电源，再拆卸电路。

## 七、任务总结

1. 本次任务用到了哪些知识？
2. 你从本次任务中获得了哪些经验？
3. 任务实施中，你遇到了哪些问题？是如何解决的？

## 八、思考与练习

1. 在指定的电压$u$和电流$i$的参考方向下，写出下述各元件的$u-i$关系：

（1）$R=10\text{k}\Omega$（$u$、$i$为关联参考方向）。

（2）$L=20\text{mH}$（$u$、$i$为非关联参考方向）。

（3）$C=10\mu\text{F}$（$u$、$i$为关联参考方向）。

2. 在题2图中，已知$V_c=12\text{V}$，$V_d=6\text{V}$，$R_1=9\text{k}\Omega$，$R_2=3\text{k}\Omega$，$R_3=2\text{k}\Omega$，$R_4=4\text{k}\Omega$，求$U_{ab}$。

3. 求题3图所示电路中，在开关S断开和闭合的两种情况下A点的电位。

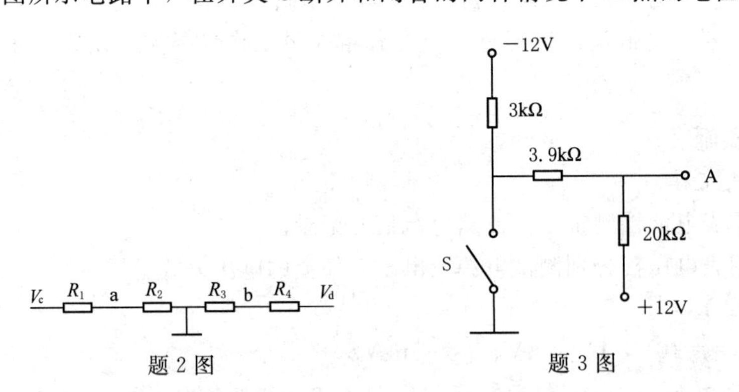


题2图 题3图

4. 各元件的电压、电流和消耗功率如题4图所示，试确定图中指出的未知量。

5. 计算题5图中电阻上的电压和两电源发出的功率。

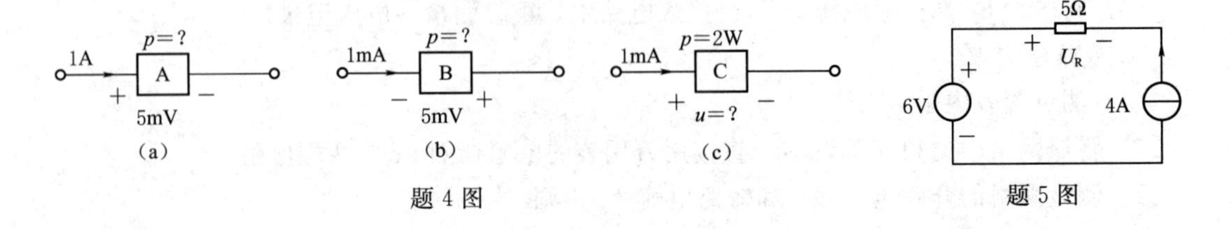


题4图 题5图

6. 求题 6 图示电路中各独立电源吸收的功率。

7. 在题 7 图中，已知 15Ω 电阻上的电压降为 30V，其极性如题 7 图所示，求 B 点电位及电阻 $R$ 的值。

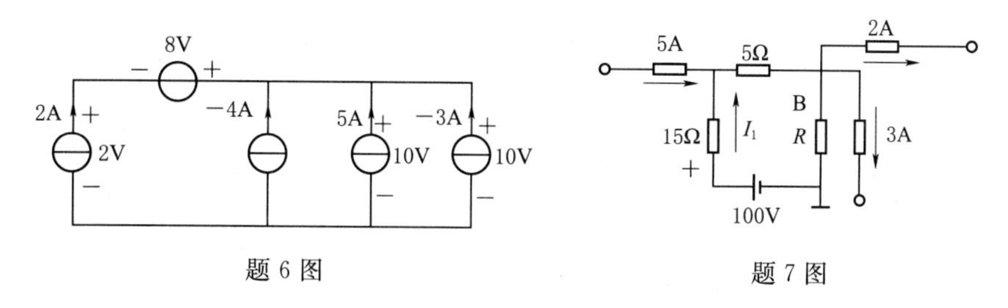


题 6 图　　题 7 图

8. 试写出题 8 图所示电路中 $u_{ab}$ 和电流 $i$ 的关系式。

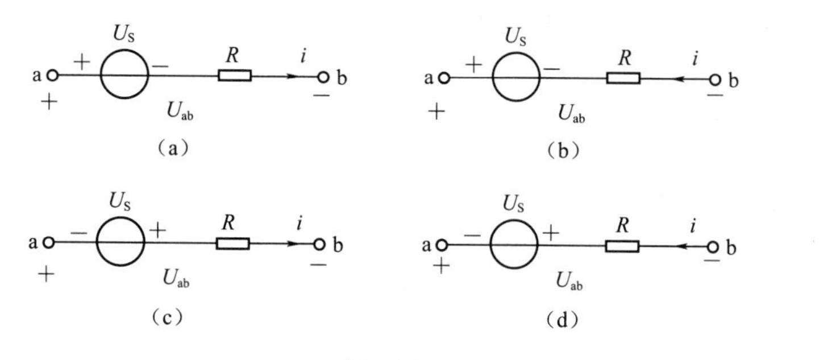


题 8 图

9. 计算如题 9 图所示两电路中 a、b 间的等效电阻 $R_{ab}$

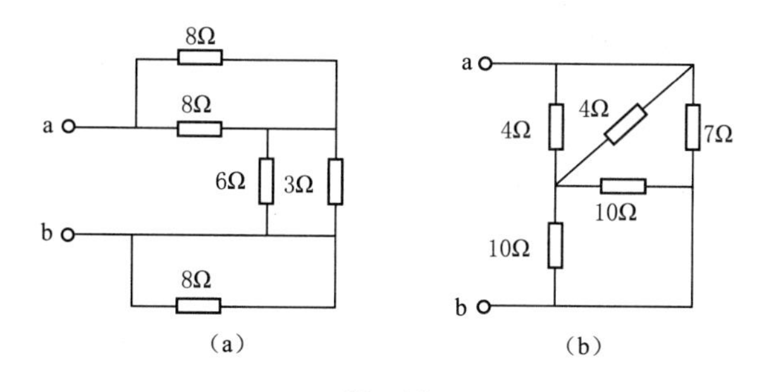


题 9 图

10. 把题 10 图中的电压源模型变换为电流源模型，电流源模型变换为电压源模型。

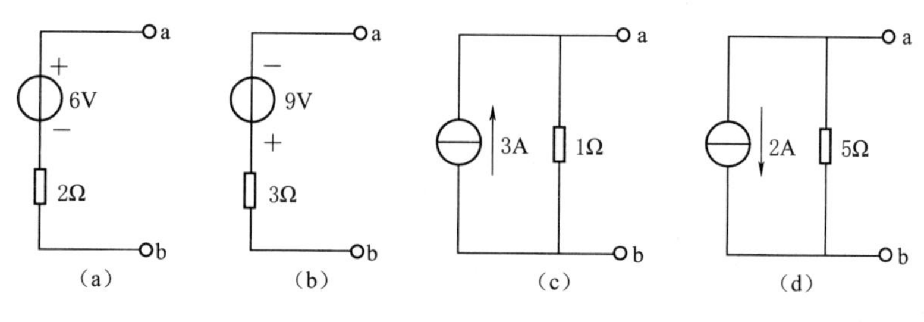


题 10 图

11. 在题 11 图所示的电路中，用电压源模型与电流源模型的等效变换法，求电流 $I$。

12. 电路如题 12 图所示，试求电流 $i_1$ 和 $u_{ab}$。

13. 对于题 13 图所示电路，已知 $R=2\Omega$，$i_1=1\text{A}$，求电流 $i$。

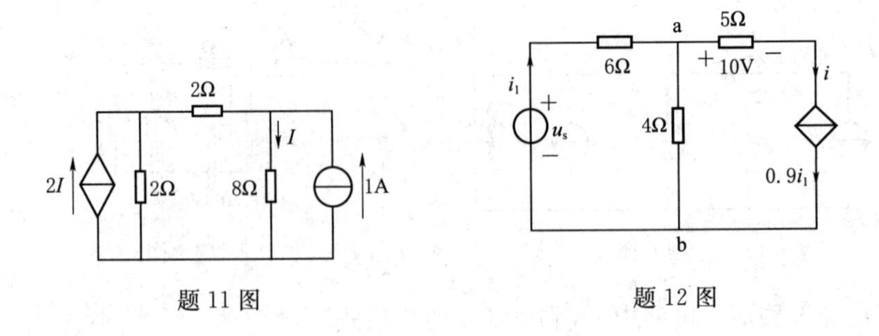


题 11 图　　题 12 图

14. 试估算题 14 图所示两个电路中的电流 $I$。

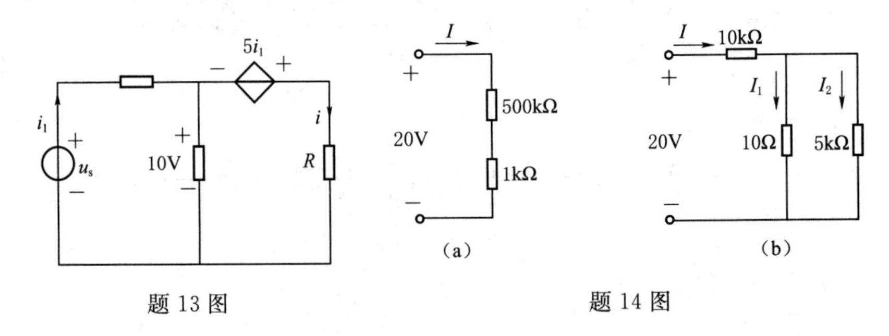


题 13 图　　题 14 图

15. 如题 15 图所示的两个电路中：

(1) $R_1$ 是不是电源的内阻？

(2) $R_1$ 中的电流 $I_2$ 及其两端的电压 $U_2$ 各等于多少？

(3) 改变 $R_1$ 的阻值，对 $I_2$ 和 $U_2$ 和有无影响？

(4) 理想电压源中的电流 $I$ 和理想电流源两端的电压 $U$ 各等于多少？

(5) 改变 $R_1$ 的阻值，对 (4) 中的 $I$ 和 $U$ 有无影响？

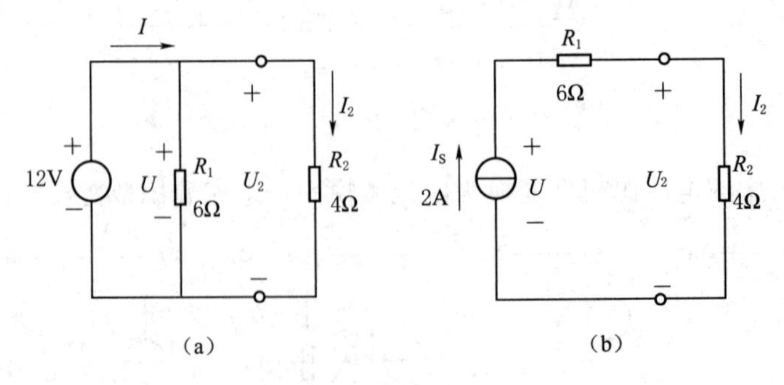


题 15 图

16. 在题 16 图所示的两个电路中：

(1) 负载电阻 $R_L$ 中的电流 $I$ 及其两端的电压 $U$ 各为多少？

(2) 如果在图 (a) 中除去（断开）与理想电压源并联的理想电流源，在图 (b) 中除去

（短接）与理想电流源串联的理想电压源，对计算结果有无影响？

（3）判别理想电压源和理想电流源，何者为电源，何者为负载？

（4）试分析功率平衡关系。

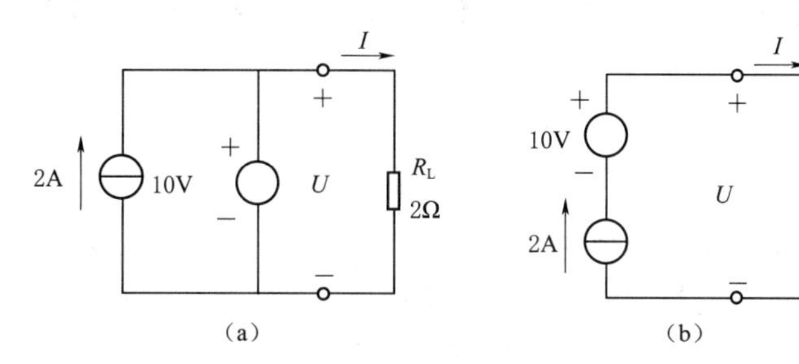


题 16 图

17. 用叠加定理计算题 17 图中的电流 $I_3$。

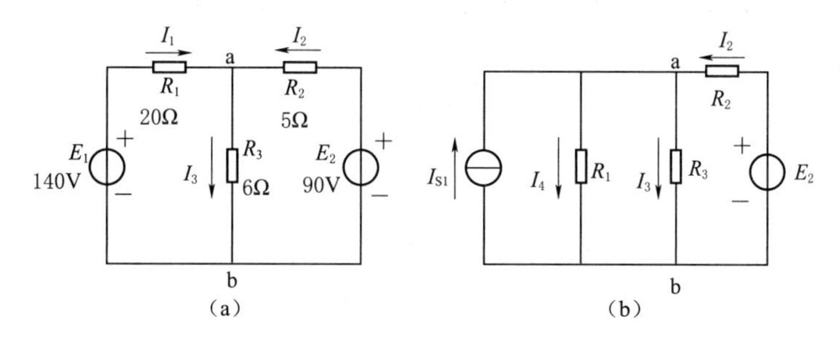


题 17 图

18. 求解题 18 图所示电路中戴维宁和诺顿等效电路。

19. 求题 19 图所示电路中的电压 $U_2$。

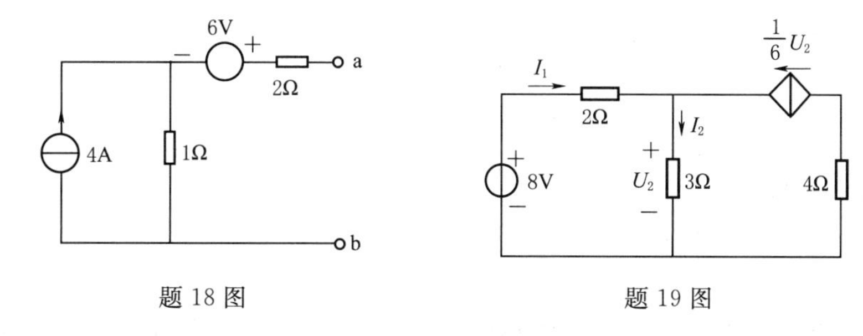


题 18 图　　　　题 19 图

# 任务五　简单照明电路

## 一、任务描述

此项工作任务主要使学生掌握普通开关、普通照明灯、空气断路器等电气元件；合理布置和安装电气元件；熟悉日光灯的工作原理，掌握日光灯线路的安装；根据控制要求设计一个简单的电路原理图并进行布线，安装完成后进行通电调试。

学生接到本任务后，应根据任务要求，准备工具、材料和仪器仪表，做好工作现场准备，设计电路图，并且连接电气元件；施工时严格遵守作业规范，线路安装完毕后进行通电调试并交由检测指导教师验收；按照现场管理规范清理场地、归置物品。

## 二、任务要求

(1) 掌握空气断路器和普通开关的安装原则和控制要求。

(2) 掌握螺口灯头的安装接线方法。

(3) 掌握电气元件的布置和布线方法。

(4) 能根据要求完成一个简单的照明线路安装接线，并通电调试。

(5) 加深对照明电路相关知识的了解，通过操作熟悉工作流程。

(6) 掌握相关理论知识点。

## 三、能力目标

(1) 学会正确识别、选用、安装、使用空气断路器、普通开关和照明灯具，熟悉其功能、基本结构、工作原理及型号意义，熟记它们的图形符号和文字符号。

(2) 学习绘制、识、读电路原理图。

(3) 熟悉线路安装的步骤，掌握一个简单照明线路的安装。

(4) 能够运用相关理论知识分析电路。

## 四、相关理论知识

### (一) 电路分析网络方程法

1. $2b$ 方程法

对于一个有 $b$ 条支路、$n$ 个节点的电路，要解出 $b$ 条支路的支路电压和支路电流，就共有 $2b$ 个未知量。对于每一条支路，可根据该支路的支路电流和支路电压的 VCR 关系得到一个方程，这样 $b$ 条支路，可以得到 $b$ 个方程。

KCL 和 KVL 方程根据实际电路结构得到。以如图 5-1 (a) 所示的电路为例，$n=4$ (4 个节点)，对每一个节点列写 KCL 方程，得

$$\left.\begin{aligned}I_1-I_3-I_4=0\\-I_1-I_2-I_5=0\\I_2+I_3-I_6=0\\I_4-I_5+I_6=0\end{aligned}\right\}\qquad(5-1)$$

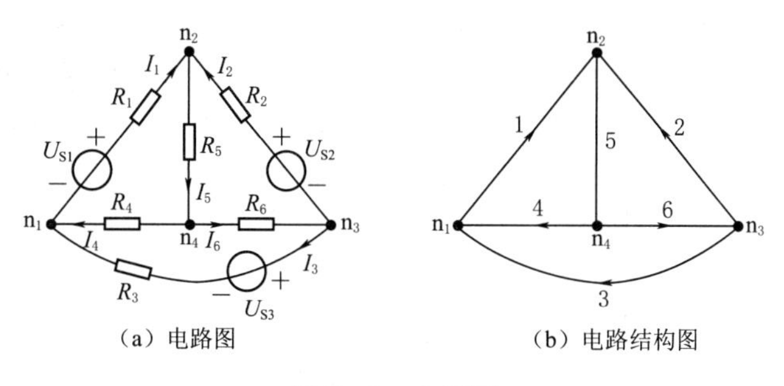


图 5-1　电路图

将以上 4 个方程相加，得到 0=0 的恒等式，说明 4 个方程是线性相关的（即每一个方程都可以由其他 3 个方程导出）。因此，4 个方程中只有 3 个是彼此独立（线性无关）的。

这是因为每一条支路都连接在两节点之间，电流从一个节点流出，必然对应从另一个节点流入。因此，每个支路电流出现 2 次，且一次为正，一次为负，把上述 4 个方程相加，必然出现等号两边为零的结果。对于有 $n$ 个节点的电路，在任意 $n-1$ 个结点上可以得出 $n-1$ 个独立的方程。相应的 $n-1$ 个结点称为独立结点。

列出图 5-1（a）电路的 KVL 方程，可得

$$\left.\begin{aligned}&U_1+U_4+U_5=0\\&-U_2-U_5-U_6=0\\&U_3-U_4+U_6=0\\&U_1-U_2+U_3=0\\&U_1+U_5+U_3+U_6=0\\&-U_2+U_3-U_4-U_5=0\\&U_1-U_2+U_4-U_6=0\end{aligned}\right\}\tag{5-2}$$

同理，可观察到上述方程并非彼此独立，如第 1、第 2、第 3 三式相加得到第 4 个方程。尤拉公式指出：一个 $b$ 条支路、$n$ 个节点的电路，独立的 KVL 方程等于独立回路数，而独立回路数 $l=b-(n-1)$，直观地说独立回路数等于网孔数。

因此，对于任一电路，列解 $2b$ 方程的步骤如下：

（1）选择任一节点为参考节点（保证 KCL 方程彼此独立），剩余节点为独立节点，对每一个独立节点分别列出该节点的 KCL 方程，即得到 $n-1$ 个彼此独立的 KCL 方程。

（2）选择电路中的网孔，对每一个网孔列 KVL 方程，可对网孔设定顺时针参考方向，即得到 $b-(n-1)$ 个彼此独立的 KVL 方程。

（3）列出 $b$ 条支路的 VCR 方程。按此方法得到的 KCL、KVL 方程数正好是 $b$ 个，VCR 方程数是 $b$ 个，共为 $2b$ 个方程。通过 $2b$ 个方程的联立、求解，可解出支路电流及支路电压等未知量，即为 $2b$ 方程。

2. *支路电流法*

支路电流法是将支路电流作为未知量分别列写 KCL 和 KVL 方程（共 $b$ 个方程）。对于由 $b$ 条支路、$n$ 个节点构成的电路，共有 $2b$ 个未知量，如果将支路电流作为未知量直接列方程，再由支路的 VCR 关系求解支路电压，联立的方程数目由 $2b$ 减为 $b$ 个，列解过程简单化。

如图 5-2 所示，电路中共有三条支路，选三条支路电流为未知量，并规定各支路电流和电压的参考方向。图 5-2 中有两个节点，一个为参考节点，另一个为独立节点，针对独立节点列独立 KCL 方程；有两个网孔，对网孔列独立的 KVL 方程，可得到如下方程：

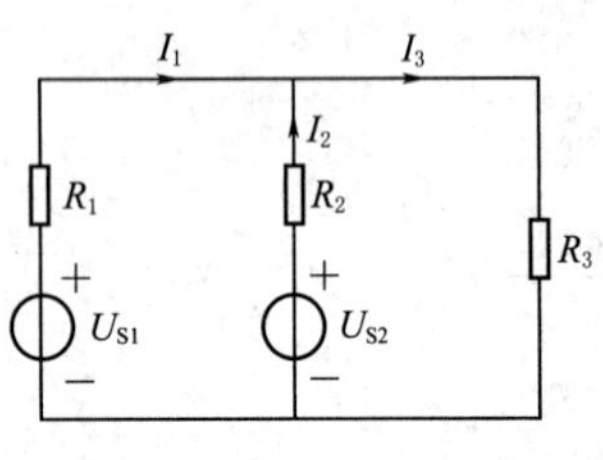


图 5-2 支路电流法

KCL：

$$-I_1-I_2+I_3=0$$

KVL：

$$R_1I_1-R_2I_2=U_{S1}-U_{S2}$$
$$R_2I_2-R_3I_3=U_{S3} \tag{5-3}$$

式（5-3）中，KVL 方程实际是根据支路的 VCR 特性，用支路电流表示支路电压，根据网孔的约束关系得到的。三个未知量、三个方程，求解简单化。

因此，支路电流法的解题步骤如下：

（1）设定各支路电流的参考方向，将支路电流设定为未知量。

（2）指定参考节点，对其余 $n-1$ 个独立节点列 KCL 方程。

（3）选网孔为独立回路，设定回路的参考绕行方向，列出 $b-(n-1)$ 个由支路电流表示的 KVL 方程。

（4）联立求解（2）、（3）两步的 $b$ 个方程，求得 $b$ 条支路的支路电流。

（5）由支路电流和各支路的 VCR 关系求出 $b$ 条支路的支路电压。

**【例 5-1】** 试求如图 5-3 所示的各支路电流。

**解：** 各支路电流已经标出参考方向，以节点 b 为参考节点，节点 a 的 KCL 方程为

$$I_1+I_2+I_3=0$$

以 $l_1$、$l_2$ 两网孔为选定的独立回路，其 KVL 方程为

$$-2I_1+8I_3=-14$$
$$3I_2-8I_3=2$$

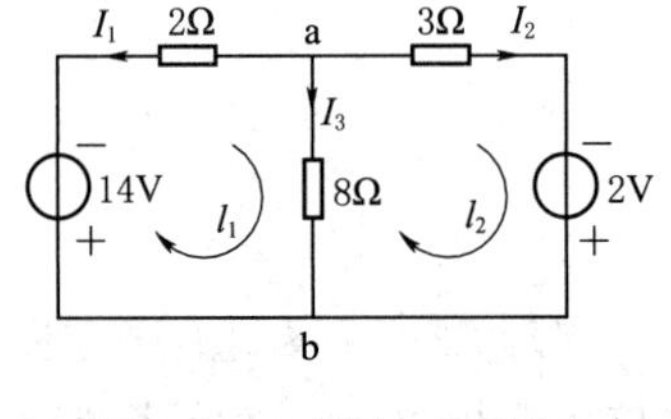


图 5-3 ［例 5-1］图

以上三式联立求解，得

$$I_1=3\text{A},\ I_2=-2\text{A},\ I_3=-1\text{A}$$

支路电流法的方程比较直观，是一种常用的求解电路的方法，但如果遇到支路较多的电路，未知量多会造成方程数目过多的问题，因此，支路电流法只适用于支路较少的电路问题。

3. 节点电压法

对于一个有 $b$ 条支路、$n$ 个节点的电路，除了用回路电流（或网孔电流）法可以使列解简便化，还有一种方法就是节点电压法。此方法广泛应用于电路的计算机辅助分析和电力系统的分析计算。

（1）节点电压法及其一般形式。节点电压法是把电路中的独立节点相对于参考节点之间的电压（称作节点电压）当做未知量，列写方程求解的方法。以如图 5-4 所示电路说明节点电压法的思路。图 5-4 中，$b=6$，$n=4$，首先将 4 个节点中的任一个（如节点④）选为参考点，将节点①、②、③对参考节点的电压分别记为 $U_{10}$、$U_{20}$、$U_{30}$，规定三个节点电压的参考方向都以参考节点处为负极。由于参考节点的电位为 0，所以，$U_{10}$、$U_{20}$、$U_{30}$ 也是节

点①、②、③的电位。一旦选定节点电压，各支路电压均可用节点电压表示，若各支路电压的参考方向与图 5-4 中标示的各支路电流方向一致，则连在独立节点与参考节点之间的支路电压等于相应节点的节点电压，即 $U_5=U_{10}$，$U_4=U_{20}$，$U_3=U_{30}$；在两独立节点之间的支路电压等于两节点电压之差，即 $U_1=U_{10}-U_{20}$，$U_2=U_{20}-U_{30}$，$U_6=U_{10}-U_{30}$。

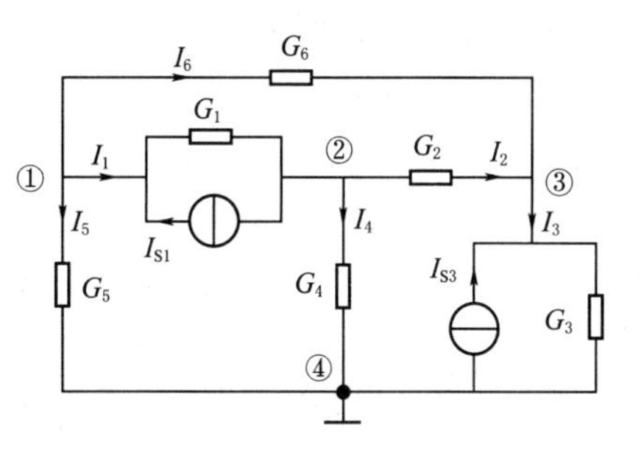


图 5-4　节点法参考电路

以三个独立节点的节点电压为未知量的联立方程可以由以下方法得到。

首先以支路电流表示三个独立节点的 KCL 方程，得到式（5-4）：

$$\left.\begin{aligned}I_1+I_5+I_6=0\\-I_1+I_2+I_4=0\\-I_2+I_3-I_6=0\end{aligned}\right\}\qquad(5-4)$$

再以节点电压表示式（5-4）中的各支路电流，得

$$\left.\begin{aligned}I_1&=G_1(U_{10}-U_{20})-I_{S1}\\I_2&=G_2(U_{20}-U_{30})\\I_3&=G_3U_{30}-I_{S3}\\I_4&=G_4U_{20}\\I_5&=G_5U_{10}\\I_6&=G_6(U_{10}-U_{30})\end{aligned}\right\}\qquad(5-5)$$

将式（5-5）代入式（5-4）中并整理，将电流源均移到等式右边，可得到

$$\left.\begin{aligned}G_1(U_{10}-U_{20})+G_5U_{10}+G_6(U_{10}-U_{30})=I_{S1}\\G_1(U_{20}-U_{10})+G_2(U_{20}-U_{30})+G_4U_{20}=-I_{S1}\\G_2(U_{30}-U_{20})+G_6(U_{30}-U_{10})+G_3U_{30}=I_{S3}\end{aligned}\right\}\qquad(5-6)$$

通过观察发现，式（5-6）中每个等式的左边均为经电导流出相应节点的电流之和，而等式右边是电流源流入相应节点的电流，由 KCL 可知，两边相等。

对式（5-6）以未知量合并同类项后，可得

$$\left.\begin{aligned}(G_1+G_5+G_6)U_{10}-G_1U_{20}-G_6U_{30}=I_{S1}\\-G_1U_{10}+(G_1+G_2+G_4)U_{20}-G_2U_{30}=-I_{S1}\\-G_6U_{10}-G_2U_{20}+(G_2+G_3+G_6)U_{30}=I_{S3}\end{aligned}\right\}\qquad(5-7)$$

式（5-7）可进一步归纳为

$$\left.\begin{aligned}G_{11}U_{10}+G_{12}U_{20}+G_{13}U_{30}=I_{S11}\\G_{21}U_{10}+G_{22}U_{20}+G_{23}U_{30}=I_{S22}\\G_{31}U_{10}+G_{32}U_{20}+G_{33}U_{30}=I_{S33}\end{aligned}\right\}\qquad(5-8)$$

式（5-8）为具有三个独立节点电路的节点电压方程的一般形式。对比式（5-7）和式（5-8）发现：$G_{11}=G_1+G_5+G_6$ 是连接到节点①的所有电导之和，称为节点①的自电导；同理，$G_{22}=G_1+G_2+G_4$ 和 $G_{33}=G_2+G_3+G_6$ 分别为节点②和节点③的自电导。自电导 $G_{11}$、$G_{22}$、$G_{33}$ 恒为正，这是由于本节点电压对连到自身节点的电导支路的电流作用总是使

电流流出本节点的缘故；$G_{12}$、$G_{21}$分别称为节点①与节点②之间和节点②与节点①之间的互电导，且$G_{12}=G_{21}=-G_1$为连到节点①和节点②之间的各并联支路电导之和的负值，互电导为负，其原因是另一节点的节点电压通过互电导产生的电流总是流入本节点的。同理，$G_{13}=G_{31}=-G_6$和$G_{23}=G_{32}=-G_2$分别为节点①与节点③和节点②与节点③之间的互电导；等式右边的$I_{S11}$、$I_{S22}$、$I_{S33}$分别为流入三个独立节点的电流源电流的代数和（流入为正、流出为负）。

综上，可以把其结果推广到$n$个节点的电路，将第$n$个节点指定为参考节点，相应的节点电压方程为

$$\left.\begin{aligned}&G_{11}U_{10}+G_{12}U_{20}+\cdots+G_{1(n-1)}U_{(n-1)0}=I_{S11}\\&G_{21}U_{10}+G_{22}U_{20}+\cdots+G_{2(n-1)}U_{(n-1)0}=I_{S22}\\&\vdots\\&G_{(n-1)1}U_{10}+G_{(n-1)2}U_{20}+\cdots+G_{(n-1)(n-1)}U_{(n-1)0}=I_{S(n-1)(n-1)}\end{aligned}\right\}\tag{5-9}$$

式（5-9）称为节点方程的一般形式，是一个$n-1$元的线性方程，可进一步写成矩阵的形式：

$$\begin{bmatrix}G_{11}&G_{12}&\cdots&G_{1(n-1)}\\G_{21}&G_{22}&\cdots&G_{2(n-1)}\\\vdots&\vdots&\ddots&\vdots\\G_{(n-1)1}&G_{(n-1)2}&\cdots&G_{(n-1)(n-1)}\end{bmatrix}\begin{bmatrix}U_{10}\\U_{20}\\\vdots\\U_{(n-1)0}\end{bmatrix}=\begin{bmatrix}I_{S11}\\I_{S22}\\\vdots\\I_{S(n-1)(n-1)}\end{bmatrix}\tag{5-10}$$

式（5-10）左边第一项为$(n-1)\times(n-1)$阶系数矩阵，第二项为待求节点电压列向量，右边为节点注入电流的列向量。系数矩阵称为电路的节点电导矩阵。在节点电导矩阵中，主对角线元素为相应节点的自电导，非主对角线元素为相应节点间的互电导。在不含受控源的电路中，节点电导矩阵为对称矩阵，满足$G_{ij}=G_{ji}(i\neq j)$。

若两点之间没有电导支路，即相应的互电导为零。节点法只需对$n-1$个独立节点列KCL方程即可求出各节点电压，而不需列KVL方程。其原因是方法本身满足KVL，在如图5-4所示电路中，用节点电压表示的左网孔的KVL方程为$(U_{10}-U_{20})+U_{20}-U_{10}=0$，为一个0=0的恒等式。

节点法解题步骤如下：

1）选定参考节点，标出各独立节点序号，将独立节点电压作为未知量，其参考方向为由独立节点指向参考节点。

2）若电路中存在与电阻串联的电压源，则将其等效变换为电导与电流源的并联。

3）用观察法列写各个独立节点以节点电压为未知量的KCL方程。对第$i$个节点而言，其KCL方程为

$$\sum_{j=1}^{n-1}G_{ij}U_j=I_{Sii}(i=1,2,\cdots,n-1)\tag{5-11}$$

等式左端当$j=i$时的系数$G_{ii}$是$i$节点的自电导，可将连到$i$节点的所有电导相加得到；当$j\neq i$时的系数$G_{ij}$是$i$、$j$间的互电导，其值等于$i$与$j$节点之间并联电导之和的负值。等式右端是流入$i$节点的等效电流源电流的代数和，流入为正，流出为负。

4）联立求解第3）步得到的$n-1$个方程，解得各节点电压。

5）指定各支路方向，并由节点电压求得各支路电压。

6）应用支路的 VCR 关系，由支路电压求得各支路电流。

**【例 5－2】** 如图 5－5（a）所示电路，$R_1=R_2=R_3=2\Omega$，$R_4=R_5=4\Omega$，$U_{S1}=4V$，$U_{S5}=12V$，$I_{S3}=3A$，试用节点法求电流 $I_1$ 和 $I_4$。

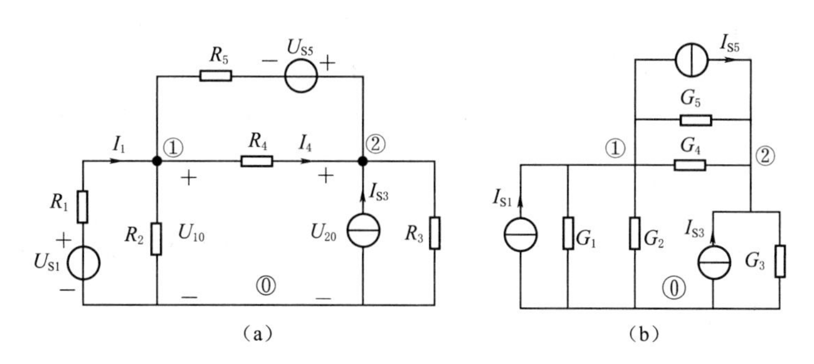


图 5－5　［例 5－2］图

**解：** 选图中 0 节点参考节点，标出①和②两个独立节点，选 $U_{10}$、$U_{20}$ 为两个未知量。将两个实际电压源做电源变换，得到如图 5－5（b）所示电路，电路中

$$I_{S1}=\frac{U_{S1}}{R_1}=2A, I_{S5}=\frac{U_{S5}}{R_5}=3A$$

用观察法列节点方程：

节点①的 KCL 方程为

$$(G_1+G_2+G_4+G_5)U_{10}-(G_4+G_5)U_{20}=I_{S1}-I_{S5}$$

节点②的 KCL 方程为

$$-(G_4+G_5)U_{10}+(G_3+G_4+G_5)U_{20}=I_{S3}+I_{S5}$$

将 $G_1=G_2=G_3=\frac{1}{2}S$，$G_4=G_5=\frac{1}{4}S$ 和电流源参数代入方程，得

$$\frac{3}{2}U_{10}-\frac{1}{2}U_{20}=-1$$

$$-\frac{1}{2}U_{10}-1U_{20}=6$$

联立求解得节点电压：

$$U_{10}=\frac{8}{5}V, U_{20}=\frac{34}{5}V$$

进一步得到支路电流：

$$I_1=\frac{U_{S1}-U_{10}}{R_1}=\frac{4-\frac{8}{5}}{2}=\frac{12}{5}\times\frac{1}{2}=\frac{6}{5}(A)$$

$$I_4=\frac{U_{10}-U_{20}}{R_4}=\frac{\frac{8}{5}-\frac{34}{5}}{4}=-\frac{26}{5}\times\frac{1}{4}=-\frac{13}{10}(A)$$

（2）含理想电压源电路的节点分析法。理想电压源没有与其串联的电阻，因而不能变换为等效的电流源，怎样列节点方程呢？下面以［例 5－3］来说明。

**【例 5－3】** 如图 5－6 所示电路，试用节点法求 $I_x$。

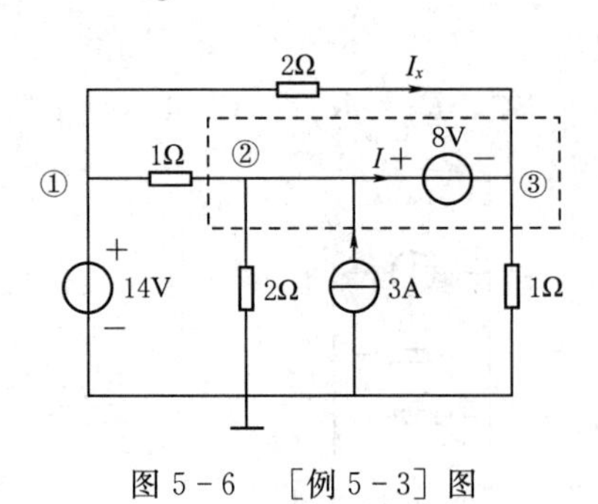


图 5-6　［例 5-3］图

**解**：本例 $n=4$，共有三个独立节点，三个电源中有两个理想电压源。遇到含理想电压源电路时，常选某一理想电压源的一端为参考节点。现选 14V 理想电压源的负极端为参考节点，并标出独立节点序号。在节点②与③之间为 8V 理想电压源，可增设此支路电流 $I$ 为未知数，现以 $U_1$、$U_2$、$U_3$ 和 $I$ 为未知数列方程（为简便起见，将节点电压的第二下标略写）。

节点①的电压为

$U_1=14\text{V}$（节点电压为理想电压源电压）

节点②的 KCL 方程为

$$-1U_1+(1+0.5)U_2+I=3$$

节点③的 KCL 方程为

$$-0.5U_1+(1+0.5)U_3-I=0$$

补充②、③节点之间电压关系：

$$U_2-U_3=8$$

解得 $U_1=14\text{V}$，$U_2=12\text{V}$，$U_3=4\text{V}$，$I=-1\text{A}$

$$I_x=\frac{U_1-U_3}{2}=\frac{10}{2}=5(\text{A})$$

以上解题过程中，对两理想电压源的处理分别应用了选参考节点和增设理想电压源支路电流为未知量的方法。还有一种方法称为广义节点法，以本题为例，将节点②、③及 8V 理想电压源用虚线框起来，构成一个假想的封闭面，亦称作广义节点，对此广义节点列 KCL 方程，得

$$-(1+0.5)U_1+(1+0.5)U_2+(1+0.5)U_3=3$$

此方程与 $U_1=14$，$U_2-U_3=8$ 三式联立，得

$$U_2=12\text{V},U_3=4\text{V}$$

$$I_x=\frac{U_1-U_3}{2}=5\text{A}$$

除以上介绍选参考节点、增设电流未知量和列广义节点 KCL 方程这三种节点法处理理想电压源的方法外，还有推源法，这里不再详述。

4. 网孔电流法

（1）网孔电流法及其一般形式。以如图 5-7 所示电路为例来说明网孔分析法。本电路共有 3 条支路、2 个节点，所选网孔序号、网孔及网孔电流绕向如图 5-7 所示，图中 $I_{m1}$、$I_{m2}$为所选的网孔电流。网孔电流一经选定，各支路电流都可以用网孔电流来表示，本例中有

$$I_1=I_{m1},I_2=I_{m1}-I_{m2},I_3=I_{m2}$$

假想的网孔电流沿网孔支路形成闭合路径，所以对于与网孔支路关联的任何节点来说，它流入同时又流出，因此网孔电流在各节点自动满足了 KCL 方程，如对节点①，流入和流出的网孔电流为 $I_{m1}$、$I_{m2}$。这

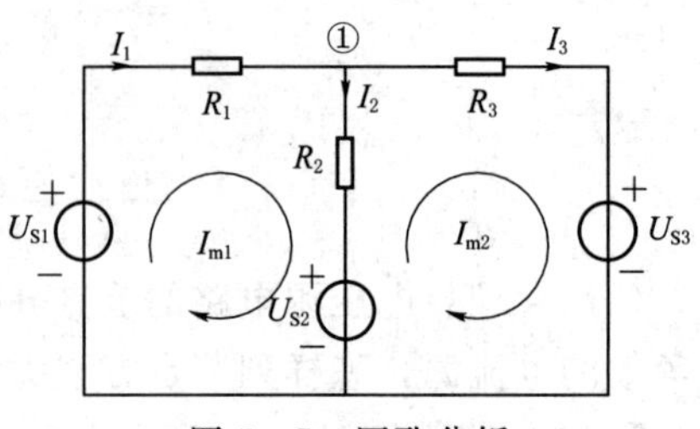


图 5-7　网孔分析

样就不必对节点列 KCL 方程了，只需列出 $b-(n-1)$ 个以网孔电流表示的 KVL 方程，即可求解电路。

选定电路中的网孔作为回路，以网孔中的假想电流作为电路未知量，根据 KVL 对所有网孔列出方程，由于全部网孔是一组独立回路，故保证了这组方程的独立性。这种方法称为网孔电流法。以图 5－7 所示电路为例，对网孔 1 和网孔 2 列出 KVL 方程，列方程时，以各自的网孔电流方向为绕行方向，有

$$\left.\begin{aligned}U_1+U_2=0\\-U_2+U_3=0\end{aligned}\right\}\tag{5-12}$$

式中：$U_1$、$U_2$、$U_3$ 为支路电压。

各支路的 VCR 为

$$\left.\begin{aligned}U_1&=U_{S1}+R_1I_1=U_{S1}+R_1I_{m1}\\U_2&=R_2I_2+U_{S2}=R_2(I_{m1}-I_{m2})+U_{S2}\\U_3&=R_3I_3+U_{S3}=R_3I_{m2}+U_{S3}\end{aligned}\right\}\tag{5-13}$$

代入式（5－12），整理得

$$\left.\begin{aligned}(R_1+R_2)I_{m1}-R_2I_{m2}=U_{S1}-U_{S2}\\-R_2I_{m1}+(R_2+R_3)I_{m2}=U_{S2}-U_{S3}\end{aligned}\right\}\tag{5-14}$$

式（5－14）即是以网孔电流为求解对象的网孔电流方程。

用 $R_{11}$ 和 $R_{22}$ 分别代表网孔 1 和网孔 2 的自阻，他们分别是网孔 1 和网孔 2 中所有电阻之和，即 $R_{11}=R_1+R_2$，$R_{22}=R_2+R_3$；用 $R_{12}$ 和 $R_{21}$ 代表网孔 1 和网孔 2 的互阻，即两个网孔的共有电阻，本例中 $R_{12}=R_{21}=-R_2$。式（5－14）可改为

$$\left.\begin{aligned}R_{11}I_{m1}+R_{12}I_{m2}=U_{S11}\\R_{21}I_{m1}+R_{22}I_{m2}=U_{S22}\end{aligned}\right\}\tag{5-15}$$

比较式（5－14）和式（5－15）发现：①本网孔电流方向与网孔绕行方向一致，由本网孔电流在各电阻上产生的电压降方向必然与网孔绕行方向一致，即自电阻为正值；②各网孔在彼此共有电阻上的网孔电流的参考方向相同时，互阻取正值，反之，取负值（故本例中 $R_{12}=R_{21}=-R_2$）；③等式右端的 $U_{S11}$、$U_{S22}$ 分别为两个网孔的等效电压源电压的代数和，与网孔绕行方向相反的电压源为正，一致的为负，如 $U_{S11}=U_{S1}-U_{S2}$，$U_{S1}$ 的方向与网孔 1 的绕行方向相反，而 $U_{S2}$ 的方向与网孔 1 的绕行方向一致。

推广到有 $m$ 个网孔的电路，相应的网孔分析方程可由式（5－15）推得

$$\left.\begin{aligned}&R_{11}I_{m1}+R_{12}I_{m2}+R_{13}I_{m3}+\cdots+R_{1m}I_{mm}=U_{S11}\\&R_{21}I_{m1}+R_{22}I_{m2}+R_{23}I_{m3}+\cdots+R_{2m}I_{mm}=U_{S22}\\&\vdots\\&R_{m1}I_{m1}+R_{m2}I_{m2}+R_{m3}I_{m3}+\cdots+R_{mm}I_{mm}=U_{Smm}\end{aligned}\right\}\tag{5-16}$$

式（5－16）为网孔电流方程的一般形式。式中 $R_{ii}$ 是第 $i$ 个网孔的自电阻，$R_{ij}$ 第 $i$ 个与第 $j$ 个网孔的互电阻，在无受控源的情况下，满足 $R_{ij}=R_{ji}$。

因此，网孔电流法解题步骤为：

1）选网孔为独立回路，标出顺时针的网孔电流方向和网孔序号。

2）用观察自电阻、互电阻的方法列写各网孔 KVL 方程（以网孔电流为未知量）。

3）求解网孔电流。

4）由网孔电流求各支路电流。

5）由各支路及支路的 VCR 关系式求各支路电压。

**【例 5－4】** 试用网孔法求解图 5－8 所示电路中的各支路电流。

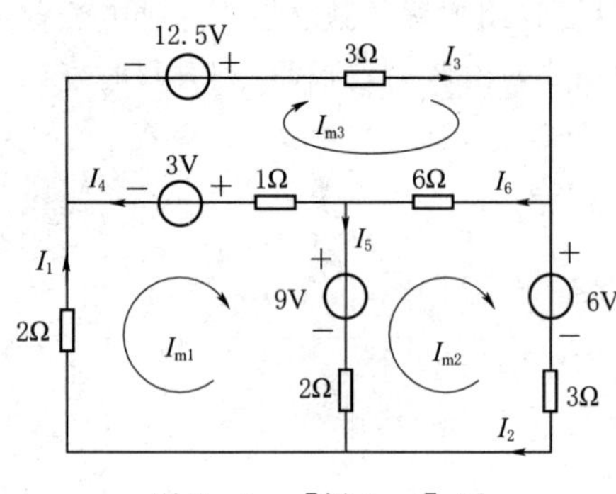


图 5－8　［例 5－4］图

**解：** 网孔序号及网孔绕向如图 5－8 所示，网孔方程为

$$(2+1+2)I_{m1}-2I_{m2}-1I_{m3}=3-9$$
$$-2I_{m1}+(2+6+3)I_{m2}-6I_{m3}=9-6$$
$$-I_{m1}-6I_{m2}+(3+6+1)I_{m3}=12.5-3$$
$$5I_{m1}-2I_{m2}-1I_{m3}=-6$$
$$-2I_{m1}+11I_{m2}-6I_{m3}=3$$
$$-I_{m1}-6I_{m2}+10I_{m3}=9.5$$

联立求解，得

$$I_{m1}=-0.5A, I_{m2}=1A, I_{m3}=1.5A$$

各支路电流为

$$I_1=I_{m3}=-0.5\text{A}$$
$$I_2=I_{m2}=1\text{A}$$
$$I_3=I_{m3}=1.5\text{A}$$
$$I_4=-I_{m1}+I_{m3}=2\text{A}$$
$$I_5=I_{m1}-I_{m2}=-1.5\text{A}$$
$$I_6=-I_{m2}+I_{m3}=0.5\text{A}$$

（2）含理想电流源的电路的网孔分析。理想电流源不能变换为电压源，而网孔方程的每一项均为电压，如何来列方程呢？下面以［例 5－5］来说明。

**【例 5－5】** 用网孔法求图 5－9 所示电路的各支路电流。

**解：** 网孔序号及网孔电流参考方向如图 5－9 所示。图中有两个理想电流源，其中 6A 的理想电流源只过一个网孔电流，则 $I_{m1}=6\text{A}$，这样就不必再列网孔 1 的 KVL 方程。为了列网孔 2 和网孔 3 的 KVL 方程，设 2A 电流源的电压为 $U_x$，所得方程为

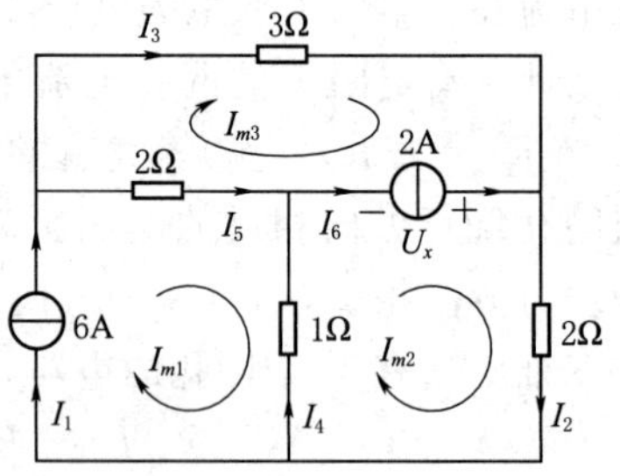

$$I_{m1}=6\text{A}$$
$$-I_{m1}+3I_{m2}=U_x$$
$$-2I_{m1}+5I_{m3}=-U_x$$

图 5－9　［例 5－5］图

多了未知量 $U_x$，必须再增列一个方程，由 2A 理想电流源支路得到补充方程：

$$I_{m2}-I_{m3}=2$$

将以上 4 式联立解得

$$I_{m2}=3.5\text{A}, I_{m3}=1.5\text{A}$$

各支路电流均可用网孔电流求得

$$I_1=6\text{A},\ I_2=3.5\text{A},\ I_3=1.5\text{A}$$
$$I_4=I_{m1}-I_{m2}=2.5\text{A}, I_5=I_{m1}-I_{m3}=4.5\text{A}, I_6=I_{m2}-I_{m3}=2\text{A}$$

由本例可看出，当理想电流源所在支路只流过一个网孔电流时，该网孔电流被理想电流源限定。当理想电流源所在支路流过两个网孔电流时，可用增设理想电流源电压为未知数的方法解决。

5. **回路电流法**

网孔分析法是选网孔为闭合回路对电路列出 $b-(n-1)$ 个独立的 KVL 方程。回路法同样是选用 $b-(n-1)$ 个独立回路来列 KVL 方程，只不过是所选回路不一定是按网孔来选，各回路电流的绕行方向也不一定统一规定为顺时针方向，因此网孔法是回路法的一个特例。

现以图 5－10 所示电路为例来介绍回路方程。首先是选定独立回路，同时以所选回路的回路电流为未知量（图中曲线所示）。

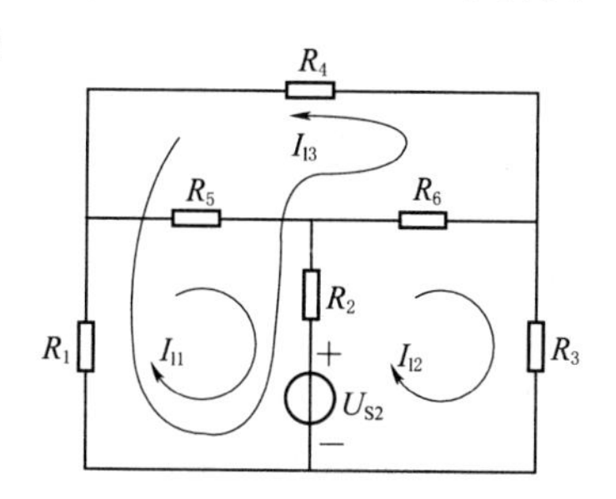

图 5－10　回路电流法

选回路时应注意两点：①保证所选同路之间彼此独立，因此任一要选的回路比前面已经选过的回路至少应包含一条新支路；②把独立回路数量选够，也就是说，在保证第一点的前提下选够 $b-(n-1)$ 个回路。

如图 5－10 所示电路，$b=6$，$n=4$，故独立回路数为 3。按图中所选回路电流绕行方向，由 KVL 列得该电路回路方程为

$$(R_1+R_5+R_2)I_{l3}-R_2I_{l2}-(R_1+R_2)I_{l3}=-U_{S2}$$
$$-R_2I_{l1}+(R_2+R_6+R_3)I_{l2}+(R_2+R_6)I_{l3}=U_{S2}$$
$$-(R_1+R_2)I_{l1}+(R_2+R_6)I_{l2}+(R_4+R_1+R_2+R_6)I_{l3}=U_{S2}$$

可以看出，在回路法中，自电阻同网孔法一样恒为正，但互电阻可以为正，也可以为负，要看两回路电流是以相同的方向还是以相反的方向流过共有电阻。

回路法可以自选回路，因此可方便地分析含理想电流源电路。

**【例 5－6】**　用回路法解[例 5－5]。

**解：**本题有两个理想电流源，用选用回路的办法使得两理想电流源支路分别只流过一个回路电流，所选回路及绕行方向如图 5－11 所示，得到的方程为

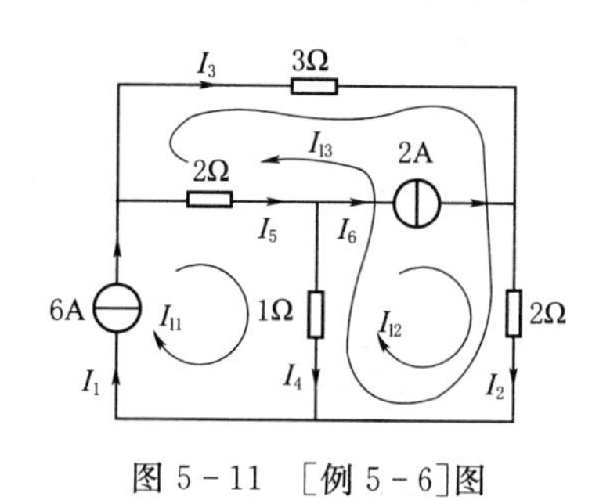

图 5－11　[例 5－6]图

$$I_{l1}=6$$
$$I_{l2}=2$$
$$-(1+2)I_{l1}+(1+2)I_{l2}+(1+2+2+3)I_{l3}=0$$

联立求解，得

$$-3I_{l1}+3I_{l2}+8I_{l3}=0$$
$$-18+6=-8I_{l3}$$
$$-12=-8I_{l3}$$

从而得

$$I_1=I_{l1}=6\text{A}$$
$$I_2=I_{l2}+I_{l3}=3.5\text{A}$$
$$I_3=I_{l3}=1.5\text{A}$$
$$I_4=I_{l1}-I_{l2}-I_{l3}=2.5\text{A}$$
$$I_5=I_{l1}-I_{l3}=4.5\text{A}$$

$$I_6 = I_{11} = 2\text{A}$$

回路分析法遇到含受控电源电路时，处理方法同网孔分析法。

**（二）元件介绍及安装**

1. 普通开关

（1）作用：接通或断开照明灯具的电源。

（2）分类。

1）按安装形式有：①明装式，有拉线开关和扳把（平头）开关；②暗装式，有跷板式开关和触碰式开关。

2）按结构形式有单极开关、三极开关、单控开关、双控开关、旋转开关。

（3）安装要求：①必须垂直安装，不能倒装、斜装、平装；②拉线开关离地 2～3m，跷板暗装开关离地 1.3m，距门框距离为 15～20cm。

（4）接线方法：①公共点（静触点）接电源进线（进线端）；②动触点接灯座中心点（出线端）。

（5）注意事项：①进线端、出线端不要接反；②零线不能进开关。

2. 普通灯具

（1）结构：由灯丝、灯头、灯罩、灯杆和挂线盒组成。40W 以下的灯泡内部抽成真空；40W 以上的灯泡内部抽成真空后充少量氩气或氮气，以减少钨丝挥发，延长寿命。

（2）工作原理：通电后，在高电阻作用下灯丝迅速发热发红，直到白炽程度而发光。

（3）灯泡的选用：根据使用场所、使用的电压高低和功率大小来正确选用。

（4）灯座的分类：①按固定灯泡形式分为螺口、插口；②按安装方式分为吊式、平顶式、管式；③按材质分为胶木、瓷质、金属；④按用途分为普通型、防水型、安全型、多用型。

（5）灯具的安装高度：室外一般不低于 3m；室内一般不低于 2.4m；特殊情况下，采取相应保护措施或改用 36V 安全电压。

（6）灯具的安装：吊灯灯具质量超过 3kg 时应预埋吊钩或螺栓。软线吊灯质量不超过 1kg，否则应加装吊链。安装好的吊灯规定离地面 2.5m 或成人伸手向上碰不到为准，且灯头线不宜打结。

（7）灯座的接线方法：相线接灯座中心点，中性线接灯座螺纹圈。

3. 空气断路器

（1）工作原理。空气断路器又被称作空气开关，它能够在电路内部发生过负荷、电压降低或者消失、短路的情况下自动切断电路，进行可靠的保护，在电路中起接通、承载和分断额定工作电流以及短路等故障电流的作用。

空气开关工作的基本原理是短路电流远远大于正常的负载电流，会导致脱扣器脱扣，动触头便在弹簧的作用下与静触头分开，于是电路就断开了。短路电流致使脱扣器脱扣的途径有很多，一般是利用电磁铁原理实现的，线圈中经过负载电流时的电磁铁吸引力小，再经过短路电流时吸引力促使衔铁动作，带动脱扣器脱扣。

当线路发生一般性过载时，过载电流虽不能使电磁脱扣器动作，但能使热元件产生一定热量，促使双金属片受热向上弯曲，推动杠杆使搭钩与锁扣脱开，将主触头分断，切断电源。

（2）断路器的安装。

1）安装时应检查铭牌及标志上的基本技术数据是否符合要求。

2）检查断路器，并人工操作几次，动作应灵活，确认完好无损，才能进行安装。

3）断路器应垂直安装，使手柄在下方，手柄向上的位置是动触头闭合位置。

（3）断路器的使用。

1）要闭合过压保护断路器，须将手柄朝 ON 箭头方向往上推；要分断时，将手柄朝 OFF 箭头方向往下拉。

2）断路器的过载、短路、过电压保护特性均由制造厂整定，使用中不能随意拆开调节。

3）断路器运行一定时期（一般为一个月）后，需要在闭合通电状态下按动实验按钮，检查过电压保护性能是否正常可靠（每按一次实验按钮，断路器均应分断一次），失常时应卸下更换或维修。

4. 日光灯

日光灯结构如图 5－12 所示。

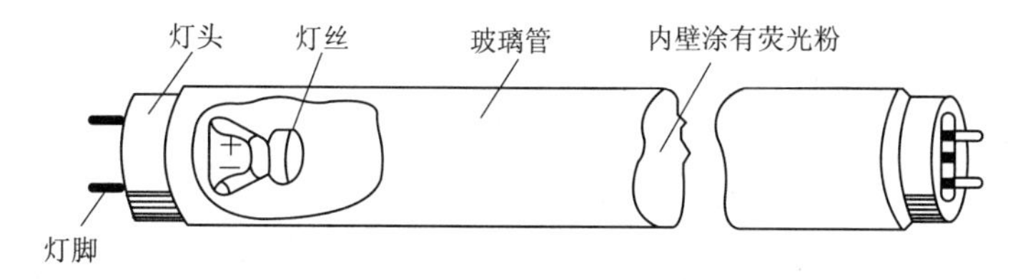


图 5－12 日光灯结构图

（1）主要部件。

1）镇流器。镇流器是一个带铁芯的自感线圈，自感系数很大，如图 5－13（a）所示。

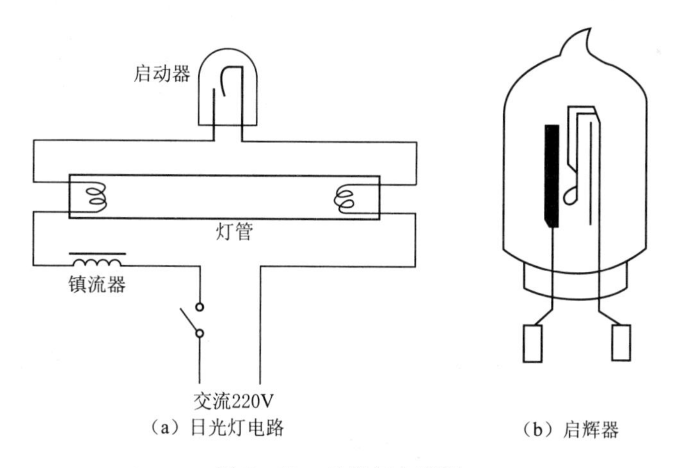


图 5－13 日光灯电路图

2）启辉器（即启动器）。启辉器主要是一个充有氖气的小氖泡，里面装有两个电极，一个是静触片，一个是由两个膨胀系数不同的金属制成的 U 形动触片（双层金属片——当温度升高时，因两层金属片的膨胀系数不同，且内层膨胀系数比外层膨胀系数高，所以动触片在受热后会向外伸展）。启辉器如图 5－13（b）所示。

（2）工作原理。在图 5－13（a）所示的电路中，当开关接通的时候，电源电压立即通过镇流器和灯管灯丝加到启辉器的两极。220V 的电压立即使启辉器的惰性气体电离，产生辉光放电。辉光放电的热量使双金属片受热膨胀，同时 U 形动触片膨胀伸长，跟静触片接通，于是镇流器线圈和灯管中的灯丝有电流通过。电流通过镇流器、启辉器两极、两端灯丝，从而构成通路。灯丝很快被电流加热，发射出大量电子。这时，由于启辉器两极闭合，两极间电压为零，辉光放电消失，管内温度降低，双金属片自动复位，两极断开。在两极断开的瞬间，电路电流突然切断，镇流器产生很大的自感电动势，与电源电压叠加后作用于灯管两端。灯丝受热时发射出来的大量电子，在灯管两端高电压作用下，以极大的速度由低电势端向高电势端运动。在加速运动的过程中，碰撞管内氩气分子，使之迅速电离。氩气电离生热，热量使水银产生蒸气，随之水银蒸气也被电离，并发出强烈的紫外线。在紫外线的激发下，管壁内的荧光粉发出近乎白色的可见光。

日光灯正常发光后，由于交流电不断通过镇流器的线圈，线圈中产生自感电动势，阻碍线圈中的电流变化。镇流器起到降压限流的作用，使电流稳定在灯管的额定电流范围内，灯管两端电压也稳定在额定工作电压范围内。由于这个电压低于启辉器的电离电压，所以并联在两端的启辉器也就不再起作用了。

镇流器在启动时产生瞬时高压，在正常工作时起降压限流作用；启辉器中电容器的作用是避免产生电火花。

（3）发光原理。荧光灯的中心元件是一个密封的玻璃管，灯管内含有水银蒸汽和少量的惰性气体，惰性气体通常是氩气，管壁上涂有荧光物质，通过惰性气体保护，汞蒸汽不会发生化学反应。

当灯管内的惰性气体在高压下电离后，形成气体导电电流，运动的气体离子在与汞原子碰撞作用之间不断地给了汞原子能量，使得汞原子的核外电子总能从低轨道跃迁到高轨道，之后汞原子的核外电子由于具有较高的能量会自发地再从高轨道向低轨道或基态跃迁，以光子的形式向外释放能量。由于汞原子的原子特征谱线大部分集中在紫外区域，汞原子释放出来的光子大部分在紫外区域，这些高能量的光子（紫外线）在和荧光物质的撞击时产生了白光。

## 五、任务准备

### 1. 设备、工具的准备

为完成工作任务，每个工作小组需要向工作站内仓库管理教师提供借用工具清单。

### 2. 材料的准备

为完成工作任务，每个工作小组需要向工作站内仓库管理教师提供领用材料清单。

### 3. 团队分配的方案

将学生分为 4 个工作岛，每个工作岛再分为 6 组，根据工作岛工位要求，每组 2 人，每个工作岛指定 1 人为组长、2 人为材料管理员，材料管理员负责材料领取分发，小组长负责组织本组相关问题的计划、实施及讨论汇总，填写各组人员工作任务实施所需文字材料的相关记录表。

## 六、任务实施

### 1. 设计电路

根据控制要求设计一个电路原理图，控制要求如下：

（1）合上开关，白炽灯泡或日光灯亮；断开开关，白炽灯泡或日光灯熄灭。

（2）线路有短路带漏电保护的空气断路器作为电源总开关。

2. 安装步骤及工艺要求

（1）逐个检验电气设备和元件的规格和质量是否合格。

（2）正确选配导线的规格、导线通道类型和数量等。

（3）在控制板上安装电器元件，并在各电器元件附近做好与电路图上相同代号的标记。

（4）选择合理的导线走向，做好导线通道的支持准备。

（5）检查电路的接线是否正确。

（6）检查元件的安装是否牢固。

（7）清理安装场地。

3. 线路通电试验操作

（1）通电操作。

通电前检查：①先用万用表检测所接电路是否正常；②通电前将负载开关、电源开关处于断开（OFF）位置，然后向老师（组长）报告，提出通电操作申请；③老师（组长）同意后，在场监护下方可进行下一步操作。

（2）通电过程。

安装电源线：①最先接保护线（PE 线）；②其次接零线（N 线）；③最后接相线（U/V/W）。

（3）通电操作。

通电操作步骤为：①先送电源总开关；②其次送电源分开关；③最后再送负载开关，观察通电情况，留意控制过程，理解控制原理。

（4）正常断电操作。

正常断电操作步骤为：①先分断负载开关；②再分断电源分开关；③最后断开电源总开关。

断电后，先进行验电，确保在没有电的情况下进行以下操作：①先拆相线（U/V/W）；②其次拆除零线（N 线）；③再拆除保护线（PE 线/黄绿双色线）；④最后必须检查电源全部线路的拆除情况（含不同地点接地线），确保无误后方可进行下一工作任务。

（5）异常故障情况。通电操作中，如发现异常，须第一时间按下急停按钮，切断电源，拆除电源线后，再查找原因。

4. 注意事项

（1）在安装、调试过程中，工具、仪表的使用应符合要求。

（2）通电操作时，必须严格遵守安全操作规程。

## 七、任务总结

1. 本次任务用到了那些知识？

2. 你从本次任务重获得了哪些经验？

3. 任务实施中，你遇到了哪些问题？是如何解决的？

## 八、思考与练习

1. 列出题 1 图所示电路的 $2b$ 方程。

2. 用支路电流法求解题 1 图中的各支电路、电压。

3. 列出题 2 图所示电路的支路电流法求解电路的方程。

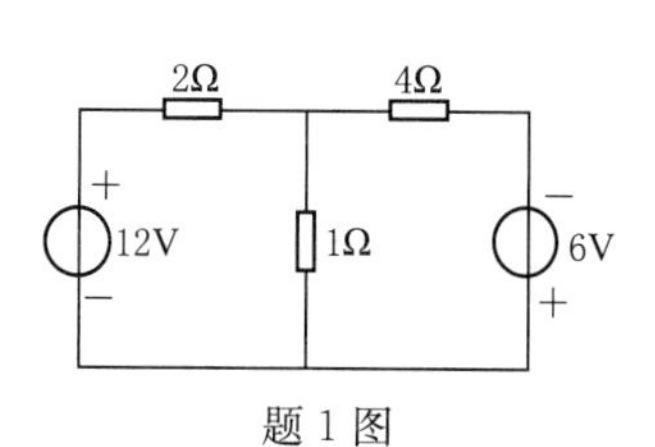


题 1 图

4. 列出题 3 图所示电路的支路电流方程，并求 $I_1$、$I_2$ 和 $I_3$。

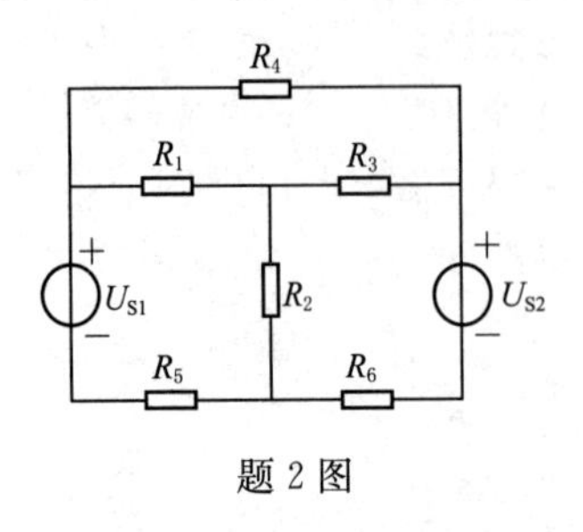


题 2 图

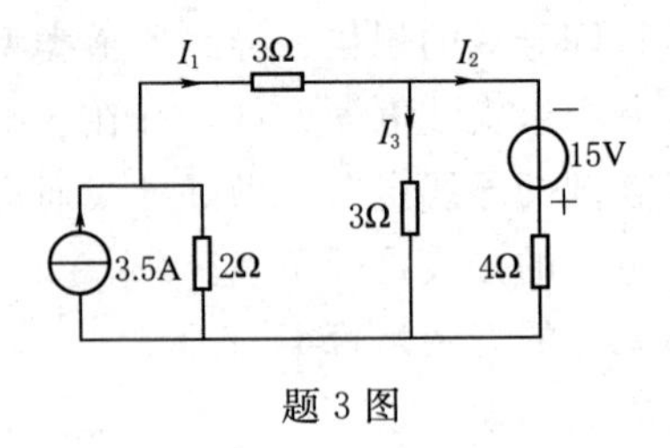


题 3 图

5. 用节点法求题 4 图中各支路电压。

6. 用节点法求题 5 图中的 $I$。

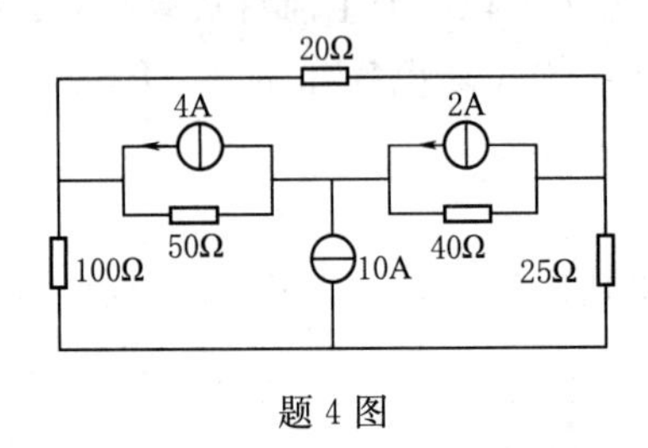


题 4 图

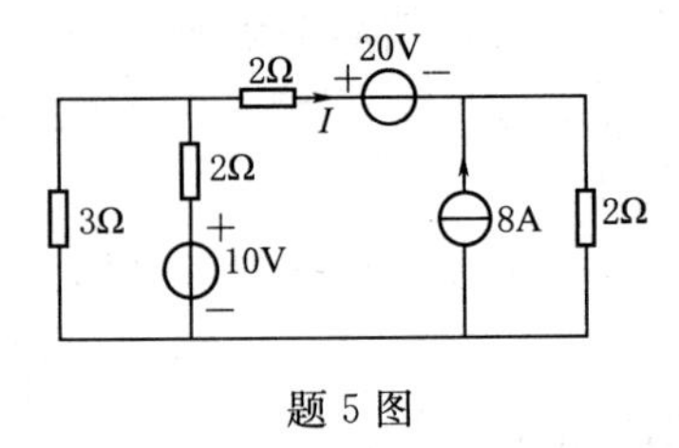


题 5 图

7. 适当选择参考节点，用节点法求题 6 图所示电路中的 5V 电压源和 5A 电流源发出的功率。

8. 试用网孔法和回路法求题 7 图所示电路的 $U$ 和 $I$。

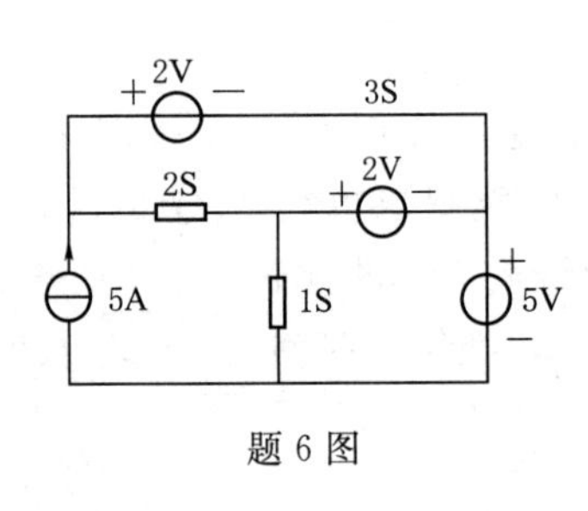


题 6 图

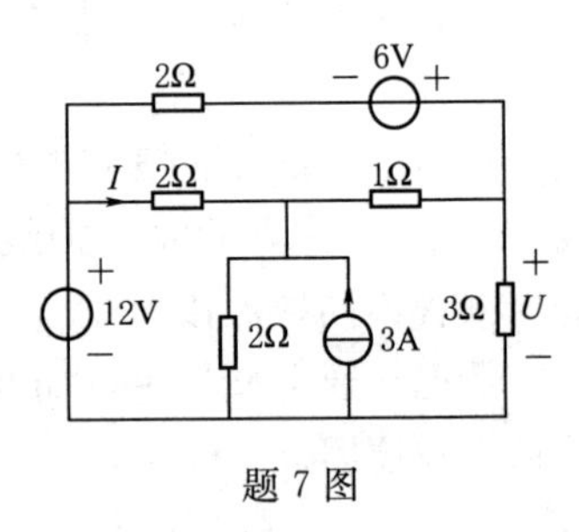


题 7 图

# 任务六　室内简单照明电路

## 一、任务描述

根据控制要求设计电路原理图，控制要求为：①线路有短路带漏电保护的空气断路器作为电源总开关。②合上电源总开关后，插座有电。③合上一路开关，日光灯点亮；断开开关，日光灯熄灭。④室内照明有多路电路，应采用合理的连接方式。合理布置和安装电气元件，根据电气原理图进行布线。

根据任务要求，准备工具和仪器仪表，做好工作现场准备，施工时严格遵守作业规范，线路安装完毕后进行调试，填写相关表格并交由检测指导教师验收。按照现场管理规范清理场地、归置物品。

## 二、任务要求

（1）能根据控制要求设计电路原理图。

（2）掌握室内照明电路的连接及布线方法。

（3）掌握电气元件的布置和布线方法。

## 三、能力目标

（1）熟练掌握插座的接线。

（2）理解室内线路的布置规则，根据控制要求，合理布置、安装电气元件。

（3）能根据电气原理图进行布线。

## 四、相关理论知识

### （一）正弦量

1. 正弦量的基本概念

（1）周期函数。当一个函数的自变量每增加（或减小）一定的值，它的函数值重复出现，这种函数称为周期函数。四种周期函数的图像如图 6－1 所示。周期函数的函数值重复出现时，自变量增加（或减小）的最小正值，称为周期函数的周期。图 6－1（a）的周期为 $x=2\pi$，图 6－1（b）的周期为 $x=b$，图 6－1（c）的周期为 $t=T_1$，图 6－1（d）的周期为 $t=T$。如果一个电流的值是时间 $t$ 的周期函数时，该电流可表示为

$$i(t)=i(t+KT) \tag{6-1}$$

式中：$K$ 为任一正整数；$T$ 为周期，它是函数变化一周所需的时间，在 SI 单位制中的单位是秒（s）。

单位时间内的周期数称为频率，用 $f$ 表示。它的 SI 单位为 1/s，称为赫［兹］（Hz）。显然

$$f=\frac{1}{T} \tag{6-2}$$

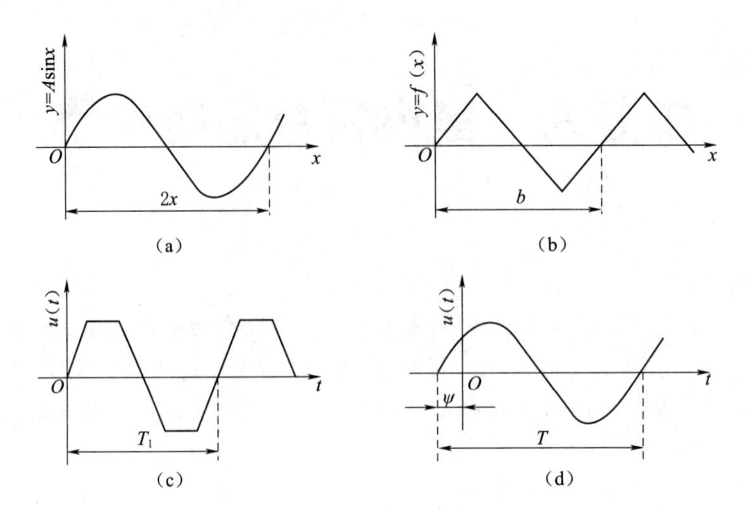


图 6-1 四种周期函数的图像

频率的单位除了赫［兹］(Hz) 外，还有千赫 (kHz)、兆赫 ( MHz) 和吉赫 ( GHz)。它们的换算关系为

$$1\text{kHz}=10^3\text{Hz}$$
$$1\text{MHz}=10^6\text{Hz}$$
$$1\text{GHz}=10^9\text{Hz}$$

若周期电压、周期电流的大小和方向都随时间变化，且在一个周期内平均值为 0，则称为交流电压、交流电流，如图 6-1 所示。这就是平时所称的交流电，用 AC 表示。随时间按正弦规律变化的交流电压、交流电流称为正弦电压、正弦电流，如图 6-1 (d) 所示。正弦波是周期波形的基本形式，在电工技术中非正弦的周期波形可以分解为无穷多个频率为整数倍的正弦波，因此这类问题也可以按正弦交流电路的方法来分析。

(2) 正弦量及其三要素。电路中按正弦规律变化的电压或电流，统称为正弦量。对于正弦量的数学描述，可以采用 sine 函数，也可以采用 cosine 函数。用相量法进行分析时，要注意采用的是哪一种形式，不能两者同时混用。

图 6-2 为一段电路中有正弦电流 $i$，在图示参考方向下，其数学表达式定义为

$$i(t)=I_m\cos(\omega t+\psi_i) \tag{6-3}$$

式中：$I_m$、$\omega$ 和 $\psi_i$ 分别为振幅、角频率和初相位。

$I_m$、$\omega$、$\psi_i$ 称为正弦量的三要素，正弦量 $i(t)$ 的波形如图 6-3 所示。

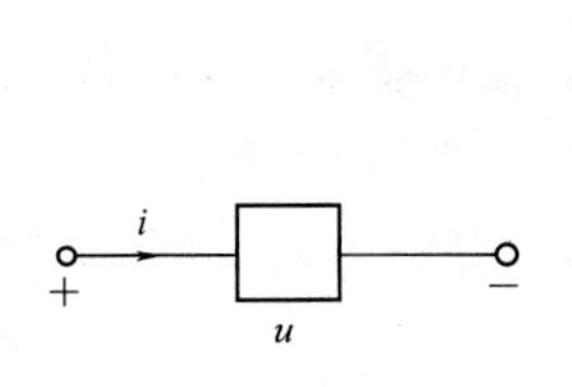


图 6-2 一段正弦交流电路

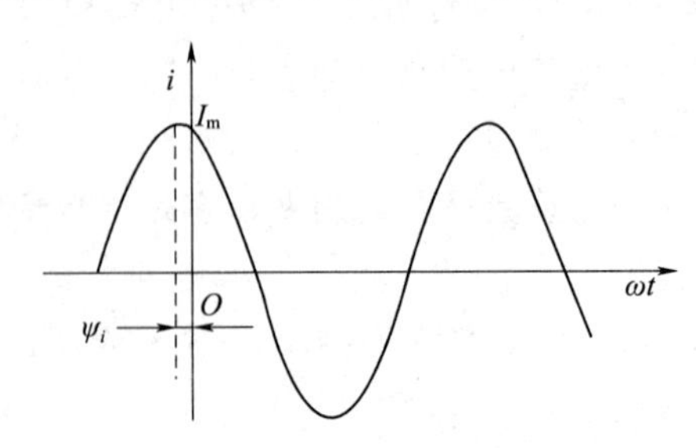


图 6-3 正弦量 $i(t)$ 的波形

（1）振幅 $I_m$。正弦量在一个周期内的最大值称为振幅。如图 6-3 所示，一个周期内的最大值为 $I_m$，因此，电流 $i(t)$ 的振幅是 $I_m$。同理，电压 $u(t)=U_m\cos(\omega t+\psi_u)$ 的振幅为 $U_m$。

（2）相位及角频率。随时间变化的角度 $(\omega t+\psi_i)$ 称为正弦量的相位，或称相角。如果已知一个正弦量在某一时刻的相位，就可以确定这个正弦量在该时刻的数值、方向及变化趋势，因此相位表示了正弦量在某时刻的状态。不同的相位对应正弦量的不同状态，从这个意义上讲，相位还表示了正弦量的变化进程。

角频率 $\omega=\frac{d}{dt}(\omega t+\psi_i)$，即 $\omega$ 是相位随时间的变化率，反映了正弦量变化的快慢程度，其单位为弧度/秒（rad/s）。

由于正弦量变化一个周期，相位变化 $2\pi$，即

$$[\omega(t+T)+\psi_i]-(\omega t+\psi_i)=2\pi$$

可以得出 $\omega$ 与 $T$ 的关系式

$$\omega=\frac{2\pi}{T} \tag{6-4}$$

将式（6-2）代入，则有

$$\omega=2\pi f \tag{6-5}$$

$\omega$ 与 $f$ 为正比关系，它们都表示了正弦量变化的快慢程度。两者的单位名称不同，但量纲是相同的，所以也常常把 $\omega$ 称为角频率。

在工程实际中，各种不同的交流电频率在不同的场合使用。例如，我国电力系统使用的交流电的频率标准（简称工频）是 50Hz，美国为 60Hz，广播电视载波频率为 30～300MHz 及 0.3～3GHz。

（3）初相。$\psi_i$ 是正弦电流 $i(t)$ 在 $t=0$ 时刻的相位，称为正弦量的初相位（角），简称初相，即

$$\psi_i=(\omega t+\psi_i)|_{t=0}$$

初相的单位用弧度或度表示。通常在 $|\psi_i|\leqslant\pi$ 的主值范围内取值。初相的正、负与大小和计时起点的选择有关。如果离坐标原点最近的正弦量的正最大值出现在时间起点之前，则式（6-3）中 $\psi_i>0$；如果离坐标原点最近的正弦量的正最大值出现在时间起点之后，则式（6-3）中 $\psi_i<0$。

正弦量的三要素是不同正弦量之间进行比较和区分的依据，已知正弦量三要素，正弦量就被唯一确定出来了。

**【例 6-1】** 图 6-4（a）为一个电路元件，已知在所设参考方向下，电压波形如图 6-4（b）所示。（1）写出 $u(t)$ 表达式；（2）试求 $t=1$ms 和 $t=5$ms 时电压的大小及实际方向；（3）求 $u(t)$ 的振幅、角频率和初相位。

**解：**（1）从波形图可知，完成一个循环所需时间 $T=16$ms。

由式（6-4）及式（6-2）得

$$\omega=\frac{2\pi}{T}=\frac{2\pi}{16\times10^{-3}}=125\pi(\text{rad/s})$$

$$f=\frac{1}{T}=\frac{1}{16\times10^{-3}}=62.5(\text{Hz})$$

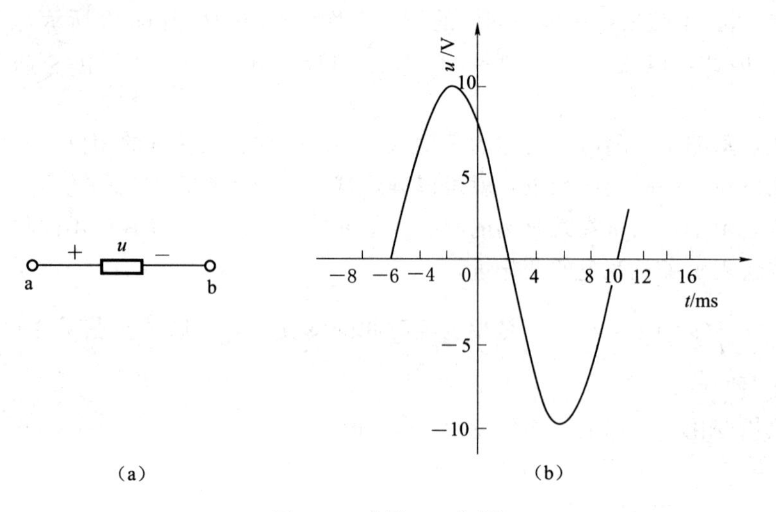


图 6-4 [例 6-1] 图

或由式（6-5）得

$$\omega=2\pi f=2\pi\times 62.5=125\pi(\mathrm{rad/s})$$

由波形图可知，从时间起点到离原点最近的波形最大值所需的时间为 2ms。如用 $\omega t$ 为横坐标所对应的角度为

$$\omega\times 2\times 10^{-3}=125\pi\times 2\times 10^{-3}=\frac{\pi}{4}(\mathrm{rad})$$

此值为用余弦函数表示 $u(t)$ 的初相 $\psi_u$，因为正的最大值出现在计时起点之前，所以 $\psi_u>0$

$$u(t)=10\cos\left(125\pi t+\frac{\pi}{4}\right)\mathrm{V}$$

（2）当 $t=1\mathrm{ms}$ 时

$$\begin{aligned}u_{(1\mathrm{ms})}&=10\cos\left(125\pi\times 1\times 10^{-3}+\frac{\pi}{4}\right)\\&=10\cos 0.375\\&=10\times 0.3827\\&=3.827(\mathrm{V})\end{aligned}$$

电压为正值，表示电压在 $t=1\mathrm{ms}$ 时实际方向和参考方向相同，即从 $a$ 指向 $b$。

当 $t=5\mathrm{ms}$ 时

$$\begin{aligned}u_{(5\mathrm{ms})}&=10\cos\left(125\pi\times 5\times 10^{-3}+\frac{\pi}{4}\right)\\&=10\cos 0.875\\&=10\times(-0.9239)\\&=-9.239(\mathrm{V})\end{aligned}$$

电压为负值，表示在这一时刻电压的实际方向与参考方向相反，即从 $b$ 指向 $a$。

（3）由 $u(t)=10\cos\left(125\pi t+\frac{\pi}{4}\right)$ 可知，此正弦量的振幅为 $U_m=10\mathrm{V}$；角频率为 $\omega=$

125πrad/s；初相位为

$$\psi_u = \frac{\pi}{4}\text{rad}$$

（4）正弦量的相位差。电路中常引用“相位差”的概念描述同频率正弦量之间的相位关系。在正弦交流电路中常常遇到同频率的正弦量，设任意两个同频率的正弦电流 $i$、电压 $u$ 分别为

$$i = I_m \cos(\omega t + \psi_i)$$
$$u = U_m \cos(\omega t + \psi_u)$$

$u$ 和 $i$ 的波形图如图 6-5 所示，从波形图中可看出 $u$ 和 $i$ 的频率相同而振幅、初相不同。两者的相位差就是两正弦量的相位角之差：

$$\varphi = (\omega t + \psi_u) - (\omega t + \psi_i) = \psi_u - \psi_i \quad (6-6)$$

可见两频率正弦量的相位差是一个不随时间变化的常数，等于两者的初相之差。同初相位类似，相位差 $\varphi$ 的主值范围为 $|\varphi| \leqslant \pi$。

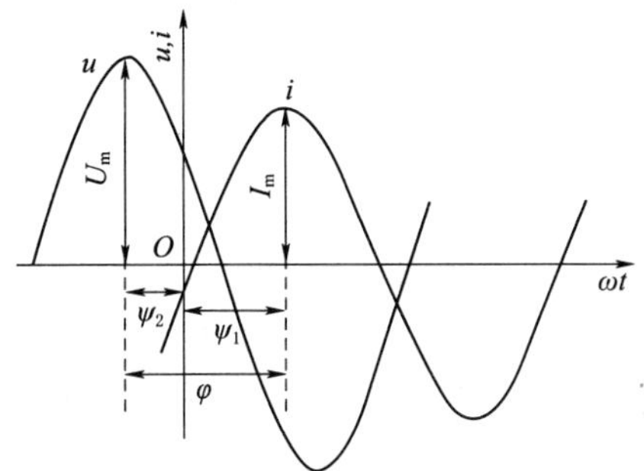


图 6-5　两个同频率正弦量之间的相位差

如果 $\varphi = \psi_u - \psi_i > 0$，如图 6-5 所示，称 $u$ 超前 $i$，超前的角度为 $\varphi$；或者是称 $i$ 滞后于 $u$ 的角度为 $\varphi$。从波形图上可看到 $u$ 比 $i$ 先达到最大值，两者最大值之间对应的角度之差为 $\varphi$。

如果 $\varphi = \psi_u - \psi_i < 0$，如图 6-6（a）所示，称 $u$ 滞后 $i$，滞后角度为 $\varphi$。

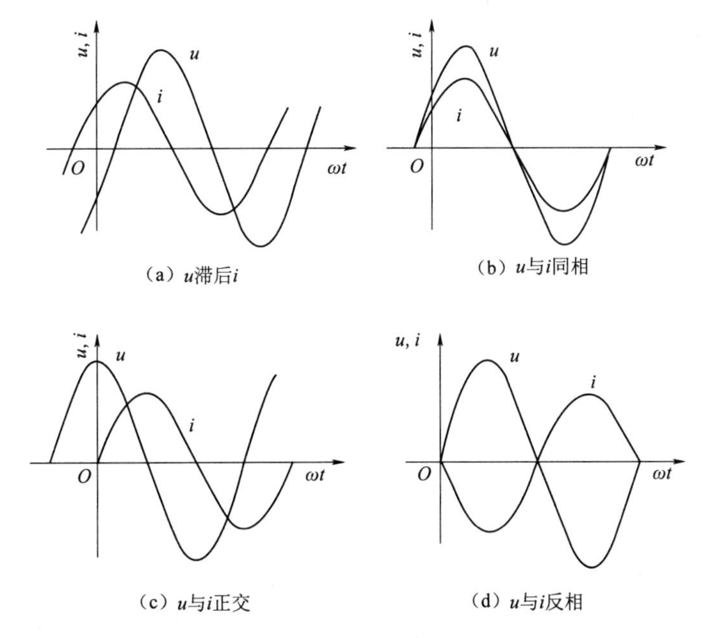


图 6-6　正弦量的相位差

如果 $\varphi = \psi_u - \psi_i = 0$，如图 6-6（b）所示，称 $u$ 与 $i$ 同相位，简称同相。其特点是两正弦量同时达到最大值，也同时过 0 点。

如果 $\varphi=\psi_u-\psi_i=\pm\frac{\pi}{2}$，如图 6-6（c）所示，称 $u$ 与 $i$ 正交。其特点是：当一个正弦量的值达到最大时，另一个正弦量的值刚好是 0。

如果 $\varphi=\psi_u-\psi_i=\pm\pi$，如图 6-6（d）所示，称 $u$ 与 $i$ 反相。其特点是：当一个正弦量为正最大值时，另一个正弦量刚好是负最大值。

正弦量的初相与参考方向的选择有关。若电压或电流的实际情况不变，而改选参考方向，则得出的表达式的初相就差 $\pi$，即得出反相的表达式。一个正弦量前加负号"－"，也会得到一个反相的正弦量，例如 $u$ 与 $-u$ 反相。

需要指出的是：①同频率正弦量的相位差与计时起点的选择无关，计时的起点不同，各同频率正弦量的初相不同，但它们之间的相位差是不变的；②在正弦交流电路中，常常需要分析计算相位差，而对正弦量的初相考虑不多，因此正弦量的计时起点可以任选。为了方便，在选计时起点时，往往使得电路中某一正弦量的初相为 0，该正弦量称为参考正弦量。在一个电路中只允许选取一个参考正弦量，否则会造成计算上的混乱；③不同频率的正弦量的相位差是随时间变化的，在本书中谈到的相位差都是指同频率正弦量之间的相位差；④相位差、超前、滞后等概念十分重要，要求不仅从波形图上，而且从正弦量表达式上（包括今后要介绍的相量、相量图中）都能做出正确的判断。

**【例 6-2】** 在某电路中，电流、电压表达式分别为 $i=8\cos(\omega t+30°)\text{A}$、$u_1=120\cos(\omega t-180°)\text{V}$、$u_2=90\sin(\omega t-45°)\text{V}$。

（1）求 $i$ 与 $u_1$ 及 $i$ 与 $u_2$ 的相位关系；（2）如果选择 $i$ 为参考正弦量，写出 $i$、$u_1$ 与 $u_2$ 的瞬时值表达式。

**解：**（1）$i$ 与 $u_1$ 的相位差

$$\varphi_1=30°-(-180°)=210°$$

取 $\varphi_1$ 在 $-\pi$ 与 $\pi$ 之间，$\varphi_1=210°-360°=-150°<0°$，$i$ 滞后 $u_1 150°$。先将 $u_2$ 化成余弦函数

$$u_2=90\sin(\omega t+45°)=90\cos(\omega t-45°)$$

$i$ 与 $u_2$ 的相位差

$$\varphi_2=30°-(-45°)=75°>0$$

$i$ 超前 $u_2 75°$。

（2）设 $i$ 为参考正弦量，则 $\psi_i=0°$，$\psi_{u1}=150°$，$\psi_{u2}=-75°$。

所以

$$i=8\cos\omega t\,\text{A}$$

$$u_i=120\cos(\omega t+150°)\text{V}$$

$$u_2=90\cos(\omega t-75°)\text{V}$$

（5）有效值。电路中电流、电压的瞬间值不断随时间变化，而电流、电压的振幅亦不能直接反映能量传输的效果，因此，需要引入电流、电压的有效值，它是按能量等效的概念定义的。以电流为例，设两个相同电阻 $R$ 分别通入周期电流 $i$ 和直流电流 $I$。周期电流 $i$ 通过 $R$ 在一个周期内消耗的能量为

$$\int_0^T p\,\mathrm{d}t=\int_0^T Ri^2\,\mathrm{d}t=R\int_0^T i^2\,\mathrm{d}t$$

直流电 $I$ 通过 $R$ 在相同时间 $T$ 内消耗的能量为

$$PT=RI^2T$$

如果以上两种情况下的能量相等，即

$$RI^2T=R\int_0^T i^2\mathrm{d}t$$

则有

$$I=\sqrt{\frac{1}{T}\int_0^T i^2\mathrm{d}t} \tag{6-7}$$

式（6－7）是有效值定义式。它表明周期电流有效值等于它的瞬时值的平方在一个周期内的积分数平均值后再开平方。因此有效值又称为均方根值。

类似地可以定义周期电压有效值为

$$U=\sqrt{\frac{1}{T}\int_0^T u^2\mathrm{d}t} \tag{6-8}$$

将周期电流有效值定义用于正弦电流。设 $i=I_m\cos(\omega t+\psi_i)$，由式（6－7）得

$$\begin{aligned}I&=\sqrt{\frac{1}{T}\int_0^T I_m^2\cos^2(\omega t+\psi_i)\mathrm{d}t}\\&=\sqrt{\frac{1}{T}\int_0^T I_m^2\ \frac{1}{2}[1+\cos(2\omega t+2\psi_i)]\mathrm{d}t}=\frac{I_m}{\sqrt{2}}=0.707I_m\end{aligned} \tag{6-9}$$

或为

$$I_m=\sqrt{2}I \tag{6-10}$$

类似地，正弦电压有效值与振幅间的关系为

$$U=\frac{U_m}{\sqrt{2}} \tag{6-11}$$

总之，正弦量的有效值等于其振幅除以$\sqrt{2}$。

**【例 6－3】** 已知某正弦电压在 $t=0$ 时，其值 $u_{(0)}=110\sqrt{2}\text{V}$，初相为 60°，求其有效值。

**解：** 此正弦电压表达式为

$$u=U_m\cos(\omega t+60°)$$

当 $t=0$ 时

$$u_{(0)}=U_m\cos60°$$

所以

$$U_m=\frac{u_{(0)}}{\cos60°}=\frac{110\sqrt{2}}{1/2}=220\sqrt{2}(\text{V})$$

其有效值为

$$U=\frac{U_m}{\sqrt{2}}=\frac{220\sqrt{2}}{\sqrt{2}}=220(\text{V})$$

实际工作中经常见到有效值，例如，在日常生活中，人们用到的交流电有效值为 220V。大部分使用 50Hz 的交流仪表测读的是有效值，交流电气设备铭牌上给出的电压、电流值也是有效值。电气设备和器件上的击穿电压或绝缘耐压指的是电压最大值，如电容器的额定电

压是指振幅电压。

2. 正弦量的相量表示

(1) 复数及其表示。设 $A$ 为复数，则

$$A=a+\mathrm{j}b \tag{6-12}$$

其中 $a$ 称为复数 $A$ 的实部，表示为

$$a=\mathrm{Re}[A]=\mathrm{Re}[a+\mathrm{j}b]$$

$b$ 为复数 $A$ 的虚部，表示为

$$b=\mathrm{Im}[A]=\mathrm{Im}[a+\mathrm{j}b]$$

$\mathrm{j}=\sqrt{-1}$ 为虚数单位。式（6-12）的右端称为复数 $A$ 的直角坐标形式（或为代数形式）。

在复平面上可以用一个向量表示复数 $A$，如图 6-7 所示。其中 $|A|$ 表示复数 $A$ 的模，$\varphi$ 为复数 $A$ 的辐角。从图中 6-7 中可得

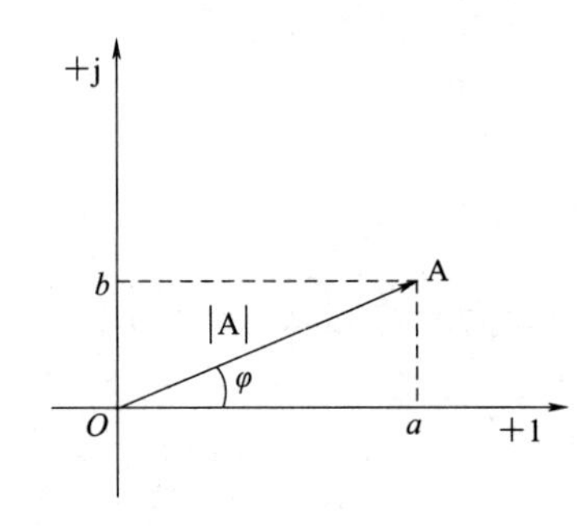


图 6-7 复数的向量表示

$$\begin{cases}a=|A|\cos\varphi\\ b=|A|\sin\varphi\end{cases} \tag{4-13}$$

$$\begin{cases}|A|=\sqrt{a^2+b^2}\\ \tan\varphi=\dfrac{b}{a}\end{cases} \tag{4-14}$$

根据式（6-13）可以得出复数的另一种形式——三角形式。

$$A=|A|\cos\varphi=\mathrm{j}|A|\sin\varphi \tag{6-15}$$

由欧拉公式

$$e^{\mathrm{j}\varphi}=\cos\varphi+\mathrm{j}\sin\varphi$$

式（6-15）又可写作

$$A=|A|e^{\mathrm{j}\varphi} \tag{6-16}$$

式（6-16）右端称为复数 $A$ 的指数形式。在工程上常常写为

$$A=|A|\angle\varphi \tag{6-17}$$

式（6-17）称为复数 $A$ 的极坐标形式。

利用复数计算正弦交流电路时，常常要进行直角坐标形式和极坐标形式的相互转换，其转换公式为式（6-13）、式（6-14）。

**【例 6-4】** 写出下列复数的直角坐标形式：

(1) $2\angle 36°$；(2) $61.2\angle(-111.1°)$；(3) $-32.2\angle 108°$；(4) $11.8\angle 180°$。

**解：**

(1) $2\angle 36°=2\cos 36°+\mathrm{j}2\sin 36°$
$=1.62+\mathrm{j}1.18$

(2) $61.2\angle(-111.1°)=61.2\cos(-111.1°)+\mathrm{j}61.2\sin(-111.1°)$
$=61.2\cos 111.1°-\mathrm{j}61.2\sin 111.1°$
$=-61.2\cos 68.9°-\mathrm{j}61.2\sin 68.9°$
$=-22.03-\mathrm{j}57.097$

(3) $-32.2\angle 108°=-(32.2\cos 108°+\mathrm{j}32.2\sin 108°)$

$$=-[32.2\cos(180°-72°)+j32.2\sin(180°-72°)]$$
$$=32.2\cos72°-j32.2\sin72°$$
$$=9.95-j30.62$$

（4）$11.8\angle180°=11.8\cos180°+j11.8\sin180°$
$$=-11.8$$

**【例 6－5】** 写出下列复数的极坐标形式：

（1）$3+j4$；（2）$-18.5-j26.1$；（3）$j10$。

**解：** 由式（6－14）可知

（1）$|3+j4|=\sqrt{3^2+4^2}=\sqrt{25}=5$

$$\varphi=\arctan\frac{4}{3}=53.13°$$

故

$$3+j4=5\angle53.13°$$

（2）$|-18.5-j26.1|=\sqrt{18.5^2+26.1^2}=31.99$

$$\varphi=\arctan\frac{-26.1}{-18.5}=54.67°+180°=234.67°$$

因为 $\varphi$ 角在第三象限，所以由 $\arctan\frac{-26.1}{-18.5}$得 54.67°后应该加 180°才是 $\varphi$ 角。故得

$$-18.5-j26.1=31.99\angle234.67°=31.99\angle(-125.33°)$$

必须注意：求辐角 $\varphi$ 时，一定要根据复数所在象限，再由 $\varphi=\arctan\frac{b}{a}$求出辐角的正确值。

（3）$|j10|=\sqrt{10^2}=10$

$$\varphi=\arctan\frac{10}{0}=90°\text{或}-270°$$

故得

$$j10=10\angle90°$$

这里需要说明，复数表示形式之间的转换可以用式（6－13）、式（6－14），也可以用计算器的复数功能实现。

（2）复数运算。

1）复数相等：两个复数相等，则实部和虚部分别相等。例如：复数 $A_1=a_1+jb_1$，$A_2=a_2+jb_2$，若 $A_1=A_2$，则一定有 $a_1=a_2$，$b_1=b_2$。

两个复数若用极坐标形式表示，两者相等则意味着两者的模相等，辐角相同。

2）加减运算：此运算用直角坐标形式进行。

例如：若　　$A_1=a_1+jb_1$，$A_2=a_2+jb_2$

则

$$A_1\pm A_2=(a_1+jb_1)\pm(a_2+jb_2)=(a_1\pm b)+j(a_2\pm b_2) \tag{6-18}$$

即几个复数相加或相减就是把它们的实部和虚部分别相加或相减。

复数的加减运算也可用几何作图法——平行四边形法和三角形法，如图 6－8 所示。图 6－8（a）和图 6－8（c）分别表示求 $A_1+A_2$ 和 $A_1-A_2$ 的平行四边形法，图 6－8（b）和

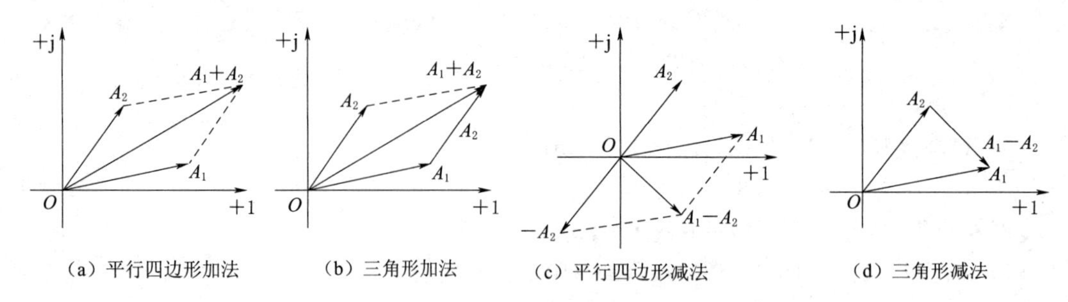


（a）平行四边形加法　（b）三角形加法　（c）平行四边形减法　（d）三角形减法

图 6－8　复数加减法图示

图 6－8（d）分别表示求 $A_1+A_2$ 和 $A_1-A_2$ 的三角形法。

3）乘法运算：设复数 $A_2=|A_2|\angle\varphi_1$，$A_2=|A_2|\angle\varphi_2$ 则

$$\begin{aligned}A_1\cdot A_2&=|A_1|\angle\varphi_1\cdot|A_2|\angle\varphi_2\\&=|A_1||A_2|\angle(\varphi_1+\varphi_2)\end{aligned}\tag{6-19}$$

即复数相乘时，其模相乘，其辐角相加。

4）除法运算：设复数 $A_1=|A_1|\angle\varphi_1$，$A_2=|A_2|\angle\varphi_2$，则

$$\frac{A_1}{A_2}=\frac{|A_1|\angle\varphi_1}{|A_2|\angle\varphi_2}=\frac{|A_1|}{|A_2|}\angle(\varphi_1-\varphi_2)\tag{6-20}$$

即复数相除时，其模相除，其辐角相减。

一般来说，复数的乘除运算用极坐标形式较为简便。复数的加减运算用直角坐标形式较为简便。

下面介绍旋转因子 $e^{j\varphi}$。$e^{j\varphi}=1\angle\varphi$，即它是一个模为 1、辐角为 $\varphi$ 的复数。任一个复数 $A=|A|e^{j\varphi}$，乘以 $e^{j\varphi}$ 等于把复数 $A$ 逆时针旋转 $\varphi$ 角度，而 $Ae^{j\varphi}$ 的模与 $|A|$ 相等，如图6－9所示，所以称 $e^{j\varphi}$ 为旋转因子。

在正弦交流电路的相量法中常常用到±j 和－1。根据欧拉公式很容易地得出 $e^{\pm j\frac{\pi}{2}}=\pm j$、$e^{\pm j\frac{\pi}{2}}=-1$，因此±j 和－1 都可视为旋转因子。如果一个复数乘以 j，就等于这个复数向量在复平面中按逆时针方向旋转 $\frac{\pi}{2}$，如图 6－10（a）所示。一个复数除以 j，就等于该复数乘以－j，即该复数在复平面中按顺时针方向旋转 $\frac{\pi}{2}$，如图 6－10（b）所示。

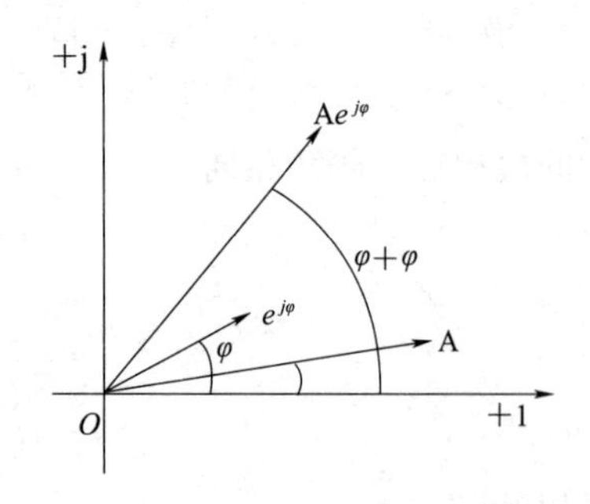


图 6－9　旋转因子 $e^{j\varphi}$ 的几何意义

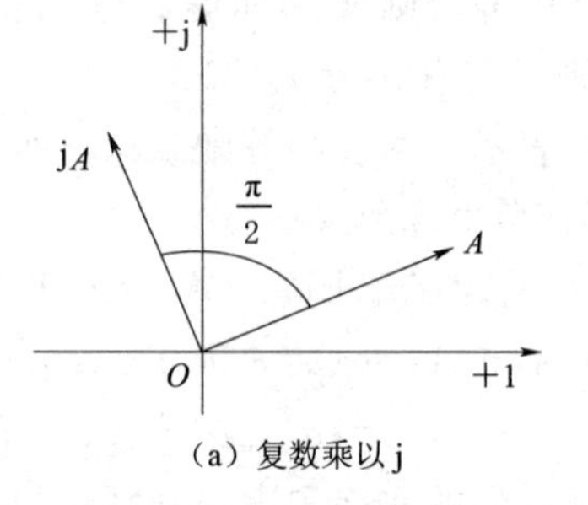


（a）复数乘以 j

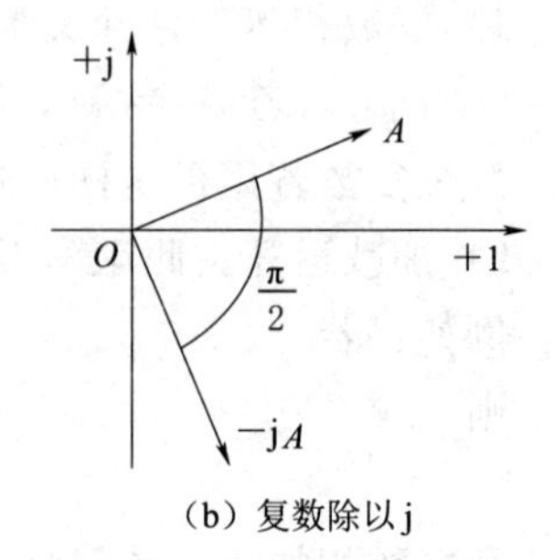


（b）复数除以 j

图 6－10　复数 $A$ 乘、除以 j 的几何意义

复数为实部不变，虚部加负号。设复数 $A=|A|\angle\varphi$，则其共轭复数为 $A^*=|A|\angle(-\varphi)$。

即极坐标形式表示的共轭复数，其模不变，辐角加负号。

（3）相量。在正弦交流电路中，直接使用正弦量的瞬时值表达式进行各种分析计算是相当复杂和繁琐的。若能建立正弦量与复数之间的对应关系并用于正弦交流电路的分析计算则相当简便，这种方法称为相量法。下面介绍正弦量的相量表示。

由欧拉公式可知

$$I_m e^{j(\omega t+\psi_i)}=I_m\cos(\omega t+\psi_i)+jI_m\sin(\omega t+\psi_i)$$

分析上式，对于正弦电流可表示为

$$\begin{aligned} i &=I_m\cos(\omega t+\psi_i)=\mathrm{Re}[I_m e^{j(\omega t+\psi_i)}] \\ &=\mathrm{Re}[I_m e^{j\psi_i}e^{j\omega t}] \\ &=\mathrm{Re}[\dot{I}_m e^{j\omega t}] \end{aligned} \tag{6-21}$$

其中

$$\dot{I}_m=I_m e^{j\psi_i}=I_m\angle\psi_i \tag{6-22}$$

式（6-21）建立了正弦量与复指数函数的关系，复指数函数是复常数与 $e^{j\psi_i}$ 的乘积，当角频率在预料之中时，任何一个正弦量都可以找到其相对应的复常数，该复常数称为相量，表示时要用大写字母并在其上加点，如式（6-22）。

$\dot{I}_m=I_m e^{j\psi_i}$ 中包含了正弦量三要素中的两个要素——振幅和初相，这种与正弦量对应的复数称为振幅相量（或最大值相量）。

由于正弦量的振幅是有效值的$\sqrt{2}$倍，定义正弦量对应的有效值相量为

$$\dot{I}=Ie^{j\psi_i}=I\angle\psi_i \tag{6-23}$$

则有效值相量与最大值相量的关系为

$$\dot{I}=\frac{\dot{I}_m}{\sqrt{2}} \tag{6-24}$$

在实际应用中，不必经过上述变换步骤，可直接根据正弦量写出与之对应的相量。例如：已知正弦电压 $u=220\sqrt{2}\cos(314t+45°)$V 所对应的有效值相量为 $\dot{U}=220\angle45°$V。反之，已知一个正弦电流的有效值相量为 $\dot{I}=10\angle(-30°)$A，且 $\omega=1000$rad/s，则其瞬时值表达式为 $i=10\sqrt{2}\cos(1000t-30°)$A。

从式（6-21）中还可以看出正弦量与相量对应关系的几何意义。同旋转因子 $e^{j\varphi}$一样，式（6-21）中 $e^{j\omega t}$也是一个旋转因子，所不同的是 $e^{j\omega t}$所旋转的角度是随时间 $t$ 变化的。前面讲过在复平面上可以用一个向量表示复数，相量是用复数表示的，所以相量也可以在复平面上用一个向量表示，表示方法与表示复数相同，如图 6-11 所示。当相量 $\dot{I}_m$ 乘以 $e^{j\omega t}$时，它表示相量 $\dot{I}_m$ 在复平面上以角频率 $\omega$ 绕原点逆时针旋转，因此称复指数函数 $\dot{I}_m e^{j\omega t}$ 为旋转相量。由式（6-21）可知，当旋转相量 $\dot{I}_m e^{j\omega t}$ 取实部时就是正弦电流 $i$。如图 6-12 所示，$t=0$时计时开始，旋转相量和正实轴方向的夹角为 $\psi_i$，此时 $\dot{I}_m$ 在实轴上的投影为

$$O_a=I_m\cos\psi_i$$

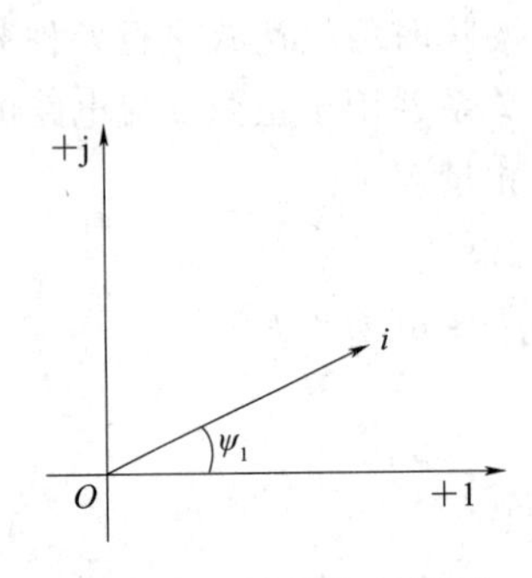


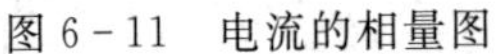

图 6-11 电流的相量图

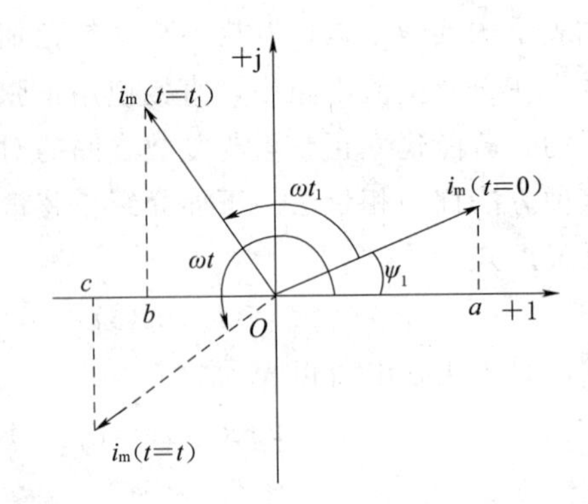


图 6-12 正弦量与相量关系的几何意义

即为 $t=0$ 时，$i=I_m\cos(\omega t+\psi_i)$ 的值。$t=t_1$ 时旋转相量以 $\omega$ 角频率按逆时针方向旋转了 $\omega t_1$ 角度，此时 $\dot{I}_m$ 在实轴上的投影为

$$\mathrm{O_b}=I_m\cos(\omega t_1+\psi_i)$$

其数值刚好为正弦电流 $i=I_m\cos(\omega t+\psi_i)$ 在 $t=t_1$ 时的值。依次类推，对于任何瞬间 $t$，旋转相量与实轴正方向夹角为（$\omega t+\psi_i$），这一时刻旋转相量在实轴的投影正是正弦电流 $i$ 在该时刻的值。总之，式（6-21）的几何意义为：旋转相量在实轴上的投影就是正弦量在相应时刻的值。

（4）相量图。由正弦量与相量关系的几何意义可知，相量与旋转因子 $e^{j\omega t}$ 的乘积表示相量以 $\omega$ 角速度在复数平面上逆时针旋转。如果在线性正弦交流电路中，各电压电流响应均为同频率的正弦量时，这些正弦响应所对应的相量在复数平面上旋转的角速度是相同的，即在任何时刻下，它们之间的相对位置是不变的。

这样在旋转情况下进行这些相量之间运算的结果和在静止的相量图中做同样运算的结果是相同的。因此以后所用的相量图均为静止相量图，时间选取 $t=0$，即每一相量的辐角就是它的初相。由于相量是用复数表示的，因此正弦量所对应的相量在复平面上的画法与复数向量的画法相同。

例如：$u=10\sqrt{2}\cos\left(\omega t+\dfrac{\pi}{3}\right)\mathrm{V}$，$i=2\sqrt{2}\cos\left(\omega t-\dfrac{\pi}{4}\right)\mathrm{A}$ 的相量为 $\dot{U}=10\angle\dfrac{\pi}{3}\mathrm{V}$，$\dot{I}=2\angle\left(-\dfrac{\pi}{4}\right)\mathrm{A}$。相量如图 6-13 所示。

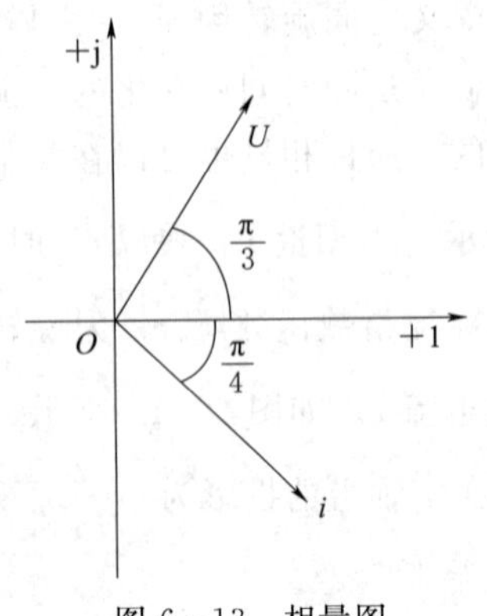


图 6-13 相量图

相量间的运算，可以通过复数的代数运算实现，也可以在相量图上进行。

**【例 6-6】** 若 $i_1=4\sqrt{2}\cos(\omega t+60°)\mathrm{A}$，$i_2=-3\sqrt{2}\cos(\omega t-30°)\mathrm{A}$，求：$\dot{I}_3=\dot{I}_1+\dot{I}_2$，画出相量图，写出 $i_3$ 表达式，并说明 $i_1$ 与 $i_2$ 的相位关系。

**解：** 根据振幅、初相直接写出 $i_1$、$i_2$ 的相量

$$\dot{I}_1=4\angle 60°\mathrm{A}$$

$$\begin{aligned}i_2&=-3\sqrt{2}\cos(\omega t-30°)\\&=3\sqrt{2}\cos(\omega t-30°+180°)\end{aligned}$$

$$=3\sqrt{2}\cos(\omega t+150°)$$

$$\dot{I}_2=3\angle 150°\text{A}$$

画出 $\dot{I}_1$、$\dot{I}_2$ 的相量图，如图 6－14 所示，再用平行四边形法求和得出

$$\dot{I}_3=5\angle 96.87°\text{A}$$

写出 $i_3$ 瞬时值表达式

$$i_3=5\sqrt{2}\cos(\omega t+96.87°)\text{A}$$

也可以利用 $\dot{I}_3=\dot{I}_1+\dot{I}_2$ 直接进行复数加法运算求出结果。

在相量图上明显地看出 $\dot{I}_1$ 较 $\dot{I}_2$ 滞后，即 $i_1$ 较 $i_2$ 滞后 150°－60°＝90°。

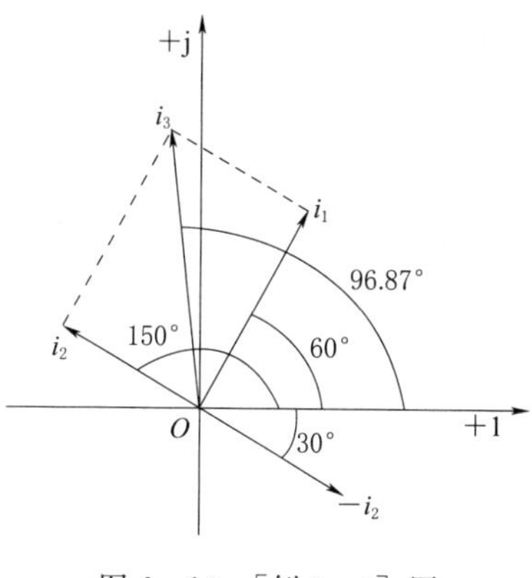

图 6－14 ［例 6－6］图

相量图很直观地反映了各相量间的大小和相位关系，同时还可以在相量图上方便地进行相量间的加减运算。相量图在正弦交流电路的分析中是常用的工具。前面介绍过参考正弦量的初相为 0，它对应的相量称为参考相量，其辐角为 0，在相量图中，它的方向与正实轴方向一致。画相量图时，若选定了参考相量，在相量图中可不画坐标系，以参考相量为基准画出其他的相量，这样相量图看上去更简洁。

### （二）用电技术

1. 用电安全技术简介

低压配电系统是电力系统的末端，分布广泛，几乎遍及建筑的每一角落，平常使用最多的是 380/220V 的低压配电系统。从安全用电等方面考虑，低压配电系统有三种接地形式：IT 系统、TT 系统、TN 系统。TN 系统又分为 TN—S 系统、TN—C 系统、TN—C—S 系统三种形式。

（1）IT 系统。IT 系统就是电源中性点不接地，电源端带电部分对地绝缘或经高阻抗接地，用电设备金属外壳直接接地的系统，如图 6－15 所示。IT 系统中，连接设备外壳可导电部分和接地体的导线，就是 PE 线。

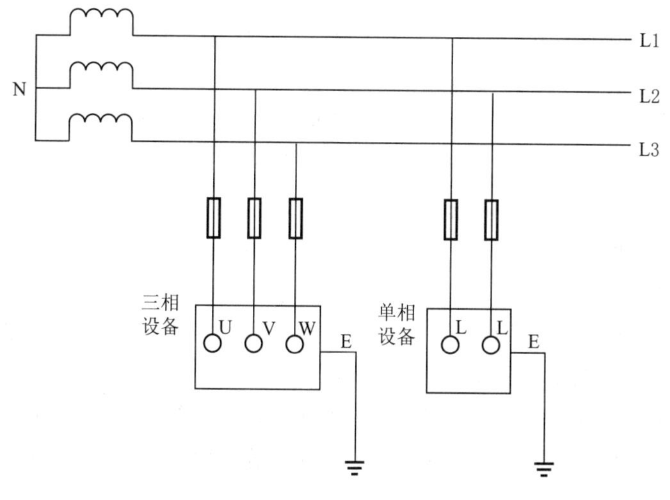

图 6－15　IT 系统接地

IT 系统适用于环境条件不良、易发生一相接地或火灾爆炸的场所，如煤矿、化工厂、纺织厂等，也可用于农村地区。但不能装断零保护装置，因正常工作时中性线电位不固定，也不应设置零线重复接地。

（2）TT 系统。TT 系统就是电源中性点直接接地，用电设备金属外壳也直接用保护接地线接至与电源端接地点无关的接地级，简称保护接地或接地制的系统，如图 6-16 所示。通常将电源中性点的接地称为工作接地，而设备外壳接地称为保护接地。TT 系统中，这两个接地必须是相互独立的。每一设备可以有各自独立的接地装置，也可以是若干设备共用一个接地装置，图 6-16 中单相设备和单相插座就是共用接地装置的。

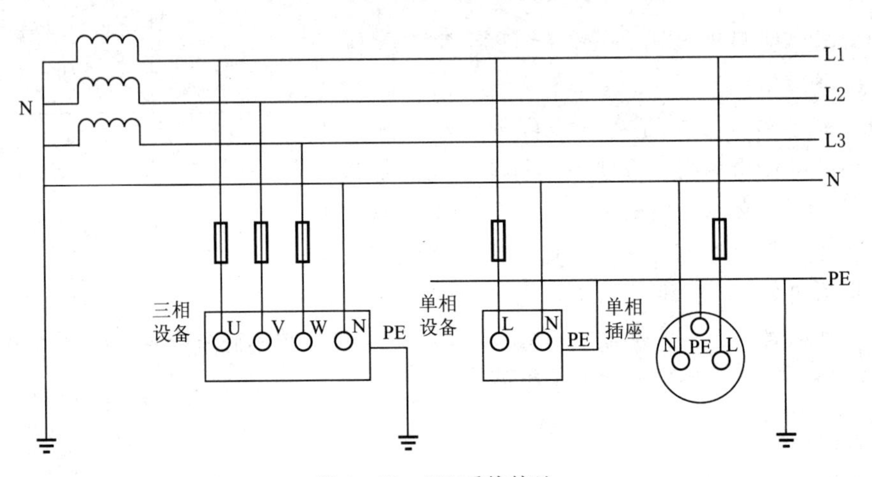


图 6-16　TT 系统接地

当配电系统中有较大量单相 220V 用电设备，而线路敷设环境易造成一相接地或零线断裂，从而引起零电位升高时，电气设备外壳不宜接零而采用 TT 系统。TT 系统适用于城镇、农村居住区、工业企业和分散的民用建筑等场所。当负荷端和线路首端均装有漏电开关，且干线末端装有断零保护时，则可成为功能完善的系统。

（3）TN 系统。TN 系统即电源中性点直接接地、设备外壳等可导电部分与电源中性点有直接电气连接的系统，这种方式简称保护接零或接零制。按照中性线（工作零线）与保护线（保护零线）的组合情况，TN 系统又有三种形式，分述如下：

1）TN-S 系统如图 6-17 所示，图中中性线 N 与 TT 系统相同，在电源中性点工作接地，而用电设备外壳等可导电部分通过专门设置的保护线 PE 连接到电源中性点上。在这种系统中，中性线 N 和保护线 PE 是分开的。TN-S 系统的最大特征是 N 线与 PE 线在系统中性点分开后，不能再有任何电气连接。TN-S 系统是我国现在应用最为广泛的一种系统（又称三相五线制），新楼宇大多采用此系统。

2）TN-C 系统如图 6-18 所示，它将 PE 线和 N 线的功能综合起来，由一根称为保护中性线 PEN，同时承担保护和中性线两者的功能。此系统习惯称为三相四线制系统。在用电设备处，PEN 线既连接到负荷中性点上，又连接到设备外壳等可导电部分。此时注意火线（L）与零线（N）要接对，否则外壳会带电。

TN-C 系统现在已很少采用，尤其是在民用配电中已基本上不允许采用 TN-C 系统。

3）TN-C-S 系统是 TN-C 系统和 TN-S 系统的结合形式，如图 6-19 所示。TN-

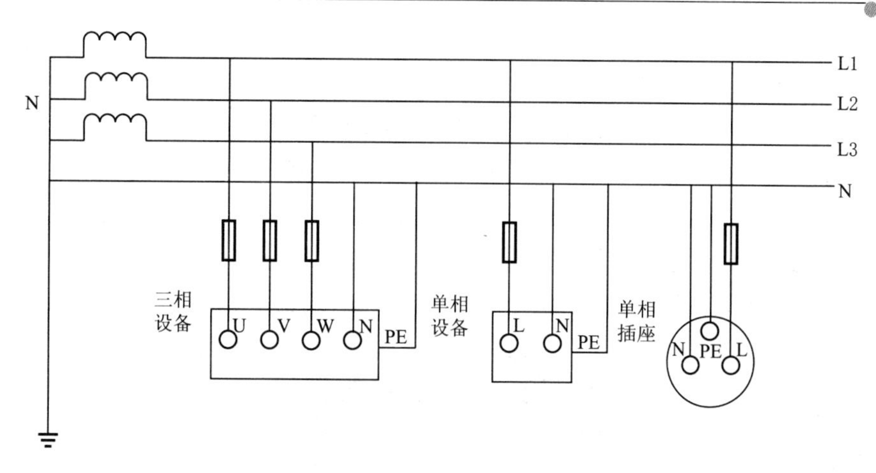


图 6－17　TN－S 系统接地

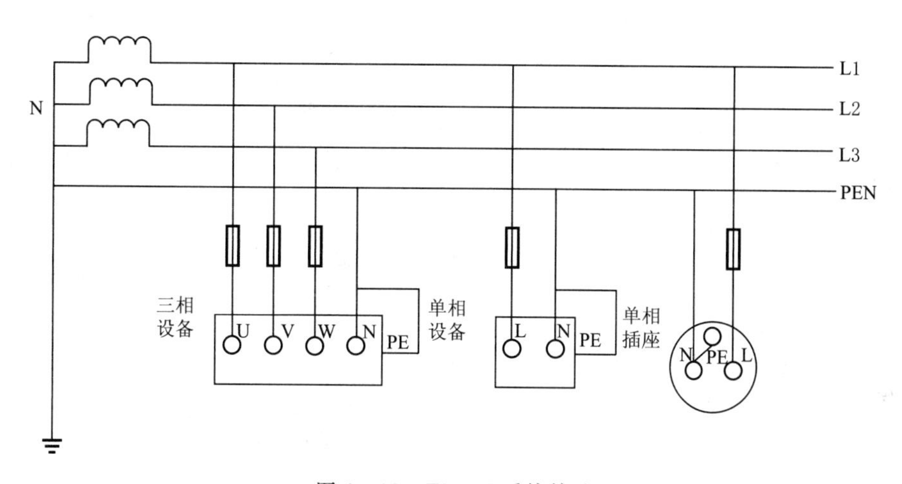


图 6－18　TN－C 系统接地

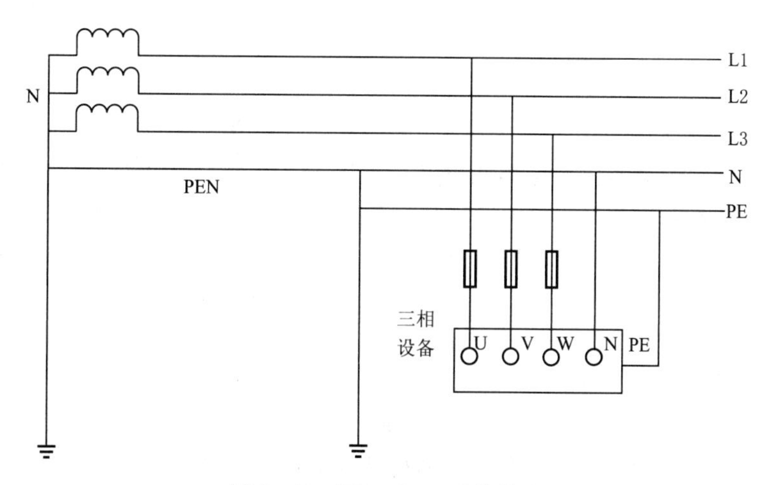


图 6－19　TN－C－S 系统接地

C－S 系统中，从电源出来的那一段采用 TN－C 系统只起传输作用，到用电负荷附近某一点处，将 PEN 线分开成单独的 N 线和 PE 线，从这一点开始，系统相当于 TN－S 系统。TN－

C－S系统也是现在应用比较广泛的一种系统。此系统称为局部三相五线制，适用于旧楼改造。这里采用了重复接地技术。

为降低因绝缘破坏而遭到电击的风险，对于以上不同的低压配电系统型式，电气设备常采用保护接地、保护接零、重复接地等不同的安全措施（图6－20）。

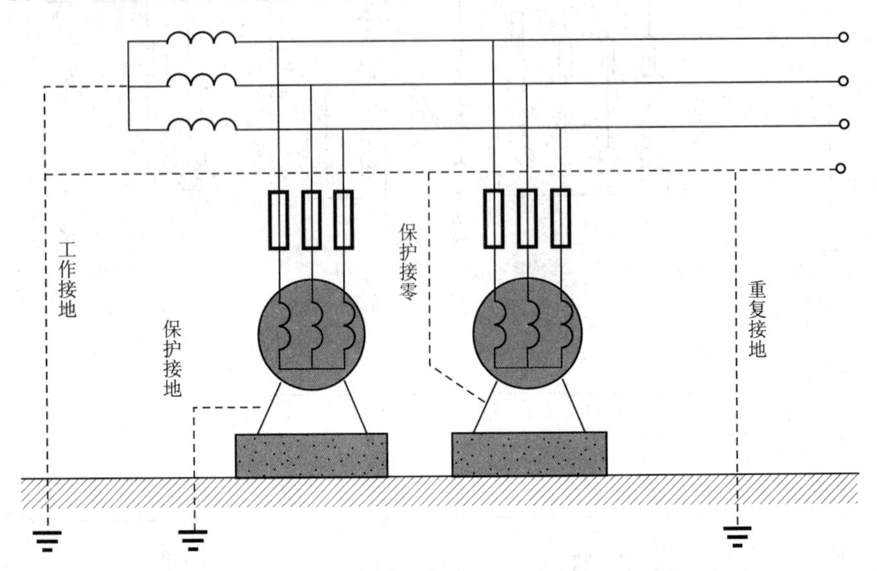


图6－20　保护接地、工作接地、重复接地及保护接零示意图

2. 设计注意事项

（1）TN－C系统适用于设有单相220V，携带式、移动式用电设备，而单相220V固定式用电设备也较少，但不必接零的工业企业；TN－S系统适用于工业企业，高层建筑及大型民用建筑；TN－C－S系统适用于工业企业。当负荷端装有漏电开头干线末端装有断零保护时，也可用于新建住宅小区。

（2）TN－C、TN－S、TN－C－S系统在正常运行时，零线电位有时可达50V以上；TN－C系统外壳电位等于工作零线电位，TN－S系统外壳电位为零，TN－C－S系统外壳电位不为零，等于工作零干线电位。

（3）当电气设备一相碰壳时，TN系统的短路电流较大。碰壳处外壳电位≥110V，只要设计合理，时间是较短的。人体偶然触及带电部分时的危险性大。TN－C系统的相间短路保护装置灵敏度不够时，由于设备外壳接工作零线N，而设备对地不绝缘，正常工作时，漏电开关通过剩余电流无法工作，所以不能装漏电开关，只能采用零序过流保护；由于TN－S系统设备外壳接保护零线PE，正常工作时，漏电开关无剩余电流，所以在相间短路保护装置灵敏度不够时，可装设漏电开关来保护单相碰壳短路；TN－C－S系统的PE、N共用干线段不能采用漏电保护，PE、N分开的线段和用电设备可用漏电保护。

（4）当线路一相接地时，TN－C系统接地短路电流较小，通常不足以使线路相间短路保护及零序保护装置动作，从而使变压器零位及全部接零设备外壳长期带电，接地点电阻越小越危险。变电所接地装置应采用环形均压圈。干线首端不能装设漏电保护，无法切除线路一相接地故障是TN－C系统的一大缺点；TN－S系统除具有与TN－C系统相同的特点外，可在各级线路首端装设漏电保护开关来切除故障线路；TN－C－S系统除与TN－C系统有相同的特点外，部分线路可装设漏电保护。

（5）当工作零线断开时，TN－C系统断零点后由于三相负荷不对称，零位偏移，220V单相设备可能烧毁，且用电设备外壳接零，使外壳带电，危及人身安全，单相回路中零线断裂，全部220V电压将加到设备外壳上。由于断零而引起设备外壳电位升高，漏电保护均不起作用。TN－S系统三相回路零干线断开会烧毁设备，但外壳不带电，人身无危险，单相回路中零线断开，对人身和设备安全均无危害。TN－C－S系统PEN线断开，人身有危险，N线断开时人身无危险，但工作零干线断开均能造成设备的烧毁。

3. 接地和接零保护

（1）保护接地。按功能分，接地可分为工作接地和保护接地。工作接地是指为保证电气设备（如变压器中性点）正常工作而进行的接地；保护接地是指为了保护人和设备的安全运行，设备外露部分（金属外壳或金属构架）必须与大地进行可靠电气连接（图6－21）。当设备绝缘体被击穿时，电流可迅速通过重复接地线流入大地，起到保护人和设备的安全，避免事故扩大化。

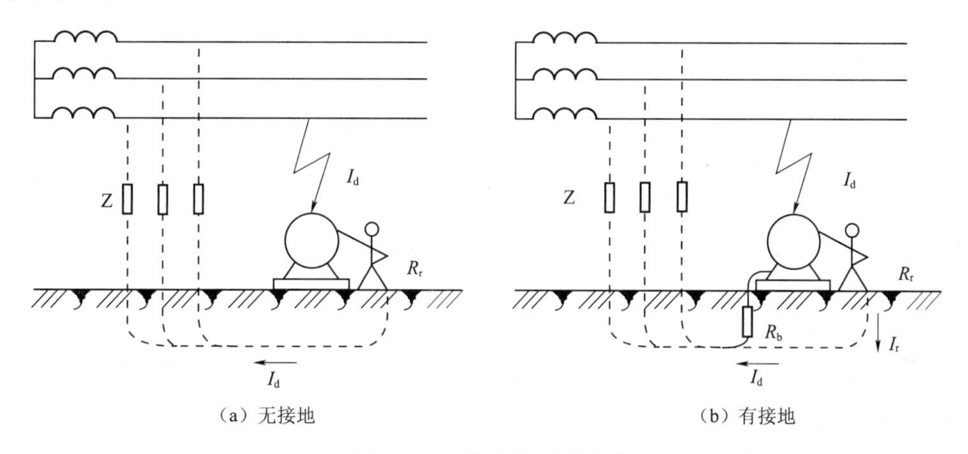


（a）无接地　　（b）有接地

图6－21　保护接地原理图

接地装置由接地体和接地线组成，埋入地下直接与大地接触的金属导体，称为接地体，连接接地体和电气设备接地螺栓的金属导体称为接地线。接地体的对地电阻和接地线电阻的总和称为接地装置的接地电阻。

保护接地常用在TI低压配电系统和TT低压配电系统的型式中。

（2）保护接零。保护接零是指在电源中性点接地的系统中，直接将设备需要接地的外露部分与电源中性线连接，相当于设备外露部分与大地进行了电气连接，使保护设备能迅速动作断开故障设备，减少了人体触电危险。保护接零要有至少两处重复接地。保护接零的有效性关键在于线路的短路保护装置能否在“碰壳”故障发生后灵敏地动作，迅速切断电源。

保护接零适用于TN低压配电系统型式。

保护接零的工作原理是：当设备正常工作时，外露部分不带电，人体触及外壳相当于触及零线，无危险，如图6－22所示。

采用保护接零时应注意：

1）同一台变压器供电系统的电气设备不宜将保护接地和保护接零混用，而且中性点工作接地必须可靠。

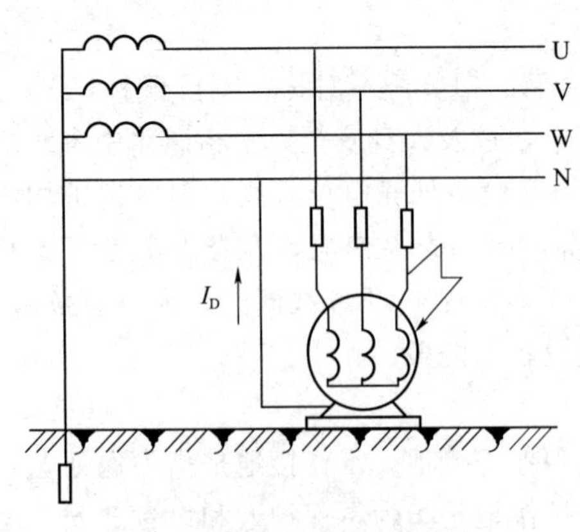

图 6-22 保护接零原理图

2）保护零线上不准装设熔断器。

区别：将金属外壳用保护接地线（PEE）与接地极直接连接的称为接地保护；当将金属外壳用保护线（PE）与保护中性线（PEN）相连接的则称为接零保护。

3）重复接地。在电源中性线做了工作接地的系统中，为确保保护接零的可靠，还需相隔一定距离将中性线或接地线重新接地，称为重复接地。

从图 6-23（a）可以看出，一旦中性线断线，设备外露部分带电，人体触及会有触电危险。而在重复接地的系统中，如图 6-23（b）所示，即使出现中性线断线，但外露部分因重复接地而使其对地电压大大下降，对人体的危害也大大下降。不过应尽量避免中性线或接地线出现断线的现象。

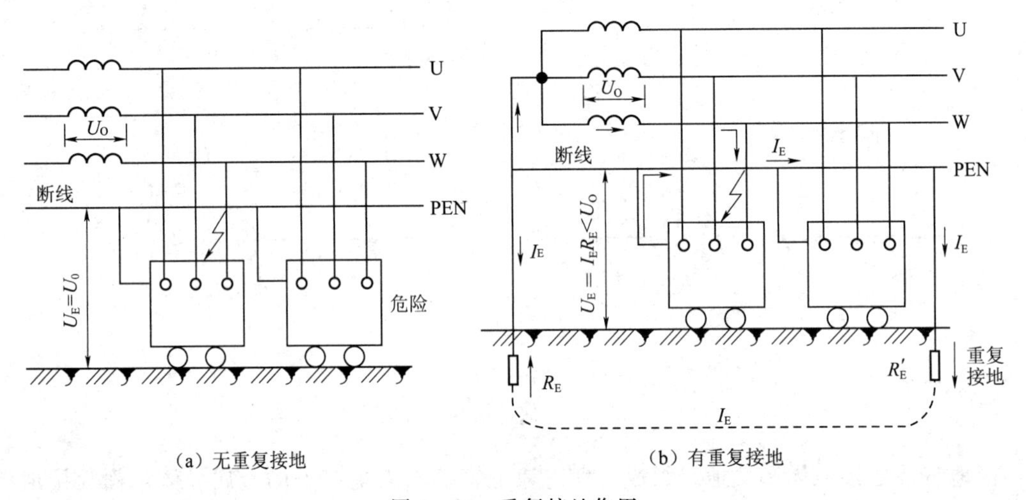

图 6-23 重复接地作用

以上电击防护措施是从降低接触电压方面考虑的。但实际上这些措施还不够完善，需要采用其他保护措施作为补充。例如采用漏电保护器、过电流保护电器等措施。

## 五、任务准备

### 1. 设备、工具的准备

为完成工作任务，每个工作小组需要向工作站内仓库管理教师提供借用工具清单。

### 2. 材料的准备

为完成工作任务，每个工作小组需要向工作站内仓库管理教师提供领用材料清单。

### 3. 团队分配的方案

将学生分为 4 个工作岛，每个工作岛再分为 6 组，根据工作岛工位要求，每个工作岛指定 1 人为组长、2 人为材料管理员，材料管理员负责材料领取分发，小组长负责组织本组相关问题的计划、实施及讨论汇总，填写各组人员工作任务实施所需文字材料的相关记录表。

## 六、任务实施

1. 设计电路

根据控制要求设计一个电路原理图，控制要求如下：

(1) 有短路带漏电保护的空气断路器作为电源总开关。

(2) 合上电源总开关，插座有电。

(3) 合上一路开关后，照明灯亮；断开开关，照明灯灭。

2. 安装步骤及工艺要求

(1) 逐个检验电气设备和元件的规格和质量是否合格。

(2) 正确选配导线的规格、导线通道类型和数量。

(3) 在控制板上安装电器元件，并在各电器元件附近做好与电路图上相同代号的标记。

(4) 选择合理的导线走向，做好导线通道的支持准备。

(5) 进行布线，检查电路的接线是否正确。

(6) 检查元件的安装是否牢固。

(7) 检测线路的绝缘电阻，清理安装场地。

3. 线路通电试验操作

(1) 通电试验时，应认真检查各电器元件、线路。

(2) 通电试验时，应认真检查各项指标操作是否正常。

(3) 老师（组长）同意后，在场监护下方可进行通电操作。

4. 注意事项

(1) 在安装、调试过程中，工具、仪表的使用应符合要求。

(2) 通电操作时，必须严格遵守安全操作规程。

## 七、任务总结

1. 本次任务用到了那些知识？

2. 你从本次任务重获得了哪些经验？

3. 任务实施中，你遇到了哪些问题？是如何解决的？

## 八、思考与练习

1. 工频电压的频率为 50Hz，试问其周期是多少？角频率是多少？

2. 两正弦电流分别为：$i_1=10\cos(\omega t+45°)$，$i_2=20\cos(\omega t-30°)$，$\omega=314\text{rad/s}$，试问：(1) $i_1$ 和 $i_2$ 的相位差是多少？(2) 画出 $i_1$、$i_2$ 的波形图。(3) 就相位而言，哪个超前？哪个滞后？

3. 两正弦电流：$i_1=4\sqrt{2}\cos(\omega t+20°)$，$i_2=3\sqrt{2}\cos(\omega t-40°)$。

(1) 用三角函数运算求 $i_1+i_2$，$i_1-i_2$；(2) 用相量法求 $i_1+i_2$，$i_1-i_2$。

4. 将下列复数化为代数形式。

(1) $F_1=10\angle(-73°)$；(2) $F_2=1.2\angle 152°$；(3) $F_3=5\angle(-180°)$；(4) $F_4=15\angle 112.6°$。

5. 把下列复数化为极坐标形式：(1) 3+j4；(2) 3−j4；(3) −3+j4；(4) −3−j4。

6. 求下列正弦量的周期、频率、初相位、振幅和有效值：(1) $10\cos 628t$；(2) $120\sin(4\pi t+16°)$；(3) $50\cos 10^3 t+30\sin 10^3 t$。

7. 若已知 $i_1 = -5\cos(314t + 60°)$ A，$i_2 = 10\sin(314t + 60°)$ A，$i_3 = 4\cos(314t + 60°)$ A。

（1）写出上述电流的相量，并会出它们的相量图；（2）$i_1$ 与 $i_2$ 和 $i_1$ 与 $i_3$ 的相位差；（3）绘出 $i_1$ 的波形图；（4）若将 $i_1$ 表达式中的负号去掉将意味着什么？（5）求 $i_1$ 的周期 $T$ 和频率 $f$。

# 任务七　多 地 控 制 电 路

## 一、任务描述

在日常生活中，常常需要用多只开关来控制一盏灯，因此本次任务提出两个控制要求：①控制楼道的灯，如果使用单联开关，无论单联开关装在楼上还是楼下，开灯和关灯都不方便，单联开关装在楼下，到楼上就无法关灯；反之，装在楼上同样不方便。因此，为了方便和节约用电，在楼上、楼下各装一只双联开关来控制，即用二只双联开关两地控制一只白炽灯电路。②如果楼梯上有一盏灯，除了楼梯上的开关控制外，还要求上、下楼梯口处各安装一只开关，使上、下楼时都能对电灯进行开关控制，使用两个单刀双掷开关和一个双刀双掷开关实现一个楼道灯的控制，即三地控制一盏灯电路。

线路有短路带漏电保护的空气断路器作为电源总开关，要求合理布置和安装电气元件，根据电气原理图进行布线。

学生接到本任务后，应根据任务要求，准备工具和仪器仪表，做好工作现场准备，施工时严格遵守作业规范，线路安装完毕后进行调试，填写相关表格并交由检测指导教师验收。按照现场管理规范清理场地、归置物品。

## 二、任务要求

（1）掌握双联开关、单刀双掷开关和双刀双掷开关的安装接线方法和控制要求。

（2）能根据控制要求设计电路原理图。

（3）掌握电气元件的布置和布线方法。

## 三、能力目标

（1）学会使用双联开关、单刀双掷开关和双刀双掷开关。

（2）能进行设计两地控制电路原理图和三地控制电路原理图。

（3）能根据两地和三地控制电路的原理合理布置、安装电气元件。

（4）能根据电气原理图进行布线。

## 四、相关理论知识

### （一）电容和电感

1. 电容元件

（1）线性电容。电容元件是实际电路中储存电场能量的这一物理性质的科学抽象，不仅是实际电容器，凡是带电导体与电介质存在的场合，都可以用电容元件来描述储存电场能量的物理现象。同电阻一样，符号 $C$ 既表示电容元件，又表示电容元件的参数（电容量）。

在给定电容元件两端电压 $u$ 的参考方向时，若以 $q$ 表示参考正电位极板上的电荷量，则电容元件的电荷量与电压之间满足

$$q=Cu \tag{7-1}$$

或

$$u=q/C \tag{7-2}$$

式中：$C$ 为电容元件的电容。当电容元件是线性元件时，$C$ 不随 $u$ 和 $q$ 改变，称为线性电容。可见，线性电容元件的定义式为

$$C=\frac{q}{u} \tag{7-3}$$

当 $q$ 的单位为 C［库（仑）］，$u$ 的单位为 V 时，由式（7－3）得电容 $C$ 的单位为法［法］（F），实际电容的电容量往往比 1F 小得多，因此实际使用中还经常使用微法（μF）、皮法（pF），它们与 $SI$ 单位 F 的关系是

$$1\mu\text{F}=10^{-6}\text{F},1\text{pF}=10^{-12}\text{F}$$

由以上讨论可知，以 $u$ 为横坐标，$q$ 为纵坐标构成的 $q$—$u$ 平面，以用来定义二端电容元件。线性电容元件在 $q$—$u$ 面上的特性曲线是一条经过原点的直线。线性电容元件的图形符号和它在 $q$—$u$ 平面上的特性曲线分别如图 7－1 和图 7－2 所示。

（2）电容元件的电压电流关系。图 7－3 标出了电容元件及相关联的电压、电流参考方向，设电压、电流为时间函数，现在求其电压、电流关系。

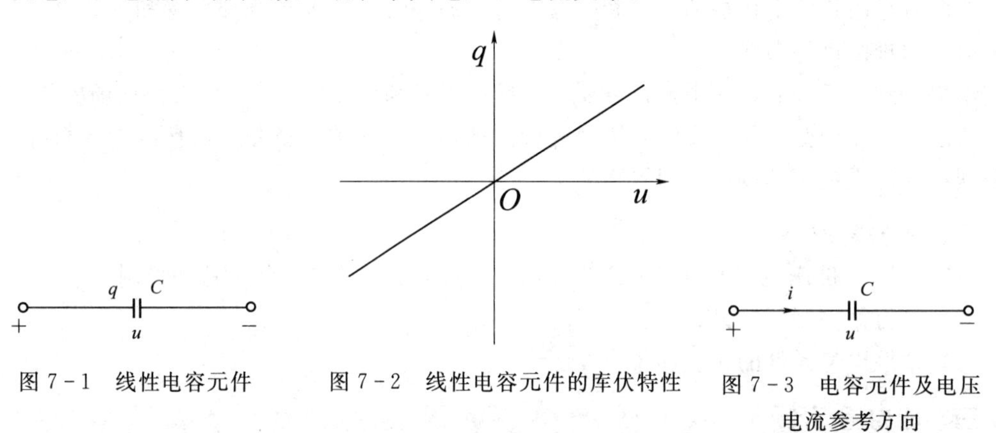


图 7－1　线性电容元件　　图 7－2　线性电容元件的库伏特性　　图 7－3　电容元件及电压电流参考方向

当极板间的电压变化时，极板上的电荷也随之变化，于是在电容元件中产生了电流。此电流可由下式求得（注：此电流是以位移电流形式通过介质的。）

$$i=\frac{\mathrm{d}q}{\mathrm{d}t}=C\,\frac{\mathrm{d}u}{\mathrm{d}t}$$

或

$$i=C\,\frac{\mathrm{d}u}{\mathrm{d}t} \tag{7-4}$$

式（7－4）表明，电流的大小与方向取决于电压对时间的变化率。电压增高时，$\frac{\mathrm{d}u}{\mathrm{d}t}>0$，则 $\frac{\mathrm{d}q}{\mathrm{d}t}>0$，$i>0$ 极板上电荷增加，电容器充电；电压降低时，$\frac{\mathrm{d}u}{\mathrm{d}t}<0$，则 $\frac{\mathrm{d}q}{\mathrm{d}t}<0$，$i<0$，极板上电荷减少，电容器反向放电。当电压不随时间变化时，$\frac{\mathrm{d}u}{\mathrm{d}t}=0$，则 $i=0$，这时电容元件的电流等于 0，相当于开路。故电容元件有隔断直流的作用。

式（7-4）中若已知 $i$ 求 $u$，则

$$q=\int_{-\infty}^{t} i\,\mathrm{d}t=\int_{0}^{t} i\,\mathrm{d}t+q(0)$$

$q(0)$ 是 $t=0$ 时 $q$ 的值，由此可得

$$u=\frac{q}{C}=\frac{1}{C}\int_{0}^{t} i\,\mathrm{d}t+\frac{q(0)}{C}=\frac{1}{C}\int_{0}^{t} i\,\mathrm{d}t+u(0) \tag{7-5}$$

$u(0)=\dfrac{q(0)}{C}$ 为 $t=0$ 时的电压 $u$ 的值；若 $u(0)=0$ 则有

$$u=\frac{1}{C}\int_{0}^{t} i\,\mathrm{d}t \tag{7-6}$$

式（7-5）表明：任一时刻 $t$，电容上的电压值不取决于同一时刻的电流值，而取决于 $t=0$ 时电压值以及从 0 到 $t$ 时刻电流对时间的积分。

（3）电容元件储存的能量。在电流电压参考方向相关联的情况下，任一瞬间电容元件吸收的功率为

$$p=ui=uC\,\frac{\mathrm{d}u}{\mathrm{d}t} \tag{7-7}$$

在 $\mathrm{d}t$ 时间内，电容元件吸收的能量为

$$\mathrm{d}W=p\,\mathrm{d}t=Cu\,\mathrm{d}u$$

设 $t=0$ 时，$u(0)=0$，则从 0 到 $t$ 时间内，电容元件吸收的能量为

$$W_c=\int_{0}^{t} p\,\mathrm{d}t=C\int_{0}^{u(i)} u\,\mathrm{d}u=\frac{1}{2}Cu^2(t)$$

即

$$W_c=\frac{1}{2}Cu^2 \tag{7-8}$$

式（7-8）表明：任一时刻，电容元件储存的电场能量等于该时刻电压的平方与电容 $C$ 乘积的一半。电容元件是储能元件，式（7-7）中电压电流的实际方向可能相同，也可能不同。相同时，$p>0$，表明电容元件在吸收能量；不同时，$p<0$，表明电容元件在释放能量。

**【例 7-1】** 电容元件及其参考方向如图 7-4 所示，已知 $u=-60\sin 100t\,\mathrm{V}$ 电容储存能量最大值为 18J，求电容 $C$ 值及 $t=\dfrac{2\pi}{300}$时的电流。

**解：** 电压 $u$ 的最大值为 60V，所以$\dfrac{1}{2}C60^2=18\mathrm{J}$

$$C=\frac{36}{60^2}=\frac{36}{3600}=10^{-2}$$

$$=0.01(\mathrm{F})$$

$$i=C\,\frac{\mathrm{d}u}{\mathrm{d}t}=0.01\,\frac{\mathrm{d}(-60\sin 100t)}{\mathrm{d}t}$$

$$=-0.01\times 60\times 100\cos 100t\,\mathrm{A}$$

$t=\dfrac{2\pi}{300}$时

图 7-4　[例 7-1] 图

$$i=-60\cos\frac{2}{3}\pi=-60\times\left(-\frac{1}{2}\right)=30(\text{A})$$

此时电流的实际方向与参考方向相同，而电压的实际方向与参考方向相反，电容器释放能量。

实际电容在使用时，除了它的电容量，还应该注意到耐压。耐压是指电容器所能承电压。当电容器两端电压超过耐压值时，介质的绝缘性能会被破坏，造成两个极板间短路，这种现象称为击穿。一般电容器外壳标有耐压指标，如果电容器在交流情况下工作，其交流电压的最大值不能超过耐压值。

2. 电感元件

(1) 线性电感。电感元件是实际电路中储存磁场能量这一物理性质的科学抽象，凡是电流及其磁场存在的场合都可以用电感元件来加以描述。通常用符号 $L$ 既表示电感元件，又表示电感元件的参数。电感元件是电感线圈的理想化模型，电感线圈、线性电感元件图形符号和参数 $L$ 以及线性电感元件在电流磁链平面上的特性曲线分别如图 7-5 (a)～图 7-5 (c) 所示。

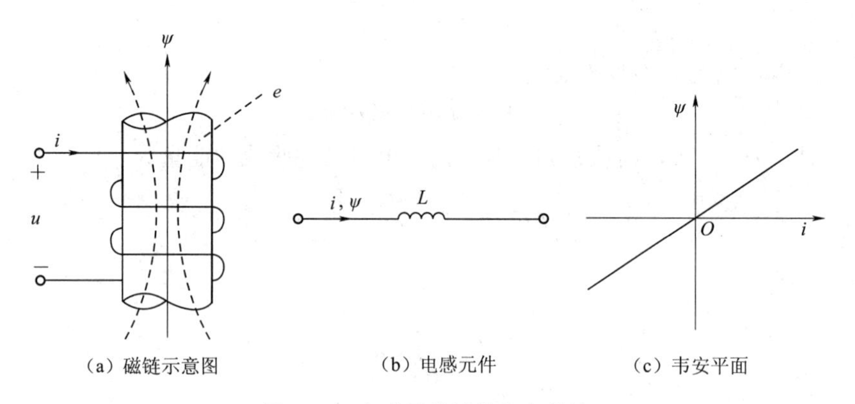

(a) 磁链示意图　　(b) 电感元件　　(c) 韦安平面

图 7-5　电感元件及其韦安特性

由电磁学知识可知，当图 7-5 (a) 中电流通过线圈时，产生了磁通 $\Phi$，线圈各匝磁通的总和称为电感线圈的磁链，通常以 $\Psi$ 表示。

设磁通 $\Phi$ 穿过线圈各匝，则 $\Psi=N\Phi$。由于 $\Psi$ 是由电流 $i$ 产生的，所以 $\Psi$ 是 $i$ 的函数，且两者相关联的参考方向应满足右手螺旋定则，对线性电感元件而言，$\Psi\propto i$ 比值取决于电感线圈的几何形状、磁介质及匝数，与电流 $i$ 无关，因而得到电感元件的参数 $L$ 的定义式为

$$L=\frac{\Psi}{i} \tag{7-9}$$

式中：$L$ 为电感线圈的电感。当 $\Phi$ 和 $\Psi$ 的单位为韦［伯］(Wb)，$i$ 的单位为安［培］(A) 时，$L$ 的单位为亨［利］(H)。

由以上讨论可知，以 $i$ 为横坐标，$\Psi$ 为纵坐标构成的 $\Psi-i$ 平面，可以用来定义二端电感元件，线性电感元件在 $\Psi-i$ 平面上的特性曲线是一条经过原点的直线，如图 7-5 (c) 所示。

(2) 电感元件的电压电流关系。线性电感元件的电流 $i$、电动势 $e$ 和电压 $u$ 的参考方向

为相关联的参考方向如图 7－6 所示，由楞次定律知

$$e=-\frac{\mathrm{d}\Psi}{\mathrm{d}t}=-L\frac{\mathrm{d}i}{\mathrm{d}t} \tag{7-10}$$

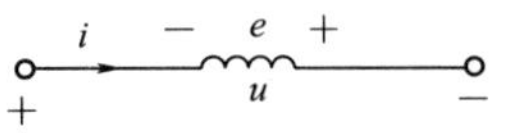

图 7－6　电感元件及各电量的参考方向

满足图中参考方向的 $e$ 与 $u$ 之间的关系为

$$u=-e$$

所以图 7－6 中的电压、电流之间的关系为

$$u=L\frac{\mathrm{d}i}{\mathrm{d}t} \tag{7-11}$$

式（7－11）表明：电压的大小与方向取决于电流对时间的变化率。当电流 $i$ 为正值，其变化率$\frac{\mathrm{d}i}{\mathrm{d}t}>0$ 时，由楞次定律可知，感应电压的实际方向应与图 7－6 中的参考方向一致，电流流入端为“＋”，因为只有这样，才能表现出扼制电流增加的作用；当 $i$ 为正值，其变化率$\frac{\mathrm{d}i}{\mathrm{d}t}<0$ 时，感应电压的实际方向应与图 7－6 中 $u$ 的参考方向相反，这样才能表现出扼制电流减小的作用，显然，此时 $u<0$。

当电流不随时间变化时，$\frac{\mathrm{d}i}{\mathrm{d}t}=0$，则 $u=0$，所以当电感元件通过直流电流，其两端电压为 0，相当于短路。

同电容元件一样，可求得由 $u$ 表示 $i$ 的电感元件伏安特性的表示式为

$$i=\frac{1}{L}\int_{-\infty}^{t}u\,\mathrm{d}t=\frac{1}{L}\int_{0}^{t}u\,\mathrm{d}t+i(0) \tag{7-12}$$

若 $i(0)=0$，则有

$$i=\frac{1}{L}\int_{0}^{t}u\,\mathrm{d}t \tag{7-13}$$

式（7－13）表明：任一时刻，电感电流的值不是取决于同一时刻的电压值，而是取决于 $t=0$ 时刻的电流值以及从 0 到 $t$ 电压对时间的积分。

（3）电感元件储存的能量。电感元件通以电流时就会有磁通产生，有磁通就有磁场，磁场是能量场，储存一定的能量，所以电感元件是储能元件。

在电流、电压参考方向相关联的情况下，任一瞬间电感元件吸收的功率为

$$p=ui=Li\frac{\mathrm{d}i}{\mathrm{d}t} \tag{7-14}$$

在 $\mathrm{d}t$ 时间内，电感元件吸收的能量为

$$\mathrm{d}W=p\,\mathrm{d}t=Li\,\mathrm{d}i$$

设 $t=0$ 时，$i(0)=0$，则从 0 到 $t$ 的时间内电感元件吸收的能量为

$$W_L=\int_0^t p\,\mathrm{d}t=\int_0^{i(t)}i\,\mathrm{d}i=\frac{1}{2}Li^2(t)$$

即

$$W_L=\frac{1}{2}Li^2 \tag{7-15}$$

可见，任一时刻电感中的磁场能量等于同一时刻电流的平方与电感 $L$ 乘积的一半。要说明的是：由于电感元件上电压和电流的实际方向可能相同，也可能相反，故式（7-14）中 $p$ 可能为正，也可能为负，为正时电感元件吸收能量，为负时电感元件释放能量。

**【例 7-2】** 电感电流 $i=100e^{-0.02t}$ mA，$L=0.5$H，求其电压表达式、$t=0$ 时的电感电压和 $t=0$ 时的磁场能量（$u$、$i$ 参考方向一致）。

**解：** $u$、$i$ 参考方向一致时

$$u=L\frac{di}{dt}=0.5\times\frac{d}{dt}(100e^{-0.02t})$$

$$=-e^{-0.02t}\text{mV}$$

$$u(0)=-1\text{mV}$$

$$W_L(0)=\frac{1}{2}\times0.5(100\times10^{-3})^2=2.5\times10^{-3}\text{J}$$

需要指出的是，以上计算只考虑电感线圈具有参数 $L$，但实际电感线圈通常由金属导线绕制而成，还具有一定的电阻，因而一般用 $RL$ 串联组合作为其模型。当电流流过线圈时，电能不可避免地会转换为热能。电流过大，则产生的热量过大，可能烧坏线圈，因此，工程上的线圈都标出其额定工作电流，作为电感线圈长期工作时允许通过的最大电流。

### （二）元件介绍及安装

1. 单联开关与双联开关的区别

（1）单联开关特点：结构上单联开关有一个动触点和一个静触点，只能作为灯的一个地点控制通断作用。

（2）双联开关特点：双联开关有一个动触点（处中间为公用点）和两个静触点，总是一个常开一个常断。通断作用为上通下断或下通上断。一般作双控用，即用两个开关在两个地方自由控制一路（一灯）开与关。

2. 单刀双掷开关和双刀双掷开关的区别

（1）单刀双掷开关由动端和不动端组成，动端就是所谓的“刀”，连接电源的进线，也就是来电的一端，一般也是与开关的手柄相连的一端；另外的两端就是电源输出的两端，即不动端，与用电设备相连。它的作用是可以控制电源向两个不同的方向输出，即可以用来控制两台设备，或者控制同一台设备作转换运转方向使用。

（2）双刀双掷开关，双刀顾名思义是可动的导电刀闸片有两片。两片刀闸片上接有电源，当刀闸片切到上端与静刀口接通时则为其供电，此时下静刀口则无电，当刀闸片切到下端的静刀口接通时则此路供电，此时上静刀口则无电，这种用法是一路电源为两路用电线路不同时供电的用法。还有一种用法是：刀闸片连接的是用电侧的线路，而上下静刀口则分别接入两路电源，通过动刀片与不同的静刀口接通，实现两路电源为一条线路供电。

### （三）参考原理图

1. 双联开关两地控制一盏灯电路图

两只双联开关两地控制一盏灯电路如图 7-7～图 7-10 所示。

2. 三地控制一盏灯电路图

三地控制一盏灯电路如图 7-11 所示。

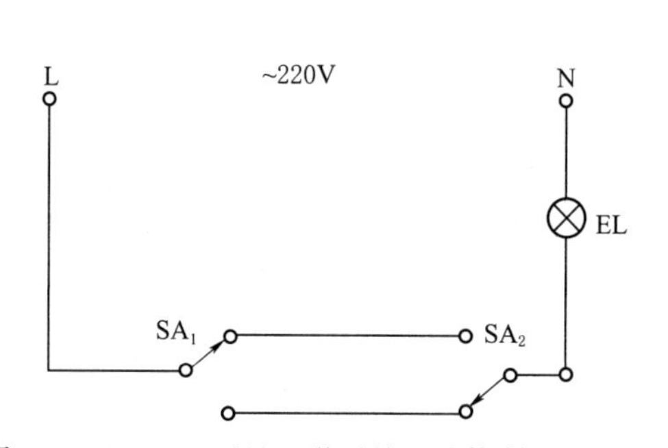


图 7－7（一）　两只双联开关两地控制一盏灯电路

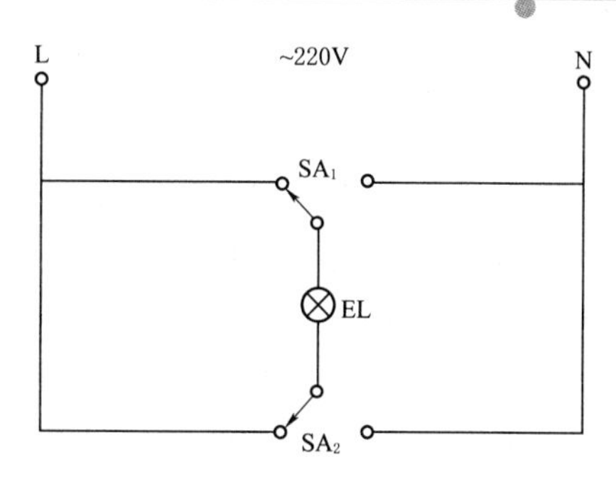


图 7－8（二）　两只双联开关两地控制一盏灯电路

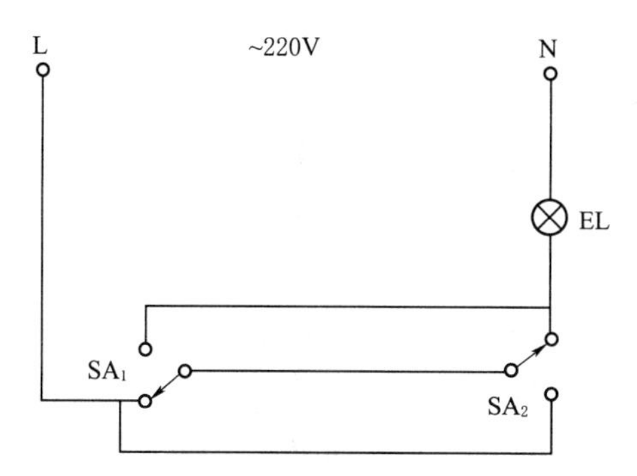


图 7－9（三）　两只双联开关两地控制一盏灯电路

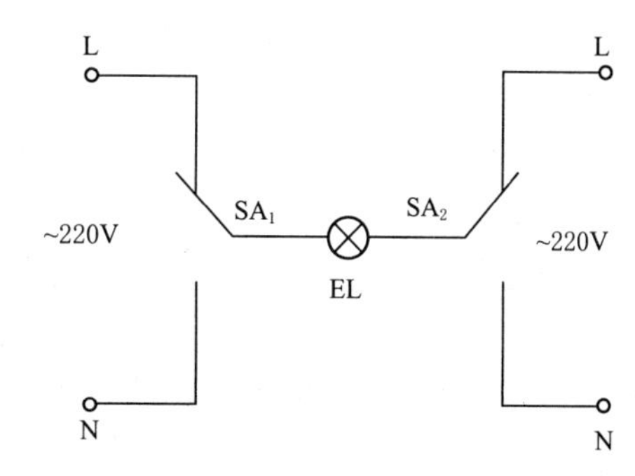


图 7－10（四）　两只双联开关两地控制一盏灯电路

图 7－11 中，开关 $SA_1$、$SA_3$ 用单刀双掷开关，而 $SA_2$ 用双刀双掷开关。

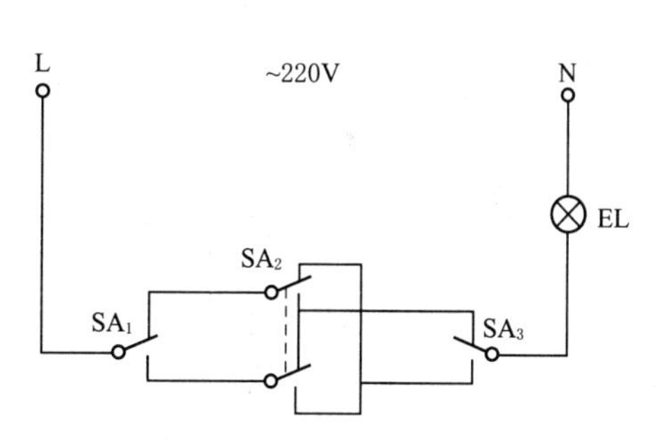


图 7－11　三地控制一盏灯电路

电路有 8 种状态，即：①当开关 $SA_1$ 向上拨，开关 $SA_2$、$SA_3$ 向下拨时，照明灯 EL 灭；②当开关 $SA_1$、$SA_2$、$SA_3$ 都向下拨时，照明灯 EL 亮；③当开关 $SA_1$ 向下拨，开关 $SA_2$、$SA_3$ 向上拨时，照明灯 EL 亮；④当开关 $SA_1$、$SA_2$ 向上拨，开关 $SA_3$ 向下拨时，照明灯 EL 亮；⑤当开关 $SA_1$、$SA_3$ 向上拨，开关 $SA_2$ 向下拨时，照明灯 EL 亮；⑥当开关 $SA_1$、$SA_3$ 向下拨，开关 $SA_2$ 向上拨时，照明灯 EL 灭；⑦当开关 $SA_1$、$SA_2$ 向下拨，开关 $SA_3$ 向上拨时，照明灯 EL 灭；⑧当开关 $SA_1$、$SA_2$、$SA_3$ 都向上拨时，照明灯 EL 灭。

## 五、任务准备

### 1. 设备、工具的准备

为完成工作任务，每个工作小组需要向工作站内仓库管理教师提供借用工具清单。

### 2. 材料的准备

为完成工作任务，每个工作小组需要向工作站内仓库管理教师提供领用材料清单。

### 3. 团队分配的方案

将学生分为 4 个工作岛，每个工作岛再分为 6 组，根据工作岛工位要求，每个工作岛指定 1 人为组长、2 人为材料管理员，材料管理员负责材料领取分发，小组长负责组织本组相关问题的计划、实施及讨论汇总，填写各组人员工作任务实施所需文字材料的相关记录表。

## 六、任务实施

1. 设计要求

（1）根据控制要求设计、调试两地控制电路，控制要求如下：

1）用一只单联开关来控制楼道口的灯，无论单联开关装在楼上还是楼下，开灯和关灯都不方便，装在楼下，上楼时开灯方便，到楼上就无法关灯；反之，装在楼上同样不方便。因此，为了方便和节约用电，就在楼上、楼下各装一只双联开关来同时控制楼道口的这盏灯，这就是用二只双联开关控制一只白炽灯电路。

2）线路有短路带漏电保护的空气断路器作为电源总开关。

（2）根据控制要求设计、调试两地控制电路，控制要求：

1）楼梯中段有一盏灯，要求上、下楼梯口处各安装一只开关，上、下楼时都能对电灯进行开灯或关灯控制，这就是三地控制一盏灯电路。

2）线路有短路带漏电保护的空气断路器作为电源总开关。

2. 安装步骤及工艺要求

（1）逐个检验电气设备和元件的规格和质量是否合格。

（2）正确选配导线的规格、导线通道类型和数量、接线端子板型号等。

（3）在控制板上安装电器元件，并在各电器元件附近做好与电路图上相同代号的标记。

（4）选择合理的导线走向，做好导线通道的支持准备，并安装控制板外部的所有电器。

（5）检查电路的接线是否正确。

（6）清理安装场地。

3. 通电调试

（1）通电试验时，应认真观察各电器元件、线路工作情况。

（2）通电试验时，应检查各项功能操作是否正常。

4. 注意事项

（1）在导线通道内敷设的导线进行接线时，必须集中注意力检查每一根导线；

（2）在安装、调试过程中，工具、仪表的使用应符合要求；

（3）通电操作时，必须严格遵守安全操作规程。

## 七、任务总结

1. 本次任务用到了哪些知识？

2. 你从本次任务重获得了哪些经验？

3. 任务实施中，你遇到了哪些问题？是如何解决的？

## 八、思考与练习

1. 一个 220V、60W 的白炽灯接到 $u=220\sqrt{2}\cos\left(314t+\frac{\pi}{3}\right)$V 的电源上，试问白炽灯的电流、功率及 24h（小时）内消耗的电能各为多少？

2. 已知电感 $L=0.1$H，通过电流 $i=100(1-e^{-100t})$A，电压、电流参考方向一致，求电压 $u$，并指出实际方向。

3. 已知 0.5F 电容器的电压 $u_C$ 为（1）$2\sin 10\pi t$V；（2）$-10e^{-2t}$V；（3）$5t$V；（4）100V，求通过电容器的电流。

# 任务八　综合照明电路

## 一、任务描述

根据控制要求设计电路原理图，控制要求包括：①线路有短路带漏电保护的空气断路器作为电源总开关；②普通一位开关控制射灯；③可控硅型声光控开关控制白炽灯泡，继电器型声光控开关控制节能灯泡；④红外人体感应开关控制白炽灯；⑤插座电源受插座自带开关控制。合理布置和安装电气元件，根据电气原理图进行布线。

学生接到本任务后，应根据任务要求，准备工具和仪器仪表，做好工作现场准备，施工时严格遵守作业规范，线路安装完毕后进行调试，按照现场管理规范清理场地、归置物品。

## 二、任务要求

（1）掌握各种类型开关的安装接线方法和控制要求。

（2）掌握各种灯具的安装接线方法。

（3）能根据控制要求设计电路原理图。

（4）掌握电气元件的布置和布线方法。

## 三、能力目标

（1）学会使用各种类型开关、灯具等电气元件。

（2）掌握综合照明线路的安装规则及故障排除方法。

（3）能根据电路要求设计电气原理图，并进行布线。

（4）各小组发挥团队合作精神，学会综合照明线路安装的步骤。

## 四、相关理论知识

### （一）电路基本定律的相量形式

1. KCL 和 KVL 的相量形式

正弦电流电路中的各支路电流和支路电压都是同频正弦量，所以可以用相量法将 KCL 和 KVL 转换为相量形式。

对电路中任一结点，根据 KCL 有

$$\sum i=0$$

由于所有支路电流都是同频正弦量，故其相量形式为

$$\sum \dot{I}=0$$

它表明正弦电流用相量表示后，KCL 仍然适用。

同理，对电路任一回路，根据 KVL 有

$$\sum u=0$$

由于所有支路电压都是同频正弦量，故其相量形式为

$$\sum \dot{U}=0$$

它表明正弦电压用相量表示后，KVL 仍然适用。

2. R、L、C 等元件 VCR 的相量形式

对于图 8-1（a）所示电阻 $R$，当有正弦电流 $i_R$ 通过时，电阻两端的电压 $u_R$ 为

$$u_R = Ri_R$$

$u_R$ 和 $i_R$ 为同频正弦量，其相量形式为

$$\dot{U}_R = R\dot{I}_R$$

所以

$$U_R = RI_R$$

而 $u_R$ 和 $i_R$ 的相位差为零，即它们同相。如图 8-1（b）所示为电阻 $R$ 的电压相量和电流相量形式的示意图；如图 8-1（c）所示是电阻中正弦电流和电压的相量图。

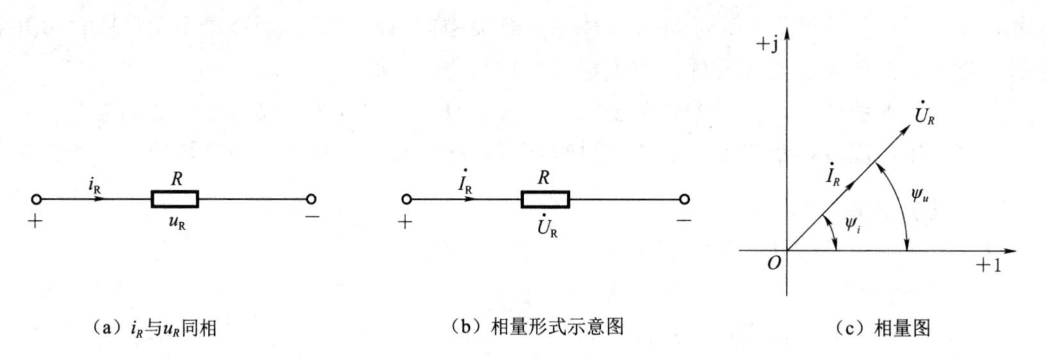


图 8-1 电阻中的正弦电流

当有正弦电流 $i_L$ 通过图 8-2（a）所示电感 $L$ 时，有 $u_L = L\dfrac{di_L}{d_t}$

其相量形式为

$$\dot{U}_L = j\omega L\dot{I}_I$$

所以

$$U_L = \omega LI_L$$

而正弦电流 $i_L$ 滞后正弦电压 $u_L$ 的相位为 $\pi/2$。式中 $\omega L$ 具有与电阻相同的量纲。当 $\omega=0$ 时，$\omega L=0$，此时电感相当于短路。

图 8-2（b）所示是表示电感 $L$ 及电感的电压相量和电流相量形式的示意图，如图 8-2（c）所示为电感中正弦电压和电流的相量图。

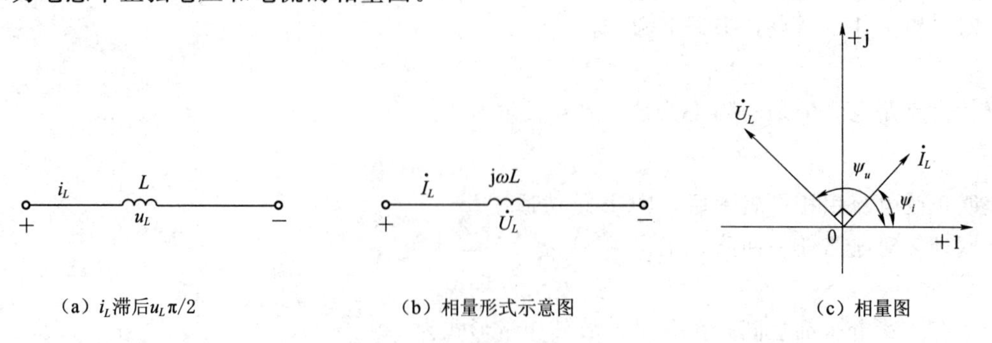


图 8-2 电感中的正弦电流图

当电容 $C$ 上电压 $u_C$ 为正弦量时，如图 8-3（a）所示，电容电流 $i_C$ 为

$$i_C = C\frac{\mathrm{d}u_C}{d_t}$$

其相量形式为

$$\dot{I}_C = \mathrm{j}\omega C\dot{U}_C$$

所以

$$U_C = \frac{1}{\omega C}I_C$$

而电容电压 $u_C$ 滞后其电流的相位为 $\pi/2$。上式中的$\frac{1}{\omega C}$具有与电阻相同的量纲。当 $\omega=0$ 时，$\frac{1}{\omega C}\to\infty$，此时电容相当于开路。

图 8-3（b）所示是表示电容 $C$ 及其电压相量和电流相量形式的示意图，如图 8-3（c）所示为电容电压和电流的相量图。

如果受控源（线性）的控制电压或电流是正弦量，则受控源的电压或电流将是同一频率的正弦量。

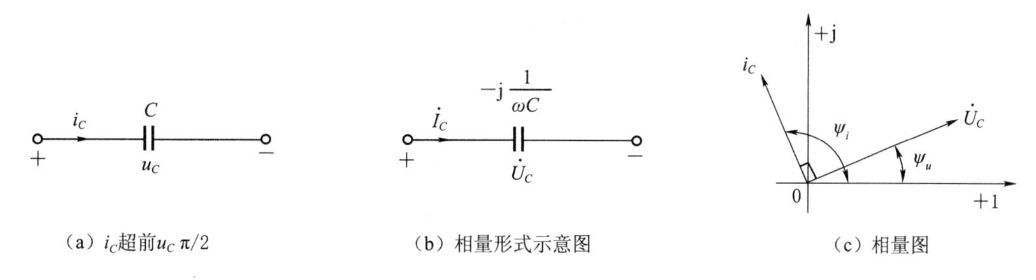

（a）$i_C$超前$u_C$ $\pi/2$　　（b）相量形式示意图　　（c）相量图

图 8-3　电容中的正弦电流

**【例 8-1】** 如图 8-4（a）所示电路中，$i_S$ 为正弦电流源的电流，其有效值 $I_S=5\mathrm{A}$，角频率 $\omega=10^3\mathrm{rad/s}$，$R=3\Omega$，$L=1\mathrm{H}$，$C=1\mu\mathrm{F}$。求电压 $u_{ad}$ 和 $u_{bd}$。

**解：** 画出与图 8-4（a）所示电路相对应的相量形式表示的电路图，如图 8-4（b）所示。

设电路的电流相量为参考相量，即

$$\dot{I} = \dot{I}_S = 5\angle 0°\mathrm{A}$$

根据元件的 VCR，有

$$\dot{U}_R = R\dot{I} = 15\angle 0°\mathrm{V}$$

$$\dot{U}_L = \mathrm{j}\omega L\dot{I} = 5000\angle 90°\mathrm{V}$$

$$\dot{U}_C = -\mathrm{j}\frac{1}{\omega C}\dot{I} = 5000\angle(-90°)\ \mathrm{V}$$

根据 KVL，有

$$\dot{U}_{bd} = \dot{U}_L + \dot{U}_C = 0$$

$$\dot{U}_{ad} = \dot{U}_R + \dot{U}_{bd} = 15\angle 0°\mathrm{V}$$

所以

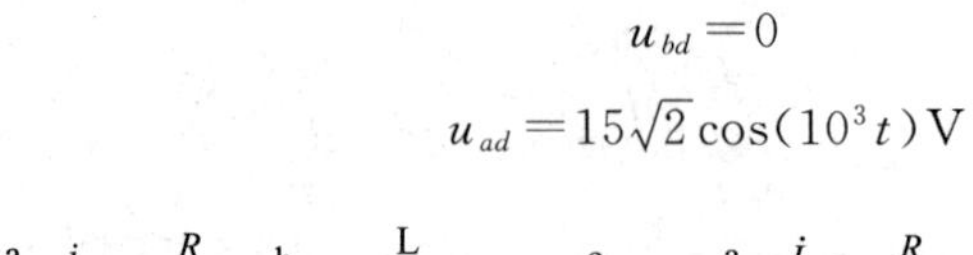

$$u_{bd}=0$$

$$u_{ad}=15\sqrt{2}\cos(10^3t)\text{V}$$

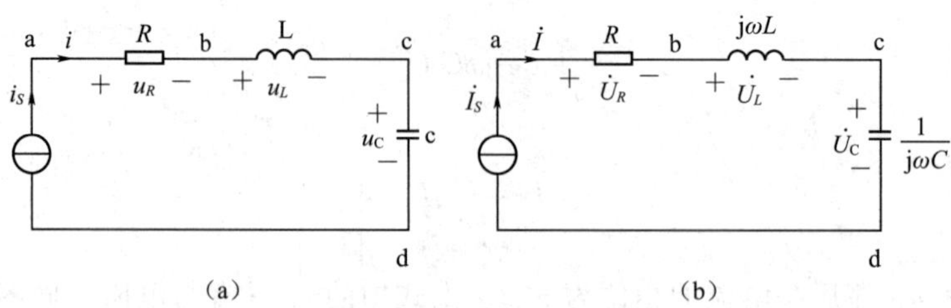


图 8-4 [例 8-1] 图

**【例 8-2】** 图 8-5 所示电路中的仪表为交流电流表，其仪表所指示的读数为电流的有效值，其中电流表 $A_1$ 的读数为 5A，电流表 $A_2$ 的读数为 20A，电流表 $A_3$ 的读数为 25A。求电流表 A 和 $A_4$ 的读数。

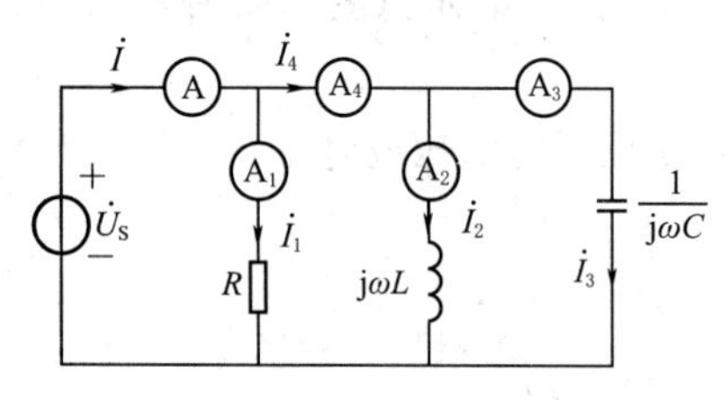


图 8-5 [例 8-2] 图

**解：** 图中各交流电流表的读数就是仪表所在支路的电流相量的模（有效值）。显然，如果选择并联支路的电压相量为参考相量，即

$$\dot{U}_S=U_S\angle 0°\text{V}$$

则根据元件的 VCR 就能很方便地确定这些并联支路中电流的初相。它们分别为

$$\dot{I}_1=5\angle 0°\text{A},\dot{I}_2=-\text{j}20\text{A},\dot{I}_3=\text{j}25\text{A}$$

根据 KCL 有

$$\dot{I}=\dot{I}_1+\dot{I}_2+\dot{I}_3=(5+\text{j}5)\text{A}=7.07\angle 45°\text{A}$$

$$\dot{I}_4=\dot{I}_2+\dot{I}_3=\text{j}5\text{A}=5\angle 90°\text{A}$$

所求电流表的读数为：表 A 为 7.07A，表 $A_4$ 为 5A。

### （二）阻抗和导纳

#### 1. 阻抗

阻抗和导纳的概念、运算和等效变换是线性电路正弦稳态分析中的重要内容。如图 8-6（a）所示为一个含线性电阻、电感和电容等元件，但不含独立源的无源端口网络。当它在角频率为 $\omega$ 的正弦电压（或正弦电流）激励下处于稳定状态时，端口的电流（或电压）将是同频率的正弦量。应用相量法，端口的电压相量与电流相量的比值定义为该无源端口的阻抗 $Z$，即

$$Z=\frac{\dot{U}}{\dot{I}}$$

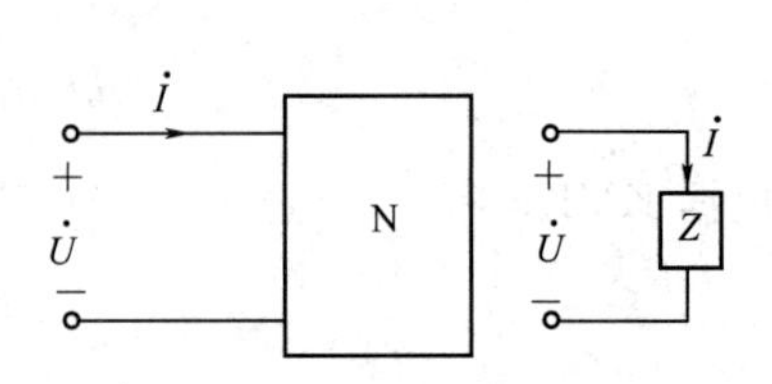


图 8-6　阻抗的定义

此定义式称为欧姆定律的相量形式，式中 $Z$ 又称为复阻抗。其图形符号如图 8-6（b）所示。

虽然阻抗 $Z$ 是由 $\dot{U}$ 和 $\dot{I}$ 的比值定义的，但它取决于

网络结构、元件参数和电源的频率，所以说无源单口网络的阻抗 $Z$ 决定了端口电压相量 $\dot{U}$ 与端口电流相量 $\dot{I}$ 的关系。

由阻抗的定义可知，如果无源端口 N 内部仅含单个元件 R、L 或 C，则对应的阻抗分别为

$$Z_R=R$$

$$Z_L=\mathrm{j}\omega L=\mathrm{j}X_L$$

$$Z_C=-\mathrm{j}\frac{1}{\omega C}=-\mathrm{j}X_C$$

由阻抗的定义可知，阻抗 $Z$ 是一个复数，因此它有极坐标和直角坐标两种形式。

用极坐标形式表示有

$$Z=\frac{\dot{U}}{\dot{I}}=\frac{U}{I}\angle(\psi_u-\psi_i)=|Z|\angle\varphi_z$$

即

$$|Z|\angle\varphi=\frac{U}{I}\angle(\psi_u-\psi_i)$$

由此表明

$$|Z|=\frac{U}{I}$$

$$\varphi=\psi_u-\psi_i$$

阻抗的大小 $|Z|$ 是电压有效值除以电流有效值，称为阻抗的模，单位是欧姆（Ω），它的辐角 $\varphi_Z$ 称为阻抗角，它是电压和电流的相位差。

用直角坐标形式表示阻抗，则有：$Z=R+\mathrm{j}X$

实部 $R$ 称为阻抗的电阻分量，虚部 $X$ 称为阻抗的电抗分量，它们单位都是欧姆（Ω）。电阻分量 $R$ 一般为正值，$X$ 的值可能为正，也可能为负。电阻分量 $R$ 由网络中各元件参数及频率决定，并不一定完全由电阻元件确定，同样电抗分量 $X$ 也是由网络中各元件参数及频率决定的，不一定由储能元件确定。

阻抗的直角坐标形式和极坐标形式的互换公式为

$$\begin{cases}|Z|=\sqrt{R^2+X^2}\\ \varphi=\arctan\dfrac{X}{R}\end{cases}$$

$$\begin{cases}R=|Z|\cos\varphi\\ X=|Z|\sin\varphi\end{cases}$$

由以上互换公式可知，由于 $R$ 一般为正值，所以 $|\varphi|\leqslant\frac{\pi}{2}$ 可用一个直角三角形表示 $R$、$X$、$|Z|$ 三者的关系，称为阻抗三角形，如图 8-7（a）所示。这个直角三角形直观形象地表示了 $R$、$X$、$|Z|$ 及 $\varphi$ 之间的关系。

若以 $I$ 乘以阻抗三角形的每一边，就得到如图 8-7（b）所示无源网络，端口电压有效值 $U$ 并不等于各段电压有效值直接相加。

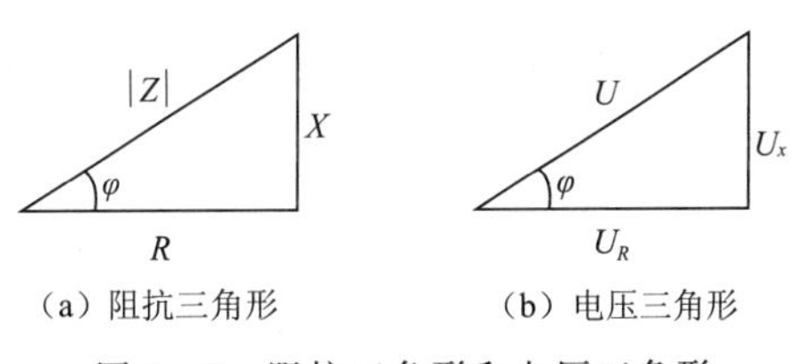


图 8-7　阻抗三角形和电压三角形

由于阻抗 $Z=|Z|\angle\varphi$ 而 $\varphi=\arctan\dfrac{X}{R}$，电路结构、参数或频率不同，阻抗角 $\varphi$ 可能会出现三种情况：

（1）当 $\varphi>0$（即 $X>0$）时，称阻抗性质为感性，电路为感性电路。

（2）当 $\varphi=0$（即 $X=0$）时，称阻抗性质为电阻性，电路为电阻性电路或谐振电路。

（3）当 $\varphi<0$（即 $X<0$）时，称阻抗性质为容性，电路为容性电路。

2. 导纳

（复数）阻抗 $Z$ 的倒数定义为（复数）导纳，用 $Y$ 表示：

$$Y=\frac{1}{Z}=\frac{\dot{I}}{\dot{U}}$$

导纳 $Y$ 的单位是西门子（S），无源单口网络可以等效为图 8-8 所示电路。由导纳定义可知，单一元件 R、L、C 的导纳为

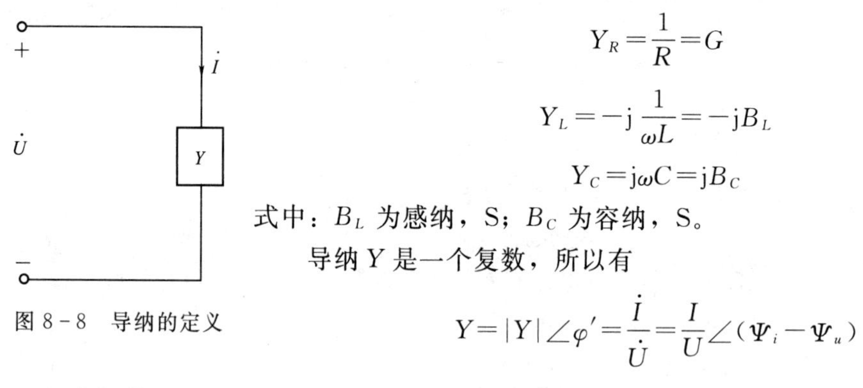

图 8-8　导纳的定义

$$Y_R=\frac{1}{R}=G$$

$$Y_L=-\mathrm{j}\frac{1}{\omega L}=-\mathrm{j}B_L$$

$$Y_C=\mathrm{j}\omega C=\mathrm{j}B_C$$

式中：$B_L$ 为感纳，S；$B_C$ 为容纳，S。

导纳 $Y$ 是一个复数，所以有

$$Y=|Y|\angle\varphi'=\frac{\dot{I}}{\dot{U}}=\frac{I}{U}\angle(\Psi_i-\Psi_u)$$

上式表明：

$$|Y|=\frac{I}{U}$$

$$\varphi'=\Psi_i-\Psi_u$$

即导纳的大小是电流有效值除以电压有效值，单位是西门子（S），其辐角 $\varphi'$ 称为导纳角，它是电流和电压的相位角。

与阻抗 $Z$ 一样，无源单口网络的导纳 $Y$ 由网络结构、元件参数和电源频率决定，而与电流、电压相量无关。无源单口网络的导纳 $Y$ 决定了端口电压相量 $\dot{U}$ 与端口电流相量 $\dot{I}$ 的关系。

导纳的直角坐标表示为

$$Y=G+\mathrm{j}B$$

其中，实部 $G$ 称为导纳的电导分量，虚部 $B$ 称为导纳的电纳分量，单位都是西门子（S）。$G$ 一般为正值，而 $B$ 的值可能为正，也可能为负。

由于

$$\dot{I}=Y\dot{U}=(G+\mathrm{j}B)\dot{U}=G\dot{U}+\mathrm{j}B\dot{U}=\dot{I}_G+\dot{I}_B$$

$\dot{I}_G$ 与 $\dot{U}$ 同相，而 $\dot{I}_B$ 与 $\dot{U}$ 相差 $\frac{\pi}{2}$。由此可知无源单口网络的等效电路，图 8-9（a）

所示。其中 $\dot{I}_G$ 和 $\dot{I}_B$ 分别称为电流 $\dot{I}$ 的电导分量电流和电纳分量电流。图 8－9（b）和图 8－9（c）分别是 $B<0$ 和 $B>0$ 时，以 $\dot{U}$ 为参考相量。与阻抗中的电阻分量 $R$、电抗分量 $X$ 相同，导纳的电导分量 $G$ 和电纳分量 $B$ 是由网络中各元件参数及频率决定的，并不一定分别由电导元件和储能元件确定。

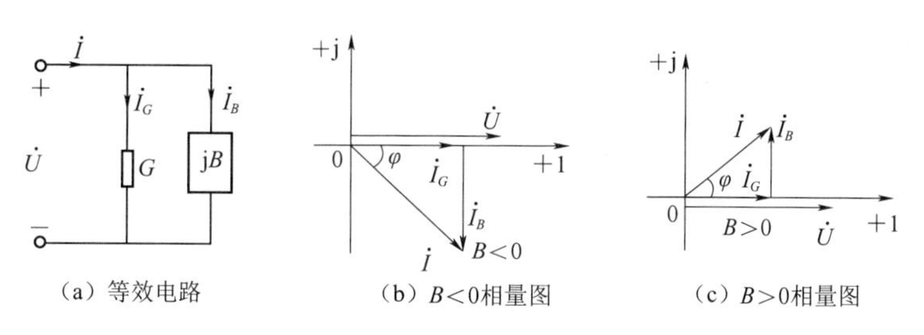


图 8－9　无源单口网络等效电路

导纳的直角坐标形式和极坐标形式互换公式为

$$\begin{cases}|Y|=\sqrt{G^2+B^2}\\ \varphi'=\arctan\dfrac{B}{G}\end{cases}$$

$$\begin{cases}G=|Y|\cos\varphi'\\ B=|Y|\sin\varphi'\end{cases}$$

和阻抗三角形相似，由上式可得导纳三角形，如图 8－10（a）所示，此三角形表示了 $|Y|$、$G$、$B$ 及 $\varphi'$之间的关系。

如果用 $U$ 乘以导纳三角形的每一边，就得到图 8－10（b）所示的三角形。对于图 8－9 所示电路，无源网络端口电流有效值 $I$ 并不等于各支路电流有效值相加，而是如图 8－10（b）所示，则

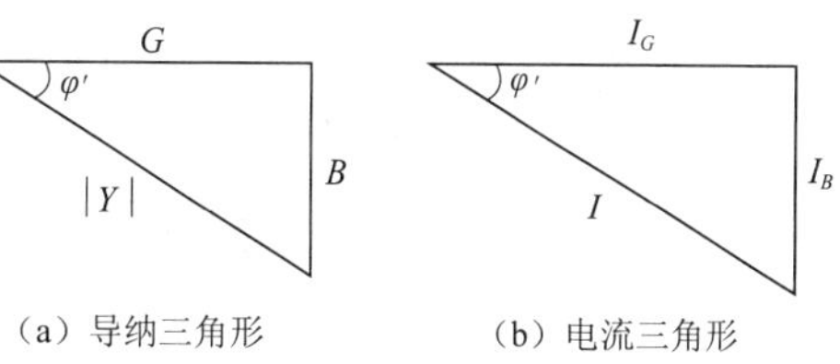


图 8－10　导纳三角形和电流三角形

$$I=\sqrt{I_G^2+I_B^2}$$

无源单口网络满足：

$$Y=|Y|\angle\varphi'$$

$$\varphi'=\arctan\frac{B}{G}$$

由于电路结构、参数及频率不同，导纳角 $\varphi'$也会出现三种情况：

（1）当 $\varphi'>0$（$B>0$）时，导纳性质为容性，电路为容性电路。

（2）当 $\varphi'=0$（$B=0$）时，导纳性质为电阻性，电路为电阻性电路或谐振电路。

（3）当 $\varphi'<0$（$B<0$）时，导纳性质为感性，电路为感性电路。

### （三）正弦电路中的功率

#### 1. 瞬时功率

设图 8－11（a）所示端口 N 内不含有独立电源，仅含电阻、电感、电容等无源元件。在正弦电路中，设电压 $u$ 和 $i$ 分别为

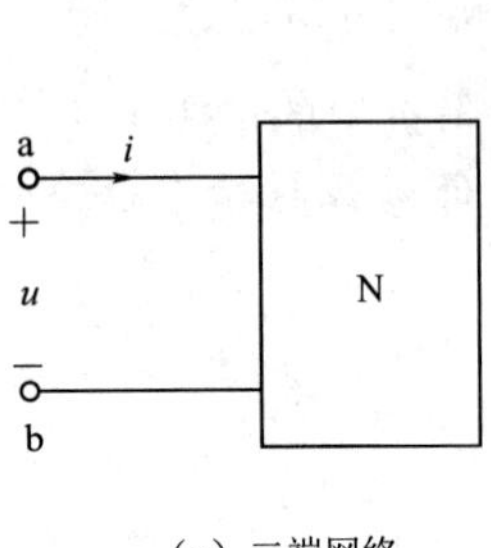


（a）二端网络

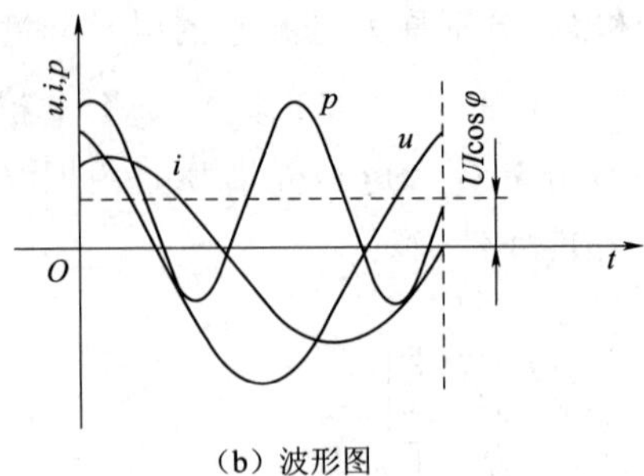


（b）波形图

图 8-11 正弦交流电路中的瞬时功率

$$u=\sqrt{2}U\cos(\omega t+\psi_u)$$
$$i=\sqrt{2}I\cos(\omega t+\psi_i)$$

瞬时功率 $p$ 为

$$\begin{aligned}p&=ui=2UI\cos(\omega t+\psi_u)\cos(\omega t+\psi_i)\\&=UI[\cos(\psi_u-\psi_i)+\cos(2\omega t+\psi_u+\psi_i)]\end{aligned}$$

令 $\varphi=\psi_u-\psi_i$，$\varphi$ 为电压和电流之间的相位差。

则

$$\begin{aligned}p&=UI[\cos\varphi+\cos(2\omega t+2\psi_u-\varphi)]\\&=UI\cos\varphi+UI\cos(2\omega t+2\psi_u-\varphi)\end{aligned}$$

从上式可以看出，瞬时功率分两个部分，一部分是恒定分量，与时间无关；另一部分是正弦量，其频率是电压或电流频率的两倍。

瞬时功率 $p$ 的波形如图 8-11（b）所示，由图可以看出，$u$、$i$ 以 $\omega$ 为角频率变化，而 $p$ 以 $2\omega$ 变化，瞬时功率 $p$ 有时为正，有时为负。当 $p>0$ 时，无源单口网络吸收功率；当 $p<0$ 时，无源单口网络送出功率。

单一元件的瞬时功率如下：

（1）对于电阻元件 $R$，$u$、$i$ 同相，$\varphi=0$，瞬时功率为 $p_C>0$

$$p_R=UI[1+\cos(2\omega t+2\psi_u)]$$

由此可知，电阻元件的瞬时功率随时间按 $2\omega$ 变化，且 $p_R\geqslant 0$，即电阻始终在吸收功率。其波形如图 8-12（a）所示。

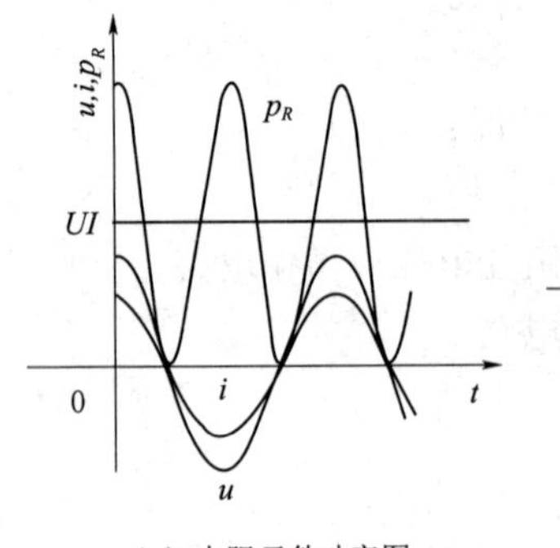


（a）电阻元件功率图

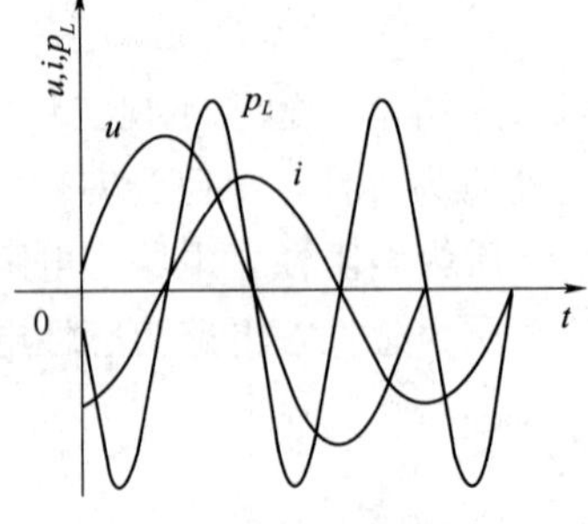


（b）电感元件功率图

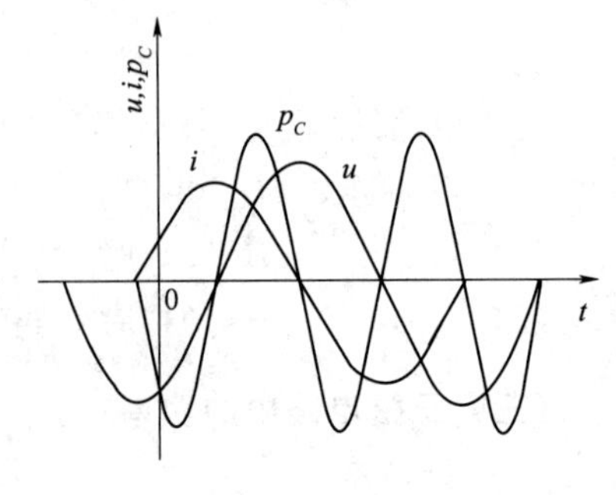


（c）电容元件功率图

图 8-12 $R$、$L$、$C$ 的瞬时功率

(2) 对于电感元件 $L$，$\varphi=\frac{\pi}{2}$，瞬时功率为

$$\begin{aligned}p_L&=UI\cos\left(2\omega t+2\psi_u-\frac{\pi}{2}\right)\\&=UI\sin(2\omega t+2\psi_u)\end{aligned}$$

由此可知，电感元件的瞬时功率可正可负。其波形如图 8－12 (b) 所示。

从图中可以看出：①在 $|i|$ 增长期间，$p_L>0$，电感元件吸收功率，能量流入电感，其储能增长；②在 $|i|$ 减少期间，$p_L<0$，电感元件发出功率，能量流出电感，其储能减少；③在一个周期内 $p_L$ 的正负面积相等，即在一个周期内电感吸收的功率和发出的功率相等，电感本身不消耗功率，它与电源之间存在能量交换。

(3) 对于电容元件 $C$，$\varphi=-\frac{\pi}{2}$，瞬时功率为

$$\begin{aligned}p_C&=UI\cos\left(2\omega t+2\psi_u+\frac{\pi}{2}\right)\\&=-UI\sin(2\omega t+2\psi_u)\end{aligned}$$

由此可知，电容元件的瞬时功率可正可负。其波形如图 8－12 (c) 所示。

从图中可以看出：①在 $|u|$ 增长期间，$p_C>0$，电容元件吸收功率，能量流入电容，其储能增长；②在 $|u|$ 减少期间，$p_C<0$，电容元件发出功率，能量流出电容，其储能减少；③在一个周期内电容吸收的功率和发出的功率相等，电容本身不消耗功率，它与电源之间存在能量交换。

比较电感的瞬时功率 $p_L$ 和电容的瞬时功率 $p_C$ 可知，两者相差一个负号。这表明，在同一个时间段内，它们传送功率的方向相反，即当电感在吸收功率时，电容发出功率；当电感在发出功率，电容吸收功率。

瞬时功率的实际意义不大，且不便于测量。通常引用平均功率的概念。

2. 平均功率与功率因数

平均功率又称有功功率，是指瞬时功率在一个周期 $\left(T=\frac{2\pi}{\omega}\right)$ 内的平均值，用大写字母 $P$ 表示，单位为瓦特 (W)。

$$\begin{aligned}P&=\frac{1}{T}\int_0^T p\,\mathrm{d}t\\&=\frac{1}{T}\int_0^T[UI\cos\varphi+UI\cos(2\omega t+2\psi_u-\varphi)]\mathrm{d}t\\&=UI\cos\varphi\end{aligned}$$

上式表明，平均功率不仅与电压和电流的有效值有关，而且与它们之间的相位差 $\varphi$ 有关。

式中：$\cos\varphi$ 为功率因数，用 $\lambda$ 表示，即 $\lambda=\cos\varphi$。

无源单口网络功率因数不能为负。因为当电路为电阻性电路时，$\varphi=0$，$\cos\varphi=1$，平均功率最大；当电路为感性和容性电路时，考虑极端情况，$\varphi=\pm\frac{\pi}{2}$，$\cos\varphi=0$，平均功率为 0。

可见，无源单口电路的 $\cos\varphi$ 的值在 0～1 的范围内。由于阻抗角 $\varphi$ 可正可负，而功率因数总为正值，单给出 $\cos\varphi$ 值并不能体现电路的性质，因此常加上“超前”或“滞后”字样。所谓“超前”，是指电流超前电压，$\varphi<0$；所谓“滞后”，是指电流滞后电压，$\varphi>0$。

平均功率 $P$ 与功率因数 $\cos\varphi$ 及 $\varphi$ 的关系为：当 $|\varphi|$ 增加时，$\cos\varphi$ 降低，平均功率 $P$ 减少；当 $|\varphi|$ 减少时，$\cos\varphi$ 增加，平均功率 $P$ 也增加。平均功率 $P$ 与功率因数 $\cos\varphi$ 成比例。

以下为单一元件的平均功率：

（1）对于电阻元件 $R$，$\varphi=0$，其平均功率为

$$P_R=UI=RI^2=GU^2$$

（2）对于电感元件 $L$，$\varphi=\frac{\pi}{2}$，其平均功率为

$$P_L=UI\cos\left(\frac{\pi}{2}\right)=0$$

（3）对于电容元件 $C$，$\varphi=-\frac{\pi}{2}$，其平均功率为

$$P_C=UI\cos\left(-\frac{\pi}{2}\right)=0$$

以上分析可知，只有耗能元件才有平均功率，而储能元件平均功率为 0。

根据能量守恒原理，网络所吸收的总平均功率 $P$ 应为各支路吸收平均功率的总和，即

$$P=\sum P_k$$

式中：$P_k$ 为第 $k$ 条支路的平均功率。对于由 RLC 构成的无源网络，考虑只有电阻吸收平均功率，此网络的平均功率是其中各电阻平均功率的和，设网络中共有 $n$ 个电阻，则有

$$P=\sum_{i=1}^{n}P_{R_i}$$

式中：$P_{R_i}$ 为第 $i$ 个电阻的平均功率。

3. 无功功率

在工程中还引入无功功率的概念，用大写字母 $Q$ 表示，单位为乏（var）。

$$Q=UI\sin\varphi$$

无功功率可正可负，当 $\sin\varphi>0$ 时，$Q>0$，此时的无功功率称为感性无功功率；当 $\sin\varphi<0$ 时，$Q<0$，此时的无功功率称为容性无功功率。

单一元件的无功功率如下：

（1）对于电阻元件 $R$，$\varphi=0$，其无功功率为

$$Q_R=0$$

（2）对于电感元件 $L$，$\varphi=\frac{\pi}{2}$，其无功功率为

$$Q_L=UI\sin\varphi=UI=\omega LI^2=\frac{U^2}{\omega L}>0$$

（3）对于电容元件 $C$，$\varphi=-\frac{\pi}{2}$，其无功功率为

$$Q_C=UI\sin\varphi=-UI=-\frac{1}{\omega C}I^2=-\omega CU^2<0$$

无源单口电路吸收的无功功率为

$$Q=\sum Q_k$$

式中：$Q_k$ 为第 $k$ 条支路吸收的无功功率。考虑在 RLC 组成的无源网络中，只有 $L$ 和 $C$ 有无功功率，且 $Q_L>0$，$Q_C<0$。设网络中有 $n$ 个电感元件，$m$ 个电容元件，则有

$$Q=\sum_{i=1}^{n}Q_{L_i}+\sum_{i=1}^{m}Q_{C_i}$$

式中：$Q_{L_i}$ 为第 $i$ 个电感的无功功率；$Q_{C_i}$ 为第 $i$ 个电容的无功功率。

虽然无功功率不像平均功率消耗能量而做功，但在电力系统中，凡是依靠磁场能量和电场能量工作的设备及元件都是靠电源提供的无功功率维持这两种场能，它是保证这些设备和元件正常工作必不可少的条件。

4. 视在功率

许多电力设备的容量是由它们的额定电流和额定电压的乘积决定的，为此引进了视在功率的概念，用大写字母 $S$ 表示，单位为伏安（V·A），其定义为

$$S=UI$$

按照定义，有功功率、无功功率和视在功率三者的关系为

$$P=S\cos\varphi,Q=S\sin\varphi$$

$$S=\sqrt{P^2+Q^2},\varphi=\arctan\left(\frac{Q}{P}\right)$$

由有功功率和视在功率定义式可知，功率因数还可用下式表示

$$\cos\varphi=\frac{P}{S}$$

它表示负载所需要的有功功率和视在功率的比值。

许多交流发供电设备都是按照额定电压和额定电流设计和使用的，因此这些设备的容量用视在功率表示很方便。

例如：某变压器额定容量 $S_N=10\text{kV}\cdot\text{A}$，额定电压 $U_N=220\text{V}$，则额定电流为 $I_N=\frac{S_N}{U_N}=\frac{10000}{220}=45.45$（A）。

不用平均功率表示这些设备容量的原因是：它们提供的平均功率不仅与自身的容量有关，还与负载的功率因数有关。

如上面提到的这台变压器，当负载功率因数为 1 时，它向负载提供的有功功率 $P=U_NI_N=S_N=10\text{kW}$；当负载功率因数为 0.6 时，则有功功率 $P=6\text{kW}$。

所以许多交流发供电设备的容量是指它们的视在功率。由此可知，为了提高发供电设备的利用率，应提高负载的功率因数。

5. 复功率

正弦电流电路的瞬时功率等于两个同频率的正弦量的乘积，一般其结果是一个非正弦量，同时它的变动频率也不同于电压或电流的频率，所以不能用相量法讨论。为了把相量法引入功率的计算，定义复功率，用字母 $\overline{S}$ 表示，单位为伏安（V·A）。

$$\overline{S}=P+jQ$$

式中：复功率的实部 $P$ 为平均功率；虚部 $Q$ 为无功功率。

$$P=UI\cos\varphi,\ Q=UI\sin\varphi$$

则

$$\begin{aligned}\overline{S}&=P+\mathrm{j}Q\\&=UI\cos\varphi+\mathrm{j}UI\sin\varphi\\&=UI\angle\varphi\end{aligned}$$

而 $\varphi=\psi_u-\psi_i$，且 $\dot{U}=U\angle\psi_u$，$\dot{I}=I\angle\psi_i$，所以

$$\begin{aligned}\overline{S}&=UI\angle\psi_u-\psi_i\\&=U\angle\psi_u I\angle-\psi_i\\&=\dot{U}\dot{I}^*\end{aligned}$$

其中 $\dot{I}^*$ 为 $\dot{I}$ 的共轭相量，这是用电压电流表示的复功率。

对于无源单口网络，有 $\dot{U}=Z\dot{I}$，则

$$\overline{S}=Z\dot{I}\dot{I}^*=ZI^2$$

或有 $\dot{I}=Y\dot{U}$，则

$$\overline{S}=\dot{U}(Y\dot{U})^*=Y^*U^2$$

R、L、C 元件的复功率分别为

$$\overline{S}_R=\dot{U}\dot{I}^*=RI^2$$

$$\overline{S}_L=\dot{U}\dot{I}^*=\mathrm{j}\omega LI^2$$

$$\overline{S}_C=\dot{U}\dot{I}^*=-\mathrm{j}\frac{1}{\omega C}I^2$$

可以证明，正弦电流电路中总的有功功率是电路各部分有功功率之和，总的无功功率是电路各部分无功功率之和，即有功功率和无功功率分别守恒。电路中的复功率也守恒，但视在功率不守恒。

**【例 8-3】** 图 8-13 所示电路外加 50Hz、380V 的正弦电压，感性负载吸收的功率 $P_1=20\text{kW}$，功率因数 $\lambda_1=0.6$。若要使电路的功率因数提高到 $\lambda=0.9$，求在负载的两端并接的电容值（图中虚线所示）。

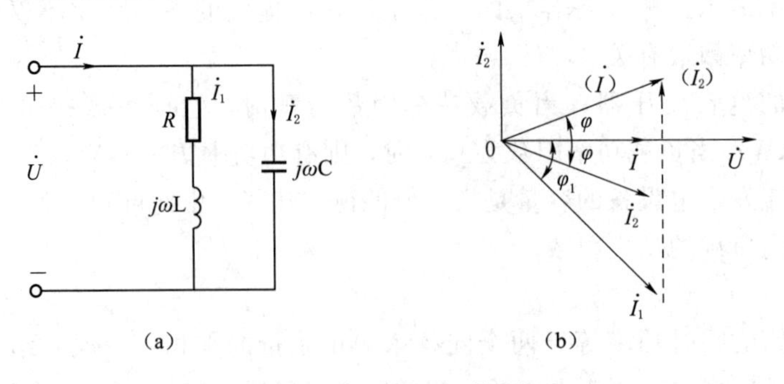


图 8-13 [例 8-3] 图

**解：**

方法 1：利用电流的有功分量和无功分量的概念。并联电容后并不改变原负载的工作状

况，所以没有改变电路的有功功率，只是改变了电路的无功功率，从而使功率因数得到提高。

按图 8－13（a）所示，根据 KCL，有

$$\dot{I}=\dot{I}_1+\dot{I}_2$$

其中：

$$\dot{I}=I\cos\varphi-jI\sin\varphi$$

$$\dot{I}_1=I_1\cos\varphi_1-jI_1\sin\varphi_1$$

$$\dot{I}_2=j\omega C\dot{U}$$

电流的有功分量和无功分量分别为

$$I\cos\varphi=I_1\cos\varphi_1$$

$$I\sin\varphi+I_2=I_1\sin\varphi_1$$

给定的负载功率 $P_1=UI_1\cos\varphi_1$，而 $P_1=20\text{kW}$，$\cos\varphi_1=0.6$，$\varphi_1=53.13°$。

可以求得

$$I_1=87.72\text{A}$$

现在要求 $\cos\varphi=0.9$，即 $\varphi=\pm25.84°$。把这些数据代入，可以求得

$$I=58.48\text{A},I_2=44.69\text{A}(\text{或 }95.67\text{A})$$

故电容 $C$ 为（取小值）

$$C=I_2/(\omega U)=375\mu\text{F}$$

$I$ 为并联电容后电源供给的电流，可见要求电源供给的视在功率也相应减小。图 8－13（b）所示为并联电容前后电路的相量图。

方法 2：因为 $\dot{U}$ 和 $\dot{I}_1$ 都没有变，并联电容 $C$ 不会影响支路 1 的复功率（设为 $\overline{S}_1$）。但是并联电容后，电容的无功功率“补偿”了电感 $L$ 的无功功率，减少了电源的无功功率，从而提高了电路的功率因数。

设并联电容后电路吸收的复功率为 $\overline{S}$，电容吸收的复功率为 $\overline{S}_C$，则有

$$\overline{S}=\overline{S}_1+\overline{S}_C$$

并联电容前有

$$\lambda_1=\cos\varphi_1,\ \varphi_1=53.13°$$

$$P_1=20\text{kW}$$

$$Q_1=P_1\tan\varphi_1=26.67\text{kvar}$$

$$\overline{S}_1=P_1+jQ_1=(20+j26.67)\text{kV}\cdot\text{A}$$

并联电容后要求 $\lambda=0.9$，即 $\cos\varphi=0.9$，$\varphi=\pm25.84°$，而有功功率没有改变，所以

$$Q=P_1\tan\varphi=\pm9.69\text{kvar}$$

$$\overline{S}=P_1+jQ=(20+j9.69)\text{kV}\cdot\text{A}$$

则电容的视在功率为

$$\overline{S}_C=\overline{S}-\overline{S}_1=-j16.98\text{kvar}(\text{或}-j36.36\text{kvar})$$

显然取较小的电容为好，故有

$$C=\frac{16.98\times10^3}{314\times(380)^2}\text{F}=374.49\mu\text{F}$$

通过［例 8-3］可以看出功率因数提高具有经济意义。并联电容后减少了电路的无功“输出”，减小了电流的输出，从而提高了电源设备的利用率，也减少了传输线上的损耗。

**（四）元件介绍及安装**

1. 声光控制延时开关

声光控制是利用声音以及光线的变化来控制电路实现特定功能的一种电子学控制方法。声光控制延时节电电路包括声控、光控传感元件、放大器和由 555 构成的单稳态延时电路及降压整流电路。

它是一种内无接触点，在特定环境光线下采用声响效果激发拾音器进行声电转换来控制用电器的开启，并经过延时后能自动断开电源的节能电子开关。广泛用于楼道、建筑走廊、洗漱室、厕所、厂房、庭院等场所，是现代极理想的新型绿色照明开关，可延长灯泡使用寿命。

白天或光线较强时，电路为断开状态，灯不亮，当光线黑暗时或夜晚来临时，开关进入预备工作状态，此时，当有脚步声、说话声、拍手声等声源时，开关自动打开，灯亮，并且触发自动延时电路，延时一段时间后自动熄灭，从而实现了“人来灯亮，人去灯熄”，杜绝了长明灯，免去了在黑暗中寻找开关的麻烦，尤其是上下楼道带来的不便，也可以达到节能的目的，它具有体积小、外形美观、制作容易、工作可靠等优点。

声光控制延时开关（图 8-14）主要由声控开关、光控开关、延时电路几部分组成。

图 8-14 声光控制延时开关

声控是通过柱极体话筒采集声音，并产生脉冲信号。光控电路则是由光敏电阻控制，光敏电阻在有光和无光状态下电阻阻值差距很大，能产生高低电平并通过逻辑器件控制电路。延时电路则是由电阻和电容组成的充放电电路构成，通过电容的充放电来实现的。最常用的延时电路是 555，靠外接电容和电阻来控制时间，优点是计算容易，缺点是延时时间不能很精确。

声光控延时开关的分类：

（1）可控硅输出型，只适用于控制白炽灯等阻性负载。

（2）继电器输出型，适用于所有负载。

2. 人体红外感应开关

（1）原理。人体红外感应开关是一种有人从红外感应探测区域经过时自动启动的开关。主要器件为人体热释电红外传感器。人体都有恒定的体温，一般在 37℃，所以会发出特定波长 10μm 左右的红外线，被动式红外探头就是探测人体发射的 10μm 左右的红外线而进行工作的。人体发射的 10μm 左右的红外线通过菲涅尔滤光片增强后聚集到红外感应源上。红外感应源通常采用热释电元件，这种元件在接收到人体红外辐射温度的变化时就会失去电荷平衡，向外释放电荷，后续电路经检测处理后就能触发开关动作。

当有人进入开关感应范围时，专用传感器测到人体红外光谱的变化，开关自动接通负载，人不离开感应范围，开关将持续接通；人离开后或在感应区域内长时间无动作，开关将自动延时关闭负载（图 8-15）。

图 8-15 人体红外感应开关

（2）适用范围。

1）楼宇建筑：用于走廊、楼道、卫生间、地下室、仓库、车库等场所的自动照明，排气扇及其他电器的自动控制。

2）防盗：安装在室内和阳台等位置，起到防范窃贼入侵的作用。

3）幼儿房间：幼儿从睡梦中醒来有活动时，灯自动打开，消除幼儿的恐惧心理。

（3）功能特点。

1）基于红外线技术的自动控制产品。人不离开且在活动，开关持续导通；人离开后，开关延时自动关闭负载，人到灯亮，人离灯熄，使用方便，安全节能。

2）具有过零检测功能：无触点电子开关，延长负载使用寿命。

3）应用光敏控制，开关自动测光，光线强时不感应。

（4）注意事项。感应开关是通过检测人体红外线的有无来工作的，一般安装在室内。而人体感应开关的误报率与安装位置和方式有极大的关系，人体感应开关安装应该注意以下几点：

1）安装时一定要关闭电源，严禁短路和过载，等安装好后再加电。

2）请勿超功率范围使用。

3）顶装的人体感应开关离地面不宜过高，最好为 2.4～3.1m；而墙装人体感应开关则可以安装在原开关的位置，直接替换。

4）安装人体感应开关时，安装位置应距光源 0.5m 以外，安装时应该远离暖气、空调、冰箱、火炉等空气温度变化敏感的地方。

5）感应开关探测范围内不得有隔屏、家具、大型盆景或其他隔离物。

6）开关不要直对窗口，防止窗外的热气流扰动和人员走动引起误报。

7）开关不要安装门口、风道等有强气流活动的地方。

8）刚接入电源时，如果环境光线强会自动闪亮几次，后进入正常工作状态；突然遇气温和气流或电网电压突变偶尔有误动作，属正常现象。

3. 微电脑时控开关特点

微电脑时控开关是一个以单片微处理器为核心，配合电子电路等组成的电源开关控制装置，能以天或星期循环且多时段的控制家电的开闭。时间设定从 1s～168h，每日可设置 1～4 组，且有多路控制功能。一次设定长期有效。适用于各种工业电器，家用电器的自动控

制，既安全方便又省电省钱。输出电流可达 10～25A，可正常控制 2200W 至更大功率的电器工作，也可与继电器、接触器等结合控制其他大功率动力设备。

（1）特点。

1）理想的节能，延长照明器件的使用寿命。应在天暗时用定时自动打开，半夜时用定时自动关闭，是路灯、灯箱、霓虹灯、生产设备、农业养殖、仓库排风除湿、自动预热、广播电视等最理想的控制产品（图 8－16）。

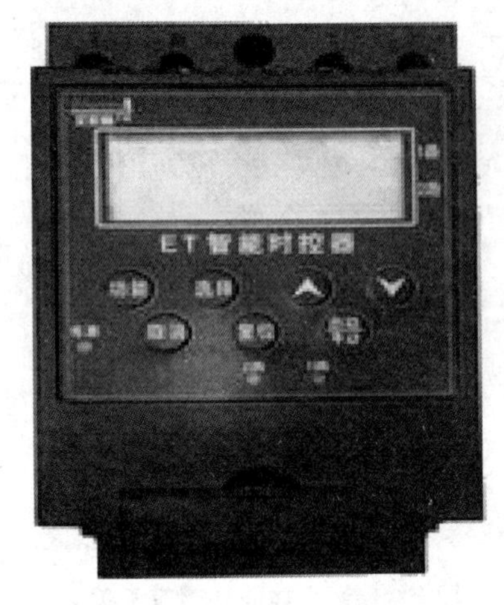


图 8－16 微电脑时控开关

2）内置可充电池、外置电池开关，高精度工业级芯片，强抗干扰。接线方法如图 8－17 所示。

（2）注意事项。

1）为防强电流下熔点发热，接线时务必拧紧接线柱的螺钉。

2）控制器进线 220VAC/50－60Hz 电源，切勿接到 380VAC。

3）控制器红灯亮有电进入，红、绿灯同时亮开关有电输出。

4）不能交叉设定时间，应按时间的顺序设定。

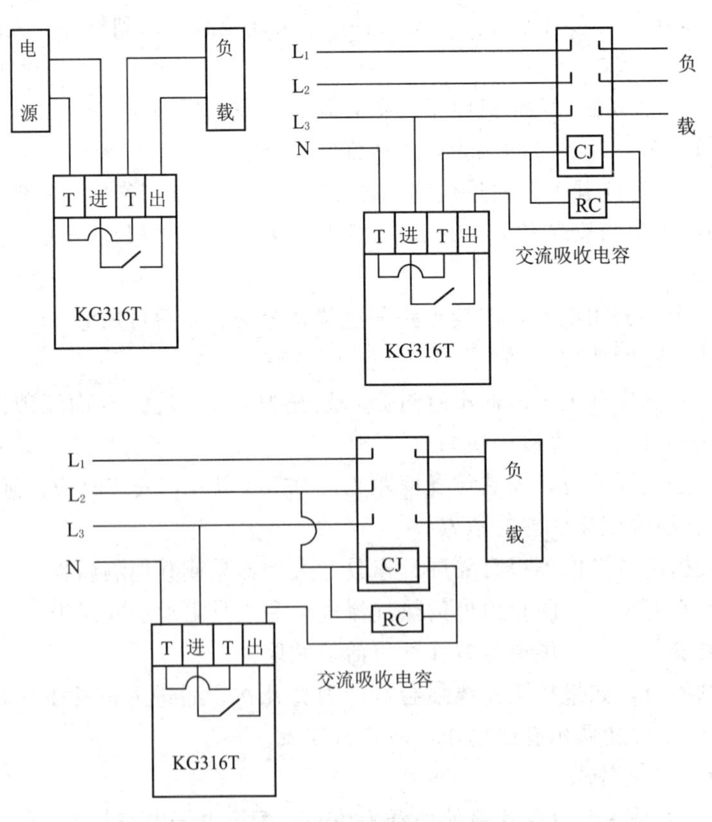


图 8－17 微电脑时控开关接线方法

（3）微电脑时控开关定时设置操作。

1）先检查时钟显示是否当前时间一致，如需重新校准，在按住“时钟”键的同时，分别按住“校星期”“校时”“校分”键，将时钟调到当前准确时间。

2）按一下“定时”键，显示屏左下方出现“1 开”字样（表示第一次开启时间）。然后按“校星期”选择 6 天工作制、5 天工作制、3 天工作制、每日相同、每日不同等工作模式，再按“校时”“校分”键，输入所需开启的时间。

3）再按一下“定时”键，显示屏左下方出现“1 关”字样（表示第一次关闭时间），再按“校星期”“校时”“校分”键，输入所需关闭的日期（注意：关的日期一定要与开的日期相对应）和时间。

4）继续按动“定时”键，显示屏左下方将依次显示“2 开、2 关、3 开、3 关、……、10 开、10 关”，参考步骤 2）、3）设置以后各次开关时间。

5）如果每天不需设置 10 组开关，则必须按“取消/恢复”键，将多余各组的时间消除，使其在显示屏上显示“— —：— —”图样（不是 00：00）。

6）定时设置完毕后，应按“定时”键检查各次定时设定情况是否与实际情况一致，若不一致，请按校时、校分、校星期进行调整或重新设定。

7）检查完毕后，应按“时钟”键，使显示屏显示当前时间。

8）按“自动/手动”键，将显示屏下方的“▲”符号调到“自动”位置，此时，时控开关才能根据所设定的时间自动开、关电路。如在使用过程中需要临开、关电路，则只需要按“自动/手动”键将“▲”符号调到相应的“开”或“关”的位置。

## 五、任务准备

1. 设备、工具的准备

为完成工作任务，每个工作小组需要向工作站内仓库管理教师提供借用工具清单。

2. 材料的准备

为完成工作任务，每个工作小组需要向工作站内仓库管理教师提供领用材料清单。

3. 团队分配的方案

将学生分为 4 个工作岛，每个工作岛再分为 6 组，根据工作岛工位要求，每个工作岛指定 1 人为组长、2 人为材料管理员，材料管理员负责材料领取分发，小组长负责组织本组相关问题的计划、实施及讨论汇总，填写各组人员工作任务实施所需文字材料的相关记录表。

## 六、任务实施

1. 设计要求

（1）根据控制要求设计、调试控制电路，控制要求如下：

1）线路有短路带漏电保护的空气断路器作为电源总开关。

2）普通一位开关控制射灯。

3）可控硅型声光控开关控制白炽灯泡，继电器型声光控开关控制节能灯泡。

4）红外人体感应开关控制白炽灯。

5）插座电源受插座自带开关控制。

（2）根据任务要求设计常见的室内线路及故障排除线路电器布置图。

2. 安装步骤及工艺要求

（1）逐个检验电气设备和元件的规格和质量是否合格。

（2）正确选配导线的规格、导线通道类型和数量、接线端子板型号等。

（3）在控制板上安装电器元件。

（4）选择合理的导线走向，做好导线通道的准备，并安装控制板外部的所有电器。

（5）检查电路的接线是否正确。

（6）检测线路的绝缘电阻，清理安装场地。

3. 通电调试

（1）通电试验时，应认真观察各电器元件、线路工作情况。

（2）通电试验时，应检查各项功能操作是否正常。

4. 注意事项

（1）不要漏接接地线，严禁采用金属软管作为接地通道。

（2）在安装、调试过程中，工具、仪表的使用应符合要求。

（3）通电操作时，必须严格遵守安全操作规程。

## 七、任务总结

1. 本次任务用到了哪些知识？

2. 你从本次任务中重获得了哪些经验？

3. 任务实施中，遇到了哪些问题？是如何解决的？

## 八、思考与练习

1. 已知题1图所示电路中 $Z_2=j60\Omega$，各交流电表的读数分别为V：100V；$V_1$：171V；$V_2$：240V。求阻抗 $Z_1$。

2. 已知题2图所示正弦电流电路中电流表 $A_1$、$A_2$、$A_3$ 的读数分别为5A、20A、25A。求：

（1）图中电流表A的读数。

（2）如果维持 $A_1$ 的读数不变，而把电源的频率提高一倍，再求电流表A的读数。

3. 如题3图所示电路，已知 $I_1=10\text{A}$，$I_2=10\sqrt{2}\,\text{A}$，$U=220\text{V}$，$R_1=5\Omega$，$R_2=X_2$，试求 $I$、$X_C$、$X_2$ 及 $R_2$。

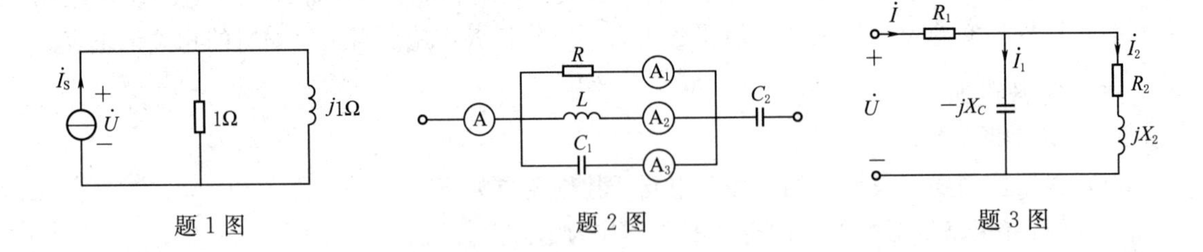


题1图　　题2图　　题3图

# 任务九　三相交流电路电压、电流的测量

## 一、任务描述

根据控制要求设计电路原理图，控制要求为：①熟悉三相负载的三角形连接和星形连接；②检验对称三相负载进行星形连接、三角形连接时，负载线电压与相电压、线电流与相电流之间的关系；③理解三相四线制供电系统中性线的作用。

线路有短路带漏电保护的空气断路器作为电源总开关，要求合理布置和安装电气元件，根据电气原理图进行布线。

学生接到本任务后，应根据任务要求，准备工具和仪器仪表，做好工作现场准备，施工时严格遵守作业规范，线路安装完毕后进行调试，填写相关表格并交检测指导教师验收。按照现场管理规范清理场地、归置物品。

## 二、任务要求

（1）掌握三相负载的星形连接方式和三角形连接方式。

（2）测量验证对称三相负载的线电压与相电压、线电流与相电流之间的关系。

（3）能根据控制要求设计电路原理图。

（4）掌握电气元件的布置和布线方法。

## 三、能力目标

（1）学会三相负载的星形连接方式和三角形连接方式。

（2）能设计三相负载的星形连接和三角形连接电路图。

（3）能根据电路的原理合理布置、安装电气元件。

（4）能根据电气原理图进行布线。

## 四、相关理论知识

### （一）三相电源与三相负载

1．对称三相电源

（1）对称三相电压源。目前，世界各国的电力系统中电能的生产、传输和供电方式绝大多数都采用三相制。为适应工业化生产的需要，系统的结构已经标准化或规范化，主要由三相电源、三相负载和三相输电线路3部分组成。

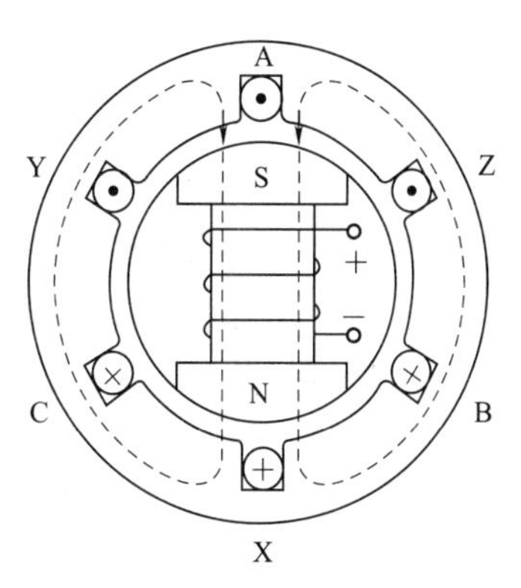

图9－1　三相发电机模型图

图9－1所示为三相交流发电机模型，定子上安装有3个完全相同的线圈，分别为AX、BY和CZ，每个线圈是一相。3个线圈在空间位置上彼此相隔120°（图中给出AX线圈一匝来示意）。当转子（磁极）以匀速顺时针方向转动时，由于穿过3个线圈的磁通发生变化，在3个线圈中将产生感

应电动势或感应电压，设磁极从垂直位置开始旋转，则在 AX 线圈中产生随时间按余弦规律变化的感应电压 $u_A$，它的初相为零。当 S 极的轴线正好转到 A 处时，$u_A$ 达到最大值；经过 120°后，S 极的轴线转到 B 处，BY 线圈感应电压 $u_B$ 达到最大值，同理，再经过 120°，CZ 线圈的感应电压 $u_C$ 点到最大值，周而复始，$u_A$ 比 $u_B$ 在相位上超前 120°，$u_B$ 比 $u_C$ 在相位上超前 120°，而 $u_C$ 又比 $u_A$ 超前 120°，各相电压用三角函数表示为

$$\begin{cases} u_A = \cos\omega t \\ u_B = \cos(\omega t - 120°) \\ u_C = \cos(\omega t - 240°) = \cos(\omega t + 120°) \end{cases}$$

三相电压源图形符号如图 9-2 所示。

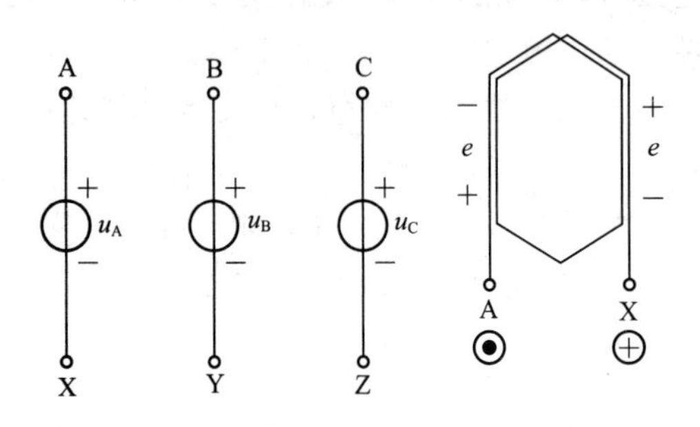


图 9-2 三相电压源图形符号

三个电压源的相量表示为

$$\begin{cases} \dot{U}_A = U\angle 0° \\ \dot{U}_B = U\angle -120° \\ \dot{U}_C = U\angle -240° = U\angle 120° \end{cases}$$

对称三相电源的波形和相量如图 9-3 所示。

对称三相电源是由 3 个同频率、等幅值、初相依次滞后 120°的正弦电压源组成的电源，这 3 个电源依次称为 A 相、B 相和 C 相。

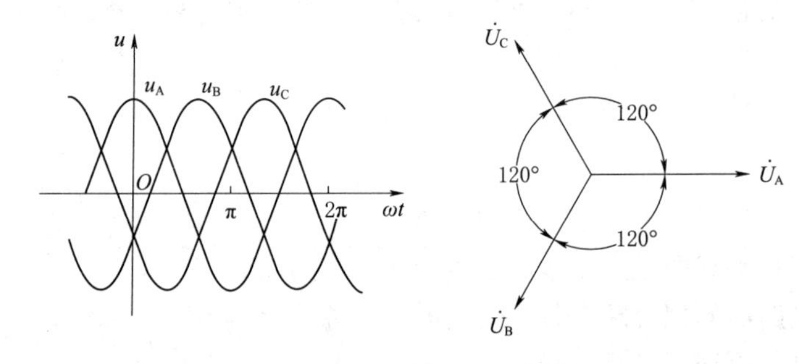


图 9-3 对称三相电源的波形和相量图

凡是对称三相电源，其瞬时值或相量之和都为 0，即

$$\begin{cases} u_A + u_B + u_C = 0 \\ \dot{U}_A + \dot{U}_B + \dot{U}_C = 0 \end{cases}$$

三相电压的次序称为相序，上述三相电压的相序（次序）A、B、C 称为正序或顺序。反之如 B 相超前 A 相 120°，C 相超前 B 相 120°，这种相序称为负序或逆序。相位差为零的相序称为零序。电力系统一般采用正序。

（2）三相电源的连接方式。对称三相电源的连接方式有两种：星形联结和三角形联结。

1）星形联结（Y）。从三相电源的正极性端引出三根端线，称为相线（俗称火线），三相电源的负极性端连接为一点，称为电源中性点，用 N 表示。这种连接方式的电源又称为星形电源，图 9-4 所示为星形电源的两种画法。

在星形电源中，每根相线与中性点 N 之间的电压就是每一相的相电压，即

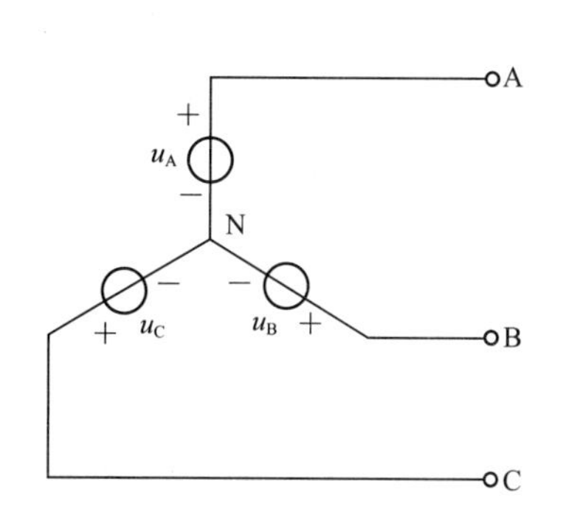


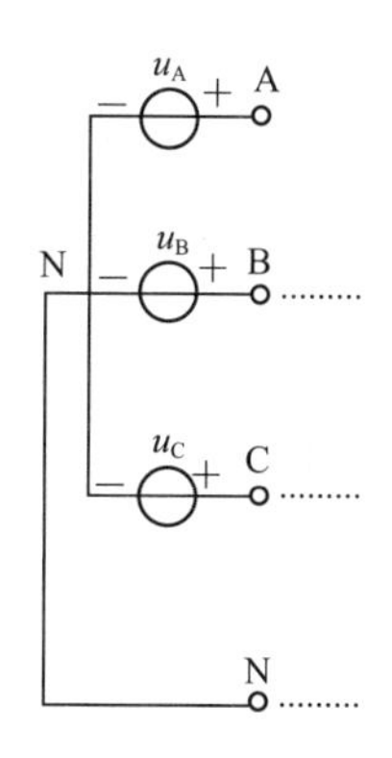


图 9-4　星形电源

$$\dot{U}_{AN}=\dot{U}_A$$

$$\dot{U}_{BN}=\dot{U}_B$$

$$\dot{U}_{CN}=\dot{U}_C$$

对称的三个相电压的有效值用 $U_P$ 表示。相线 A、B、C 之间的电压称为线电压，对称的三相线电压的有效值用 $U_L$ 表示。线电压习惯上采用的参考方向为 A 指向 B，B 指向 C，C 指向 A，线电压有 $\dot{U}_{AB}$、$\dot{U}_{BC}$、$\dot{U}_{CA}$。

星形电源线电压与相电压的关系为

$$\dot{U}_{AB}=\dot{U}_A-\dot{U}_B$$

$$\dot{U}_{BC}=\dot{U}_B-\dot{U}_C$$

$$\dot{U}_{CA}=\dot{U}_B-\dot{U}_C$$

对称三相电源星形联结时，线电压和相电压的有效值关系为：$U_L=\sqrt{3}U_P$；线电压与相电压的相位关系为：线电压超前相应的相电压 30°。相量关系式为

$$\dot{U}_{AB}=U\angle 0°-U\angle -120°=\sqrt{3}\dot{U}_A\angle 30°$$

$$\dot{U}_{BC}=U\angle -120°-U\angle 120°=\sqrt{3}\dot{U}_B\angle 30°$$

$$\dot{U}_{CA}=U\angle 120°-U\angle 0°=\sqrt{3}\dot{U}_C\angle 30°$$

2）三角形联结（△）。如果将三相电源首尾连接，从三个连接点引出三根端线，称为相线，如图 9-5 所示，则称为三相电源的三角形联结，简称为角形联结，这种连接方式的电源又称为三角形电源，或简称为角形电源。

同理，相线之间的电压称为线电压，在三角形电源的联结方式中，相电压为每一相电源提供电压，从图 9-5 中可以得到三角形电源的线电压和相电压的关系为

$$\dot{U}_{AB}=\dot{U}_A$$

$$\dot{U}_{BC}=\dot{U}_B$$

$$\dot{U}_{CA}=\dot{U}_C$$

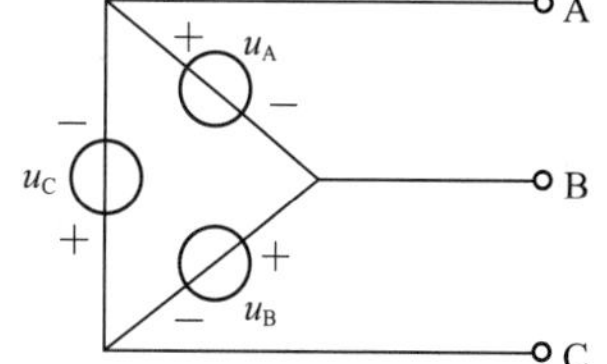


图 9-5　三角形电源

上式说明，三角形电源的线电压和对应的相电压有效值相

等，$U_L=U_P$，相位也相同，可总结为：三角形电源的线电压与相电压对应相等。

当对称三角形电源正确连接时，$\dot{U}_A+\dot{U}_B+\dot{U}_C=0$，所以电源内部无环流。若接错，将形成很大的环流，造成事故。因此大容量的三相交流发电机很少采用三角形联结。

2. 三相负载

实际中的负载可看作无源网络，即可以用阻抗表示负载，因此三相负载可分别等效为3个阻抗。当这3个阻抗相等时，称为对称三相负载，否则为不对称三相负载。三相负载的连接方式有两种：星形（Y）联结和三角形（△）联结。

（1）三相负载的星形联结（Y）。如图9-6所示，三相负载为星形联结。在三相电路中，流过相线的电流称为线电流，流过中性线的电流称为中性线电流，流过每相负载的电流为相电流。习惯上选定电流的参考方向是从电源流向负载，中性线电流的参考方向为由负载中性点指向电源中性点。

在图9-6所示星形联结的三相负载中，由于连接方式的原因，线电流和相电流为同一个电流，因此线电流等于相电流。即对于星形联结的负载，线电流与相电流对应相等。

在图9-7中，三相电源为星形联结，三相负载同样为星形联结。$Z_L$ 为线路阻抗，N′点为三相负载中性点，电源中性点N与负载中性N′点之间的连线称为中性线，$Z''_N$ 为中性线阻抗。

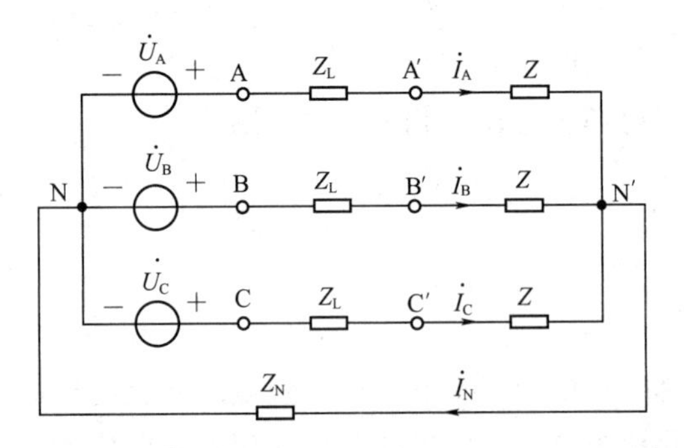


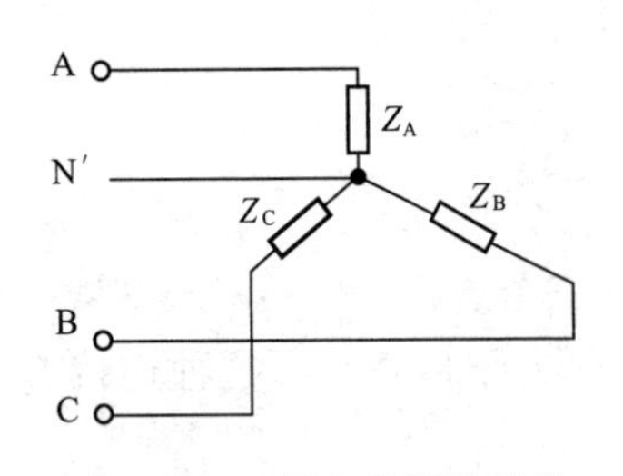


图9-6 三相负载星形联结

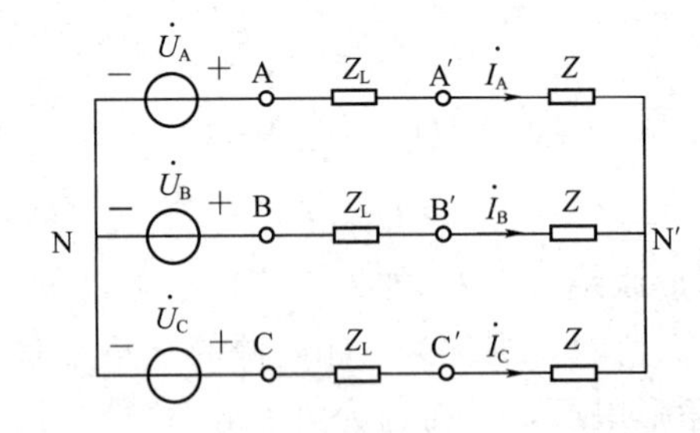


图9-7 三相四线制和三相三线制星形联结负载

三相电路系统由三相电源和三相负载连接组成，其中有Y—Y联接、Y—△联接、△—Y联接和△—△联接。三相电源和三相负载之间用四根导线连接的电路系统称为三相四线制，其余连接方式均属三相三线制。

如图9-7所示，三相四线制中的中性线电流满足

$$\dot{I}_N=\dot{I}_A+\dot{I}_B+\dot{I}_C$$

如果三相负载对称，则三相电流 $\dot{I}'_A$、$\dot{I}'_B$、$\dot{I}'_C$ 对称，中性线电流则为零，即 $\dot{I}_N=0$。

此时中性线可省去，但在实际电路中，很难保证三相负载对称，为保证电路安全，中性线绝不可断开，因此中性线上不允许安装任何熔断器、开关等可能使中性线断开的器件，而且要用具有足够机械强度的导线作中线。

中线有其重要的作用，保证三相不对称负载的每相电压维持对称不变。倘若中线断开，会导致三相负载电压的不对称，致使负载轻的一相相电压过高，负载遭受损坏，而负载重的一相相电压又过低，负载不能正常工作。三相照明负载一律采用 $Y_0$ 接法。

因此中线既能为用户提供两种不同的电压，又能为星形联接的不对称负载提供对称的220V 相电压。

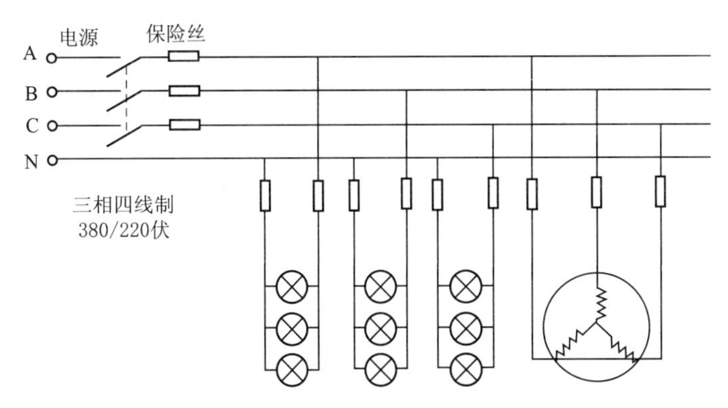


图 9-8　三相四线制供电线路图

(2) 三角形联结（△）。图 9-9 (a) 所示三相负载为三角形联结。此电路中可看出，负载端的线电压和相电压是相等的。线电流和相电流的关系可由 KCL 得到

$$\begin{cases}\dot{I}_A=\dot{I}_{A'B'}-\dot{I}_{C'A'}\\ \dot{I}_B=\dot{I}_{B'C'}-\dot{I}_{A'B'}\\ \dot{I}_C=\dot{I}_{C'A'}-\dot{I}_{B'C'}\end{cases}$$

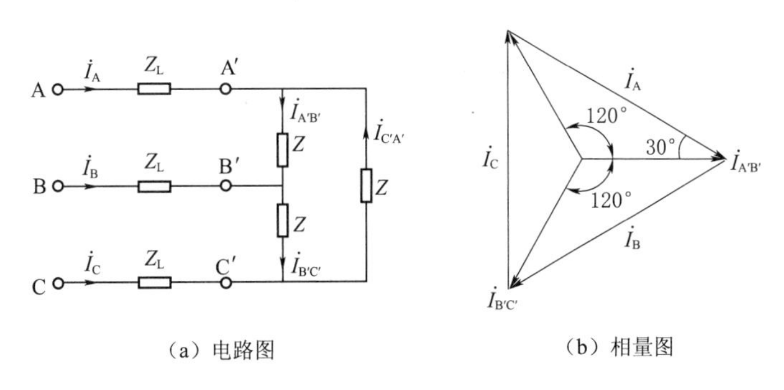


(a) 电路图　　(b) 相量图

图 9-9　三相负载的三角形联结

三相负载为三角形联结时，如果负载对称，则相电流、线电流对称，线电流的有效值是相电流有效值的$\sqrt{3}$倍，即 $I_L=\sqrt{3}I_P$。线电流在相位上滞后相应的相电流 30°，它们的相量关系如图 9-9 (b) 所示。若负载不对称，则需分别计算，这里不做要求。

**【例 9-1】** 对称三相电源，电源相电压有效值为 220V，接入对称三相负载，每相负载阻抗均为 (40+j90)Ω，线路和中性线阻抗不计，当电源和负载的连接方式为：①采用 Y—Y

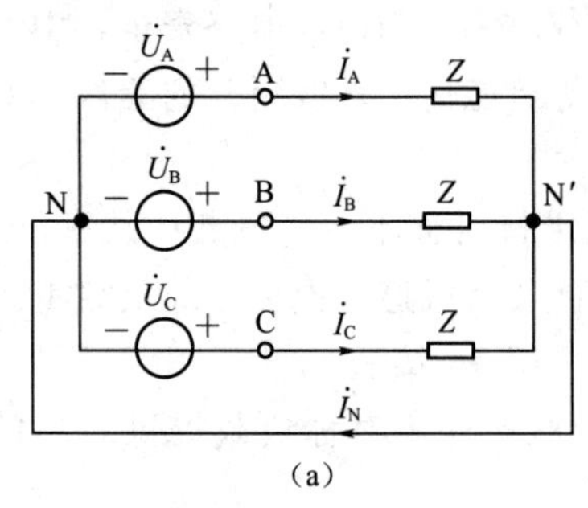


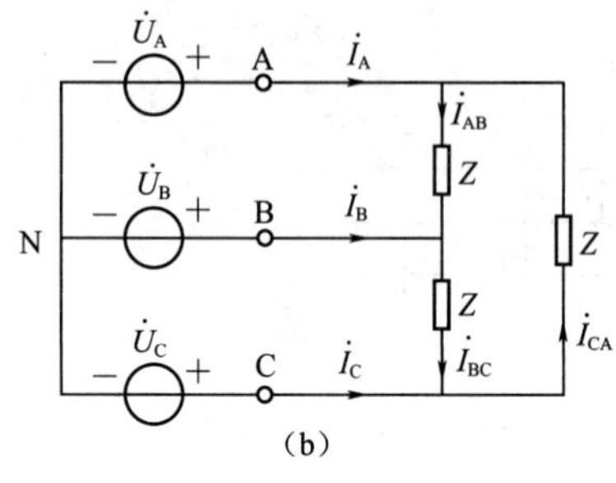


图 9 - 10 [例 9 - 1] 图

带中性线(Y—Y 三相四线制)联接;②采用 Y—△联接,试分别求两种连接方式下,线电压、线电流、负载阻抗上的相电压、相电流 Y 联结时的中性线电流,以及上述物理量的相量表达式和瞬时值表达式。

解:根据题意,画出两种连接方式的电路图(相量形式),如图 9 - 10 所示。

对于图 9 - 10 (a),由于三相电源对称,所以有

$$\dot{U}_A = 220\angle 0°\text{V}$$

$$\dot{U}_B = 220\angle -120°\text{V}$$

$$\dot{U}_C = 220\angle 120°\text{V}$$

根据星形联结线电压与相电压的关系可知,三相电源 Y 联结时,线电压为

$$\begin{cases} \dot{U}_{AB} = \sqrt{3}\dot{U}_A\angle 30° = 380\angle 30°\text{V} \\ \dot{U}_{BC} = \sqrt{3}\dot{U}_B\angle 30° = 380\angle -90°\text{V} \\ \dot{U}_{CA} = \sqrt{3}\dot{U}_C\angle 30° = 380\angle 30°\text{V} \end{cases}$$

因中性线阻抗为零,所以负载上的电压与相应的电源相电压相等,负载上的电流等于相应的线电流。因此

$$\begin{cases} \dot{I}_A = \dfrac{U_{AN}}{Z} = \dfrac{220\angle 0°}{40+j90}\text{A} = 2.23\angle -66.04°\text{A} \\ \dot{I}_B = \dfrac{U_{BN}}{Z} = \dfrac{220\angle 120°}{40+j90}\text{A} = 2.23\angle -186.04°\text{A} = 2.23\angle 173.96°\text{A} \\ \dot{I}_C = \dfrac{U_{CN}}{Z} = \dfrac{220\angle 120°}{40+j90}\text{A} = 2.23\angle 54.96°\text{A} \end{cases}$$

中性线电流相量 $\dot{I}_N = \dot{I}_A + \dot{I}_B + \dot{I}_C = 0$

相电压、线电压、相电流、线电流的瞬时值表达式为

$$\begin{cases} u_A = 220\sqrt{2}\cos\omega t\,\text{V} \\ u_B = 220\sqrt{2}\cos(\omega t - 120°)\text{V} \\ u_C = 220\sqrt{2}\cos(\omega t + 120°)\text{V} \end{cases}$$

$$\begin{cases} u_{AB} = 380\sqrt{2}\cos(\omega t + 30°)\text{V} \\ u_{BC} = 380\sqrt{2}\cos(\omega t - 90°)\text{V} \\ u_{CA} = 380\sqrt{2}\cos(\omega t + 150°)\text{V} \end{cases}$$

由图 9 - 10 (a) 的 Y—Y 联接方式可得,负载的线电流与相电流对应相等,因此

$$\begin{cases} i_A = 2.23\sqrt{2}\cos(\omega t - 66.04°)\text{A} \\ i_B = 2.23\sqrt{2}\cos(\omega t + 173.96°)\text{A} \\ i_C = 2.23\sqrt{2}\cos(\omega t + 54.96°)\text{A} \end{cases}$$

中性线电流的瞬时值表达式为:$i_Z = 0$

图 9－10（b）为负载成三角形联结，因无线路阻抗，每个负载阻抗 $Z$ 的电压等于对应的线电压，则

$$\begin{cases}\dot{U}_{AB}=\dot{U}_{AN}\dot{U}_{BN}=(220\angle 0^\circ-220\angle -120^\circ)\text{V}=380\angle 30^\circ\text{V}\\ \dot{U}_{BC}=380\angle(30^\circ-120^\circ)\text{V}=380\angle -90^\circ\text{V}\\ \dot{U}_{CA}=380\angle(30^\circ+120^\circ)\text{V}=380\angle 150^\circ\text{V}\end{cases}$$

阻抗 $Z$ 上的电流相量为

$$\begin{cases}\dot{I}_{AB}=\dot{U}_{AB}/Z=380\angle 30^\circ/(40+j90)\text{A}=3.86\angle 30^\circ-66.04^\circ\text{A}=3.86\angle 36.04^\circ\text{A}\\ \dot{I}_{BC}=\dot{I}_{AB}-120^\circ=3.86\angle(36.04^\circ-120^\circ)\text{A}=3.86\angle 30^\circ-156.04^\circ\text{A}\\ \dot{I}_{CA}=\dot{I}_{AB}\angle 120^\circ=3.86\angle(36.04^\circ+120^\circ)\text{A}=3.86\angle 83.96^\circ\text{A}\end{cases}$$

三角形联结时，根据线电流相量与对应的相电流相量的关系，有

$$\begin{cases}\dot{I}_{A}=\sqrt{3}\,\dot{I}_{AB}\angle -30^\circ=6.68\angle(36.04^\circ-30^\circ)\text{A}=6.68\angle -66.04^\circ\text{A}\\ \dot{I}_{B}=\dot{I}_{A}\angle -120^\circ=6.68\angle(-66.04^\circ-120^\circ)\text{A}=6.68\angle -173.96^\circ\text{A}\\ \dot{I}_{C}=\dot{I}_{A}\angle 120^\circ=6.68\angle(-66.04^\circ+120^\circ)\text{A}=6.68\angle 53.96^\circ\text{A}\end{cases}$$

瞬时值表达式为

$$\begin{cases}u_{AB}=380\sqrt{2}\cos(\omega t+30^\circ)\text{V}\\ u_{BC}=380\sqrt{2}\cos(\omega t-90^\circ)\text{V}\\ u_{CA}=380\sqrt{2}\cos(\omega t+150^\circ)\text{V}\end{cases}$$

$$\begin{cases}i_{AB}=3.86\sqrt{2}\cos(\omega t-36.04^\circ)\text{A}\\ i_{BC}=3.86\sqrt{2}\cos(\omega t-156.04^\circ)\text{A}\\ i_{CA}=3.86\sqrt{2}\cos(\omega t+83.96^\circ)\text{A}\end{cases}$$

$$\begin{cases}i_{A}=6.68\sqrt{2}\cos(\omega t-66.04^\circ)\text{A}\\ i_{B}=6.68\sqrt{2}\cos(\omega t+173.96^\circ)\text{A}\\ i_{C}=6.68\sqrt{2}\cos(\omega t+53.96^\circ)\text{A}\end{cases}$$

### （二）对称三相电路的计算

若三相电路的三相电压源大小相等，相位依次相差 120°，且三相负载相等，线路阻抗也相等，则称此电路为对称三相电路。对称三相电路是一类非常特殊的电路，可利用其对称性的特点，大大简化对称三相电路的分析计算。

对三相电路而言，各线（相）电流独立，对称的电路可分列为三个独立的单相电路。又由于三相电源、三相负载的对称性，所以线（相）电流构成对称组。因此，只要分析计算三相中的任一相，而其他两线（相）的电流就能按对称顺序写出。这就是对称的三相电路归结为一相的计算方法。

以对称的三相四线制路为例。图 9－11（a）所示为对称的三相四线制 Y—Y 联接电路。设 N 为参考点，列出 N′点的节点电压方程：

$$\left(\frac{1}{Z_N}+\frac{3}{Z+Z_L}\right)\dot{U}_{N'N}=\frac{1}{Z+Z_L}(\dot{U}_A+\dot{U}_B+\dot{U}_C)$$

因为$\dot{U}_A+\dot{U}_B+\dot{U}_C=0$，所以有$\dot{U}_{N'N}=0$，即N′点与N点等电位。利用电路对称性的特点，只要计算出其中一相的电量，就可以写出其他两相的电量。图9-11为一相计算电路（A相），注意中性线阻抗被短接。

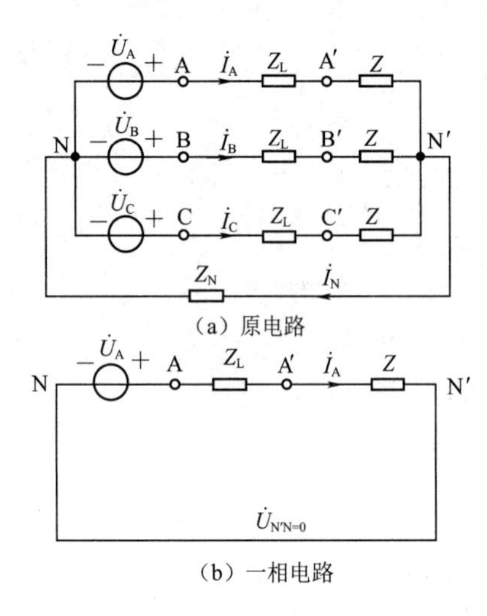


图9-11 对称三相四线制Y—Y联接电路及其一相计算电路

中性线电流：

$$\dot{I}_N=\dot{I}_A+\dot{I}_B+\dot{I}_C=0$$

负载端的相电压、线电压也同为对称组，表达式为

$$\begin{cases}\dot{U}_{A'N'}=Z\dot{I}_A\\ \dot{U}_{B'N'}=Z\dot{I}_B=a^2\dot{U}_{A'N'}\\ \dot{U}_{C'N'}=Z\dot{I}_C=a\dot{U}_{A'N'}\end{cases}$$

$$\begin{cases}\dot{U}_{A'B'}=\dot{U}_{A'N'}-\dot{U}_{B'N'}=\sqrt{3}\dot{U}_{A'N'}\angle 30^\circ\\ \dot{U}_{B'C'}=\dot{U}_{B'N'}-\dot{U}_{C'N'}=\sqrt{3}\dot{U}_{B'N'}\angle 30^\circ\\ \dot{U}_{C'A'}=\dot{U}_{C'N'}-\dot{U}_{A'N'}=\sqrt{3}\dot{U}_{C'N'}\angle 30^\circ\end{cases}$$

通过上述分析可知：

（1）由于Y—Y联接对称三相电路，$\dot{U}_{N'N}=0$，$\dot{I}_N=0$，因此中性线不起作用，即有无中性线对电路中的各电压电流均无影响。

（2）对称三相电路中各组电压、电流均为对称组。

（3）凡是对称三相电路都可以归结为一相的计算。对于三角形联结的对称负载可等效变换为星形联结，成为Y—Y联接三相电路后再进行计算。

**【例9-2】** 对称三相电路如图9-11（a）所示，已知$Z_L=(1+j2)\Omega$，$Z=(5+j6)\Omega$，$u_{AB}=380\sqrt{2}\cos(\omega t+30^\circ)$V。求负载中各电流相量。

**解：** 可设一组对称三相电压源与该组对称线电压对应。根据其关系，有

$$\dot{U}_A=\frac{\dot{U}_{AB}}{\sqrt{3}}\angle -30^\circ=220\angle 0^\circ\text{V}$$

根据其一相计算电路，如图9-11（b）所示，可以求得

$$\dot{I}_A=\frac{\dot{U}_A}{Z+Z_1}=\frac{220\angle 0^\circ}{6+j8}=22\angle 53.1^\circ\text{A}$$

根据其对称性可以写出

$$\dot{I}_B=a^2\dot{I}_A=22\angle -173.1^\circ\text{A}$$

$$\dot{I}_C=a\dot{I}_A=22\angle 66.9^\circ\text{A}$$

**【例9-3】** 对称三相电路如图9-12所示。已知：$Z=(19.2+j14.4)\Omega$，$Z_L=(3+j4)\Omega$，对称线电压$U_{AB}=380$V。求负载端的线电压和线电流。

**解：** 该电路可以变换为对称的Y—Y电路，如图9-12（b）所示。图中，$Z'$指三角形变换为星形阻抗。

$$Z'=\frac{Z}{3}=\frac{19.2+j14.4}{3}\Omega=(6.4+j4.8)\Omega$$

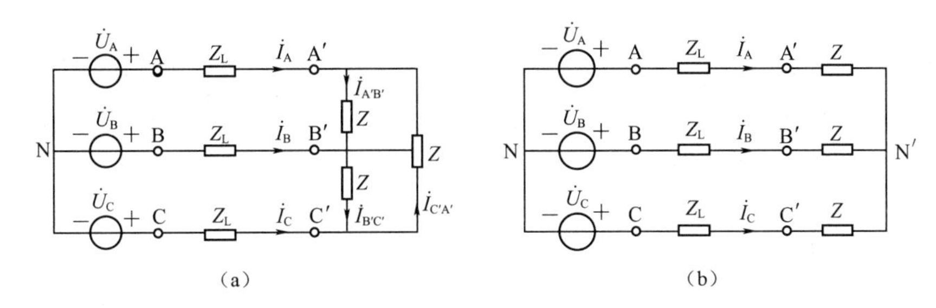


图 9-12 ［例 9-3］图

令 $\dot{U}_A=220\angle 0°$。根据一相计算电路有

$$\dot{I}_A=\frac{\dot{U}_A}{Z+Z_1}=17.1\angle -43.2°\text{A}$$

则

$$\dot{I}_B=a^2\dot{I}_A=17.1\angle -163.1°\text{A}$$

$$\dot{I}_C=a\dot{I}_A=17.1\angle 76.8°\text{A}$$

此电流即为负载端的线电流。再求出负载端的相电压，利用线电压与相电压的关系就可得负载端的线电压。

$$\dot{U}_{A'N'}=\dot{I}_A Z'=136.8\angle -6.3°\text{V}$$

则：

$$\dot{U}_{A'B'}=\sqrt{3}\dot{U}_{A'N'}\angle 30°=236.9\angle 23.7°\text{V}$$

根据对称性可写出

$$\dot{U}_{B'C'}=a^2\dot{U}_{A'B'}\angle 30°=236.9\angle -96.3°\text{V}$$

$$\dot{U}_{C'A'}=a\dot{U}_{A'B'}\angle 30°=236.9\angle 143.7°\text{V}$$

根据负载端的线电压可以求得负载中的相电流，有

$$\dot{I}_{A'B'}=\frac{\dot{U}_{A'B'}}{Z}=9.9\angle -13.2°\text{A}$$

$$\dot{I}_{B'C'}=a^2\dot{I}_{A'B'}=9.9\angle -133.2°\text{A}$$

$$\dot{I}_{C'A'}=a\dot{I}_{A'B'}=9.9\angle 106.8°\text{A}$$

对于对称三相电路的计算，由以上例子可得出如下结论和解题步骤：

(1) 对称三相电路各组负载中性点，包括△－Y 变换后的负载中性点。

1) 与电源 Y 联结时的中性点等电位，不论中性线阻抗是否为零，中性线电流 $I_N$ 均等于零。去掉中性线不影响三相对称电路各处的电压、电流。

2) 对称三相电路，无论是负载侧，还是电源侧、线路侧；无论是电压还是电流，三个一组电压或电流成对称关系，求得其中一个，另外两个可用大小相等、相位依次相差 120°的对称关系写出。

(2) 对称三相电路，无论负载是 Y 联结还是△联结，都可以先变换为 Y 联结。

1) 用单相电路计算其中一相的电流、电压，再根据对称关系写出其余两相的电压、

电流。

2）对于△联结的负载组，若求负载上的电流，可由单相计算电路得出该组负载上的线电流，即 $\dot{I}_{AB}=\frac{1}{\sqrt{3}}\dot{I}_{A}$ 的关系求出负载阻抗上的电流。

## 五、任务准备

1. 设备、工具的准备

为完成工作任务，每个工作小组需要向工作站内仓库管理教师提供借用工具清单。

2. 材料的准备

为完成工作任务，每个工作小组需要向工作站内仓库管理教师提供领用材料清单。

3. 团队分配的方案

将学生分为 4 个工作岛，每个工作岛再分为 6 组，根据工作岛工位要求，每个工作岛指定 1 人为组长、2 人为材料管理员，材料管理员负责材料领取分发，小组长负责组织本组相关问题的计划、实施及讨论汇总，填写各组人员工作任务实施所需文字材料的相关记录表。

## 六、任务实施

1. 设计要求

（1）根据控制要求设计、调试控制电路，控制要求。

1）线路有短路带漏电保护的空气断路器作为电源总开关。

2）选择日光灯或白炽灯泡作为负载。

3）选择相同的三个日光灯或三个相同的白炽灯泡连接对称负载的星形或三角形。

4）选择日光灯与白炽灯泡混合组成不对称负载的星形或三角形连接。

5）测量相应的电流与电压。

（2）根据任务要求设计电路原理图。

2. 安装步骤及工艺要求

（1）逐个检验电气设备和元件的规格和质量是否合格。

（2）在控制板上安装电器元件。

（3）选择合理的导线走向，做好导线通道的准备并安装控制板外部的所有电器。

（4）检查电路的接线是否正确。

（5）检测线路的绝缘电阻，清理安装场地。

3. 通电调试

（1）通电试验时，应认真观察各电器元件、线路工作情况。

（2）通电试验时，应检查各项功能操作是否正常。

4. 注意事项

（1）不要漏接接地线，严禁采用金属软管作为接地通道。

（2）在安装、调试过程中，工具、仪表的使用应符合要求。

（3）通电操作时，必须严格遵守安全操作规程。

（4）本次任务采用三相交流电压，线电压为 380 V，应穿绝缘鞋进入实验室。

（5）实验时要注意人身安全，不可触及导电部件，防止意外事故发生。

## 七、任务总结

1. 本次任务用到了哪些知识？

2. 你从本次任务中获得了哪些经验？

3. 任务实施中，你遇到了哪些问题？是如何解决的？

## 八、思考与练习

1. 已知三角形联结的对称三相负载，$Z=(10+\mathrm{j}10)\Omega$，其对称线电压 $\dot{U}_{AB}=450\angle 30°V$，求其他两相线电压、相电压、线电流、相电流相量，并作相量图。

2. 已知星形联结对称三相负载，$Z=(40+\mathrm{j}20)\Omega$，对称线电压 $U_L=380V$，求三相负载的相电压、线电流和相电流。

3. 一个对称三相三线制系统中，星形联结负载 $Z=(12+\mathrm{j}3)\Omega$，线路阻抗 $Z=(2+\mathrm{j}1)\Omega$，电源线电压 $U_L=380V$，求负载端的电流和线电压，并作电路相量图。若加中性线，且中性线阻抗 $Z_N=(2+j1)\Omega$，以上所求各量为多少？

4. 一个对称三相三线制系统中，电源 $U_L=450V$，60Hz，三角形负载每相由一个 $10\mu F$ 电容、一个 100Ω 电阻及一个 0.5H 电感串联组成，线路阻抗 $Z_L=(2+\mathrm{j}1.5)\Omega$，求负载线路电流及相电流。

5. 已知对称三相电路的线电压 $U_L=380V$（电源端），三角形负载阻抗 $Z=(4.5+\mathrm{j}14)\Omega$，线路阻抗 $Z_L=(1.5+\mathrm{j}2)\Omega$。求线电流和负载的相电流，并作相量图。

6. 电路如题 1 图所示。求电路中的电流 $\dot{I}_A$。其中电源 $U_L=380V$，$Z_1=10\angle 50°\Omega$，$Z_2=40\angle 10°\Omega$，$Z_3=13\angle 0°\Omega$。

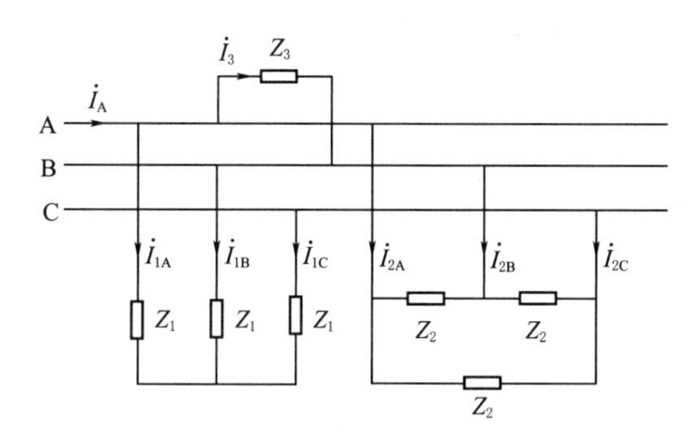


题 1 图

# 任务十　电能的测量

## 一、任务描述

根据控制要求设计电路原理图，控制要求为：

（1）单相电能表：电路中负载用电量由单相电度表来监测；线路有短路带漏电保护的空气断路器作为电源总开关；合上一位开关，负载灯开始工作。

（2）三相电能表：电路中三相负载的用电量由三相电度表来监测；线路有短路带漏电保护的空气断路器作为电源总开关；负载灯要求用三个等功率的白炽灯作星形接法。

学生接到本任务后，应根据任务要求，准备工具和仪器仪表，做好工作现场准备，施工时严格遵守作业规范，线路安装完毕后进行调试，填写相关表格并交由检测指导教师验收。按照现场管理规范清理场地、归置物品。

## 二、任务要求

（1）掌握单相电度表的工作原理。

（2）掌握单相电度表的安装接线方法。

（3）掌握三相电度表的安装接线方法。

（4）掌握三个白炽灯的星形联结。

（5）能根据控制要求设计电路原理图。

（6）掌握电气元件的布置和布线方法。

## 三、能力目标

（1）学会使用单相电度表直接监测电路中的用电量。

（2）学会使用三相电度表测量三相电路中的用电量。

（3）根据要求设计电气原理图，并进行布线。

（4）各小组发挥团队合作精神，学会应用仪表监测单相电能的步骤、实施和成果评估。

## 四、相关理论知识

### （一）三相电路的功率

*1. 有功功率*

在三相电路中，三相负载吸收的有功功率为各相有功功率之和，满足

$$P=P_A+P_B+P_C$$

$$P=U_{AN'}I_A\cos\varphi_A+U_{BN'}I_B\cos\varphi_B+U_{CN'}I_C\cos\varphi_C$$

式中：$\varphi_A$、$\varphi_B$、$\varphi_C$ 分别为 A、B、C 三相负载的阻抗角。若为对称三相电路，则有 $U_{AN'}=U_{BN'}=U_{CN'}$，$I_A=I_B=I_C$，$\varphi_A=\varphi_B=\varphi_C$，所以有 $P_A=P_B=P_C$，三相总功率为

$$P=3P_A=3U_AI_A\cos\varphi_A=3U_PI_P\cos\varphi$$

式中：$U_P$、$I_P$ 为对称三相电路的相电压和相电流的有效值；$\varphi$ 为对称三相负载任一相的阻

抗角。

无论是星形联结负载还是三角形联结的负载，对称三相电路总满足：

$$3U_P I_P=\sqrt{3}U_L I_L$$

则

$$P=\sqrt{3}U_P I_P\cos\varphi$$

2. 无功功率

与三相有功功率相类似，三相负载的无功功率为

$$Q=Q_A+Q_B+Q_C$$

因此三相电路的无功功率为

$$Q=U_{AN'}I_A\sin\varphi_A+U_{BN'}I_B\sin\varphi_B+U_{CN'}I_C\sin\varphi_C$$

在对称三相电路中，三相无功功率为

$$Q=3Q_P=3U_P I_P\sin\varphi=\sqrt{3}U_L I_L\sin\varphi$$

3. 视在功率

三相视在功率为

$$S=\sqrt{P^2+Q^2}$$

对称三相电路的视在功率为

$$S=3U_P I_P=\sqrt{3}U_L I_L$$

4. 三相负载的功率因数

$$\lambda=\frac{P}{S}$$

在对称情况下，$\lambda=\cos\varphi$。

5. 瞬时功率

在图 10－1 所示的三相电路中，设 A 相电路的电压和电流为

$$u_{AN}=\sqrt{2}U_{AN}\cos\omega t$$

$$i_A=\sqrt{2}I_A\cos(\omega t-\varphi)$$

同理可设 B 相和 C 相的电流。

三相电路的瞬时功率为各相负载瞬时功率之和：

$$p=p_A+p_B+p_C=3U_{AN}I_A\cos\varphi$$

对于对称三相电路，$p=3p_A$。

此式表明，对称三相电路的瞬时功率是一个常量，其值等于平均功率。这是对称三相电路的一个优越的性能，习惯上称为瞬时功率平衡。

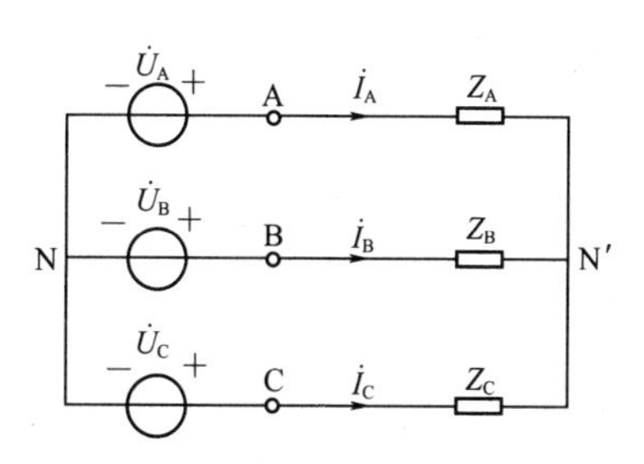


图 10－1　三相电路的功率分析

6. 三相功率的测量

有功功率的测量通常采用功率表（又称瓦特表）完成。功率表有两对接线端子，其中一对是电流线圈端子，接线时与被测负载串联起来，因而流过该线圈的电流是负载电流；另一对为电压线圈端子，接线时与负载成并联关系，此线圈电压与负载电压相同。功率表工作时，其读数是电压线圈测得电压有效值、电流线圈测得电流有效值以及两有效值对应的相量之间的相位差角的余弦值三者的乘积，即

$$P=UI\cos\varphi$$

式中：$\varphi$ 为 $\dot{U}$ 与 $\dot{I}$ 的相位差。

对于三相四线制的星形联结电路，无论对称与否，都可采用三只功率表来测三相功率，该方法的接线图如图 10-2 所示。每只电流表要测得一相功率，三只功率表读数之和就是三相负载总功率，这时，三相总功率为

$$P=P_A+P_B+P_C$$

对称三相四线制电路 $P_A=P_B=P_C$，故可用一只功率表测得一相功率后乘 3 获得三相总功率。

在三相三线制电路中，无论对称与否，测量三相负载的有功功率均可以采用两功率表法，该方法的接线如图 10-3 所示，经证明这两只功率表读数之和为三相总的有功功率。需要特别说明的是：用两功率表法测量三相三线制功率时，两个功率表读数的代数和正好是三相总功率，但无论哪一个功率表的读数都没有实际意义。而且，即使在对称情况下，两个功率表的读数也不相等。两表法的相量图可以清楚地看到这一点。

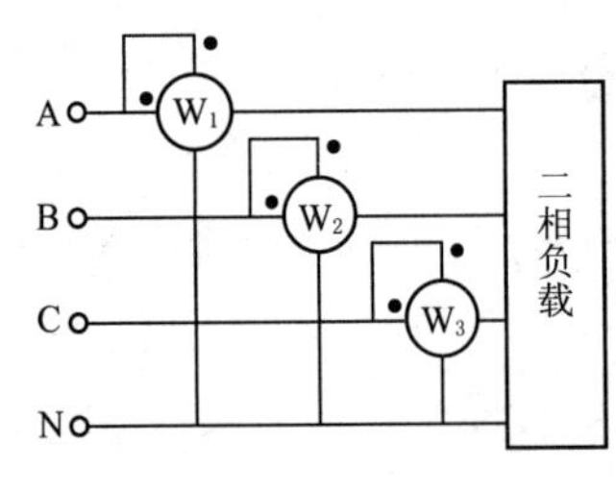

图 10-2 三功率表法图

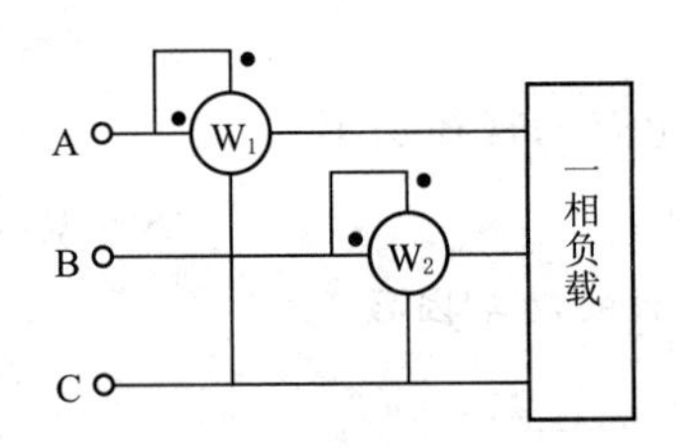

图 10-3 两功率表法

**【例 10-1】** 两功率表法测三相功率。已知对称三相负载吸收的功率为 2.5kW，电源线电压为 380V，功率因数 $\lambda=\cos\varphi=0.866$，求每个功率表的读数。

**解**：对称三相负载吸收的功率是一相负载所吸收功率的 3 倍，即

$$P=\sqrt{3}U_L I_L\cos\varphi$$

由上式可求得 $I=\dfrac{p}{\sqrt{3}U_L\cos\varphi}=4.386\text{A}$

且 $$\varphi=\arccos\lambda=30°\ (感性)$$

设 $$\dot{U}_A=U_A\angle 0°,\ \dot{I}_A=I_A\angle-\varphi$$

则两功率表法的电压、电流相量为

$$\dot{I}_A=4.386\angle-30°\text{A},\dot{U}_{AC}=380\angle-30°\text{V}$$

$$\dot{I}_B=4.386\angle-150°\text{A},\dot{U}_{BC}=380\angle-90°\text{V}$$

则两功率表的读数如下：

$$P_1=380\times4.386\times\cos0°=1666.68\text{W}$$

$$P_2=380\times4.386\times\cos60°=833.34\text{W}$$

只要求得两个功率表之一的读数，另一功率表的读数就等于三相负载功率减去已知表的读数。

**（二）单相电度表**

1. 单相电度表的工作原理

电度表在接入被测电路后，利用加在电压线圈和通过电流线圈在铝盘上产生的涡流与交变磁通相互作用产生电磁力，在铝盘上产生推动铝盘移动的转动力矩，使铝盘转动，同时引入制动力矩，使铝盘转速与被测功率成正比，用铝盘的转数来反映被测电能的大小，通过轴向齿轮传动，由计度器积算出转盘转数而测定出电能：故电度表主要结构由电压线圈、电流线圈、转盘、转轴、制动磁铁、齿轮、计度器等组成。

2. 单相电度表直接接线

单相电度表共有 5 个接线端子，其中有 1、2 两个端子在表的内部用连片短接，所以，单相电度表的外接端子只有 4 个，即 1、3、4、5 号端子（图 10－4）。由于电度表的型号不同，各类型的表在铅封盖内都有各端子的接线图。

如果负载的功率在电度表允许的范围内，即流过电度表电流线圈的电流不至于导致线圈烧毁，可以采用直接接入法，如线路中有总电源开关，应接在电度表后面。

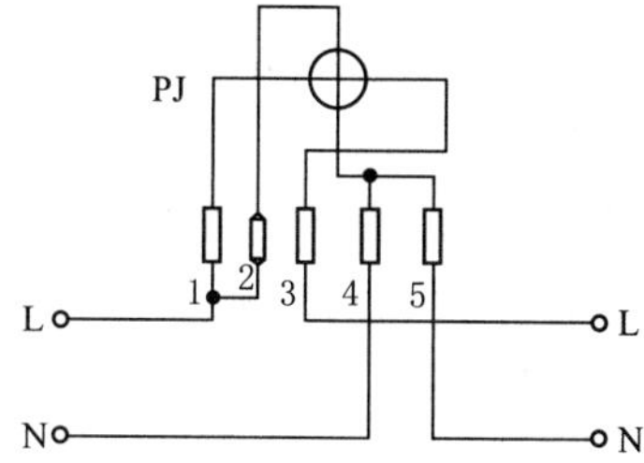

图 10－4　单相电度表直接接线图

3. 电度表的型号及其含义

电度表型号是用字母和数字的排列来表示的，即类别代号＋组别代号＋设计序号＋派生号。

如常用的家用单相电度表：DD862－4 型、DDS971 型、DDSY971 型等。

（1）类别代号：D——电度表。

（2）组别代号。

1）表示相线：D——单相；S——三相三线；T——三相四线。

2）表示用途的分类：D——多功能；S——电子式；X——无功；Y——预付费；F——复费率。

（3）设计序号用阿拉伯数字表示。每个制造厂的设计序号不同，如长沙希麦特电子科技发展有限公司设计生产的电度表产品备案的序列号为 971，正泰公司的为 666 等。

综合上面几点：DD 表示单相电度表，如 DD971 型 DD862 型；DDS 表示单相电子式电度表，如 DDS971 型；DDSY 表示单相电子式预付费电度表，如 DDSY971 型。

（4）基本电流和额定最大电流基本电流是确定电度表有关特性的电流值，额定最大电流是仪表能满足其制造标准规定的准确度的最大电流值。如 5（20）A 即表示电度表的基本电流为 5A，额定最大电流为 20A，对于三相电度表还应在前面乘以相数，如 3×5（20）A。

**（三）三相电度表**

1. 三相交流电简介

（1）三相对称电动势的产生。三相电动势是由三相交流发电机产生的，它主要由转子和定子构成。定子中嵌有三个线圈，彼此相隔 120°的电角度，每个线圈的匝数、几何尺寸相同。当转子磁场旋转时，产生了最大值相等、频率相同、初相互差 120°的三个电动势，通常把它们称为对称三相电动势。

（2）三相四线制式。仔细观察，可以发现马路旁电线杆上的电线共有 4 根，而进入家庭的进户线只有两根。这是因为电线杆上架设的是三相交流电的输电线，进入居民家庭的是单相交流电的输电线。自从 19 世纪末世界上首次出现三相制以来，它几乎占据了电力系统的全部领域。目前世界上电力系统所采用的供电方式，绝大多数属于三相制电路。

使一个线圈在磁场里转动，电路里只产生一个交变电动势，这时发出的交流电称为单相交流电。如果在磁场里有三个互成角度的线圈同时转动，电路里就发生三个交变电动势，这时发出的交流电称为三相交流电。

实际上单相电源就是取三相电源的一相，三相交流电相比单相交流电有很多优越性，在用电方面，三相电动机比单相电动机结构简单，价格便宜，性能好；在送电方面，采用三相制，在相同条件下比单相输电更经济。因此，三相交流电得到了广泛的应用。

交流电机中，在铁心上固定着三个相同的线圈 ux、vy、wz，始端是 u、v、w，末端是 X、Y、Z。三个线圈的平面互成 120°匀速地转动铁芯，三个线圈就在磁场里匀速转动。三个线圈是相同的，它们发出的三个电动势，最大值和频率都相同。这三个电动势的最值和频率虽然相同，但是它们的相位并不相同。由于三个线圈平面互成 120°，所以三个电动势的相位互差 120°（图 10－5）。

对称三相电压的解析式为

$$u_u = U_m \sin\omega t$$
$$u_v = U_m \sin(\omega t - 120°)$$
$$u_w = U_m \sin(\omega t - 240°)$$

1）三相四线制供电工业上用的三相交流电，有的直接来自三相交流发电机，但大多数还是来自三相变压器，对于负载来说，它们都是三相交流电源，在低电压供电时，多采用三相四线制。

在三相四线制供电时，三相交流电源可采用星形（Y 形）接法，即把三相电源的末端 $U_2$、$V_2$、$W_2$ 连接在一起，成为一个公用点，通常称它为中点或零点，并用字母 N 表示。供电时，引出 4 根线：从中点 N 引出的导线称为中线或零线；从三相电源的首端引出的三根导线称为 $U_1$ 线、$V_1$ 线、$W_1$ 线，统称为相线或火线。在星形接线中，如果中点与大地相连，中线也称为地线。我们常见的三相四线制供电设备中引出的 4 根线，就是 3 根火线和 1 根地线（图 10－6）。

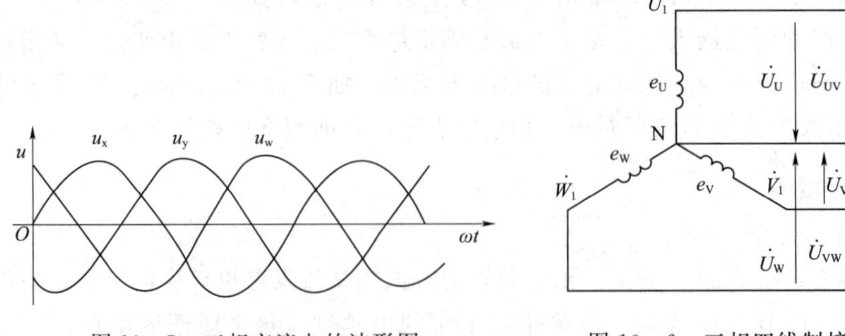


图 10－5 三相交流电的波形图 图 10－6 三相四线制接线图

2）三相四线制中的电压由三根相线和一根中线构成的供电系统称为三相四线制供电系统，三相四线制可输送两种电压：一种是相线与相线之间的电压，称为线电压，其有效值用

$U_{UV}$、$U_{VW}$、$U_{WU}$表示；另一种是相线与中线间的电压，称为相电压，其有效值用$U_U$、$U_V$、$U_W$表示。因为三相交流电源的电压位相相差120°，作星形联结时，线电压等于相电压的$\sqrt{3}$倍。我们通常讲的电压是220V，380V是三相四线制供电时的相电压和线电压。

我国日常电路中，相电压是220V，线电压是380V（$380=\sqrt{3}\times220$）。工程上，讨论三相电源电压大小时，通常指的是电源的线电压。如三相四线制电源电压380V，指的是线电压380V。

在日常生活中，我们接触的负载，如电灯、电视机、电冰箱、电风扇等家用电器及单相电动机，它们工作时都是用两根导线接到电路中，都属于单相负载。在三相四线制供电时，多个单相负载应尽量均衡地分别接到三相电路中去，而不应集中在三根电路中的一相电路里。如果三相电路中的每一根所接的负载的阻抗和性质都相同，那么三根电路中负载就是对称的。在负载对称的条件下，因为各相电流间的位相彼此相差120°，所以在每一时刻流过中线的电流之和为零，把中线去掉，用三相三线制供电是可以的。但实际上多个单相负载接到三相电路中构成的三相负载不可能完全对称。在这种情况下，中线显得特别重要。有了中线，每一相负载两端的电压总等于电源的相电压，不会因负载的不对称和负载的变化而变化，就如同电源的每一相单独对每一相的负载供电一样，各负载都能正常工作。

若是负载不对称，又没有中线，就形成不对称负载的三相三线制供电。由于负载阻抗的不对称，相电流也不对称，负载相电压也自然不能对称。有的相电压可能超过负载的额定电压，负载可能被损坏（灯泡过亮烧毁）；有的相电压可能低些，负载不能正常工作（灯泡暗淡无光）。随着开灯、关灯等原因引起各相负载阻抗的变化，相电流和相电压都随之变化，灯光忽暗忽亮，其他用电器也不能正常工作，甚至被损坏。可见，在三相四线制供电的线路中，中线起到保证负载相电压对称不变的作用，对于不对称的三相负载，中线不能去掉，不能在中线上安装保险丝或开关，而且要用力学强度较好的钢线作中线。

三相交流电依次达到正最大值（或相应零值）的顺序称为相序（phase sequence），顺时针按U—V—W的次序循环的相序称为顺序或正序，按U—W—V的次序循环的相序称为逆序或负序，相序是由发电机转子的旋转方向决定的，通常都采用顺序。三相发电机在并网发电时或用三相电驱动三相交流电动机时，必须考虑相序的问题，否则会引起重大事故。为了防止接线错误，低压配电线路中规定用颜色区分各相，黄色表示U相，绿色表示V相，红色表示W相。

2. 三相电度表

（1）电度表的结构原理。电度表的基本结构主要包括测量机构和辅助部件。测量机构是电能测量的核心部分，由驱动元件、转动元件、制动元件、轴承、计度器和调整装置组成。驱动元件由电压元件和电流元件组成，用来将交变的电压和电流转变为交变磁通，切割转盘形成驱动力矩，使转盘转动。制动力矩由磁钢形成，磁钢产生磁通，被转动着的转盘切割转盘中的感应电流，相互作用形成制动力矩从而阻止转盘加速转动。电度表的外形如图10-7所示。

图10-7　电度表外形图

(2) 电度表的型号意义。"D"表示电度表,"T"表示三相四线,"86"表示设计年份,"2"表示设计序号,"4"表示过载倍数,"10"表示基本电流,"40"为过载电流。"A"表示电流单位。电能计算单位有功为 kW·h,无功为 kvar·h。如 DD282、DD862 为单相有功电度表,精度为 2.0 级。DT8、DT862 为三相四线有功电度表,精度为 2.0 级。

(3) 有功功率的计算及电度表的选择。

单相有功功率为

$$P = UI\cos\varphi$$

三相有功功率为

$$P = \sqrt{3}UI\cos\varphi$$

式中:$U$ 为线电压;$I$ 为线电流;$\cos\varphi$ 为功率因数。

如一户家庭所有用电器的功率为 300W,假设 $\cos\varphi = 1$,则

$$I = \frac{P}{U\cos\varphi} = \frac{300}{220} = 1.36(\mathrm{A})$$

则此时可选择 DD862 1.5 (6) A 电度表。

工厂中有三相四线 220/380V,如通过电流为 60A 线电流,$\cos\varphi = 0.8$,则有功功率

$$P = \sqrt{3}UI\cos\varphi = \sqrt{3} \times 380 \times 60 \times 0.8 = 31590(\mathrm{W}) = 31.59(\mathrm{kW})$$

(4) 电度表的接线图与安装使用。电度表的结构图与接线如图 10-8 所示。

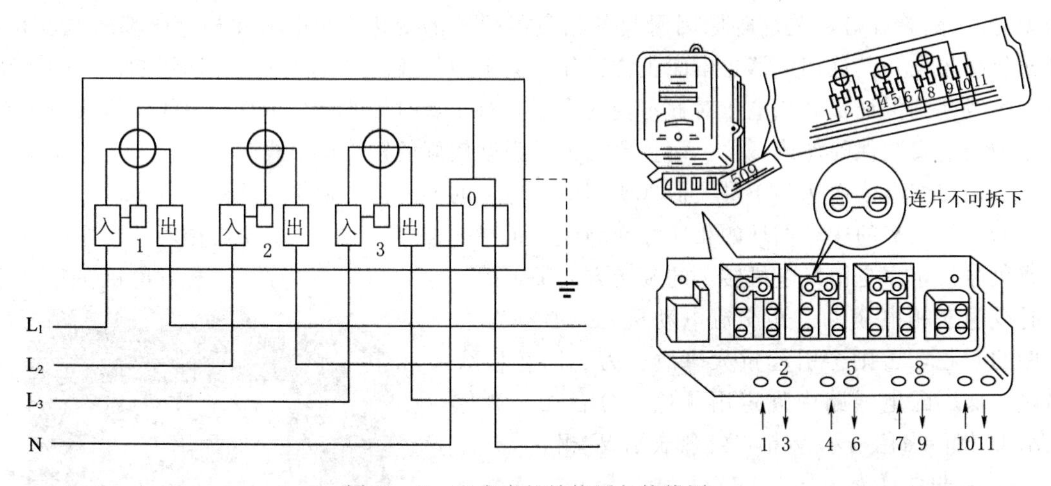


图 10-8 电度表的结构图与接线图

1) 电度表应安装在室内,选择干燥通风的地方,安装电度表的底板应放置在坚固耐火不易受震动的墙上,建议安装高度为 1.8m 左右,安装后的电度表应垂直不倾斜。安装时应按规定将外壳上的接地端接地。

2) 电度表按规定的相序(正相序)接入线路,并按端钮盒盖上的接线图进行接线;应使用铜线或铜接头接入,铜线截面积应保证每平方毫米载流量不大于 5A。拧紧螺钉,避免接线短路的接触不良造成烧毁设备和电度表。严禁带电接线和打开端钮盒盖。

3. 三相漏电断路器

(1) 主要用途与使用范围。DZ47LE-32 (63) 漏电断路器(图 10-9)适用于交流 50Hz,额定电压至 380V,额定电流至 63A 的线路中,作为人身触电和设备漏电保护之用,

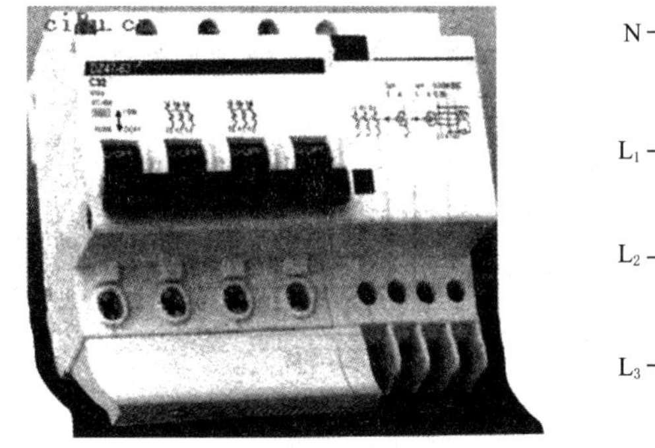

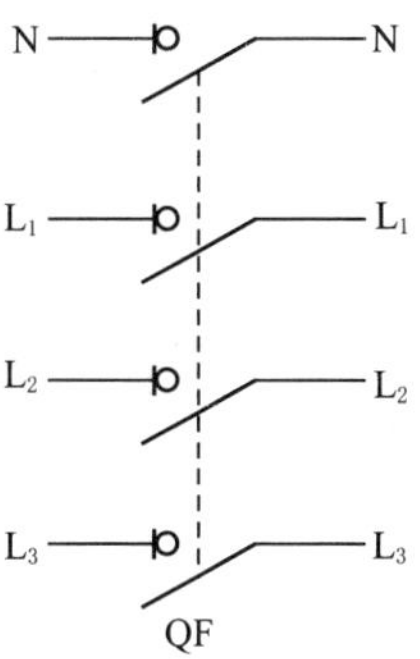


图 10－9　三相漏电断路器外形图与接线图

有过载和短路保护功能，亦可在正常情况下作为线路的不频繁通断之用。

基本参数：

额定电压：220V、380V。

额定频率：50Hz。

额定剩余动作电流：30mA、50mA。

额定剩余动作电流下的分断时间≤0.1s。

（2）断路器的安装。

1）安装时应检查铭牌及标志上的基本技术数据是否符合要求。

2）检查断路器，并人工操作几次，动作应灵活，确认完好无损，才能进行安装。

3）断路器应垂直安装，使手柄在下方，手柄向上的位置是动触头闭合位置。

（3）断路器的使用。

1）要闭合保护断路器，须将手柄朝箭头方向往上推；要分断，将手柄朝箭头方向往下拉。

2）断路器的过载、短路、过电压保护特性均由制造厂整定，使用中不能随意拆开调节。

3）断路器运行一定时期（一般为一个月）后，需要在闭合通电状态下按动实验按钮，检查过电压保护性能是否正常可靠（每按一次实验按钮，断路器均应分断一次）。

4．电能表使用注意事项

（1）如果电能表计量的负荷很大，超过了电能表的额定电流，要配用电流互感器。

（2）电能表应在整洁、干燥，周围没有腐蚀性、可燃性气体的环境中安装，周围不能靠近强磁场。

（3）电能表应垂直安装，垂直偏差不应大于2°。

（4）电表装好后，合上开关，开亮电灯，转盘即从左向右转动。

（5）关灯后，转盘有时还在微微转动，如不超过一整圈，属正常现象。如超过一整圈后继续转动，试拆去3、4两根线，若不再连续转动，则说明线路上有翻电现象。如仍转动不停，就说明电能表不正常，需要检修。

## 五、任务准备

1．设备、工具的准备

为完成工作任务，每个工作小组需要向每组物料管理工作人员提供借用工具清单。

2. 材料的准备

为完成工作任务，每个工作小组需要向任课教师提供领用材料清单。

3. 团队分配的方案

将学生分为4个工作岛，每个工作岛再分为5组，根据工作岛工位要求，每组2～3人，每个工作岛指定1人为组长、1人为物料员，物料员负责材料领取分发，小组长负责组织本组相关问题的计划、实施及讨论汇总，填写各组人员工作任务实施所需文字材料的相关记录表。

## 六、任务实施

1. 设计要求

（1）监测单相电能线路。

1）电路中负载用电量由单相电度表来监测。

2）线路有短路带漏电保护的空气断路器作为电源总开关。

3）合上一位开关，负载灯开始工作。

（2）监测三相电能线路。

1）电路中三相负载的用电量由三相电度表来监测。

2）线路有短路带漏电保护的断路器作为电源总开关。

3）负载灯要求用三个等功率白炽灯作星形接法。

2. 安装步骤及工艺要求

（1）逐个检验电气设备和元件的规格和质量是否合格。

（2）正确选配导线的规格、导线通道类型和数量、接线端子板型号等。

（3）在控制板上安装电器元件，并在各电器元件附近做好与电路图上相同代号的标记。

（4）按照控制板内布线的工艺要求进行布线和套编码套管。

（5）选择合理的导线走向，做好导线通道的支持准备，并安装控制板外部的所有电器。

（6）进行外部布线，并在导线线头上套装与电路图相同线号的编码套管。对于可移动的导线通道应放适当的余量，使金属软管在运动时不承受拉力，并按规定在通道内放好备用导线。

（7）检查电路的接线是否正确和接地通道是否具有连续性。

（8）检测线路的绝缘电阻，清理安装场地。

3. 通电调试

（1）通电试验时，应认真观察各电器元件、线路工作情况。

（2）通电试验时，应检查各项功能操作是否正常。

4. 注意事项

（1）不要漏接接地线，严禁采用金属软管作为接地通道。

（2）在导线通道内敷设的导线进行接线时，必须集中思想，做到查出一根导线，立即套上编码套管，接上后再进行复验。

（3）在安装、调试过程中，工具、仪表的使用应符合要求。

（4）通电操作时，必须严格遵守安全操作规程。

## 七、任务总结

1. 本次任务用到了哪些知识？

2. 你从本次任务中获得了哪些经验？

3. 任务实施中，你遇到了哪些问题？是如何解决的？

## 八、思考与练习

1. 电路如题1图所示，电源提供的线电压为380V，50Hz。已知对称星形和三角形负载每相阻抗分别为$7\angle 30°\Omega$和$15\angle -20°\Omega$，求：(1) 每个三相负载吸收的有功功率和无功功率；(2) 电路的总视在功率和总功率因数。

2. 如题2图所示对称Y－Y三相电路中，电压表的读数为1143.16V，$Z=(15+j12\sqrt{3})\Omega$。求：

(1) 图中电流表的读数及线电压$U_{AB}$。

(2) 三相负载吸收的功率。

(3) 如果A相的负载阻抗等于零（其他不变），再求(1)、(2)。

(4) 如果A相负载开路，再求(1)、(2)。

(5) 如果加接零阻抗中性线$Z_N=0$，则(3)、(4)发生怎样的变化？

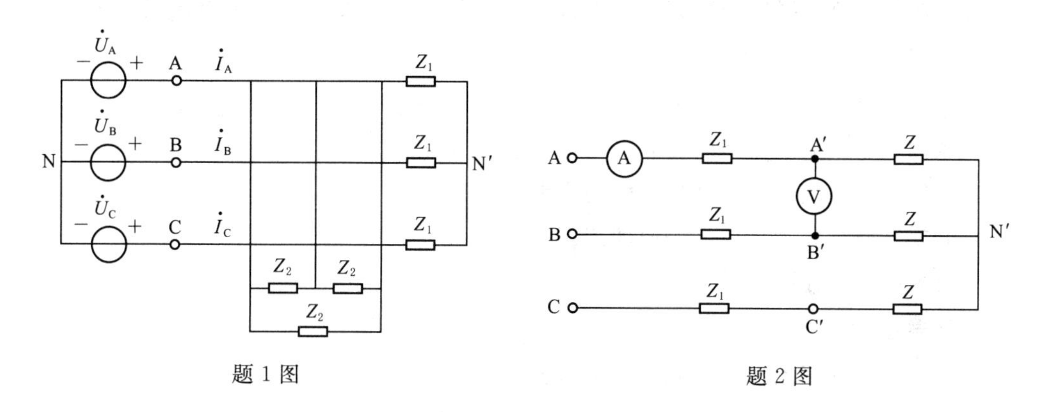


题1图　　　　题2图

# 任务十一　功率因数的提高

## 一、任务描述

根据控制要求设计电路原理图，控制要求为：①研究正弦稳态交流电路中电压、电流向量之间的关系；②设计一个单相交流电路提高日光灯功率因数的测量电路；③用“三表法”设计一个提高日光灯功率因数的测量电路；④理解提高电路功率因数的意义并掌握其方法。

线路有短路带漏电保护的空气断路器作为电源总开关，要求合理布置和安装电气元件，根据电气原理图进行布线。

学生接到本任务后，应根据任务要求，准备工具和仪器仪表，做好工作现场准备，施工时严格遵守作业规范，线路安装完毕后进行调试，填写相关表格并交由检测指导教师验收。按照现场管理规范清理场地、归置物品。

## 二、任务要求

(1) 掌握单相交流电路提高日光灯功率因数的方法。

(2) 掌握三相交流电路提高日光灯功率因数的方法。

(3) 能根据控制要求设计电路原理图。

(4) 掌握电气元件的布置和布线方法。

## 三、能力目标

(1) 能根据设计要求提高负载的功率因数。

(2) 能设计单相和三相交流电路提高功率因数的电路。

(3) 能根据电路的原理合理布置、安装电气元件。

(4) 能根据电气原理图进行布线。

## 四、相关理论知识

### (一) 功率因数的提高

1. 提高功率因数的意义

在电力系统中，发电厂在发出有功功率的同时也输出无功功率。两者各占总功率多少不取决于发电机，而是由负载的功率因数决定的。由发、供电设备额定容量的规定可知，当负载功率因数过低时，设备的容量不能充分利用，同时会在线路上产生较大的电压降落和功率损失。当负载要求输送的有功功率一定时，功率因数越低，则无功功率越大。考虑到线路具有一定的电阻和感抗，较大的无功功率在线路上来回输送，则造成较大的线路损失，线路的电压损失使得负载端电压降低，用户不能正常工作。同时线路的功率损失使得电能浪费增加，电力系统经济效益减少。为此，我国公布的电力行政法规中对用户的功率因数有明确的规定。

总之，提高功率因数非常重要，表现在：①可减少有功损失；②减少电力线路的电压损失，改善电压质量；③可提高设备利用率；④可减少输送同容量的有功电流，因而可使线路及变电设备的容量降低。

2. 提高功率因数的方法

提高功率因数的方法有：①提高自然功率因数，包括合理选择电器设备，避免变压器轻载运行，合理安排工艺流程，改善机电设备的运行状况；②通过人工补偿提高功率因数，最常用的是并联电容器补偿。并不是经补偿后的功率因数越高越好，因为补偿装置消耗有功发出无功，随着补偿容量的增加，其有功损耗也增加，初投资增大。就经济运行角度而言，补偿后的功率因数过高或过低均会使总功率损耗增加。若补偿功率因数恰当，能使总有功损耗最小，此时的补偿容量及功率因数称为按经济运行原则确定的补偿容量及功率因数。

根据移相电容器在工厂供电系统中的装设位置，有高压集中补偿、低压成组补偿和低压分散补偿三种方式。

高压集中补偿是将高压移相电容器集中装设在变配电所的10kV母线上，这种补偿方式只能补偿10kV母线前（电源方向）所有线路上的无功功率。

低压分散补偿，又称个别补偿，是将移相电容器分散地装设在各个车间或用电设备的附近。这种补偿方式能够补偿安装部位前的所有高低压线路和变电所主变压器的无功功率，因此它的补偿范围最大，效果也较好。但是这种补偿方式总投资较大，且电容器在用电设备停止工作时也一并被切除，所以利用率不高。

低压成组补偿是将移相电容器装设在车间变电所的低压母线上，这种补偿方式能补偿车间变电所主变压器和厂内高压配电线及前面电力系统的无功功率，其补偿范围较大。由于这种补偿能使变压器的视在功率减小，从而使变压器容量选得小一些，比较经济，而且它安装在变电所低压配电室内，运行维护方便。同时由于存在谐波源，车间变压器的存在，也起到了隔离和衰减谐波的作用，有利于低压移相电容器的安全稳定运行。

对于一个无源二端网络，其所吸收的功率为 $P=UI\cos\varphi$，其中 $\cos\varphi$ 称为功率因数。功率因数的大小，取决于电压和电流之间的相位差角 $\varphi$，或这个二端网络等值复阻抗的幅角 $\varphi$。

提高功率因数，就是设法补偿电路中的无功电流分量。对于电感性负载，可以并联一个电容器，使流过电容器的无功电流分量与电感性负载电流的无功分量相互补偿，以减小电压和电流之间的相位差，从而提高功率因数。

**（二）电路参数的测量**

交流电路元件的等值参数 $R$、$L$、$C$ 可以用交流电桥直接测得，也可以用交流电压表、交流电流表和功率表分别测量出元件两端的电压 $U$、流过该元件的电流 $I$ 和它消耗的功率 $P$，然后通过计算得到。后一种方法称为“三表法”。“三表法”是用来测量50Hz频率交流电路参数的基本方法。

如果被测元件是一个电感线圈，则由关系：

$$|Z|=\frac{U}{I}\text{和}\cos\varphi=\frac{P}{UI}$$

可得其等值参数为

$$r=|Z|\cos\varphi, L=\frac{X_L}{\omega}=\frac{|Z|\sin\varphi}{\omega}$$

同理，如果被测元件是一个电容器，则可得其等值参数为

$$r=|Z|\cos\varphi, C=\frac{1}{\omega X_C}=\frac{1}{\omega|Z|\sin\varphi}$$

**（三）阻抗性质的判别方法**

如果被测的不是一个元件，而是一个无源一端口网络，则虽然从 $U$、$I$、$P$ 三个量可得到该网络的等值参数为，$R=|Z|\cos\varphi$，$X=|Z|\sin\varphi$，但不能从 $X$ 判断它是等值容抗，还是等值感抗，或者说无法知道阻抗幅角的正负。为此，可采用以下方法进行判断。

（1）在被测无源网络端口（入口处）并联一个适当容量的小电容 $C'$。在一端口网络的端口再并联一个小电容 $C'$，若小电容的值 $C'<\frac{2\sin\varphi}{\omega|Z|}$，则视其总电流的增减来判断。若总电流增加，则为容性；若总电流减小，则为感性。如图 11－1（a）所示，$Z$ 为待测无源网络的阻抗，$C'$为并联的小电容。图 11－1（b）是图 11－1（a）的等效电路，图中 $G$、$B$ 为待测无源网络的阻抗 $Z$ 的电导和电纳，$B'$为并为并联小电容 $C'$的电纳。在端电压有效值不变的条件下，按下面两种情况进行分析：

1）设 $B+B'=B''$，若 $B'$增大，$B''$也增大，则电路中电流 $I$ 单调的增大，故可判断 $B$ 为容性。

2）设 $B+B'=B''$，若 $B'$增大，而 $B''$先减小再增大，电流 $I$ 也是先减小再增大，则可判断 $B$ 为感性。

由以上分析可见，当 $B$ 为容性时，对并联小电容的值 $C'$无特殊要求；而当 $B$ 为感性时，$B'<|2B|$才有判定为感性的意义。$B'>|2B|$时，电流单调增大，与 $B$ 为容性时相同，这并不能说明电路是感性的，因此，$B'<|2B|$是判断电路性质的可靠条件。由此得判定条件为

$$C'<\left|\frac{2B}{\omega}\right|, \text{即 } C'<\frac{2\sin\varphi}{\omega|Z|}$$

（2）在被测无源网络的入口串联一个适当容量的电容 $C'$。若被测网络的端电压下降，则判为容性电路；反之，若端电压上升，则判为感性电路。判定条件为

$$\frac{1}{\omega C}<|2X|$$

式中：$X$ 为被测网络的电抗；$C'$为串联电容的值。

（3）用“三压法”测 $\varphi$ 并进行判断。在原一端口网络入口处串联一个电阻 $r$，如图 11－2（a）所示，相量如图 11－2（b）所示，由图可得 $r$，$Z$ 串联后阻抗角 $\varphi$ 为

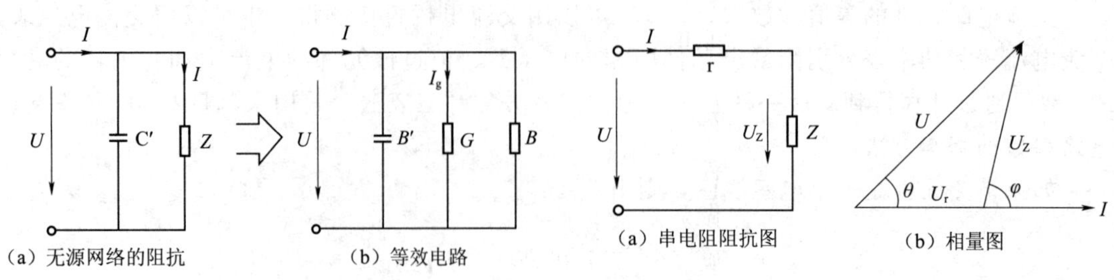


图 11－1 阻抗与导纳变换示意图

图 11－2 “三压法”示意图

$$\cos\varphi=\frac{U^2-U_r^2-U_Z^2}{2U_rU_Z}$$

测得$U$、$U_r$、$U_Z$即可求得$\varphi$。

（4）移相电路。如图 11－3 所示的$RC$串联电路，在正弦稳态信号$U$的激励下$U_R$与$U_C$保持有 90°的相位差，即当$R$的阻值改变时，$U_R$的向量轨迹是一个半圆。$U$、$U_C$与$U_R$三者形成一个电压直角三角形，如图 11－4 所示。当$R$的阻值改变时，可改变$\varphi$角的大小，从而达到移相的目的。

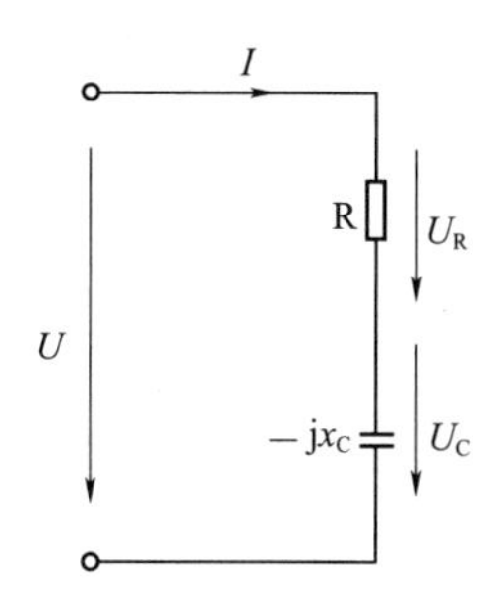

图 11－3　$RC$串联电路

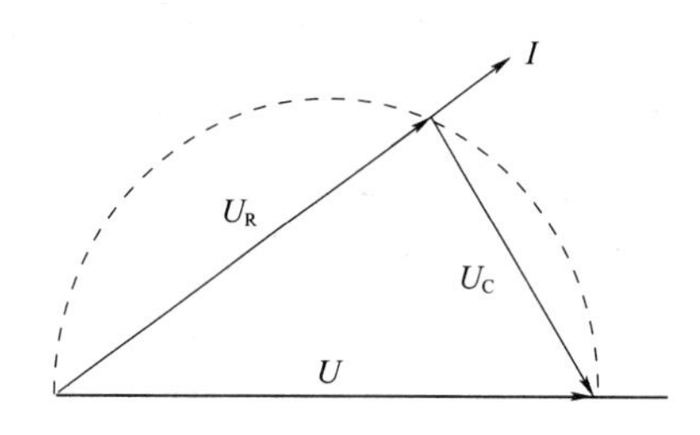

图 11－4　电压直角三角形

## 五、任务准备

1. 设备、工具的准备

为完成工作任务，每个工作小组需要向工作站内仓库管理教师提供借用工具清单。

2. 材料的准备

为完成工作任务，每个工作小组需要向工作站内仓库管理教师提供领用材料清单。

3. 团队分配的方案

将学生分为 4 个工作岛，每个工作岛再分为 6 组，根据工作岛工位要求，每个工作岛指定 1 人为组长、2 人为材料管理员，材料管理员负责材料领取分发，小组长负责组织本组相关问题的计划、实施及讨论汇总，填写各组人员工作任务实施所需文字材料的相关记录表。

## 六、任务实施

1. 设计要求

（1）根据控制要求设计、调试控制电路，控制要求为：①线路有短路带漏电保护的空气断路器作为电源总开关；②选择日光灯或白炽灯泡作为负载；③选择器件及合适的电容组成单相功率因数补偿电路；④选择器件及合适的电容组成三相功率因数补偿电路；⑤测量相应的电路参数。

（2）根据任务要求设计电路原理图。

2. 安装步骤及工艺要求

（1）逐个检验电气设备和元件的规格和质量是否合格。

（2）在控制板上安装电器元件。

（3）选择合理的导线走向，做好导线通道的准备并安装控制板外部的所有电器。

（4）检查电路的接线是否正确。

（5）检测线路的绝缘电阻，清理安装场地。

3. 通电调试

（1）通电试验时，应认真观察各电器元件、线路工作情况。

（2）通电试验时，应检查各项功能操作是否正常。

4. 注意事项

（1）不要漏接接地线，严禁采用金属软管作为接地通道。

（2）在安装、调试过程中，工具、仪表的使用应符合要求。

（3）通电操作时，必须严格遵守安全操作规程。

（4）本次任务采用三相交流电压，线电压为380V，应穿绝缘鞋进入实验室。

（5）实验时要注意人身安全，不可触及导电部件，防止意外事故发生。

## 七、任务总结

1. 本次任务用到了哪些知识?

2. 你从本次任务中获得了哪些经验?

3. 任务实施中，你遇到了哪些问题?是如何解决的?

# 参 考 文 献


[1] 邱关源．电路［M］. 5版．北京：高等教育出版社，2006.

[2] 石生．电路基本分析［M］. 4版．北京：高等教育出版社，2014.

[3] 张宋文，等．电工技能工作岛学习工作页［M］. 1版．北京：中国轻工业出版社，2014.

普通高等教育“十三五”规划教材

# 电工电子技术

## 电 子 部 分

主　编　田　宏
副主编　武丽英　杨　丽　郭　怡

中国水利水电出版社
www.waterpub.com.cn
·北京·

## 内 容 提 要

“电工电子技术”是高等学校电类专业必须掌握的一门专业基础课程，其概念多，原理较抽象。根据高职院校“电工电子技术”课程的特点，本教材为理实一体化教材，理论结合于实训项目中，故全书主要内容以典型任务形式呈现。

本教材分为《电工电子技术　电工部分》《电工电子技术　电子部分》两册，共23个任务。其中《电工电子技术　电子部分》包括12个任务：信号发生器和示波器的使用、直流稳压电源、单管放大电路、发光闪烁器装调、小功率放大器、逻辑电平检测电路——数字逻辑笔、表决器的制作、8路抢答器的制作、流水灯的制作、单键触发照明灯装调、变音门铃装调和电子钟的制作。

本教材可作为高等职业院校、高等专科学校、民办高等院校和成人高校的电气、电子、通信、计算机、自动化和机电专业“电工电子技术”等课程的理论和实训教材，也可供从事上述专业方面的操作工种和初学人员参考。

图书在版编目（CIP）数据

电工电子技术. 电子部分 / 田宏主编. -- 北京 : 中国水利水电出版社, 2019.9
普通高等教育“十三五”规划教材
ISBN 978-7-5170-8042-8

Ⅰ. ①电… Ⅱ. ①田… Ⅲ. ①电子技术－高等学校－教材 Ⅳ. ①TM②TN

中国版本图书馆CIP数据核字(2019)第200837号

| | |
|---|---|
| 书　　名 | 普通高等教育“十三五”规划教材<br>**电工电子技术　电子部分**<br>DIANGONG DIANZI JISHU　DIANZI BUFEN |
| 作　　者 | 主　编　田　宏<br>副主编　武丽英　杨　丽　郭　怡 |
| 出版发行 | 中国水利水电出版社<br>（北京市海淀区玉渊潭南路1号D座　100038）<br>网址：www.waterpub.com.cn<br>E-mail：sales@waterpub.com.cn<br>电话：（010）68367658（营销中心） |
| 经　　售 | 北京科水图书销售中心（零售）<br>电话：（010）88383994、63202643、68545874<br>全国各地新华书店和相关出版物销售网点 |
| 排　　版 | 中国水利水电出版社微机排版中心 |
| 印　　刷 | 北京瑞斯通印务发展有限公司 |
| 规　　格 | 184mm×260mm　16开本　20.25印张（总）　518千字（总） |
| 版　　次 | 2019年9月第1版　2019年9月第1次印刷 |
| 印　　数 | 0001—2000册 |
| 总 定 价 | **52.00**元（共2册） |

凡购买我社图书，如有缺页、倒页、脱页的，本社营销中心负责调换

**版权所有·侵权必究**

# 前言

“电工电子技术”课程是电类专业，如电气自动化、机电一体化、检测技术及应用、计算机应用技术等专业必不可少的一门专业基础课，而且也可作为其他专业，如冶金、化工、机械等专业必修的一门课程。因此，本课程进行理实一体化的教学改革，是职业教育发展的必然趋势。

目前，教育部大力提倡在高职高专的教学中采用理实一体化教学模式，全程构建素质和技能培养框架，丰富课堂教学和实践教学环节，提高教学质量。在学院大力开展理实一体化教学模式的形势下，本教材将理论教学和实践教学融为一体，突破了传统理论与实践分割的教学模式。本教材力求重点在教学方法和教学内容上对学生的理论知识和实践能力，特别是操作能力进行培养。本教材主要内容涉及电工及电子的基本理论、操作、分析、设计及施工等多方面。

本教材为《电工电子技术》理实一体化课程教材，分为《电工电子技术 电工部分》《电工电子技术 电子部分》两册。本教材以典型任务形式呈现，难易程度适中，内容以现场实际应用操作为主。电工部分主要内容有：电工电子一体化工作室制度，常用电工工具的识别及接线练习，万用表的使用及电阻的辨识和测量，电路基本定律，简单照明电路，室内简单照明电路，多地控制电路，综合照明电路，三相交流电路电压、电流的测量，电能的测量，功率因数的提高等。电子部分主要内容有：信号发生器和示波器的使用、直流稳压电源、单管放大电路、发光闪烁器装调、小功率放大器、逻辑电平检测电路——数字逻辑笔、表决器的制作、8路抢答器的制作、流水灯的制作、单键触发照明灯装调、变音门铃装调和电子钟的制作等。

由于课程内容安排的原因，本教材篇幅不多，并未将交流电机控制线路的安装调试维修、直流电机控制线路的安装调试维修、机床电气线路的安装调试与维修的内容编写在内，上述内容有后续课程教学。在内容编写组织上，本教材主要是为了增强对学生动手能力和专业技能的培养，并拓宽学生的实际操作知识，提高就业适应性；同时考虑到教师授课的条理性、学生自学及扩展讨论研究的可行性，突出强调理实一体化教学的特点，将理论和实践充分结合，通过设定教学任务和教学目标，让师生双方边教、边学、边做，全程构建素质和技能培养框架，丰富课堂理论教学和实践教学环节，提高教学质量。

经过三年的理实一体化教学实践，参与一体化教学探索和实践的教师在对实施理实一体化教学的认识态度上发生转变，从彷徨、观望转变为积极配合并主动参与探索、实践；学生也由过去厌倦重理论教学模式、被动学习转变为积极、主动学习，很大程度上提高了学习兴趣。事实证明，理实一体化教学是当前我国职业教育中行之有效的一种教学模式，我们在未来的教学中将继续探索、创新。

本课程教学学时可针对不同专业需求，安排为90～170学时，如学院实验实训设备条件较好，可增加实训学时或可安排实训科目。全书的学习内容分为熟、知、会三个层次：第一层次指大部分内容的基础知识及现场实际操作方法，应达到熟练掌握的程度；第二层次指现场故障排除的技能，要求掌握；第三层次要求了解实际电路设计的方法。

本教材由田宏担任主编，武丽英、杨丽、郭怡担任副主编，部分老师参编。其中电工部分任务一～任务四由赵芳编写，任务五～任务八由郭怡编写，任务九～任务十一由田宏编写；电子部分任务一、任务三、任务九由杨丽编写，任务二由张瑞芳、李颖共同编写，任务四由张瑞芳编写，任务五由李颖编写，任务六由田琳编写，任务七由闫闯编写，任务八由武丽英编写，任务十由王薇编写，任务十一由李秀英编写，任务十二由武丽英、刘丽霞共同编写。田宏、武丽英对全书进行审核。

由于编者水平有限，加之编写时间仓促，书中难免有错漏及不足之处，恳请广大读者提出宝贵意见，批评指正。

本教材在编写过程中，参考和引用了相关文献资料，在此特向其作者表示由衷的感谢！

**编者**

2019年5月

# 目录

# 任务一　信号发生器和示波器的使用

## 一、任务描述

本任务主要使学生掌握函数信号发生器和数字存储示波器的作用，各按键旋钮的名称及作用，信号发生器和示波器使用的注意事项；使学生可以通过信号发生器输出所需信号，使用示波器进行直流电压和交流电压的测量等。

学生接到本任务后，应根据任务要求，能独立完成信号发生器和示波器的通电操作，通过基本按钮的操作熟悉信号发生器和示波器的使用并明确使用时的注意事项；按照现场管理规范清理场地、归置物品。

## 二、任务要求

（1）遵守安全用电规则，注意人身安全。

（2）了解信号发生器和示波器各按键旋钮的名称及作用，掌握这两种常用电子仪器的使用。

（3）能够使用函数信号发生器按需输出多种不同信号。

（4）能够使用数字存储示波器测量直流电压和交流电压，并用坐标图表示直流电压和交流电压的相关信息。

（5）明确现场管理规范，养成良好的职业素养。

## 三、能力目标

（1）熟练使用函数信号发生器和数字存储示波器。

（2）培养独立分析、自我学习和创新等能力。

## 四、相关理论知识

### （一）函数信号发生器

1. 信号发生器

信号发生器是一种能提供各种频率、波形和输出电平电信号的设备。在测量各种电信系统或电信设备的振幅特性、频率特性、传输特性等电参数，以及测量元器件的特性与参数时，用作测试的信号源或激励源。信号发生器又称信号源或振荡器，在生产实践和科技领域中有着广泛的应用。各种波形曲线均可以用三角函数方程式来表示。

信号发生器用于产生被测电路所需特定参数的电测试信号。在测试、研究或调整电子电路及设备时，为测定电路的一些电参量，如测量频率响应、噪声系数，为电压表定度等，都要求提供符合所定技术条件的电信号，以模拟在实际工作中使用的待测设备的激励信号。当要求进行系统的稳态特性测量时，需使用振幅、频率已知的正弦信号源。当测试系统的瞬态特性时，需使用前沿时间、脉冲宽度和重复周期已知的矩形脉冲源。并且要求信号源输出信号的参数，如频率、波形、输出电压或功率等，能在一定范围内进行精确调整，有很好的稳定性，有输出指示。信号发生器主要分为以下几类：

（1）正弦信号发生器。正弦信号主要用于测量电路和系统的频率特性、非线性失真、增益及灵敏度等。正弦信号发生器按频率覆盖范围分为低频信号发生器、高频信号发生器和微波信号发生器；按输出电平可调节范围和稳定度分为简易信号发生器（即信号源）、标准信号发生器（输出功率能准确地衰减到－100dBmW以下）和功率信号发生器（输出功率达数十毫瓦以上）；按频率改变的方式分为调谐式信号发生器、扫频式信号发生器、程控式信号发生器和频率合成式信号发生器等。下面简要介绍几类。

1）低频信号发生器。能产生包括音频（200～20000Hz）和视频（1Hz～10MHz）正弦波的信号发生器。主振级一般用RC式振荡器，也可用差频振荡器。为便于测试系统的频率特性，要求输出幅频特性平和波形失真小。

2）高频信号发生器。能产生频率为100kHz～30MHz高频信号或30～300MHz甚高频信号的信号发生器。一般采用LC调谐式振荡器，频率可由调谐电容器的度盘刻度读出。主要用途是测量各种接收机的技术指标。输出信号可用内部或外加的低频正弦信号调幅或调频，使输出载频电压能够衰减到1$\mu$V以下。输出信号电平能准确读数，所加的调幅度或频偏也能用电表读出。此外，仪器还有防止信号泄漏的良好屏蔽。

3）微波信号发生器。能产生从分米波到毫米波波段信号的信号发生器。信号通常由带分布参数谐振腔的超高频三极管和反射速调管产生，但有逐渐被微波晶体管、场效应管和耿氏二极管等固体器件取代的趋势。仪器一般靠机械调谐腔体来改变频率，每台可覆盖1个倍频程左右，由腔体耦合出的信号功率一般可达10mW以上。简易信号源只要求能加1kHz方波调幅，而标准信号发生器则能将输出基准电平调节到1mW，再从后随衰减器读出信号电平的分贝毫瓦值，还必须有内部或外加矩形脉冲调幅，以便测试雷达等接收机。

4）扫频信号发生器。扫频信号发生器能够产生幅度恒定、频率在限定范围内作线性变化的信号。在高频和甚高频段用低频扫描电压或电流控制振荡回路元件（如变容管或磁芯线圈）来实现扫频振荡。早期采用电压调谐扫频，用改变返波管螺旋线电极的直流电压来改变振荡频率，后来广泛采用磁调谐扫频，以YIG铁氧体小球作微波固体振荡器的调谐回路，用扫描电流控制直流磁场改变小球的谐振频率。扫频信号发生器有自动扫频、手控、程控和远控等工作方式。

5）频率合成式信号发生器。频率合成式信号发生器的信号不是由振荡器直接产生，而是以高稳定度石英振荡器作为标准频率源，利用频率合成技术形成所需频率的信号，具有与标准频率源相同的频率准确度和稳定度。输出信号频率通常可按十进制数字选择，最高能达11位数字的极高分辨力。频率除用手动选择外还可程控和远控，也可进行步级式扫频，适用于自动测试系统。直接式频率合成器由晶体振荡、加法、乘法、滤波和放大等电路组成，变换频率迅速但电路复杂，最高输出频率只能达1000MHz左右。用得较多的间接式频率合成器是利用标准频率源通过锁相环控制电调谐振荡器（在环路中同时能实现倍频、分频和混频），产生并输出各种所需频率的信号。这种合成器的最高频率可达26.5GHz。高稳定度和高分辨力的频率合成器，配上多种调制功能（调幅、调频和调相），加上放大、稳幅和衰减等电路，便构成一种新型的高性能、可程控的合成式信号发生器，还可作为锁相式扫频发生器。

（2）函数信号发生器。函数信号发生器又称波形发生器，能产生某些特定的周期性时间函数波形（主要是正弦波、方波、三角波、锯齿波和脉冲波等）信号，频率范围可从几毫赫甚至几微赫的超低频直到几十兆赫。除供通信、仪表和自动控制系统测试用外，还广泛用于其他非电测量领域。例如，将积分电路与某种带有回滞特性的阈值开关电路（如施密特触发器）相连成环路，积分器能将方波积分成三角波，此为产生上述波形的方法之一。施密特电路又能使三角波上升到某一阈值或下降到另一阈值时发生跃变而形成方波，频率除能随积分器中的 $RC$ 值的变化而改变外，还能通过外加电压控制两个阈值而改变。将三角波另行加到由很多不同偏置二极管组成的整形网络，形成许多不同斜度的折线段，便可形成正弦波。另一种构成方式是用频率合成器产生正弦波，对它多次放大、削波而形成方波，再将方波积分成三角波和正、负斜率的锯齿波等。对这些函数发生器的频率都可电控、程控、锁定和扫频，仪器除工作于连续波状态外，还能通过按键控、门控或触发等方式工作。

（3）脉冲信号发生器。产生宽度、幅度和重复频率可调的矩形脉冲的发生器，可用以测试线性系统的瞬态响应，或用模拟信号来测试雷达、多路通信和其他脉冲数字系统的性能。脉冲发生器主要由主控振荡器、延时级、脉冲形成级、输出级和衰减器等组成。主控振荡器通常为多谐振荡器之类的电路，除能自激振荡外，主要按触发方式工作。通常在外加触发信号之后，首先输出一个前置触发脉冲，以便提前触发示波器等观测仪器，然后再经过一段可调节的延迟时间后输出主信号脉冲，主信号脉冲宽度可以调节。有的脉冲信号发生器能输出成对的主脉冲，有的能分两路分别输出不同延迟的主脉冲。

（4）随机信号发生器。随机信号发生器分为噪声信号发生器和伪随机信号发生器两类。

1）噪声信号发生器。完全随机性信号是在工作频带内具有均匀频谱的白噪声。常用的白噪声发生器主要有：工作于 1000MHz 以下同轴线系统的饱和二极管式白噪声发生器；用于微波波导系统的气体放电管式白噪声发生器；利用晶体二极管反向电流中噪声的固态噪声源（可工作在 18GHz 以下整个频段内）等。噪声发生器输出的强度必须已知，通常用其输出噪声功率超过电阻热噪声的分贝数（称为超噪比）或用其噪声温度来表示。噪声信号发生器的主要用途是：在待测系统中引入一个随机信号，通过模拟实际工作条件中的噪声来测定系统的性能；外加一个已知噪声信号与系统内部噪声相比较以测定噪声系数；用随机信号代替正弦或脉冲信号，以测试系统的动态特性。例如，用白噪声作为输入信号测出网络的输出信号与输入信号的互相关函数，便可得到这一网络的冲激响应函数。

2）伪随机信号发生器。用白噪声信号进行相关函数测量时，若平均测量时间不够长，则会出现统计性误差，这可用伪随机信号来解决。伪随机信号，又称伪随机序列或伪随机码，它由周期性数字序列经过滤波等处理后得出，具有类似于随机噪声的某些统计特性，同时又能够重复产生。

2. SP1643B 函数信号发生器

能够产生多种波形，如三角波、锯齿波、矩形波（含方波）、正弦波的电路被称为函数信号发生器。函数信号发生器在电路实验和设备检测中具有十分广泛的用途。例如在通信、广播、电视系统中，都需要射频（高频）发射，这里的射频波就是载波，把音频（低频）、视频信号或脉冲信号运载出去，就需要能够产生高频的振荡器。在工业、农业、生物医学等领域，如高频感应加热、熔炼、淬火、超声诊断、核磁共振成像等，都需要功率或大或小、频率或高或低的振荡器。后续的电子任务中，可利用 SP1643B 函数信号发生器作为辅助工具更好地理解并掌握理论和实作内容。

SP1643B函数信号发生器为精密测试仪器，能够产生连续信号、扫频信号、函数信号和脉冲信号，还有单脉冲和点频输出，是电子实验室、教学生产和科学研究的理想电子仪器。

（1）组成及功能。SP1643B函数信号发生器操作面板如图1－1所示，各部件功能如下。

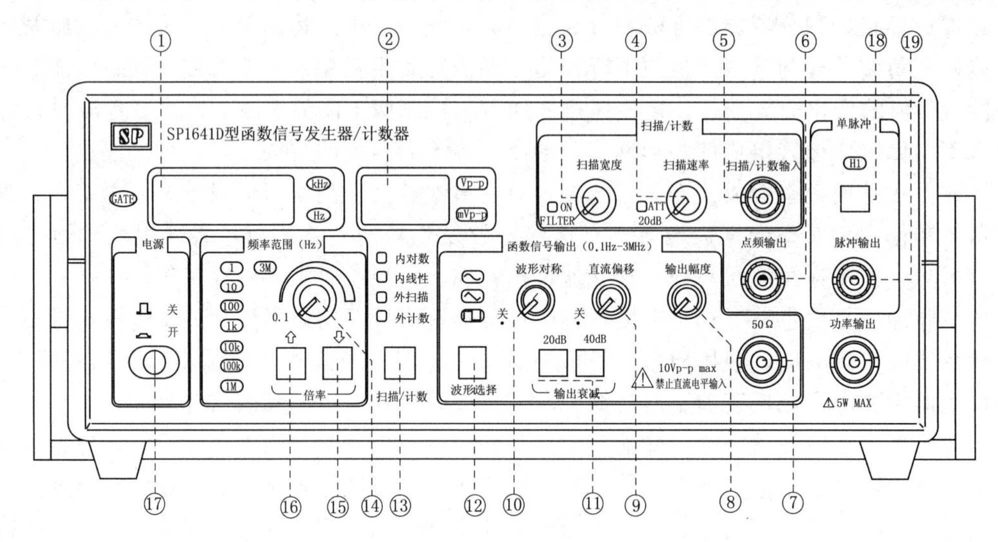


图1－1　SP1643B函数信号发生器操作面板

1）①为频率显示窗口：显示输出信号的频率或外测频信号的频率。

2）②为幅度显示窗口：显示函数输出信号和功率输出信号的幅度。

3）③为扫描宽度调节：可调节扫频输出的频率范围。

4）④为扫描速率调节：可调节内扫描的时间长短。

5）⑤为扫描计数输入插座：当“扫描/计数”功能选为“外扫描”或“外测频”时，外扫描控制信号或外测频信号由此插座输入。

6）⑥为点频输出端：输出频率为100Hz的正弦信号，输出幅度为$2V_{PP}$（－1～＋1V），输出阻抗为50Ω。

7）⑦为函数信号输出端：输出多种波形受控的函数信号，输出幅度为$20V_{PP}$（1MΩ负载），$10V_{PP}$（50Ω负载）。

8）⑧为输出幅度调节：可调节函数信号、功率信号输出幅度。

9）⑨为输出信号直流电平偏移调节：可改变波形偏移程度，旋钮置最小（关）时为0电平。

10）⑩为输出波形对称性调节：可改变输出信号的对称性。旋钮置最小（关）时输出对称信号。

11）⑪为输出幅度衰减开关：可选择信号不衰减（两键均不按下）或信号衰减20dB、40dB和60dB（两键同时按下）。

12）⑫为输出波形选择：可选择正弦波、三角波、脉冲波三种输出波形。

13）⑬为扫描/计数：可选择多种扫描方式和外测频方式。

14）⑭为频率微调：可微调输出信号频率，调节基数范围为从大于0.1到小于3。

15）⑮为倍率调节（－）：可递减输出频率的1个频段。

16）⑯为倍率调节（＋）：可递增输出频率的1个频段。

17）⑰为电源开关：控制信号发生器工作与否。

18）⑱为单脉冲按钮：按下按钮输出 TTL 高电平且指示灯亮，再次按下输出 TTL 低电平且指示灯灭。

19）⑲为单脉冲信号输出端：通过单脉冲按钮输出 TTL 跳变电平。

（2）函数信号发生器功能检测。接通电源，按动“倍率调节＋”或“倍率调节－”按钮，若显示频率变化，第一项自检正常，否则仪器工作不正常；继续调节输出幅度，若显示幅度变化，第二项自检正常，否则仪器工作不正常；继续改变输出波形，若波形有变，第三项自检正常，否则仪器工作不正常；继续选择方式“内”，若有扫描输出，则自检完成，仪器正常工作，否则仪器工作不正常。

**（二）示波器**

示波器是一种用途十分广泛的电子测量仪器。它能把肉眼看不见的电信号变换成看得见的图像，便于人们研究各种电现象的变化过程。示波器利用狭窄的、由高速电子组成的电子束，打在涂有荧光物质的屏面上，就可产生细小的光点。在被测信号的作用下，电子束就好像一支笔的笔尖，可以在屏面上描绘出被测信号的瞬时值的变化曲线。利用示波器能观察各种不同信号幅度随时间变化的波形曲线，还可以用它测试各种不同的电量，如电压、电流、频率、相位差、调幅度等。

1. 分类

（1）按照信号的不同可分为模拟示波器和数字示波器。

模拟示波器采用的是模拟电路（示波管，其基础是电子枪），电子枪向屏幕发射电子，发射的电子经聚焦形成电子束，并打到屏幕上。屏幕的内表面涂有荧光物质，这样电子束打中的点就会发出光来。

数字示波器则是利用数据采集、A/D 转换、软件编程等一系列的技术制造出来的高性能示波器。数字示波器的工作方式是通过模拟转换器（ADC）把被测电压转换为数字信息。数字示波器捕获的是波形的一系列样值，并对样值进行存储，存储限度是判断累计的样值能描绘出波形为止，随后，数字示波器重构波形。数字示波器可以分为数字存储示波器（DSO）、数字荧光示波器（DPO）和采样示波器。

模拟示波器要提高带宽，需要示波管、垂直放大和水平扫描全面推进。数字示波器要改善带宽只需要提高前端的 A/D 转换器的性能，对示波管和扫描电路没有特殊要求，并且能充分利用记忆、存储和处理，以及多种触发和超前触发能力。20 世纪 80 年代数字示波器异军突起，成果累累，应用越来越广。

（2）按照结构和性能不同可分为普通示波器、多用示波器、多踪示波器和数字示波器等。

1）普通示波器。电路结构简单，频带较窄，扫描线性差，仅用于观察波形。

2）多用示波器。频带较宽，扫描线性好，能对直流、低频、高频、超高频信号和脉冲信号进行定量测试。借助幅度校准器和时间校准器，测量的准确度误差可达±5％。

3）多线示波器。采用多束示波管，能在荧光屏上同时显示两个以上同频信号的波形，没有时差，时序关系准确。

4）多踪示波器。具有电子开关和门控电路的结构，可在单束示波管的荧光屏上同时显示两个以上同频信号的波形。但存在时差，时序关系不准确。

5）取样示波器。采用取样技术将高频信号转换成模拟低频信号进行显示，有效频带可达吉赫兹级。

6）记忆示波器。采用存储示波管或数字存储技术，将单次电信号瞬变过程、非周期现象和超低频信号长时间保留在示波管的荧光屏上或存储在电路中，以供重复测试。

7）数字示波器。内部带有微处理器，外部装有数字显示器，有的产品在示波管荧光屏上既可显示波形，又可显示字符。被测信号经 A/D 转换器器送入数据存储器，通过键盘操作，可对捕获的波形参数的数据进行加、减、乘、除、求平均值、求平方根值、求均方根值等运算，并显示出答案数字。

2. ADS 1062CAL 数字存储示波器

后续涉及的电子任务，可利用 ADS 1062CAL 数字存储示波器更好地理解并掌握理论和实作内容，下面对 ADS 1062CAL 数字存储示波器进行简要介绍。

（1）操作面板。ADS 1062CAL 数字示波器操作面板如图 1-2 所示。

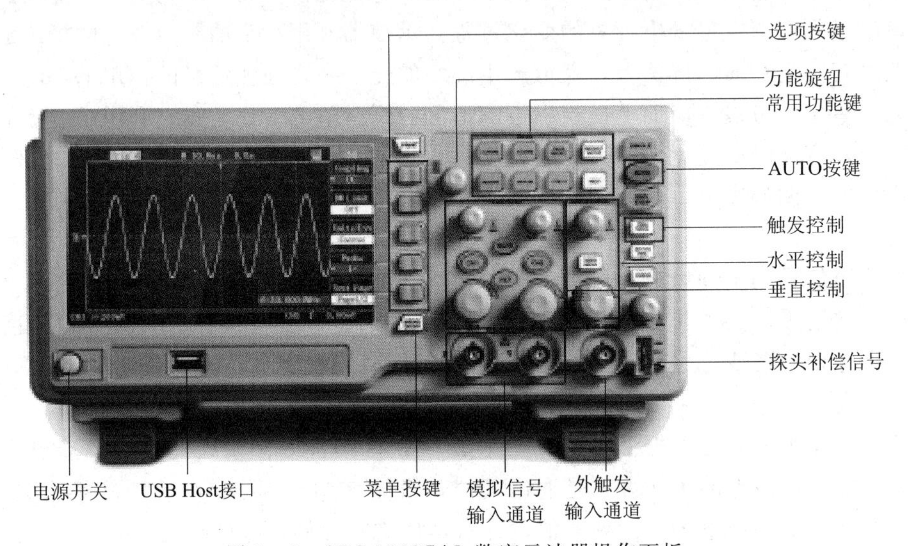


图 1-2　ADS 1062CAL 数字示波器操作面板

数字示波器为双踪显示。示波器面板上有旋钮和功能按键。显示屏右侧的一列 5 个灰色按键为选项按键，可以设置当前菜单的不同选项。其他按键为功能键，可以进入不同的功能菜单或直接获得特定的功能应用。旋钮可以快速调整示波器相应设置。

1）示波器控制按键。

【CH1】、【CH2】：显示通道 1、通道 2 设置菜单。

【MATH】：显示“数学运算”功能菜单。

【REF】：显示“参考波形”菜单。

【HORI MENU】：显示“水平”菜单。

【TRIG MENU】：显示“触发”控制菜单。

【SET TO 50%】：设置触发电平为信号幅度的中点。

【FORCE】：无论示波器是否检测到触发，都可以用此按键完成当前波形采集。主要应用于触发方式中的“正常”和“单次”。

【SAVE/RECALL】：显示设置和波形的“存储/调出”菜单。

【ACQUIRE】：显示“采集”菜单。

【MEASURE】：显示“测量”菜单。

【CURSORS】：显示“光标”菜单。当显示“光标”菜单并且光标被激活时，【万能】旋钮可以调整光标的位置。

【DISPLAY】：显示“显示”菜单。

【UTILITY】：显示“辅助功能”菜单。

【DEFAULT SETUP】：调出出厂设置。

【HELP】：进入在线帮助系统。

【AUTO】：自动设置示波器控制状态，以显示合适的波形。

【RUN/STOP】：连续采集波形或停止采集。

【SINGLE】：捕捉一次触发，完成采集，然后停止。

2）示波器连接器。

【CH1】、【CH2】：用于被测信号的输入连接器。

【EXT　TRIG】：外部触发源的输入连接器。使用【TRIG　MENU】选择“EXT”或“EXT/5”。

探头补偿：探头补偿信号输出及接地，使探头与示波器通道互相匹配。

3）示波器垂直系统。

【POSITION】垂直旋钮：此旋钮调整所在通道波形的垂直偏移。按下此旋钮可使垂直偏移归零。其分辨率根据垂直档位而变化。

【Volt/div】（伏/格）旋钮：可用此旋钮调节所在通道的垂直档位，从而放大或衰减通道波形的信号。屏幕下方显示通道的档位信息。按下此旋钮可在“粗调”和“细调”间进行切换，粗调是以“1—2—5”方式步进确定垂直档位灵敏度。细调是在当前档位下进一步调节，显示所需波形。

【MATH】数学运算：CH1、CH2 通道波形相加、相减、相乘、相除以及 FFT 运算。按【MATH】可进行或取消波形的数学运算。

【REF】比较：在实际测量过程中，可以把波形和参考波形进行比较，从而判断故障原因。此法在具有详尽电路工作点参考波形条件下尤为适用。

4）示波器水平系统。

【POSITION】水平旋钮：调整波形（包括 MATH）的水平位置（触发相对于显示屏中心的位置）。这个控制钮的分辨率根据时基而变化。使用此旋钮可使水平位移归零，即回到屏幕的中心位置处。

【s/div】旋钮：用于改变水平时间刻度，以便观察到最合适的波形。当使用视窗扩展模式时，通过此旋钮改变扩展时基从而改变窗口宽度。

（2）界面说明。ADS 1062CAL 数字示波器界面如图 1－3 所示。下面对界面进行简单说明：

1）①为“触发状态”。

Armed：已配备。示波器正在采集预触发数据。在此状态下忽略所有触发。

Ready：准备就绪。示波器已采集所有预触发数据并准备接受触发。

Trig’d：已触发。示波器已捕捉到一次触发并采集触发后的数据。

Stop：停止。示波器已停止采集波形数据。

Auto：自动。示波器处于自动模式并在无触发状态下采集波形。

Scan：扫描。在扫描模式下示波器连续采集并显示波形。

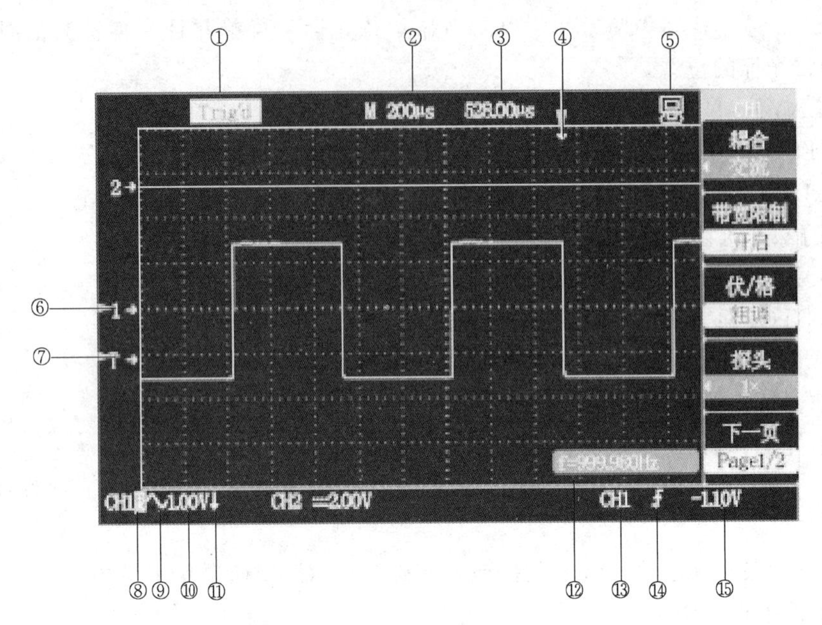


图 1－3　ADS 1062CAL 数字示波器界面

2）②为读数显示主时基设置。

3）③为显示距中心刻度处的时间读数。

4）④为标识显示水平触发位置。使用水平【POSITION】旋钮可调整水平触发位置。

5）⑤为显示为连接到“计算机”。

6）⑥为标识显示通道波形的零电平基准点。只有通道打开才显示此标识。

7）⑦为标识显示触发电平。

8）⑧为标识显示通道带宽限制。

9）⑨为标识显示通道耦合方式。

10）⑩为读数显示通道的垂直刻度系数。

11）⑪为标识显示通道波形反相。

12）⑫为读数显示频率计的计数频率。

13）⑬为显示当前选用的触发源。

14）⑭为图标显示选定的触发类型。

15）⑮为读数显示设定的触发电平值。

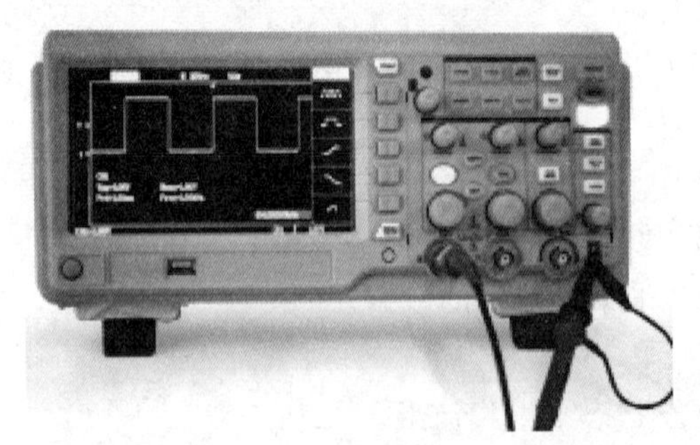

图 1－4　ADS 1062CAL 数字示波器

（3）示波器功能检测。通过快速功能检查，来验证示波器是否正常工作。

1）打开电源，按【DEFAULT SETUP】。探头选项默认的衰减设置为“1×”。

2）将示波器探头上的开关设定为“×1”，并将探头与示波器的 CH1 BNC 连接器相连。将探头钩形头连接到标有“1kHz”探头补偿信号连接器上，接地夹子夹到标有“GND”的接地片上，如图 1－4 所示。

3）按【AUTO】。如图 1-5 所示，几秒钟内，CH1 显示频率为 1kHz、峰-峰值电压约为 3V 的方波。

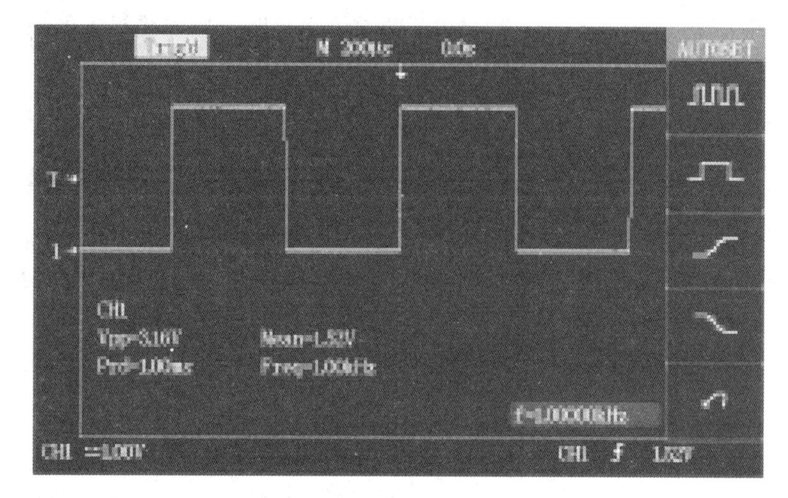


图 1-5　探头补偿信号波形图

4）将探头和通道 2 相连，按【AUTO】，CH2 也会显示同样的波形。

## 五、日常保养与注意事项

（1）校准测试，测量仪器或其他设备的外壳应接地良好，以免意外损坏。

（2）为避免损坏示波器或探头，请勿将其置于雾气、液体或溶剂中。

（3）示波器探头有不同的衰减系数，它影响信号的垂直刻度。确保探头上的“衰减”开关与示波器中的“探头”系数匹配。

（4）首次将示波器探头与通道连接时，应进行探头补偿，使其与通道匹配。欠补偿或过补偿的探头都会导致测量误差或错误。

（5）示波器的使用电压在 220V±10%之间，超出这个范围将影响仪器正常工作。当电源电压波动比较大时，最好采取交流稳压措施后再使用。

（6）示波器机箱与机内电路接地点相连接，为了安全及减少外界环境对仪器的干扰，应将仪器机壳接地。可用带接线焊钩的黑色导线，将示波器面板上的接地柱和实验桌上的接地接线柱相连接。如果实验室装有带地线的三孔安全电源插座，则可以将示波器电源线二脚插头换成三脚插头，另加一根黑色导线将三脚插头外壳和三脚插头地脚相连接。机壳不接地也可以使用，这时外部感应将使示波器的噪声干扰略增大一些。

（7）测试信号转入线最好采用带有“香蕉”插头的高频屏蔽线或单股线，输入线尽量短一些，将“香蕉”插头分别插入示波器 Y 输入与地接线柱及信号输出仪器接线柱。如果要检查实验电路某点的波形，输入线测试端可接一对带套管的“鳄鱼”夹或测试棒。如果测试点电压较高，应先切断被测电路电源，接好测试点再进行测试。否则应特别注意安全，站在适当的绝缘物上，单手进行操作。

（8）使用示波器时应注意辉度适中。不宜过亮，且光点不应长期停留在一点上，以免损坏荧光屏。还应避免荧光屏在阳光直射的情况下工作。

（9）示波器应避免在强磁场环境中工作，因为外磁场会引起显示的波形失真。

(10) 使用示波器时，接入输入端的电压不应超过说明书规定的最大输出耐压400V(DC+ACPP)。如果信号为直流，则应小于400V；如果信号为直流加交流，则其直流和交流峰值之和应小于400V。特别要注意：当Y衰减开关放到1挡时，应防止过大的被测信号加入输入端，以免损坏仪器。

(11) 使用示波器和信号发生器时，扳动面板控制器时要轻，当到达极限位置时不要硬扳，以免损坏仪器。搬动时要轻拿轻放，防止碰撞。

(12) 仪器用毕后应罩上防尘罩，放在阴凉、干燥、通风的地方。存放满3个月没有使用的仪器应开机通电1h，以防止电解电容失效，同时起到加热去潮的作用。

(13) 存放或放置信号发生器和示波器时，请勿让液晶显示器部分长时间受阳光直射。

(14) 清洁信号发生器和示波器时，须使用质地柔软的抹布擦拭仪器和探头外部的浮尘；清洁液晶显示屏时，注意不要划伤透明的塑料保护屏。

## 六、说明

函数信号发生器更多详细操作说明请查阅“盛普科技SP1643B型函数信号发生器使用说明书”；示波器更多详细操作说明请查阅“安泰信ADS 1062CAL型数字存储示波器使用说明书”。

## 七、思考与练习

1. 利用函数信号发生器分别产生正弦波、方波和三角波3种信号，并利用示波器观测。信号发生器输出端连接示波器的“CH1输入”端，观察正弦波、方波、三角波3种波形。调整各波形稳定、清晰并固定于荧光屏。根据示波器屏幕坐标刻度，读出被测信号最高点与最低点间距（div），并读出垂直Y轴灵敏度（V/div），即为信号电压峰峰值（V），将数据记录于题1表。

**题 1 表**

| 信号源 | 间距/div | Y轴灵敏度/(V/div) | 电压峰峰值/V |
|---|---|---|---|
| 正弦波 | | | |
| 方波 | | | |
| 三角波 | | | |

2. 题1图所示为示波器测量的两个同频率正弦信号的波形，若示波器的水平（$X$轴）偏转因数，即$X$轴灵敏度为10μs/div，则两信号的频率和相位差分别是（　　）。

A. 25kHz，0°　　B. 25kHz，180°　　C. 25MHz，0°　　D. 25MHz，180°

3. 题2图所示为示波器测量的某正弦交流信号的波形，若示波器的垂直（$Y$轴）偏转因数为10V/div，则该信号的电压峰值为（　　）。

A. 46V　　B. 32.5V　　C. 23V　　D. 16.25V

4. 示波器的YA和YB分别接入一个频率较低的电压信号和一个频率较高的电压信号，显示波形如题3图（a）所示，怎样调节可使题3图（b）显示的波形又变成题3图（a）?

5. 把万用表电压挡接入信号发生器两端，当改变频率时，为什么电压的示数会改变?

6. 如何用信号发生器产生直流信号?

7. 使用函数信号发生器应注意什么?

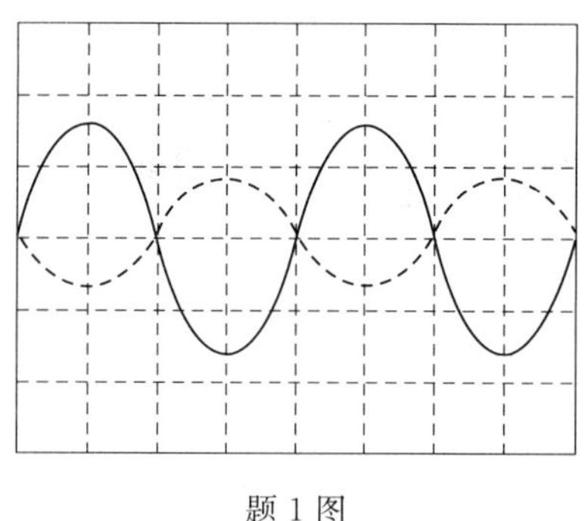

题 1 图

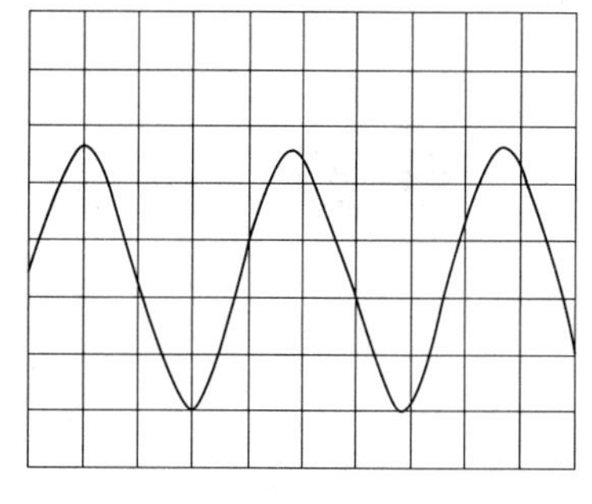

题 2 图

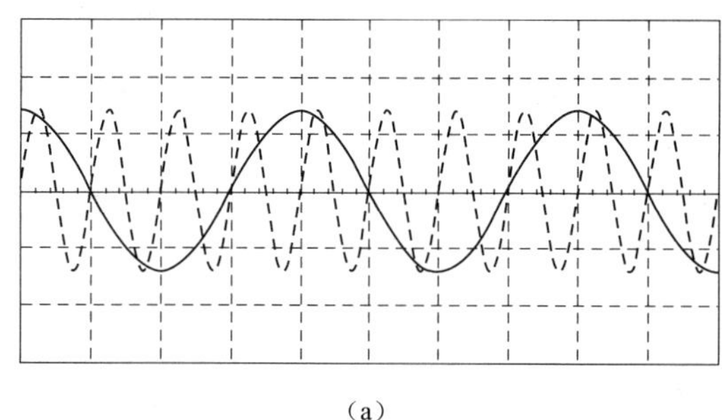

(a)

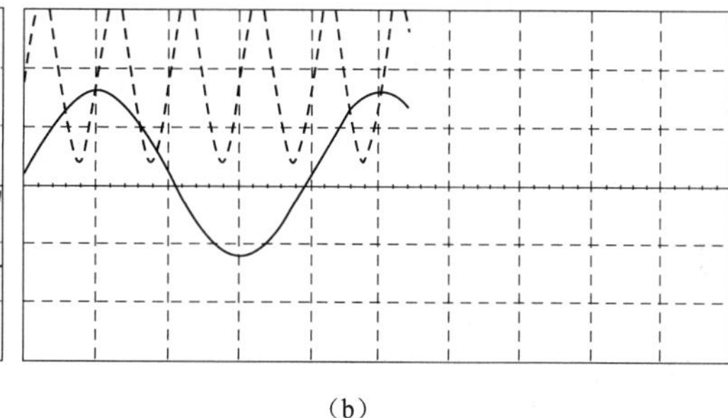

(b)

题 3 图

8. 需要一个峰-峰值为 100mV 左右的正弦信号，用信号发生器输出的正弦波峰-峰值是 1.2V，用电阻分压后产生 100mV 的电压，为什么两个电阻分压后波形会有畸变?

9. 信号发生器接入负载后幅值为什么会变化?

参考答案：

5. 很可能是因为万用表对交流频率响应不同造成的。一般的万用表只能测量频率相对较低的电压信号，即使是数字万用表，能准确测量的交流频率也仅有几百千赫，所以当电路频率改变，由于仪表这样的特性，造成了示数改变，如果要测量交流信号的频率，应该使用毫伏表。

6. 信号发生器都可以产生直流信号，如果仪器不具备此功能，可以使用如下方法：输出一个正弦信号，频率为 20kHz，幅度选到最小，直流偏置就设置为所要的直流电压值，这样信号发生器的输出基本上可看做一个直流信号。

7. 使用函数信号发生器时要注意输出的信号要由小到大，缓慢调节。每次变换频率及波形时，开始要把输出信号调到最小处。

8. 原因可能有如下几方面：①示波器表笔阻抗值引起的测量问题；②带负载能力引起的信号发生器问题；③阻抗匹配问题。高频段传输信号中信号源、传输线、负载的电阻大小和在高频时的电容和电感大小（称为阻抗）一致时才能很好传输，否则入射波和反射波叠加，波形会变差。解决方案：①改变阻抗，串接一个小电阻或电感；②信号放大后再分配；③也可考虑用专门的功率分配器件。

9. 因为信号发生器使用的是负反馈，接入负载后，负反馈增加，使输入减小，所以幅值会减小。

# 任务二　直 流 稳 压 电 源

## 一、任务描述

本任务主要使学生巩固直流稳压电源电路的工作原理，正确焊接电路，最后完成直流稳压电源相关测试。

学生接到本任务后，应根据任务要求，准备电路所需元器件和检测用仪器仪表，做好工作现场准备，读懂三极管串联型稳压电路图；按照要求完成电路焊接工作，直流稳压电源电路要求布局合理，输出电压可调，对稳压精度不作较高要求。施工时严格遵守作业规范，焊接完毕后进行调试，验证功能，并交由检测指导教师验收。按照现场管理规范清理场地、归置物品。

## 二、任务要求

（1）遵守安全用电规则，正确使用电烙铁进行焊接，注意人身安全。

（2）设计直流稳压电源电路器件装配图，元器件排列整齐且布局规范，符合电子工艺要求。

（3）正确使用仪器仪表，完成调试项目操作并做好相关数据记录。

（4）直流稳压电源成品能够稳定输出2～9V直流电压。

## 三、能力目标

（1）熟悉串联稳压电源电路中各元器件功能，学会分析电路工作原理。

（2）学会在电子万能板上对直流稳压电源电路进行合理布局布线并焊接电路。

（3）熟悉使用万用表进行电路各参数测量的基本思路。

（4）熟练使用示波器测量整流、滤波、稳压各环节的工作效果。

（5）培养独立分析、自我学习和创新等能力。

## 四、相关理论知识

### （一）半导体基础知识

自然界中的物质，按照导电能力不同可分为导体、半导体和绝缘体。半导体的导电能力介于导体和绝缘体之间。常用于制造半导体器件的材料主要有硅（Si）、锗（Ge）等。由于硅和锗是原子规则排列的单晶体，因此用半导体材料制成的半导体管通常也称为晶体管，半导体器件又称晶体器件。

1. 导体的特性

（1）热敏特性。大多数半导体对温度都比较敏感，且随温度的升高导电能力增强，电阻减小。利用这种特性，制成了工业自动控制装置中常用的热敏电阻，用于测量设备的温度。

（2）光敏特性。许多半导体在受光照射后，导电能力会增强，电阻减小。利用这种特性，制成光敏电阻、光电二极管、光电三极管、光电池等光电器件。

（3）可掺杂性。在纯净的半导体中掺入微量的某种杂质元素，导电性能具有可控性，导电能力会增强很多，电阻会急剧减小。几乎所有的半导体器件（如二极管、三极管、场效应管、晶闸管以及集成电路）都是采用掺杂特定杂质的半导体制作而成。

2. PN 结

（1）P 型半导体。纯净的半导体中掺入三价元素（如硼、铝、锗等）杂质后形成的以空穴为多数载流子、自由电子为少数载流子的杂质半导体，这种以空穴导电为主的半导体称为 P（空穴）型半导体，其多数载流子（空穴）的数量取决于掺入三价元素的浓度。

（2）N 型半导体。纯净的半导体中掺入五价元素（如磷、砷、锑等）杂质后形成的以自由电子为多数载流子、空穴为少数载流子的杂质半导体，这种以电子导电为主的半导体称为 N（电子）型半导体，其多数载流子（自由电子）的数量取决于掺入五价元素的浓度。

（3）PN 结。采用特定制造工艺，将 P 型半导体和 N 型半导体结合在一起，形成一个特殊的薄层即 PN 结，它具有单向导电性，一个 PN 结可以制成一只二极管。

**（二）二极管**

1. 二极管的特性与参数

（1）二极管的基础知识。在 PN 结的两端各引出一根电极引线，用外壳封装起来就构成了半导体二极管，如图 2－1（a）所示，其电路符号如图 2－1（b）所示。由 P 区引出的电极称正极（或阳极）用字母 A 表示，由 N 区引出的电极称负极（或阴极）用字母 K 表示，图形符号中的箭头方向表示正向电流的流通方向。

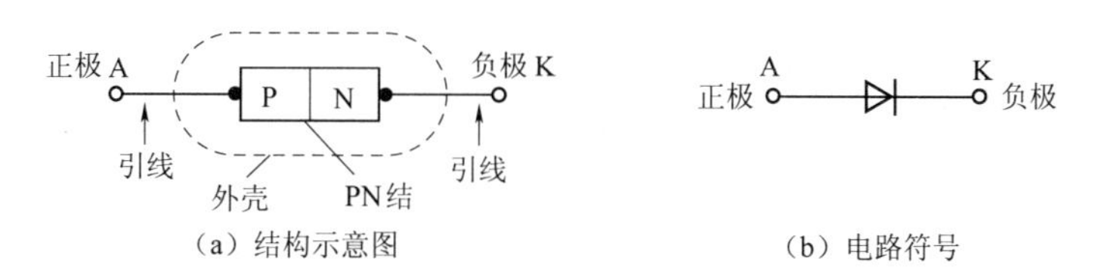


（a）结构示意图　　（b）电路符号

图 2－1　二极管的结构和符号

（2）二极管的类型。

1）二极管的种类很多，按半导体材料的不同可分为硅管和锗管，见表 2－1。

**表 2－1　二极管的分类（按半导体材料分）**

| 分　　类 | 硅　　管 | 锗　　管 |
|---|---|---|
| 特点 | 反向电流很小，正向压降较大 | 反向电流较大，正向压降较小，温度特性较差 |
| 管压降 | 0.5～0.7V | 0.2～0.3V |

2）按 PN 结结面积的大小，半导体二极管可分为点接触型和面接触型两类。点接触型二极管是由一根很细的金属触丝（如三价元素铝）和一块 N 型半导体（如锗）的表面接触，然后在正方向通过很大的瞬时电流，使触丝和半导体牢固地熔接在一起，三价金属与锗结合构成 PN 结，如图 2－2（a）所示。由于点接触型二极管金属丝很细，形成的 PN 结面积很小，所以不能承受大的电流和高的反向电压，由于极间电容很小，这类管适用于高频电路，例如 2AP1 是点接触型锗二极管，其最大整流电流为 16mA，最高工作频率为 150MHz，但最高反向工作电压只有 20V。

面接触型（或称面结型）二极管的PN结是用合金法或扩散法做成的，其结构如图2-2(b)所示。由于这种二极管的PN结面积大，可承受较大的电流，但极间电容较大，因此这类器件适用于低频电路，主要用于整流电路。例如2CZ53C为面接触型硅二极管，其最大整流电流为300mA，最大反向工作电压为100V，而最高工作频率只有3kHz。

硅工艺平面型二极管的结构如图2-2（c）所示，它是集成电路中常见的一种形式。当用于高频电路时，要求其PN结面积小；当用于大电流电路时，则要求PN结面积大。

3）按功能不同可分为普通二极管和特殊二极管。普通二极管有整流二极管、检波二极管、开关二极管等，特殊二极管有稳压二极管、发光二极管、光电二极管、变容二极管等。

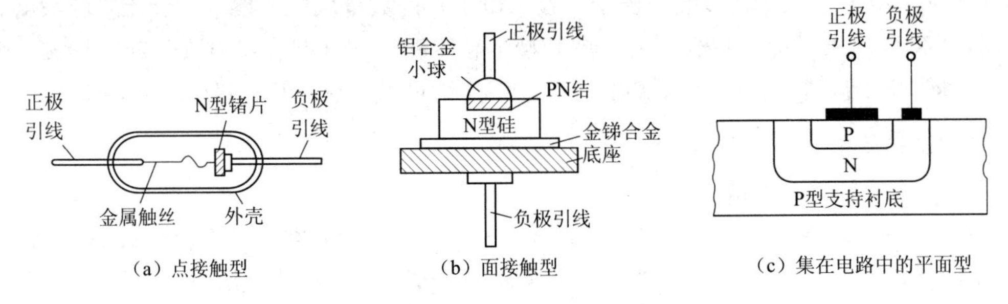

(a) 点接触型　(b) 面接触型　(c) 集在电路中的平面型

图2-2　二极管的分类（按结面积分）

注意：使用中，二极管正、负极性不可接反，否则有可能造成损坏。二极管外壳上通常有型号的标记，有箭头、色环和色点三种方式，如图2-3所示，箭头所指方向或靠近色环的一端为二极管的负极（K)，另一端为正极（A)；有色点的一端为正极（A)、另一端为负极（K)。对于金属封装的二极管正、负极性很容易从其外形来判断，如图2-3所示。对于发光二极管、变容二极管等，引脚引线较长的为正极，引脚引线短的为负极。

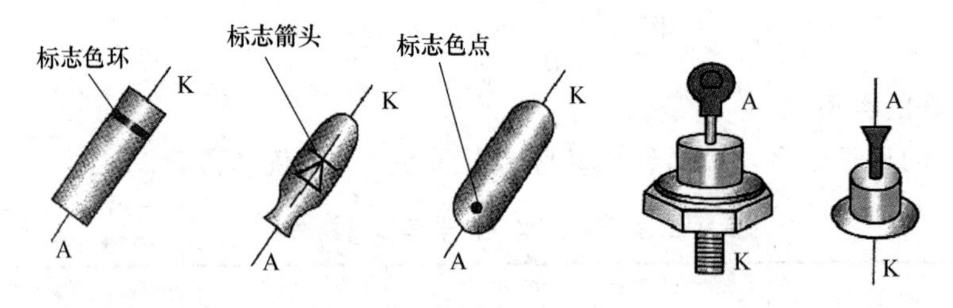


图2-3　二极管结构

(3）二极管的伏安特性曲线。

1）特性曲线。二极管的实质就是由一个PN结构成，因此具有单向导电特性。在外加于二极管两端的电压 $u_n$ 的作用下，式（2-1）为二极管电流 $i_n$ 的变化规律，二极管的伏安特性曲线如图2-4所示。其数学表达式为

$$i_D = I_s(e^{\frac{U_D}{U_T}} - 1) \tag{2-1}$$

式中：$I_s$ 为二极管的反向饱和电流，A；$U_T$ 称为温度电压当量，$U_T = \mathrm{kT/q}$，在常温（$T=$ 300K）下，$U_T \approx 26\mathrm{mV}$，其中，$K = 1.38010^{-23}\mathrm{J/K}$，为玻耳兹曼常数；$T$ 为热力学温度，K；$q = 1.6\times10^{-19}$ 为电子电荷量。

2）反向特性。反向特性是指给二极管加反向电压（二极管正极接低电位，负极接高电位）时的特性。二极管两端加上反向电压时，由图 2-4 可知，反向电流很小，几乎不随反向电压的变化而变化，该反向电流称为反向饱和电流，用 $I_s$ 表示。在室温下，小功率硅管的反向饱和电流 $I_s$ 小于 0.1μA，锗管为几十 μA。在应用时，反向电流越小，二极管的热稳定性越好，质量越高。

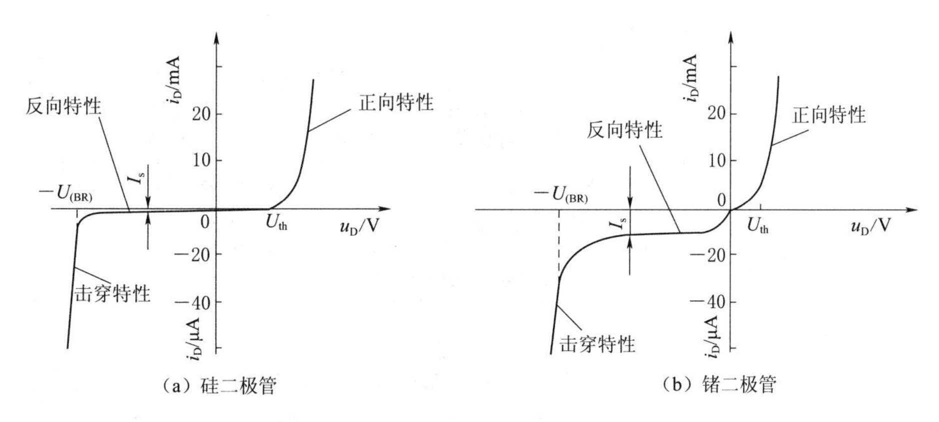


图 2-4　二极管的伏安特性曲线

3）反向击穿特性。当加于二极管两端的反向电压增大到 $U_{(BR)}$ 时，二极管的反向电流将随反向电压的增加而急剧增大，如图 2-4 所示，这种现象称为反向击穿，$U_{(BR)}$ 称为反向击穿电压。式（2-1）不能反映二极管的击穿特性。反向击穿后，只要反向电流和反向电压的乘积不超过 PN 结容许的耗散功率，PN 结一般不会损坏。若反向电压下降到小于击穿电压，其性能可恢复到原有情况，即这种击穿是可逆的，称为电击穿；若反向击穿电流过大，则会导致 PN 结结温过高而烧坏，这种击穿是不可逆的，称为热击穿。

反向击穿会破坏二极管的单向导电性，如果没有限流措施，二极管很可能因电流过大而损坏。无论硅管还是锗管，即使工作在最大允许电流下，二极管两端的电压降一般也都在 0.7V 以下，这是由二极管的特殊结构所决定的。所以，在使用二极管时，电路中应该串联限流电阻，以免因电流过大而损坏二极管。

结论：不同材料、不同结构的二极管电压、电流特性曲线虽有区别，但形状基本相似，且都不是直线，故二极管是非线性元件。

4）温度对二极管特性的影响。温度对二极管的特性曲线有显著影响，如图 2-5 所示。当温度升高时，正向特性曲线向左移，反向特性向下移。变化规律是：在室温附近，温度每升高 1℃，正向压降减小 2～2.5mV；温度每升高 10℃，反向电流约增大 1 倍。若温度过高，可能导致 PN 结消失。一般规定硅管所允许的最高结温为 150～200℃，锗管为 75～100℃。

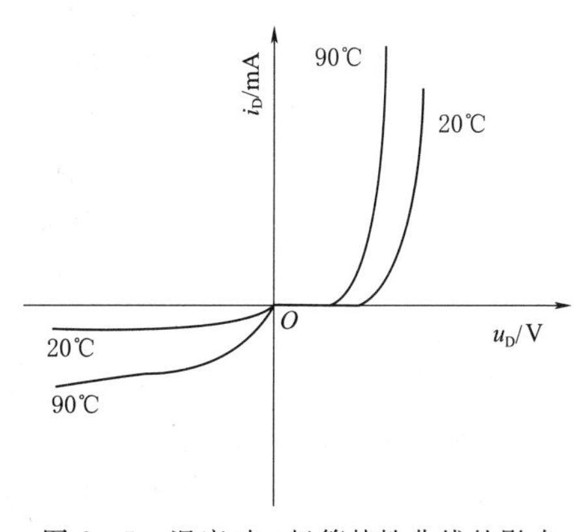


图 2-5　温度对二极管特性曲线的影响

（4）二极管的主要参数。二极管的特性还可用参数来描述，一般通过查器件手册，依据参数来合理使用二极管。二极管的主要参数见表 2-2。

表 2-2　　二极管的主要参数

| 参数名称 | 符号 | 说　明 |
| --- | --- | --- |
| 最大整流电流 | $I_{FM}$ | 指二极管长期运行允许通过的最大正向平均电流。使用时若超过此值，有可能烧坏二极管 |
| 最高反向工作电压 | $U_{RM}$ | 指允许施加在二极管两端反向电压的最大值，通常规定为击穿电压的一半，即 $U_{RM}=\frac{1}{2}U_{BR}$。<br>正常工作时，二极管两端所加电压最大值应小于 $U_{RM}$，否则，将会反向击穿而损坏 |
| 反向电流 | $I_R$ | 指二极管未击穿时的反向电流值。此值越小，二极管单向导电性能越好，工作越稳定。$I_R$ 对温度很敏感，其值会随温度的升高而急剧增加，所以使用时环境温度不宜过高 |
| 最高工作频率 | $f_M$ | 指保证二极管单向导电作用的最高工作频率。其值主要决定于二极管的 PN 结电容的大小，结电容越大，$f_M$ 就越小。当工作频率超过 $f_M$ 时，二极管的单向导电性能就会变差，甚至失去单向导电特性。点接触型锗管由于其 PN 结面积比较小，故结电容很小，通常小于 1pF，其 $f_M$ 可达数百兆赫，而面接触型硅整流二极管，$f_M$ 只有 3kHz |

2. 二极管的基本应用

（1）二极管的大信号模型。在电路分析中，二极管常用模型来等效。二极管工作在大信号范围可用理想模型或恒压降模型来等效，工作在小信号范围可用小信号模型来等效。

1）理想模型。实际使用中，希望二极管具有的理想特性有：①正向偏置时导通，电压为 0；②反向偏置时截止，电流为 0；③反向击穿电压为无穷大，其伏安特性可用如图 2-6（a）所示两段直线表示，具有这样特性的二极管称为理想二极管，常用如图 2-6（b）所示图形符号表示。

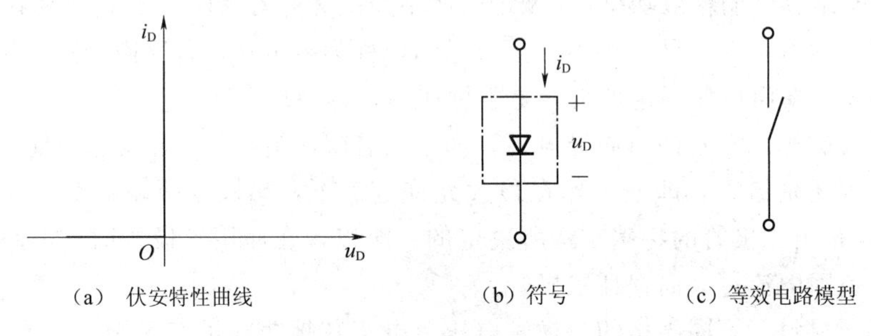

（a）伏安特性曲线　（b）符号　（c）等效电路模型

图 2-6　理想二极管模型

在分析电路时，理想二极管可用理想开关 S 来等效，如图 2-6（c）所示。正偏时 S 闭合，反偏时 S 断开，这一特性称为理想二极管的开关作用。在实际电路中，当二极管的正向压降远小于和它串联的电压，反向电流远小于和它并联的电流时，可认为二极管是理想的。

2）恒压降模型。当考虑到二极管导通时正向压降的影响，可将二极管特性曲线用两段直线来逼近，称为特性曲线折线近似，如图 2-7（a）所示。两段直线在 $U_{D(on)}$ 处转折，$U_{D(on)}$ 为导通电压。二极管两端电压小于 $U_{D(on)}$ 时电流为 0，大于 $U_{D(on)}$ 时，二极管导通，管压降为 $U_{D(on)}$，由此可得二极管的恒压降模型如图 2-7（b）所示。通常对于硅管 $U_{D(on)}$ 取 0.7V，锗管取 0.2V。显然这种等效模型更接近于实际二极管的特性。

（2）二极管应用电路举例。

1）低电压稳压电路。稳压电路是电子电路中常见的组成部分。利用二极管正向压降具有恒压的特点，可构成低电压稳压电路，如图 2-8 所示。图中，二极管均为硅管，$R$ 为限流电阻，用于降压和防止二极管因电流过大而损坏。由于二极管正向导通时的导通电压为$U_{D(on)}$，而且基本不再随输入电压的增大而增大，即导通后具有恒压特性，所以电路能提供稳定的1.4V电压输出。这种低电压稳压电路常在互补功率放大电路中用作偏置电路。

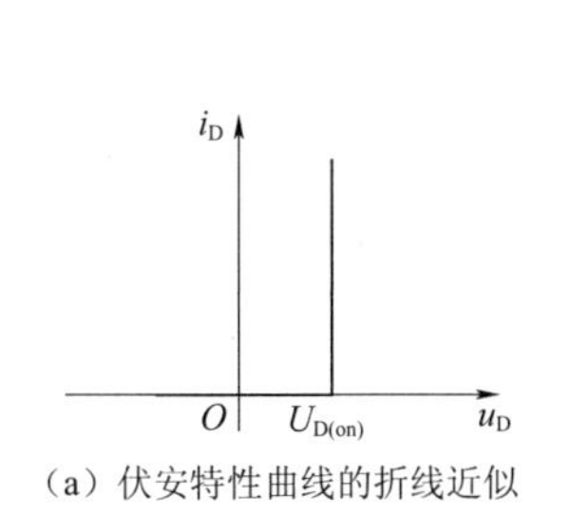

（a）伏安特性曲线的折线近似

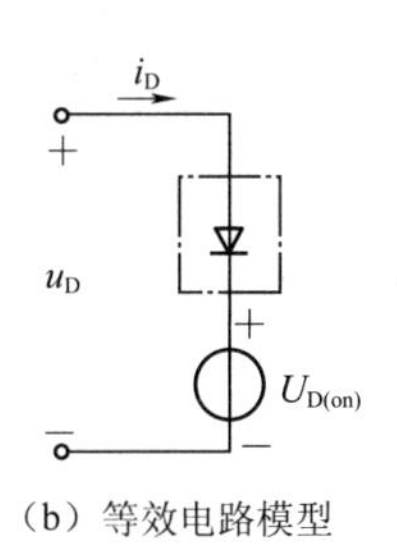

（b）等效电路模型

图2-7　二极管的恒压降模型

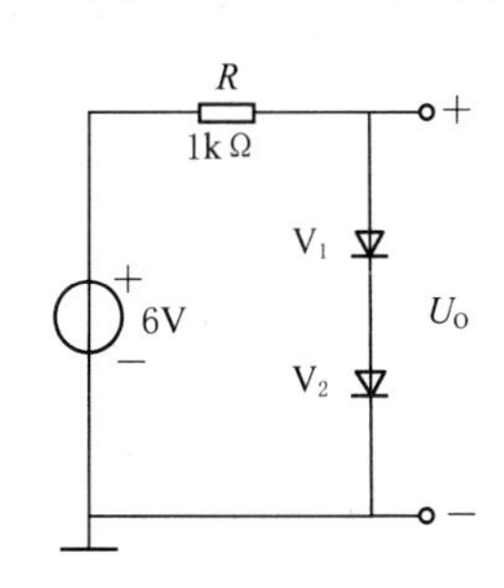

图2-8　二极管低电压稳压电路

2）与门电路。在数字电子电路中，常利用二极管的开关作用构成各种逻辑运算电路，图2-9所示为二极管与门电路。设$V_A$、$V_B$为理想二极管，输入端电压$U_A$、$U_B$分别为低电压（0）和高电压（5V）。

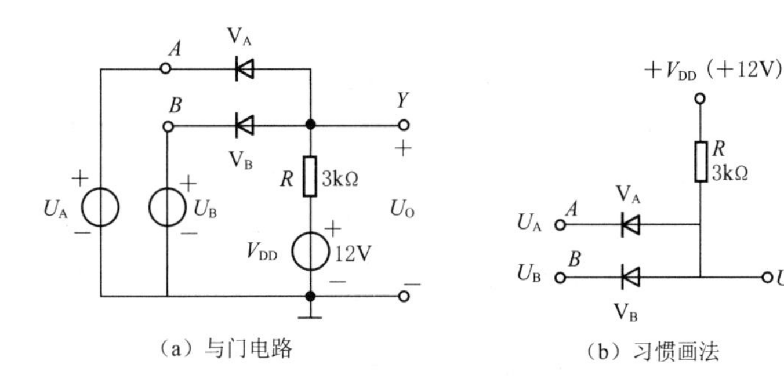

（a）与门电路　　（b）习惯画法

图2-9　二极管与门电路

当$U_A=U_B=0$时，由图2-9可见，$V_A$、$V_B$均正向偏置而导通，输出电压$U_O \approx U_A=U_B=0$，为低电压输出。

当$U_A=0$、$U_B=5V$时，虽然刚接通$U_A$、$U_B$时，$V_A$、$V_B$均为正向偏置而有可能导通，但由于$V_A$导通后，将使$Y$点电位下降为0，迫使$V_B$反偏而截止，所以这时$V_A$导通、$V_B$截止，输出电压$U_O=0$。

当$U_A=5$、$U_B=0$，$V_A$截止、$V_B$导通，输出电压$U_O=0$。

当$U_A=5V$、$U_B=5V$，$V_A$、$V_B$均为正偏而导通，输出高电压，即$U_O=5V$。

可见，$U_A$、$U_B$均为高电压5V时，$Y$端输出为高电压5V，只要有一个输入为低电压0时，则输出为低电压0，实现了“与”的功能。

3）整流电路。利用二极管的单向导电性将交流电变为直流电，称为整流。二极管桥式整流电路如图2-10（a）所示，图中输入电压$u_i$，为交流正弦波，取幅度为15V，其波形如图2-10（d）所示。在整流电路中，一般$u_i$的幅度比较大，所以可以采用二极管理想模型来分析。当$u_i$为正半周时$V_1$、$V_4$两管正偏导通，而$V_2$、$V_3$反偏截止，因此可得到如图2-10（b）所示等效电路，由图可知输出电压$u_o=u_i$。当$u_i$为负半周时，$V_2$、$V_3$正偏导通，$V_1$、$V_4$反偏截止，可得图2-10（c）所示等效电路，由图可知输出电压$u_o=-u_i$。

由此可以得到输出电压波形，如图 2－10（d）所示，它是单方向的脉动电压，通过滤波器可取出其中的直流成分。

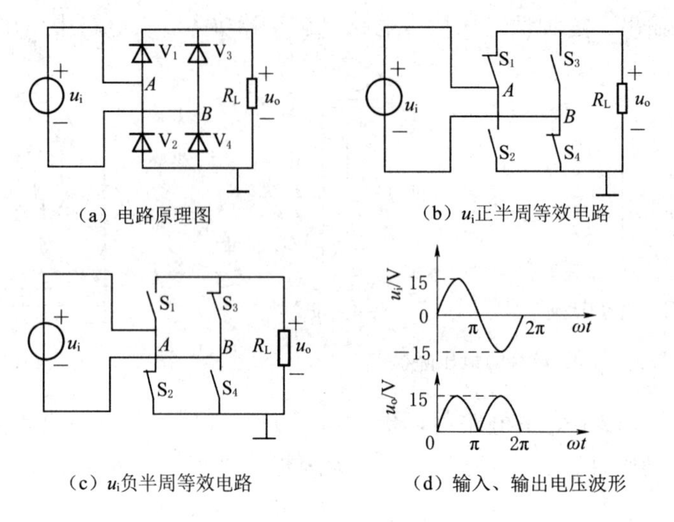

（a）电路原理图

（b）$u_i$正半周等效电路

（c）$u_i$负半周等效电路

（d）输入、输出电压波形

图 2－10　二极管桥式整流电路

4）限幅电路。在电子电路中，为了限制输出电压的幅度，常利用二极管构成限幅电路，图 2－11（a）所示为利用二极管正向压降来对输入信号进行双向限幅的电路，图中的二极管为硅管，其导通时管压降为 0.7V。采用恒压降模型可得等效电路，如图 2－11（b）所示。若输入电压 $u_i$ 为正弦波信号，幅度为 2V，如图 2－11（c）所示，则当 $u_i$ 为正半周时，幅值小于 0.7V，二极管 $V_1$、$V_2$ 均截止，输出电压 $u_o$ 等于输入电压 $u_i$，$u_i$ 大于 0.7V 时，$V_2$ 导通，$V_1$ 仍截止，输出电压 $u_o$ 恒等于 $V_2$ 的导通电压 0.7V。当 $u_i$ 为负半周时，$V_2$ 始终截止，$u_i$ 大于－0.7V 时，$V_1$ 也截止，输出电压 $u_o$ 等于输入电压 $u_i$，$u_i$ 小于－0.7V 时，$V_1$ 导通，输出电压 $u_o$ 恒等于 $V_1$ 的导通电压－0.7V。由此可得图 2－11（c）所示输出电压波形，输出电压的幅度被限制在±0.7V 之间。

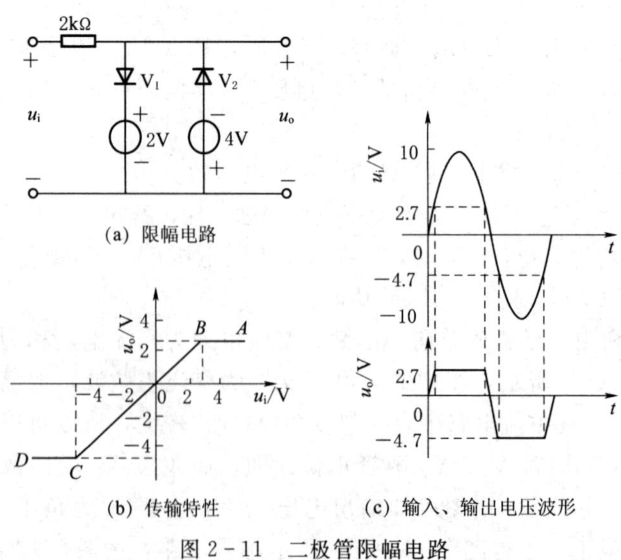

（a）限幅电路

（b）传输特性

（c）输入、输出电压波形

图 2－11　二极管限幅电路

3. 特殊二极管及其基本应用

二极管种类很多，除前面讨论的普通二极管外，常用的还有稳压、发光、光电及变容等特殊二极管。

（1）稳压二极管。

1）稳压二极管的特性及主要参数。稳压二极管是一种特殊的面接触型硅二极管，其符号和伏安特性曲线如图 2-12 所示，它的正向特性曲线与普通二极管相似，而反向击穿特性曲线很陡。正常情况下，稳压二极管工作在反向击穿区，由于曲线很陡，反向电流在很大范围内变化时，端电压变化很小，因而具有稳压作用。只要反向电流不超过其最大稳定电流，就不会形成破坏性的热击穿。因此，在电路中应与稳压二极管串联适当阻值的限流电阻。

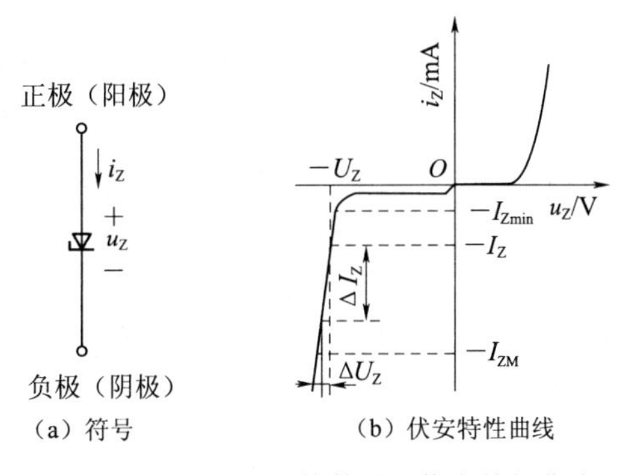

（a）符号　　（b）伏安特性曲线

图 2-12　稳压二极管符号及伏安特性曲线

稳压二极管的特殊性在于，当稳压二极管参与电路工作时，要注意其主要参数，见表2-3。

**表 2-3　稳压二极管的主要参数**

| 参数名称 | 符号 | 说　明 | 备　注 |
| --- | --- | --- | --- |
| 稳定电压 | $U_Z$ | 流过规定电流 $I_Z$ 时稳压二极管两端的反向电压值，其值决定于稳压二极管的反向击穿电压值，如图 2-12（b）所示 | 由于工艺方面的原因，同一型号稳压二极管的稳定电压有一定的允许范围 |
| 稳定电流 | $I_Z$ | 指稳压二极管稳压工作时的参考电流值，通常为工作电压等于 $U_Z$ 时所对应的电流值，如图 2-12（b）所示。当工作电流低于 $I_Z$ 时，稳压效果变差（有时也常将 $I_Z$ 记作 $I_{Zmin}$）；低于 $I_{Zmin}$ 时，稳压二极管将失去稳压作用 | $I_{Zmin}<I_Z<I_{ZM}$ |
| 最大耗散功率 | $P_{ZM}$ | 为了保证二极管不被热击穿而规定的极限参数，由允许的最高结温决定。稳压管的最大功率损耗取决于 PN 结的面积和散热等条件。反向工作时，PN 结的功率损耗为 $P_Z=I_ZU_Z$ | $P_{ZM}=I_{ZM}U_Z$ |
| 最大工作电流 | $I_{ZM}$ | ①稳定电流：工作电压等于稳定电压时的反向电流；②最小稳定电流：稳压二极管工作于稳定电压时所需的最小反向电流；③最大稳定电流：稳压二极管允许通过的最大反向电流 | |
| 动态电阻 | $r_Z$ | 指稳压范围内电压变化量与相应的电流变化量之比，$r_Z=\Delta U_Z/\Delta I_Z$，如图 2-12（b）所示。$r_Z$ 值很小，约几欧到几十欧。$r_Z$ 越小，即反向击穿特性曲线越陡，稳压性能就越好 | |
| 电压温度系数 | $C_{TV}$ | 指温度每增加 1℃时，稳定电压的相对变化量 | $C_{TV}=\dfrac{\Delta U_Z/U_Z}{\Delta T}\times 100\%$ |

2）稳压二极管稳压电路。利用稳压二极管组成的稳压电路如图 2-13 所示，$R$ 为限流电阻，$R_L$ 为稳压电路的负载。当输入电压 $U_I$、负载 $R_L$ 变化时，该电路可维持输出电压 $U_O$ 的稳定。

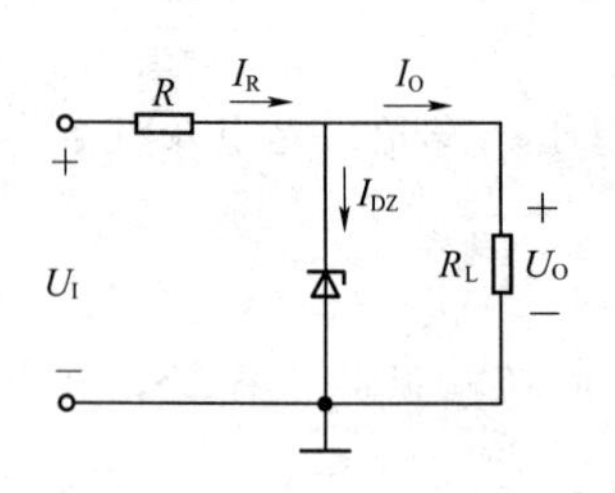


图 2-13 稳压二极管电路

由图 2-13 可知，当稳压二极管正常稳压工作时，有下述方程式：

$$U_O = U_I - I_R R = U_Z \quad (2-2)$$

$$I_R = I_{DZ} + I_L \quad (2-3)$$

若 $R_L$ 不变、$U_I$ 增大时，$U_O$ 将会随着上升，加于稳压二极管两端的反向电压增加，使电流 $I_{DZ}$ 大大增加，由式（2-3）可知，$I_R$ 也随之显著增加，从而使限流电阻上的压降 $I_R R$ 增大，其结果是，$U_I$ 的增加量绝大部分都降落在限流电阻 $R$ 上，从而使输出电压 $U_O$ 基本维持恒定；反之，$U_I$ 下降时 $I_R$ 减小，$R$ 上压降减小，从而维持 $U_O$ 基本恒定。

若 $U_I$ 不变、$R_L$ 增大（即负载电流 $I_L$ 减小）时，输出电压 $U_O$ 将会跟随增大，则流过稳压二极管的电流 $I_{DZ}$ 大大增加，致使 $I_R R$ 增大，迫使输出电压 $U_O$ 下降。同理，若 $R_L$ 减小，使 $U_O$ 下降，则 $I_{DZ}$ 显著减小，致使 $I_R R$ 减小，迫使 $U_O$ 上升，从而维持了输出电压 $U_O$ 的稳定。

（2）发光二极管与光电二极管。

1）发光二极管。发光二极管（Light Emitting Diode，LED）是用某些自由电子和空穴复合时产生光辐射的半导体制成的，通以正向电流就会发光的特殊二极管，其图形符号和基本应用电路如图 2-14 所示。采用不同的材料，可发出红色、黄色、绿色、橙色、蓝色光。

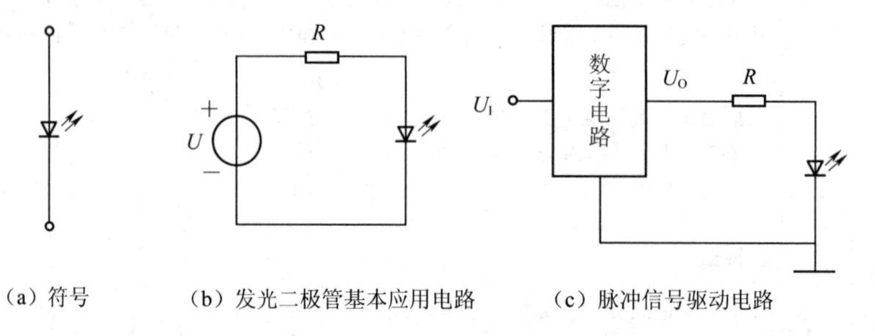


（a）符号　（b）发光二极管基本应用电路　（c）脉冲信号驱动电路

图 2-14 发光二极管的符号和基本应用电路

发光二极管的伏安特性与普通二极管相似，不过它的正向导通电压较大，通常为 1.7～3.5V；同时发光的亮度随通过的正向电流增大而增强，工作电流为几 mA 到几十 mA，典型工作电流为 10mA 左右，高强度时 50mA 即可。发光二极管的反向击穿电压一般大于 5V，但为使器件稳定可靠工作，一般使其工作在 5V 以下。

发光二极管主要用作显示器件，可单个使用，如用作电源指示灯、测控电路中的工作状态指示灯等；也常做成条状发光器件，制成七段或八段数码管，用以显示数字或字符；还可以作为像素，组成矩阵式显示器件，用于显示图像、文字等，在电子广告、影视传媒、交通管理等方面得到广泛应用。

发光二极管基本应用电路如图 2-14（b）所示。图中的 $R$ 为限流电阻，以使发光二极管正向工作电流在额定电流内；电源电压 $U$ 可以是直流，也可以是交流或脉冲信号。图 2-14（c）所示采用脉冲信号驱动的发光二极管电路，当数字电路输出 $u_o$ 为低电压（0）时，LED 导通发光；当输出 $u_o$ 为高电压（5V）时，LED 截止不亮。这样通过 LED 即可直观地显示出数字电路输出信号的状态。

2）光电二极管。光电二极管是将光信号转换为电信号的半导体器件，其图形符号如图2－15所示。它的结构与普通二极管类似，但其管壳上有一透光的窗口，用于接收外部的光照。使用时光电二极管的PN结应工作在反偏状态，在光的照射下，反向电流随光照强度的增加而上升，这时的反向电流称为光电流。光电流与入射光的波长有关。无光照射时，光电二极管与普通二极管一样，反向电流很小，一般为几微安，甚至更小，该电流称为暗电流。

光电二极管广泛应用于制造各种光敏传感器、光电控制器等，也可用于光的测量，当PN结的面积较大时，可以做成光电池。

将发光二极管和光电二极管组合起来可构成光电耦合器，如图2－16所示。将输入的电信号加到发光二极管 $V_1$ 的两端，使之发光，照射到光电二极管 $V_2$ 上，这样在器件的输出端产生与输入信号变化规律相同的电信号，从而实现了信号的光电耦合。将电信号从输入端传送到输出端，由于两个二极管之间是电隔离的，因此光电耦合器是用光传输信号的电隔离器件，常用于数字电路和模拟电路或计算机控制系统中作接口电路。

（3）变容二极管。PN结具有电容效应，当PN结反向偏置时，它的反向电阻很大，近似开路，PN结可构成较理想的电容器件，且其容量随PN结两端反向电压的增加而减小。利用这种特性制成的二极管称为变容二极管，它的图形符号及电容电压特性曲线如图2－17所示。变容二极管广泛用于高频电子电路中，例如用于谐振回路的电调谐、调频信号的产生等。

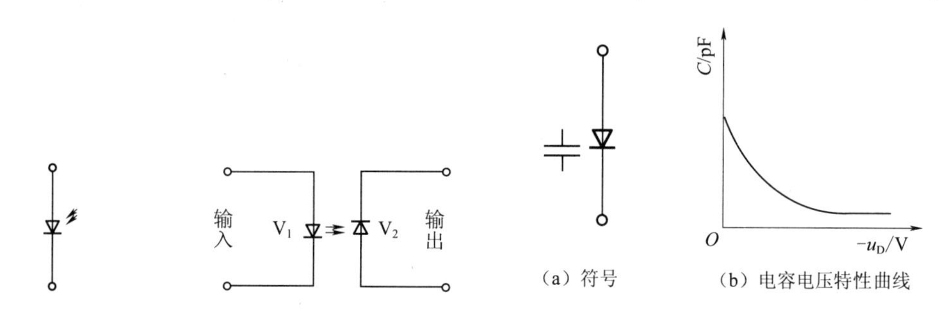


图2－15　光电二极管的符号　　图2－16　光电耦合器　　图2－17　变容二极管的符号与电容电压特性曲线

**（三）直流稳压电源的工作原理**

1．直流稳压电源的构成

直流稳压电源一般由交流变压器、整流电路、滤波电路和稳压电路等几部分组成（图2－18）。

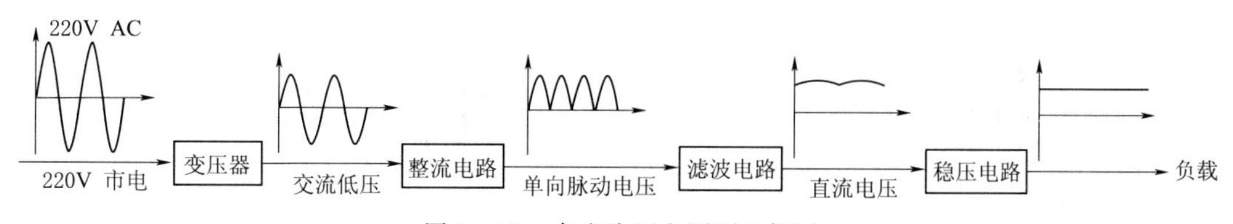


图2－18　直流稳压电源原理框图

如图2－18所示，降压变压器把市电交流电压变为所需低压交流电，整流电路利用二极管单向导电性，将交流电变为脉动直流电，然后经电容、电感等储能元件构成的滤波电路，滤去单向脉动电压的交流成分，将脉动直流电变为平滑直流电，稳压电路用来维持直流电压的稳定。

2. 整流电路

由于电网系统供给的电能都是交流电，而电子设备需要稳定的直流电源供电才能正常工作。将交流电变换为直流电的过程就是整流。常用单相整流电路有单相半波整流电路和桥式整流电路，均是利用二极管单向导电特性，把大小、极性变化的交流电变成极性固定的脉动直流电，再经滤波和稳压电路将其变成稳定的直流电压。

(1) 单相半波整流电路。单相半波整流电路如图 2-19 所示。$T_1$ 为电源变压器，$V_1$ 为整流二极管，$R_1$ 为负载。220V 市电经变压器 $T_1$ 降压后，变为整流电路所要求的交流低压，输出方向和大小随时间变化的正弦波电压，波形如图 2-20 所示。0～π 期间为电压正半周，变压器 $T_1$ 二次侧电压极性为上正下负，二极管 $V_1$ 正向导通，电源电压加到负载 $R_1$ 上，负载 $R_1$ 中有电流通过；π～2π 期间为电压负半周，变压器 $T_1$ 二次侧电压极性上负下正，二极管 $V_1$ 反向截止，负载 $R_1$ 电压为 0，无电流通过。整个周期中只得到一个方向的正半周电压，其波形如图 2-20 所示，为脉动直流电。

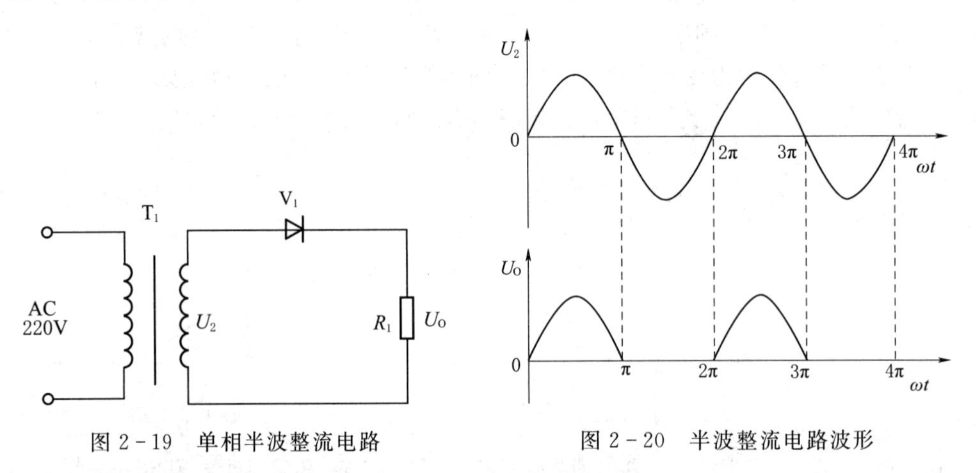


图 2-19　单相半波整流电路　　　图 2-20　半波整流电路波形

因半波整流电路只利用电源正半周，电源利用效率非常低，所以半波整流电路仅在高电压、小电流等少数对直流电源要求不高的场合使用。

(2) 桥式整流电路。图 2-21 (a) 为另一种常用的整流电路——桥式整流电路，$V_1$～$V_4$ 四个整流二极管接成电桥形式，所以可将电路简化为图 2-21 (b)。电源正半周整流过程为：变压器 $T_1$ 二次侧电压极性上正下负，整流二极管 $V_1$ 和 $V_3$ 导通，电流由 $T_1$ 二次侧上端经过 $V_1$、$R_1$ 和 $V_3$ 回到变压器 $T_1$ 二次侧下端。电源负半周整流过程为：变压器 $T_1$ 二

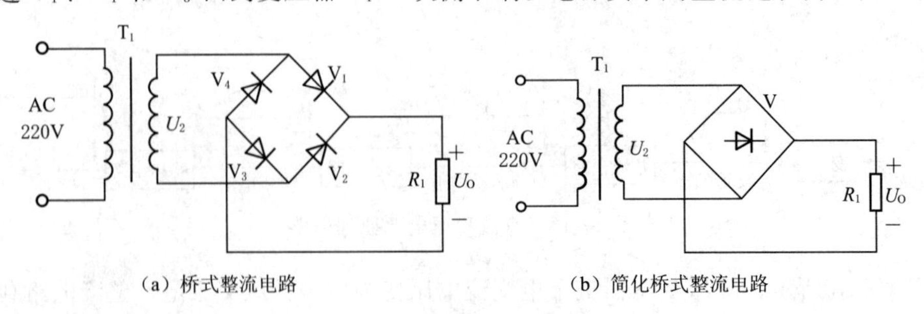


(a) 桥式整流电路　　　(b) 简化桥式整流电路

图 2-21　桥式整流电路

次电压极性下正上负，整流二极管 $V_4$ 和 $V_2$ 导通，电流由 $T_1$ 二次侧下端经过 $V_2$、$R_1$ 和 $V_4$ 回到变压器 $T_1$ 二次侧上端。$R_1$ 两端电压始终是上正下负，其波形如图 2－22 所示。

3. 滤波电路

整流电路将交流电变为脉动直流电，其中含有较大的交流成分，称为纹波电压，不能直接作为电子电路的电源。为了获得更加平滑、符合电子产品对电源要求的直流电压，须通过滤波电路滤除交流成分。常见滤波电路由电容器、电感线圈等组成，主要有电容滤波、电感滤波、RC 滤波、LC 滤波和有源滤波电路，如图 2－23 所示。

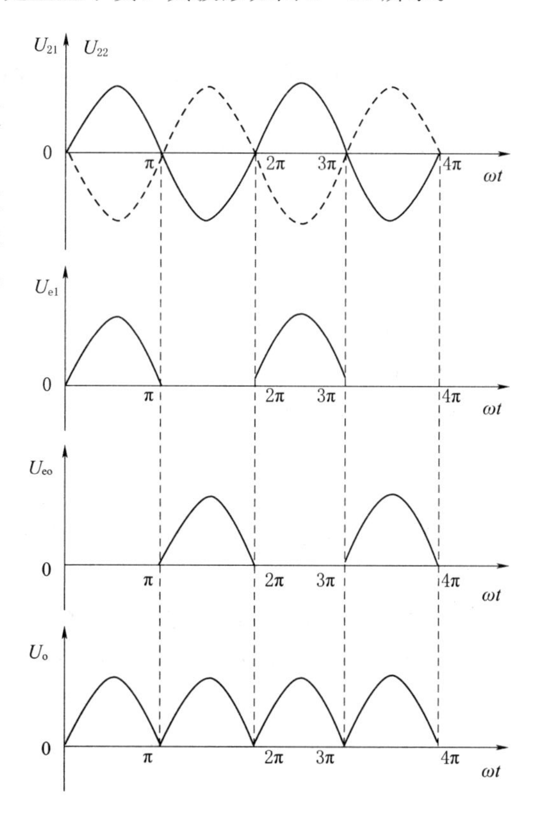

图 2－22　桥式整流电路波形

电容滤波电路如图 2－23（a）所示，利用电容充放电原理获得滤波效果。在脉动直流波形上升阶段，电容 $C_1$ 充电，由于充电时间常数小，所以充电速度快，当脉动直流波形下降时，电容 $C_1$ 放电，由于放电时间常数很大，所以放电速度慢，在 $C_1$ 还没有完全放电时再次进行充电。通过电容 $C_1$ 的反复充放电实现了滤波作用。

电感滤波电路如图 2－23（b）所示，利用电感线圈对脉动直流产生反向电动势，起到阻碍作用而获得滤波效果。电感量越大，滤波效果越好。电感滤波带负载能力强，多用于负载电流较大的场合。

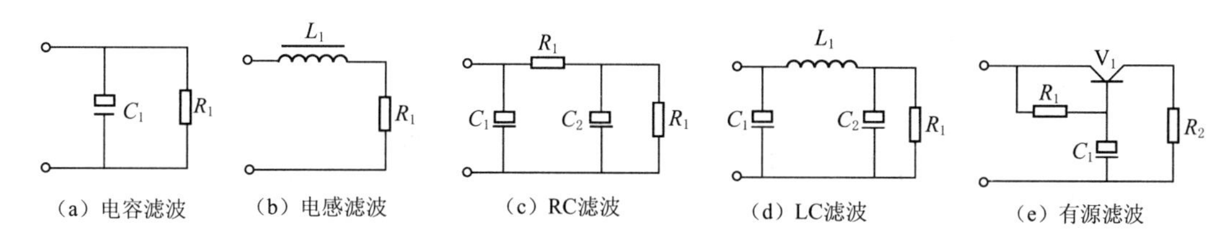

图 2－23　常用滤波电路

RC 滤波电路由两个电容和一个电阻组成，如图 2－23（c）所示。由于增加了电阻 $R_1$，使交流纹波都分担在 $R_1$ 上。$R_1$ 和 $C_2$ 越大，滤波效果越好，通常 $R_1$ 参数选择应远小于负载电阻 $R_2$，因为 $R_1$ 过大会造成压降过大，降低输出电压，减小输出电流。

图 2－23（d）为 LC 滤波电路，由电容和电感线圈组成，该电路集合电容滤波和电感滤波的优点，滤波效果好、带负载能力强。

若对滤波效果要求较高，可通过增加滤波电容容量来提高滤波效果，由于受到电容体积限制，不可能无限制增大滤波电容容量，这时可使用有源滤波电路，此种滤波电路属二次滤波电路，前级应装有电容或电感滤波电路，否则无法正常工作，电路如图 2－23（e）所示，

通过三极管 $V_1$ 放大作用，将 $C_1$ 容量放大 $\beta$ 倍，相当于接入一个放大 $(\beta+1)$ 倍容量的 $C_1$ 进行滤波。相关电阻、电容取值只要保证 $V_1$ 集电极与发射极电压 $U_{ce}$ 大于 1.5V 即可。

4. 稳压电路

稳压电路使输出直流电压稳定，不随电网电压或负载的变化而波动。常见有串联型稳压电路、并联型稳压电路、集成稳压电路，其中：①串联型稳压电路稳压性能好，且可以调整输出电压的高低，输出电流大，但结构复杂；②并联型稳压电路结构简单，维修方便，但稳压性能较差，输出电压不易调节，输出电流小；③集成稳压电路电路简单，稳压性能好，但输出电压不易调节，输出电流小。

5. 串联型稳压电路的工作原理

稳压管稳压电路输出电流较小，输出电压不可调，不能满足很多场合下的应用。串联型稳压电路以稳压管稳压电路为基础，利用晶体管的电流放大作用，增大负载电流；在电路中引入深度电压负反馈使输出电压稳定；通过改变反馈网络参数使输出电压可调。

串联型稳压电路组成如图 2-24（a）所示，由调整管、取样电路、基准电压和比较放大电路等部分组成。由于调整管与负载串联，故称为串联型稳压电路。图 2-24（b）所示为串联型稳压电路的电路图，图中 $V_1$ 为调整管，工作在线性放大区，故又称为线性稳压电路；$R_3$ 和 $V_2$ 组成基准电压源，为集成运放 A 的同相输入端提供基准电压；$R_1$、$R_2$ 和 $R_3$ 组成取样电路，将稳压电路的输出电压分压后送到集成运算放大器 A 的反相输入端；集成运算放大器 A 构成比较放大电路，用来对取样电压与基准电压的差值进行放大。当输入端电压 $U_{RI}$ 增大（或负载电流 $I_O$ 减小）引起输出电压 $U_O$ 增加时，取样电压 $U_P$ 随之增大，$U_Z$ 与 $U_P$ 的差值减小，经 A 放大使调整管的基极电压 $U_{B1}$ 减小，集电极 $I_{C1}$ 减小，管压降 $U_{CE}$ 增大，输出电压 $U_O$ 减小，从而使得稳压电路的输出电压上升趋势受到抑制，稳定了输出电压。同理，当输入电压 $U_{RI}$ 减小或负载电流 $I_O$ 增大引起 $U_O$ 减小时，电路将产生与上述相反的稳压过程，也将维持输出电压基本不变。

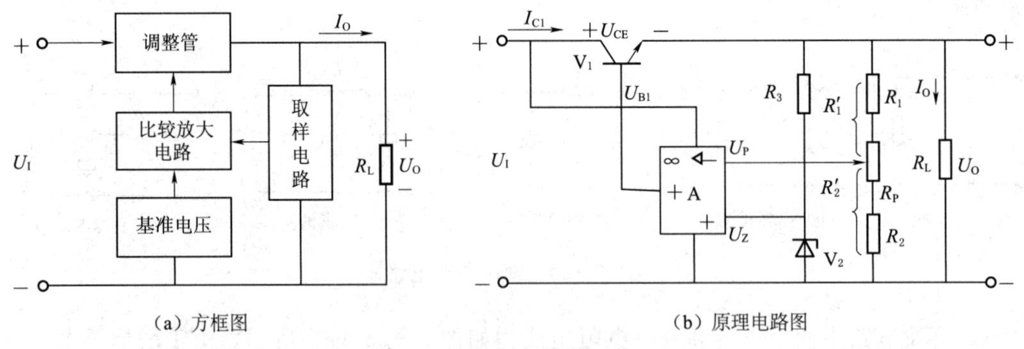


（a）方框图　（b）原理电路图

图 2-24　串联型稳压电路组成

## （四）线性集成稳压器

1. 整流桥

由于桥式整流电路要采用 4 只特性相同的二极管连接成电桥，应用时较为不便，而且其中一个二极管的极性接错，就会导致电路损坏，为此，半导体器件制造厂家常将 4 只二极管接成桥路后，制作在一起，封装成一个器件，称为整流桥，以供选用。整流桥外形如图 2-25 所示。

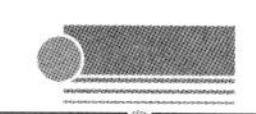


选择整流桥时主要考虑其整流电流和工作电压。整流桥最大整流电流有 0.5A、1A、1.5A、…、20A 等多种规格；工作电压（最大反向电压）有 25V、50V、100V、…、1000V 等多种规格。

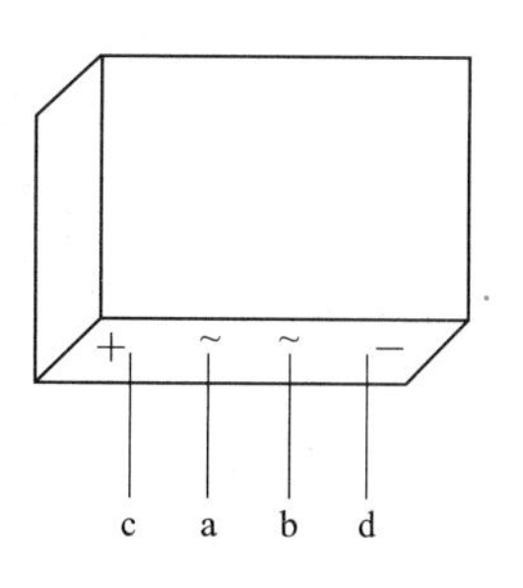

图 2-25　整流桥外形

2. 三端集成稳压器

三端集成稳压器有两种：一种输出电压是固定的，称为固定输出三端稳压器；另一种输出电压是可调的，称为可调输出三端稳压器。

（1）三端固定集成稳压器。三端固定集成稳压器有 CW7800 和 CW7900 两大系列，CW7800 系列是三端固定正输出稳压器，CW7900 系列是三端固定负输出稳压器。它们的最大特点是稳压性能良好，外围元件简单，安装调试方便，价格低廉，现已成为集成稳压器的主流产品。CW7800 系列按输出电压分有 5V、6V、9V、12V、15V、18V、24V 等产品；按输出电流大小分有 0.1A、0.5A、1.5A、3A、5A、10A 等产品，具体型号见表 2-4。例如型号为 7805 的三端集成稳压器，表示输出电压为 5V，输出电流可达 1.5A。注意所标注的输出电流是要求稳压器在加入足够大的散热器条件下得到的。同理，CW7900 系列的三端稳压器也有 −5～−24V 7 种输出电压，输出电流有 0.1A、0.5A、1.5A 三种规格，具体型号见表 2-5。

**表 2-4　　CW7800 系列稳压器规格**

| 型号 | 输出电流/A | 输出电压/V |
|---|---|---|
| 78L00 | 0.1 | 5、6、9、12、15、18、24 |
| 78M00 | 0.5 | 5、6、9、12、15、18、24 |
| 7800 | 1.5 | 5、6、9、12、15、18、24 |
| 78T00 | 3 | 5、12、18、24 |
| 78H00 | 5 | 5、12 |
| 78P00 | 10 | 5 |

**表 2-5　　CW7900 系列稳压器规格**

| 型号 | 输出电流/A | 输出电压/V |
|---|---|---|
| 79L00 | 0.1 | −5、−6、−9、−12、−15、−18、−24 |
| 79M00 | 0.5 | −5、−6、−9、−12、−15、−18、−24 |
| 7900 | 1.5 | −5、−6、−9、−12、−15、−18、−24 |

CW7800 系列属于正压输出，其输出端对公共端的电压为正。根据集成稳压器本身功耗的大小，其封装形式分为 TO-220 塑料封装和 TO-3 金属壳封装，二者的最大功耗分别为 10W 和 20W（加散热器）。管脚排列如图 2-26 所示。$U_I$ 为输入端，$U_O$ 为输出端，GND 为公共端（地）。三者的电位分布如下为 $U_I > U_O > U_{GND}$（0）。最小输入—输出电压差为 2V，为可靠起见，一般应选 4～6V。最高输入电压为 35V。

CW7900 系列属于负电压输出，其输出端对公共端呈负电压。CW7900 与 CW7800 的外形相同，但管脚排列顺序不同，如图 2-26 所示。CW7900 的电位分布为：$U_{GND}(0) > -U_O > -U_I$。另外在使用 CW7800 与 CW7900 时要注意，采用 TO-3 封装的 CW7800 系列集成电

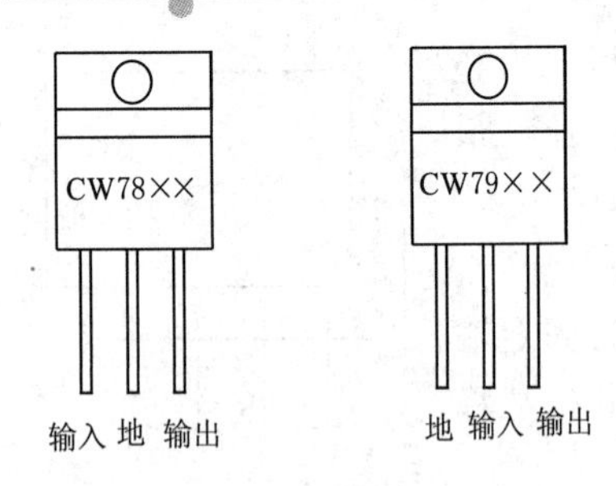


图 2-26 三端固定输出集成稳压器管脚排列

路，其金属外壳为地端；而同样封装的 CW7900 系列的稳压器，金属外壳是负电压输入端。因此，在由二者构成多路稳压电源时若将 CW7800 的外壳接印刷电路板的公共地，CW7900 的外壳及散热器就必须与印刷电路板的公共地绝缘，否则会造成电源短路。

应用中须注意的几个问题如下：

1）改善稳压器工作稳定性和瞬变响应的措施。三端固定集成稳压器的典型应用电路如图 2-27 所示。图 2-27（a）适用于 CW7800 系列，$U_I$、$U_O$ 均是正值；图 2-27（b）适用于 CW7900 系列，$U_I$、$U_O$ 均是负值；其中 $U_I$ 是整流滤波电路的输出电压。在靠近三端集成稳压器输入、输出端处，一般要接入 $C_1=0.33\mu F$ 和 $C_2=0.1\mu F$ 电容，其目的是使稳压器在整个输入电压和输出电流变化范围内，提高其工作稳定性和改善瞬变响应。为了获得最佳的效果，电容器应选用频率特性好的陶瓷电容或钽电容为宜。另外，为了进一步减小输出电压的纹波，一般在集成稳压器的输出端并入一个几百微法的电解电容。

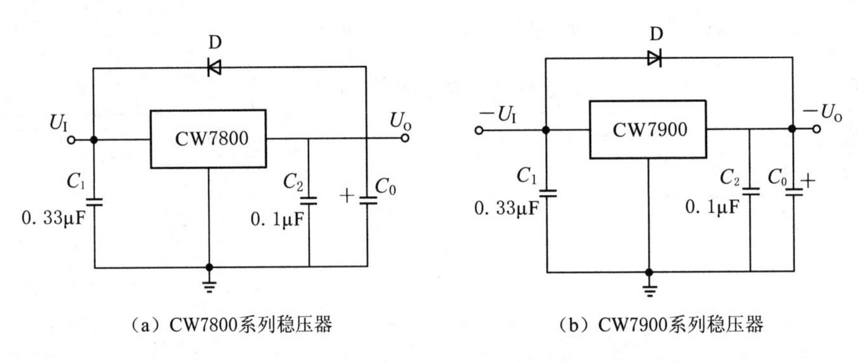


图 2-27 三端固定集成稳压器的典型应用电路

2）确保不毁坏器件的措施。三端固定集成稳压器内部具有完善的保护电路，一旦输出发生过载或短路，可自动限制器件内部的结温不超过额定值。但若器件使用条件超出其规定的最大限制范围或应用电路设计处理不当，也会损坏器件。例如当输出端接比较大电容时（$C_0>25F$），一旦稳压器的输入端出现短路，输出端电容器上储存的电荷将通过集成稳压器内部调整管的发射极-基极 PN 结泄放电荷，因大容量电容器释放能量比较大，故也可能造成集成稳压器损坏。为防止损坏，一般在稳压器的输入和输出之间跨接一个二极管（图2-27），稳压器正常工作时，该二极管处于截止状态，当输入端突然短路时，二极管为输出电容器 $C_0$ 提供泄放通路。

3）稳压器输入电压值的确定。集成稳压器的输入电压虽然受到最大输入电压的限制，但为了使稳压器工作在最佳状态并获得理想的稳压指标，该输入电压也有最小值的要求。输入电压 $U_I$ 的确定，应考虑如下因素：①稳压器输出电压 $U_O$；②稳压器输入和输出之间的最小压差 $(U_I-U_O)_{min}$；③稳压器输入电压的纹波电压 $U_{RIP}$，一般取 $U_O$ 与 $(U_I-U_O)_{min}$ 之和的 10%；④电网电压的波动引起的输入电压的变化 $\Delta U_I$，一般取 $U_O$、$(U_I-U_O)_{min}$ 与 $U_{RIP}$ 之和的 10%。对于集成三端稳压器，$(U_I-U_O)=2\sim10V$ 具有较好的稳压输出特性。例如对

于输出为 5V 的集成稳压器，其最小输出电压

$$U_{\text{Imin}}=U_{\text{O}}+(U_{\text{I}}-U_{\text{O}})_{\min}+U_{\text{RIP}}+\Delta U_{\text{I}}=5+2+0.7+0.77\approx 8.5(\text{V})$$

（2）三端可调集成稳压器。三端固定输出集成稳压器主要用于固定输出标准电压值的稳压电源中。虽然通过外接电路元件，也可构成多种形式的可调稳压电源，但稳压性能指标有所降低。集成三端可调稳压器的出现，可以弥补三端固定集成稳压器的不足。它不仅保留了固定输出稳压器的优点，而且在性能指标上有很大的提高。它分为 CW317（正电压输出）和 CW337（负电压输出）两大系列，每个系列又有 100mA、0.5A、1.5A、3A 等品种，应用十分方便。CW317 系列与 CW7800 系列产品相比，在同样的使用条件下，静态工作电流 $I_{\text{Q}}$ 从几十 mA 下降到 50μA，电压调整率 $S_{\text{V}}$ 由 0.1%/V 达到 0.02%/V，电流调整率 $S_{\text{I}}$ 从 0.8%提高到 0.1%。三端可调集成稳压器的产品分类见表 2－6。

**表 2－6　　三端可调集成稳压器规格**

| 特点 | 国产型号 | 最大输出电流/A | 输出电压/V | 对应国外型号 |
|---|---|---|---|---|
| 正压输出 | CW117L/217L/317L | 0.1 | 1.2～37 | LM117L/217L/317L |
| | CW117M/217M/317M | 0.5 | 1.2～37 | LM117M/217M/317M |
| | CW117/217/317 | 1.5 | 1.2～37 | LM117/LM217/317 |
| | CW117HV/217HV/317HV | 1.5 | 1.2～57 | LM117HV/217HV/317HV |
| | W150/250/350 | 3 | 1.2～33 | LM150/250/350 |
| | W138/2138/338 | 5 | 1.2～32 | LM138/238/338 |
| | W196/296/396 | 10 | 1.25～15 | LM196/296/396 |
| 负压输出 | CW137L/237L/337L | 0.1 | －1.2～－37 | LM137L/2137L/337L |
| | CW137M/237M/337M | 0.5 | －1.2～－37 | LM137M/237M/337M |
| | CW137/237/337 | 1.5 | －1.2～－37 | LM137/237/337 |

CW317 系列、CW337 系列集成稳压器的管脚排列及封装型式如图 2－28 所示。

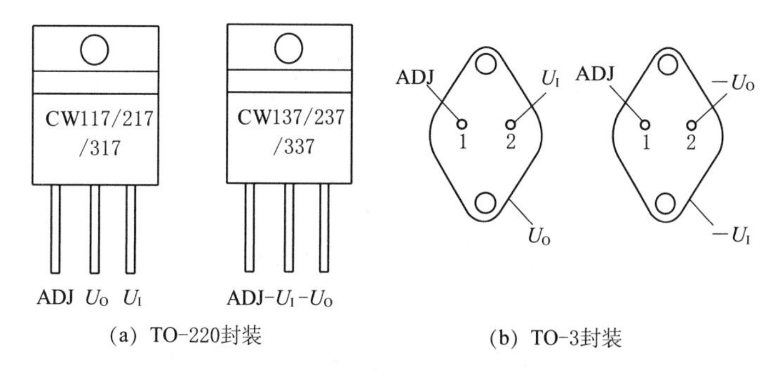


图 2－28　三端可调集成稳压器管脚排列及封装型式

CW317、CW337 系列三端可调稳压器使用非常方便，只要在输出端上外接两个电阻，即可获得所要求的输出电压值。它们的标准应用电路如图 2－29 所示，其中图 2－29（a）是 CW317 系列正电压输出的标准电路；图 2－29（b）是 CW337 系列负电压输出的标准电路。

在图 2－29（a）电路中，输出电压的表达式为

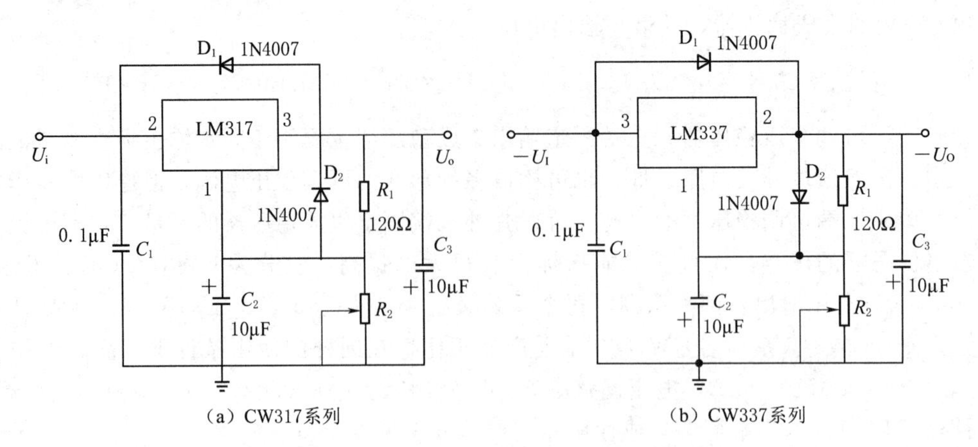


图 2-29 三端可调集成稳压器的典型应用

$$U_O=1.25\times\left(1+\frac{R_2}{R_1}\right)+50\times10^{-6}\times R_2\approx1.25\times\left(1+\frac{R_2}{R_1}\right)$$

式中第二项是 CW317 的调整端流出的电流在电阻 $R_2$ 上产生的压降。由于电流非常小（仅为 50A），故第二项可忽略不计。

在空载情况下，为了给 CW317 的内部电路提供回路，并保证输出电压的稳定，电阻 $R_1$ 不能选的过大，一般选择 $R_1=100\sim120\Omega$。调整端上对地的电容器 $C_2$ 用于旁路电阻 $R_2$ 上的纹波电压，改善稳压器输出的纹波抑制特性。一般 $C_2$ 的取值在 10F 左右。

（3）直流稳压电源调试的基本办法。直流稳压电源调试可按下列步骤进行。

1）通电前的检查。在通电前必须认真检查直流稳压电路，以免通电后危及人身及设备安全。检查内容有：

a. 电源变压器一次与二次绕组不能接错，并用兆欧表测量变压器的绝缘电阻，以防止漏电。

b. I 整流二极管或整流桥的极性不能接反，滤波电容“+”端应接电流电压的正极，不能接反。

c. 核对集成稳压器的型号是否符合要求，三端稳压器的输入、输出、公共端（或调整端）不能接错，安装焊接牢固可靠。

d. 集成稳压器必须要按规定加装符合要求的散热装置，严禁超负荷使用。

e. 过流保护熔丝应符合规格，并用万用表检测输出负载端是否有短路现象。

2）通电后的测试。在通电前进行上述检查并确认无误后，即可通电对电路进行下列测试：

a. 空载检查测试。输出端不接负载，用万用表交流电压挡检测变压器一次与二次电压是否正常，然后用万用表直流电压挡测量整流滤波后电压挡测量整流滤波后电压及稳压电路输出电压等是否符合设计要求。

b. 加载检查测试。在电路输出端接上额定负载电阻，调节输出电压达到额定值，测量 $U_2$、$U_1$、$U_O$ 等是否符合设计要求。用示波器观察输出电压中锯齿波纹波电压是否符合要求且不应有其他干扰、自激振荡波形。

c. 质量指标测量。主要测量电压调整率（稳压系数）、电流调整率（输出电阻）、纹波电压等。

### （五）手工焊接技术

1. 焊接工具

常用焊接工具为防静电可调恒温电烙铁，其外形如图 2-30 所示。其特点是：①纤巧式设计，节省空间；②手柄轻巧，长时间使用不感疲劳；③特备固定温度螺丝，防止调乱温度；④精确控温，长寿命设计。

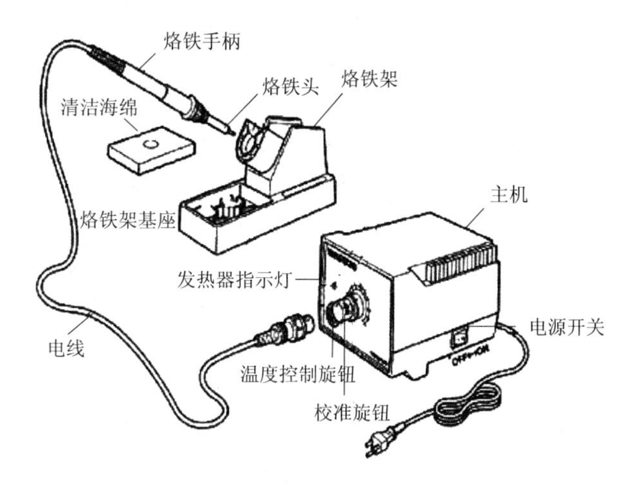


图 2-30　防静电可调恒温电烙铁

（1）电烙铁结构如图 2-31 所示。内部采用高温 PTC 发热元件，设有紧固导热结构，升温迅速、节能、工作可靠，低电压即可工作。

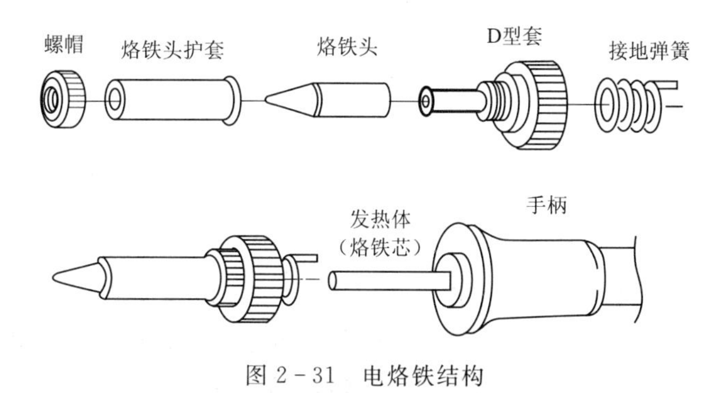


图 2-31　电烙铁结构

（2）使用电烙铁应注意如下事项：①清除焊锡残余时切勿用烙铁头敲击工作台，避免损坏电烙铁；②切勿弄湿烙铁或手湿时使用烙铁；③焊接时会产生烟雾，应有良好的通风设施，尽量避免吸入锡丝加热时产生的烟雾；④焊接完成后，吃东西、喝饮料前应洗手。

2. 焊接材料

（1）焊料：常用铅焊锡和无铅焊锡。

1）有铅焊锡：由锡（熔点 232℃）和铅（熔点 327℃）组成的合金，也被称为共晶焊锡，熔点为 183℃，其中锡成分占 63%，铅成分占 37%。

2）无铅焊锡：符合欧盟环保要求的 ROHS 标准，主要成分是锡，熔点是 232℃，与其他金属如银、铋、锌等组成合金体系。常用的无铅焊锡由锡铜合金做成，铅含量低于0.1%。

(2) 助焊剂：通常以松香为主要成分的混合物，是保证焊接过程顺利进行的辅助材料。助焊剂的主要作用有：①除氧化膜，焊接后生成残渣浮在焊点表面；②减小表面张力，使焊料流动浸润；③防止氧化，在焊点表面形成隔离层；④使焊点美观，减小张力使焊点均匀圆润。

3. 焊接方法

正确的焊接姿势是标准焊接的前提，应左手拿焊锡丝，右手拿电烙铁。如图2-32所示。在焊接时须注意：焊剂加热挥发出的化学物质对人体有害，如操作时鼻子距离烙铁头太近，很容易将有害气体吸入，一般烙铁离鼻子的距离至少大于30cm，通常以40cm时为宜。

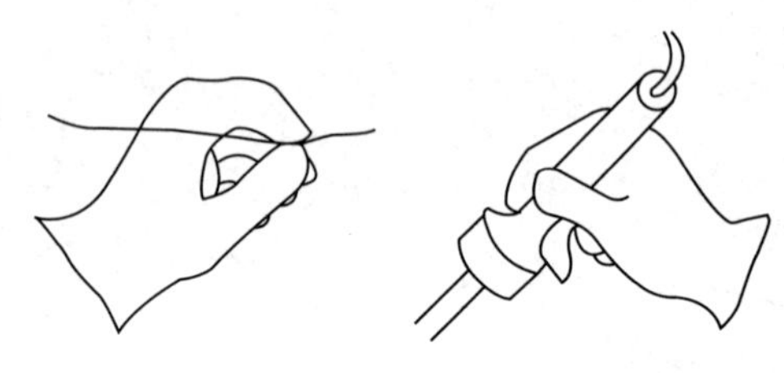

图2-32　焊接姿势

手工焊接如图2-33所示，操作步骤如下：

1) 准备：准备好焊锡丝和烙铁，烙铁头部保持干净，须沾上焊锡。

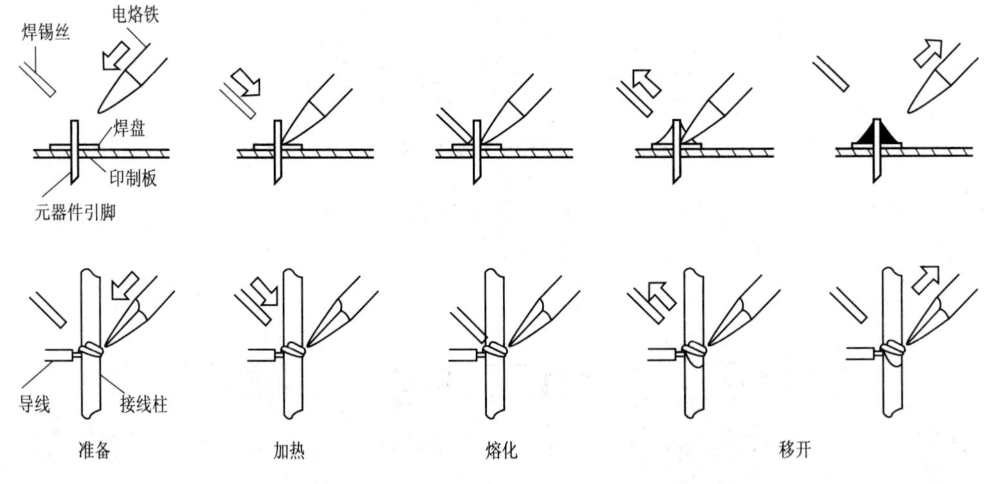


图2-33　焊接操作步骤

2) 加热：将烙铁接触焊接点，保持烙铁加热焊件各部分均匀受热。

3) 熔化：加热到能熔化焊料的温度后将焊锡丝置于焊点，焊料开始熔化并润湿焊点。

4) 移开：当熔化一定量焊锡后将焊锡丝和烙铁迅速移开。

对一般焊点来说，上述焊接过程大约为两三秒，对于热容量较小焊点，有时用三步法概括操作，一边加热一边送焊锡，加热和熔化同时进行，达到迅速焊接的目的。

## 五、任务准备

1. 设备、工具的准备

为完成工作任务，每个工作小组需要向工作站内仓库管理教师提供借用工具清单。

2. 材料的准备

供参考选择的元件清单如下：

二极管：IN4007　4个；2CW56　1个。

三极管：9013　1个；9014　1个。

电阻：1kΩ　2个；160Ω　1个；3Ω　1个；220Ω　1个；300Ω　1个。

可调电位器：10kΩ　1个；10kΩ　1个。

电容：电解电容220μF　2个，10μF　1个。

其他：复合管（9013）　1个；排针若干。

为完成工作任务，每个工作小组需要向工作站内仓库管理教师提供领用材料清单。

3. 团队分配方案

将学生分为3个工作岛，每个工作岛再分为6组，根据工作岛工位要求，每个工作岛指定1人为组长、2人为材料管理员，材料管理员负责材料领取分发，小组长负责组织本组相关问题的计划、实施及讨论汇总，填写各组人员工作任务实施所需文字材料的相关记录表。

## 六、任务实施

1. 二极管判别及放大倍数测试

（1）二极管识别与检测。

1）外观识别二极管。二极管的正负极性一般都标注在其外壳上。有时二极管的图形会直接画在其外壳上。若二极管的引线是轴向引出的，则在其外壳上标出色环（色点），有色环（色点）的一端为二极管的负极端。若二极管是透明玻璃壳，则可直接看出极性，即二极管内部边触丝的一端为正极。对于发光二极管和变容二极管等，引脚引线较长一端为正极，另一端则为负极。

2）万用表识别二极管。对于标识不清的二极管，可以用万用表来判别其极性及质量好坏。

数字万用表表盘上有“二极管、蜂鸣器”挡位。该挡具有两个功能：第一个功能是测量二极管的极性正向压降；第二个功能是检查电路的通断。

检测二极管时，首先选择挡位工作方式为“二极管”。将红、黑表笔分别接二极管的两个引脚，若出现超量程，说明测的是反向特性。交换表笔后再测时，则应出现一个三位数字，此数字是以小数表示的二极管正向压降，由此可判断二极管的极性和好坏。显示正向压降时红表笔所接引脚为二极管的正极，并可根据正向压降的大小进一步区分是硅材料还是锗材料，示值0.2V左右为锗二极管，0.5～0.7V为硅二极管。

对于常用发光二极管，检测方法与普通二极管相似。正反两次测量电压大小应为一大一小，出现超量程（大），则二极管不发光，小值为发光二极管正向压降，此时还会伴随二极管微弱发光，对应红表笔所接发光二极管引脚为其正极。若两次都测得较小电压值或均为超量程，则表明该二极管已损坏。

2. 直流稳压电源制作与功能调试

（1）识读电路原理图，识别电路相关元器件并了解各元件基本结构与基本功能，明确直流稳压电源各部分电路组成，如图2-34所示。

（2）电路制作与功能调试。

1）焊接电路。

a. 根据电路原理图设计电路布线图，要求布局合理，布线正确，如图2-35所示。

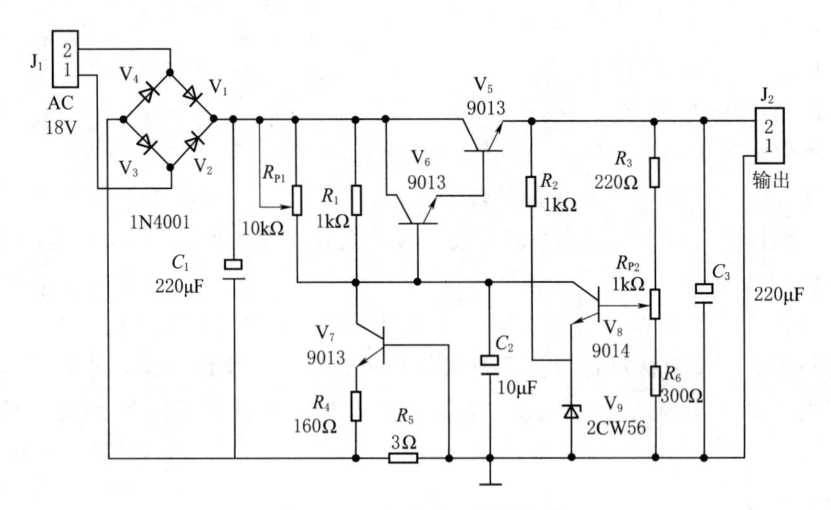


图 2－34 直流稳压电源电路

图 2－35 电路布线图

b. 对照布线图在电子万能板上按电子工艺要求对元器件进行插装，完成电路布局。每个测试端用两个小排针实现。

c. 正确焊接电路。焊接时应注意：若电烙铁头不挂锡，在使用前要将烙铁头锉干净，待电烙铁通电加热后，先上一层松香，再挂一层锡。这样可防止电烙铁长时间加热因氧化而被“烧死”，不再“吃锡”。为安全起见，依实际情况配置烙铁架。

为了去除焊点处的锈渍，确保焊点质量，焊接过程中可依实际需要使用松香、焊锡膏等助焊剂。

在电子万能板上正确焊接直流稳压电源电路，完成电路安装。焊接电路实物图如图 2－36所示。

d. 用万用表等仪器仪表检查电路布线无误。

2）电路功能调试。输入端提供 AC18V 电源。安装完毕经检查无误后通电调试，按表 2－7 和表 2－8 的调试项目要求，记录测量数据。

图 2-36　直流稳压电源实物图

**表 2-7　　直流稳压电源调试记录表（一）**

| 调试项目 | 测量数据 | | | |
|---|---|---|---|---|
| 带负载 $R_L=330\Omega$ | 最大输出电压/V | | | |
| | 最小输出电压/V | | | |
| 空载 | 最大输出电压/V | | | |
| | 最小输出电压/V | | | |
| $U_O=12V$（不接任何负载） | $U_{b8}$ | | $U_{b6}$ | |
| | $U_{b5}$ | | $U_{R3}$ | |
| $U_O=5V$（接负载 $R_L=330\Omega$） | $U_{b5}$ | | $U_{b6}$ | |
| | $U_{b8}$ | | $U_{R3}$ | |

**表 2-8　　直流稳压电源调试记录表（二）**

| 调试项目 | 输入波形 | 输出波形 |
|---|---|---|
| 输入：AC18V<br>调整：<br>$U_O=12V$、$R_L=330\Omega$ | | |

## 七、任务总结

1. 本次任务用到了哪些知识？
2. 你从本次任务中获得了哪些经验？
3. 任务实施中，你遇到了哪些问题？是如何解决的？

## 八、思考

1. 调试时，若调节 $R_{P2}$ 时输出电压变化范围很小，最值间仅相差 2V，分析原因，如何排除故障？
2. 如果在调试时，输出恒定，且调节 $R_{P2}$ 输出电压无变化，该如何解决？
3. 电路中若要限制最大输出电流（≤200mA），该如何调整？
4. 直流稳压电源电路设计布线有哪些注意事项？

# 任务三　单 管 放 大 电 路

## 一、任务描述

本任务主要使学生熟悉放大电路基础和单管放大电路的工作原理，掌握三极管类型和引脚判别的基本方法，完成电路焊接并能够独立使用信号发生器和示波器，完成单管放大电路的测试。

学生接到本任务后，应根据任务要求，先了解完成本次任务所必需的相关理论知识，准备任务电路所需元器件和检测用仪器仪表，做好工作现场准备，读懂电路图；能够判别电路三极管类型，且按照要求完成电路焊接工作，单管放大电路成品要求体积小巧，布局合理。施工时严格遵守作业规范，焊接完毕后进行调试，验证功能，并交由检测指导教师验收。按照现场管理规范清理场地、归置物品。

## 二、任务要求

（1）遵守安全用电规则，正确使用电烙铁进行焊接，注意人身安全。

（2）了解半导体三极管基本理论，判别给定三极管类型，读出放大倍数。

（3）掌握放大电路原理，设计单管放大电路器件装配图，元器件排列整齐且布局规范。

（4）使用信号发生器和示波器，完成调试项目操作并做好数据、波形记录。

（5）单管放大电路能够完成放大功能。

## 三、能力目标

（1）学会正确识别三极管等相关元器件，能够测量三极管 $\beta$ 值。

（2）熟悉电路中各元器件功能及放大电路的基本理论，学会分析单管放大电路的工作原理。

（3）学会在电子万能板上对单管放大电路进行合理布局，并焊接电路。

（4）学会正确使用测量仪器调试电路，查找和排除电路故障。

（5）培养独立分析、自我学习和创新等能力。

## 四、相关理论知识

### （一）半导体三极管

半导体三极管应用非常广泛，具有放大和开关作用，分为双极型半导体三极管（简称晶体管，即 BJT）和单极型半导体三极管（简称场效应管，即 FET）两种，这里主要介绍双极型半导体三极管。

#### 1. 晶体管的特性与参数

双极型半导体三极管是通过一定的工艺将两个 PN 结相结合而构成的器件。按照制造材料不同，分为硅管和锗管；按照结构不同，分为 NPN 型管和 PNP 型管。

（1）晶体管的工作原理。

1）结构与符号。NPN 型晶体管的结构示意如图 3－1（a）所示，它由三层半导体制成，中间是一块很薄的 P 型半导体，称为基区，两边各有一块 N 型半导体，其中高掺杂的一块（标 N＋）称为发射区，另一块称为集电区。从各区引出的电极相应地称为基极、发射极和集电极，分别用 B、E 和 C 表示。当两块不同类型的半导体结合在一起时，其交界处会形成 PN 结，因此晶体管有两个 PN 结：发射区与基区之间的称为发射结，集电区与基区之间的称为集电结。

硅平面管管芯结构剖面图如图 3－1（b）所示，它以 N 型衬底作集电极，在 N 型衬底的氧化膜上光刻出一个窗口，进行硼杂质扩散，获得 P 型基区，经氧化膜掩护后再在 P 型半导体上光刻出一个窗口，进行高浓度的磷扩散，获得 N 型发射区，然后从各区引出电极引线，最后在表面生长一层二氧化硅，以保护芯片免受外界污染。一般的 NPN 型硅管都为这种结构。

NPN 型晶体管的图形符号如图 3－1（c）所示，箭头指示了发射极的位置及发射结正偏时发射极电流的方向。

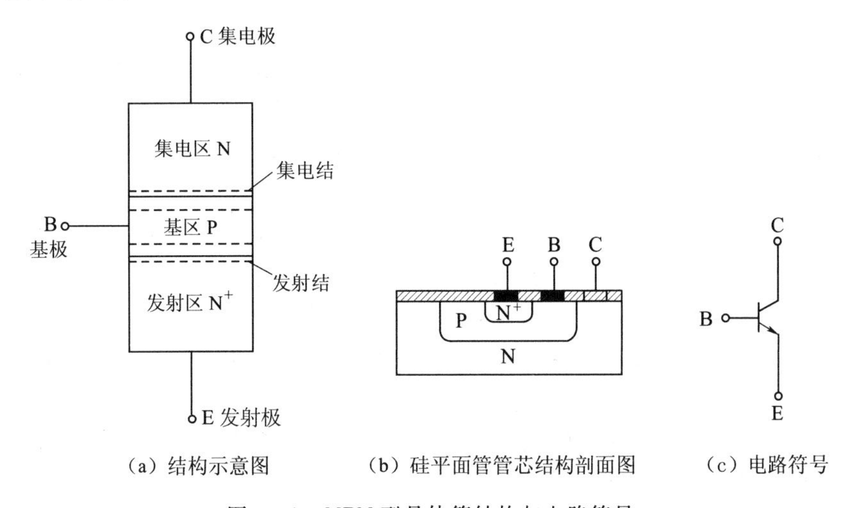


（a）结构示意图　（b）硅平面管管芯结构剖面图　（c）电路符号

图 3－1　NPN 型晶体管结构与电路符号

PNP 型晶体管的结构和电路符号如图 3－2 所示，与 NPN 型晶体管的完全对应，因此它们的工作原理和特性也是对应的，但各电极的电压极性和电流流向恰好相反，所以在图形符号中，NPN 型管的发射极电流是流出的，而 PNP 型管的发射极电流是流入的。

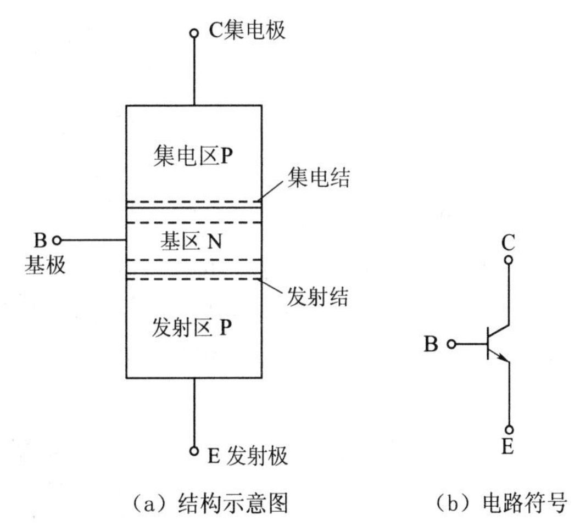


（a）结构示意图　（b）电路符号

图 3－2　PNP 型晶体管的结构和电路符号

晶体管的发射区掺杂浓度很高，基区很薄且掺杂浓度很低，集电区掺杂浓度较低但集电结面积很大，这些制造工艺和结构的特点是晶体管起放大作用必须具备的内部条件。

2）电流放大原理。晶体管要起放大作用，除了必须满足上述内部条件外，还必须满足发射结正偏、集电结反偏的偏置条件，下面以 NPN 型晶体管为例讨论电流放大原理。

如图 3－3 所示，基极直流电源 $V_{BB}$ 经限流电阻 $R_B$ 给基极 B 和发射极 E 之间加上电压 $U_{BE}>0$，因此发射结正偏；集电极直流电源 $V_{CC}$ 经集电极电阻 $R_C$、集电结、发射结形成回路，并使集电极 C 和基极 B 之间加上电压 $U_{CB}>0$，即集电结反偏。这样就满足了放大工作的偏置条件。通常发射结所在的回路称为晶体管的输入回路，集电结所在的回路称为晶体管的输出回路，图中发射极 E 为输入、输出回路的公共端，这种连接方式称为共发射极接法，相应电路称为共发射极放大电路。

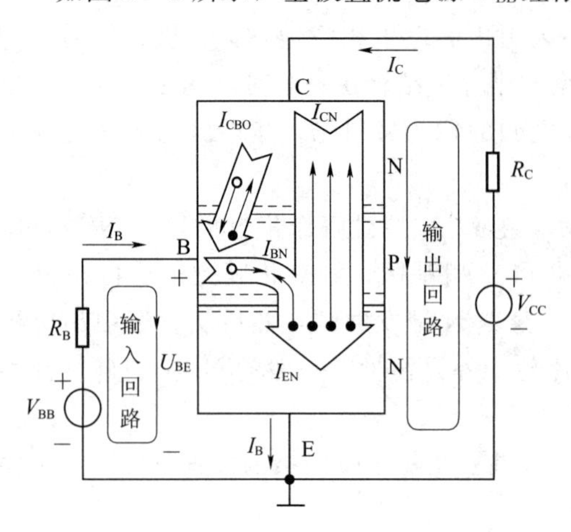


图 3－3　放大工作时 NPN 型晶体管中载流子运动与各级电流

由于发射结正偏，发射区的多数载流子（电子）不断地向基区运动，并不断地由电源得到补充，形成电流 $I_E$。到达基区的电子继续向集电结方向运动，在运动过程中，少数电子与基区的空穴复合，形成基极电流 $I_B$。由于基区很薄且掺杂浓度低，所以 $I_B$ 很小，而绝大多数电子都能运动到集电结边缘，穿过集电结到达集电区，形成较大的集电极电流 $I_C$。

可见，$I_B$、$I_C$ 是由 $I_E$ 分配得到，这三个电流之间的关系为 $I_C \gg I_B$，且

$$I_E = I_B + I_C \tag{3-1}$$

当基极直流电源 $V_{BB}$ 改变时，发射结正偏电压将随之改变，$I_B$、$I_C$ 也会发生相应的改变，由于 $I_C \gg I_B$，因此 $I_B$ 很小的变化对应 $I_C$ 很大的变化，这种以小电流控制大电流的作用，就称为晶体管的电流放大作用。

$I_C$ 与 $I_B$ 的比值反映了晶体管的电流放大能力，通常用参数 $\overline{\beta}$ 来表示，$\overline{\beta}$ 称为晶体管的共发射极直流电流放大系数，即

$$\overline{\beta} = \frac{I_C}{I_B} \tag{3-2}$$

注意：一般当晶体管制成后，$\overline{\beta}$ 值也就确定了，$\overline{\beta} \gg 1$。

由式（3－1）和式（3－2）可得式（3－3）这组在工程中十分有用的公式

$$\left.\begin{aligned} I_C &= \overline{\beta} I_B \\ I_E &= (1+\overline{\beta}) I_B \approx I_C \end{aligned}\right\} \tag{3-3}$$

上述分析中未考虑由集电区的少子空穴和基区少子自由电子形成的集电结反向饱和电流 $I_{CBO}$，这是因为它很小，通常可忽略不计。

（2）晶体管的伏安特性。晶体管的伏安特性是指晶体管的极电流与极间电压之间的函数关系，下面讨论晶体管共发射极接法时的输入和输出特性。为了便于讨论，将图 3－3 改画为图 3－4（a）。

1）输入特性。$u_{CE}$ 为某一常数时，晶体管的输入电流 $i_B$ 与输入电压 $u_{BE}$ 之间的函数关系为

$$i_B = f(u_{BE})\big|_{u_{CE}=\text{常数}} \tag{3-4}$$

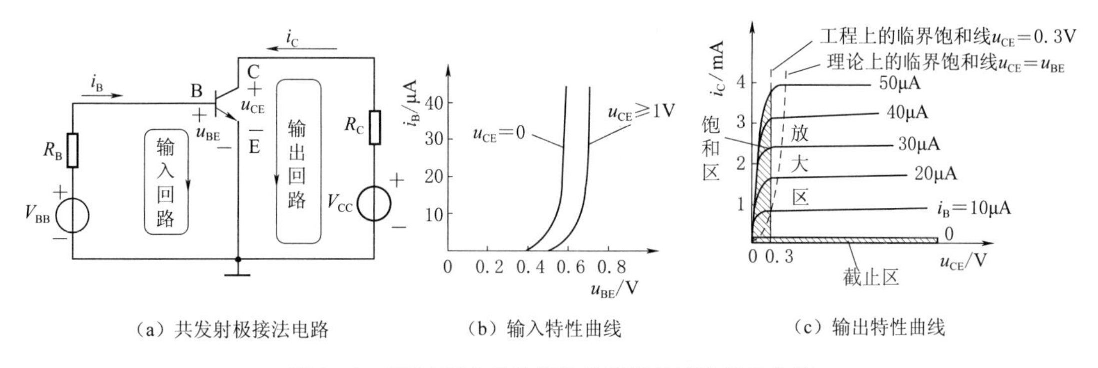


（a）共发射极接法电路　（b）输入特性曲线　（c）输出特性曲线

图 3－4　NPN 型硅晶体管的共发射极接法特性曲线

图 3－4（b）所示为某 NPN 型硅管的输入特性曲线，对应一个 $u_{CE}$值可画出一条曲线，因此输入特性曲线由一簇曲线构成。由图可见：

a. 晶体管输入特性与二极管特性类似，在发射结电压 $u_{BE}$大于死区电压时才导通，导通后 $u_{BE}$很小的变化将引起 $i_B$ 很大的变化，而具有恒压特性，$u_{BE}$近似为常数。

b. 当 $u_{CE}$从 0 增大为 1V 时，曲线明显右移，而当 $u_{CE}\geqslant 1V$ 后，曲线基本上重合为同一条曲线。在实际使用中，多数情况下满足 $u_{CE}\geqslant 1V$，因此通常用最右边这条曲线，由该曲线可见，硅管的死区电压约为 0.5V，导通电压 $u_{BE(on)}$为 0.6～0.8V，通常取 0.7V。对于锗管，死区电压约为 0.1V，导通电压为 0.2～0.3V，通常取 0.2V。

2）输出特性。输出特性描述 $i_B$ 为某一常数时，晶体管输出电流 $i_C$ 与输出电压 $u_{CE}$之间的函数关系，即

$$i_C=f(u_{CE})\big|_{i_B=常数} \tag{3-5}$$

对应一个 $i_B$ 值可画出一条曲线，因此输出特性曲线也由一簇曲线构成，如图 3－4（c）所示，通常划分为放大、饱和和截止三个工作区域，也就是晶体管的三种工作状态。

a. 放大区，即图中 $i_B>0$ 且 $u_{CE}>u_{BE}$的区域，为一簇几乎和横轴平行（略向上倾斜）的间隔均匀的直线。当发射结正偏导通，集电结反偏截止时管子工作于此区域。这时 $i_C=\bar{\beta}i_B$，说明 $i_C$ 正比于 $i_B$，管子具有线性放大作用，而且 $i_C$ 与 $u_{CE}$无关，管子具有恒流特性。

b. 饱和区，即图中 $i_B>0$ 且 $u_{CE}<u_{BE}$的区域，为一簇紧靠纵轴的很陡的曲线。当发射结正偏导通，集电结正偏导通时管子工作于此区域。这时管子不具有放大作用，$i_C\neq\bar{\beta}i_B$，$i_C$ 基本不受 $i_B$ 控制，而是随着 $u_{CE}$的减小迅速减小。饱和区工作时，C、E 之间的压降称为饱和压降，记为 $U_{CE(sat)}$。对于小功率 NPN 型硅管，$U_{CE(sat)}\approx 0.3V$。当 $u_{CE}=u_{BE}$时，管子工作于放大和饱和的分界点，称为临界饱和。注意：临界饱和时晶体管仍具有放大作用。

c. 截止区，即图中 $i_B\leqslant 0$ 的区域。当发射结零偏或反偏截止、集电结反偏截止时，晶体管工作于此区域。这时管子截止，即不导通，$i_B\approx 0$，$i_C\approx 0$。

由饱和与截止特性曲线可见，晶体管的 C、E 之间可等效为一个开关，饱和时 C、E 之间电压近似为 0，等效为开关闭合；截止时 C、E 之间电流近似为 0，等效为开关断开。

3）PNP 型晶体管的伏安特性。图 3－5 所示为某 PNP 型锗晶体管的共发射极电路及伏安特性曲线。图中，PNP 型晶体管工作电压极性接法和电流流向均与图 3－4 中 NPN 型管电路相反；PNP 型锗管的伏安特性曲线与图 3－4 中 NPN 型硅管特性曲线变化规律相似，但它们的导通电压大小不同，电压极性相反。请读者自行分析。

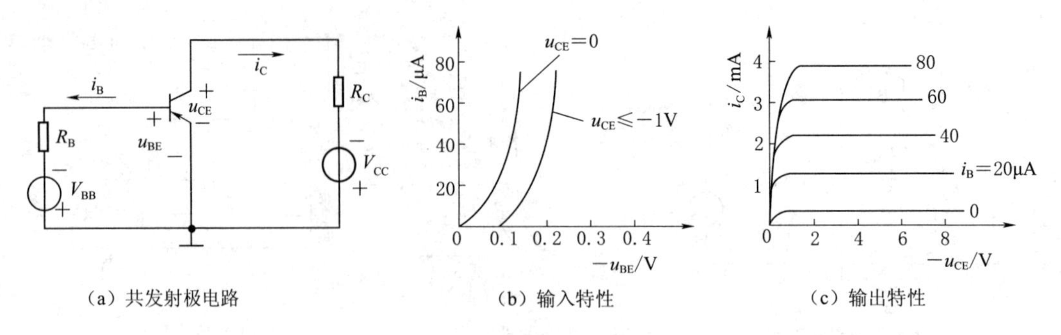


(a) 共发射极电路　　(b) 输入特性　　(c) 输出特性

图 3-5 PNP 型锗晶体管的共发射极电路及伏安特性曲线

**【例 3-1】** 某电路中晶体管工作于放大状态，用万用表直流电压挡测得三个引脚对地电压分别为 3V、2.3V、5V，试判别此管的三个电极，说明是 NPN 型管还是 PNP 型管，是硅管还是锗管。

**解：** 当晶体管工作于放大状态时，必定满足发射结正偏、集电结反偏，因此三个电极对地电压大小，对于 NPN 型晶体管为 $u_C>u_B>u_E$，对于 PNP 型晶体管为 $u_C<u_B<u_E$。

故，中间电压者（即 3V）为基极 B，由 3V－2.3V＝0.7V，可知，对应于 2.3V 者为发射极 E，那么 5V 者必然对应于集电极 C。由于极间电压 $u_{BE}$、$u_{CE}$ 均为正值，且 $u_{BE}=0.7V$，所以该管为 NPN 型硅管。

（3）晶体管的主要参数。晶体管的主要参数有电流放大系数、极间反向电流、极限参数等，前两者反映了晶体管性能的优劣，后者表示了晶体管的安全工作范围，它们是选用晶体管的依据。

1）电流放大系数。电流放大系数反映晶体管的电流放大能力，常用的是共发射极直流电流放大系数 $\overline{\beta}$，为共发射极电路的输出电流 $i_C$ 与输入电流 $i_B$ 之比，即

$$\overline{\beta}=i_C/i_B \tag{3-6}$$

现在再介绍共发射极交流电流放大系数 $\beta$，定义为共发射极电路的输出电流变化量 $\Delta i_C$ 与输入电流变化量 $\Delta i_B$ 之比，即

$$\beta=\Delta i_C/\Delta i_B \tag{3-7}$$

显然，$\overline{\beta}$ 和 $\beta$ 的含义是不同的，但目前的多数应用中，两者基本相等且为常数，因此在使用时一般可不加区分，都用 $\beta$ 表示。在手册中，$\beta$ 有时用 $h_{fe}$ 来代表，其值通常为 20～200。

将基极作为输入和输出回路的公共端的方法，称为共基极接法，其集电极电流变化量 $\Delta i_C$ 与发射极电流变化量 $\Delta i_B$ 之比，称为共基极交流电流放大系数，用 $\alpha$ 表示，其值小于 1 而接近于 1，一般在 0.98 以上。

2）极间反向电流。极间反向电流有 $I_{CBO}$ 和 $I_{CEO}$，它们是反映晶体管温度稳定性的重要参数。

$I_{CBO}$ 称为集电极-基极反向饱和电流，它是发射极开路时流过集电结的反向饱和电流，如图 3-6 所示。室温下，小功率硅管 $I_{CBO}<1\mu A$，锗管的 $I_{CBO}$ 约为几微安到几十微安。

$I_{CEO}$ 为基极开路，C、E 之间加上正向电压时，从集电极直通到发射极的电流，称为穿透电流，如图 3-7 所示。可以证明：$I_{CEO}=(1+\overline{\beta})I_{CBO}$。

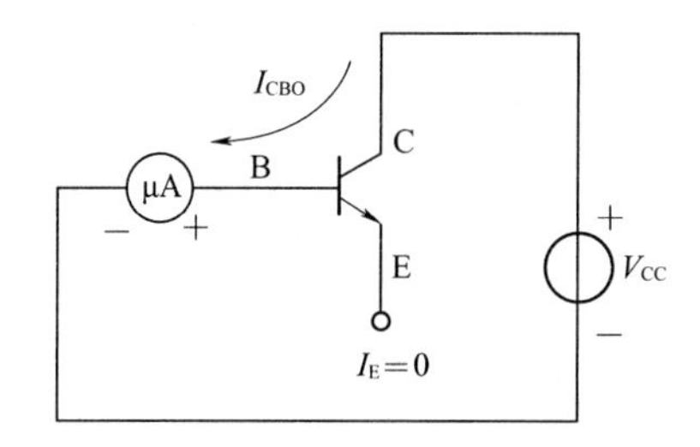


图 3-6　$I_{CBO}$的测量电路

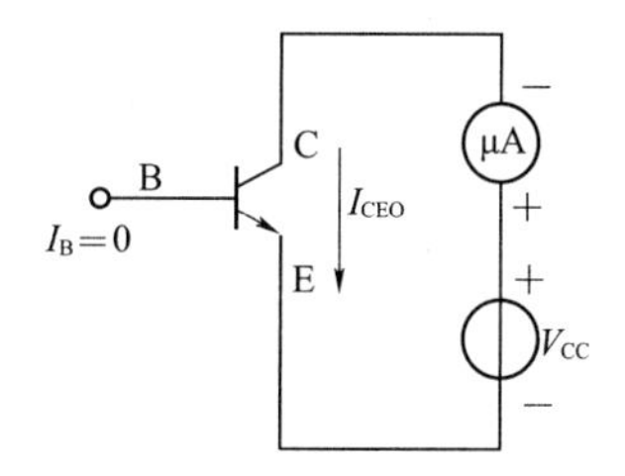


图 3-7　$I_{CEO}$的测量电路

$I_{CBO}$和$I_{CEO}$均随温度的上升而增大，其值越小，受温度影响越小，晶体管的温度稳定性能就越好。硅晶体管的$I_{CBO}$和$I_{CEO}$均远小于锗晶体管，因此实际使用中多用硅晶体管。当$\beta$大时，$I_{CEO}$会较大，因此，实际使用时$\beta$不宜过高，一般选用$\beta=40\sim120$的晶体管即可。

3）极限参数。极限参数主要指晶体管允许的最高极间电压、集电极最大允许电流和集电极最大允许功率损耗，它们确定了晶体管的安全工作范围，见表 3-1。

**表 3-1　晶体管的极限参数**

| 名称 | 符号 | 说　明 | 备　注 |
|---|---|---|---|
| 集电极最大允许电流 | $I_{CM}$ | 晶体管的参数变化不超过规定值时允许的最大集电极电流 | $i_C>I_{CM}$时，$\beta$明显下降，但晶体管不一定会损坏，若电流继续增大，则会烧坏晶体管 |
| 集电极最大允许功率损耗 | $P_{CM}$ | 损耗功率主要为集电结功率损耗，用$P_C=i_Cu_{CE}$表示。$P_{CM}$是由允许的最高集电结结温决定的最大集电极功耗，当$P_C>P_{CM}$，晶体管性能变坏，甚至烧坏。<br>最高允许结温：硅管为150～200℃，锗管为75～100℃ | $P_C>P_{CM}$时，晶体管性能变差，甚至烧坏 |
| 反向击穿电压 | $U_{(BR)CEO}$ | 基极开路时，集电极—发射极间的击穿电压 | $U_{(BR)EBO}<U_{(BR)CEO}<U_{(BR)CBO}$ |
| | $U_{(BR)CBO}$ | 发射极开路时，集电极—基极间的反向击穿电压 | |
| | $U_{(BR)EBO}$ | 集电极开路时，发射极—基极间的反向击穿电压 | |

当晶体管的工作点位于$i_C<I_{CM}$、$u_{CE}<U_{(BR)CEO}$、$P_C<P_{CM}$的区域内时，晶体管能安全工作，因此称该区域为安全工作区，如图 3-8 所示。

4）温度对晶体管特性的影响。温度主要影响晶体管的导通电压$u_{BE(on)}$、放大倍数$\beta$和集-基间反向饱和电流$I_{CBO}$。

当温度升高时，$u_{BE(on)}$减小，$\beta$和$I_{CBO}$增大。其变化规律为：温度每升高1℃，$u_{BE(on)}$值减小2～2.5mV，$\beta$增大0.5%～1%；温度每升高10℃，$I_{CBO}$约增加1倍。

2. 晶体管的基本应用

利用晶体管的放大、恒流和开关等特性，可构成放大电路、电流源电路和开关电路等基本电路，以这些基本电路为基础，又可以构成很多功能电路，因此晶体管的应用非常广泛。

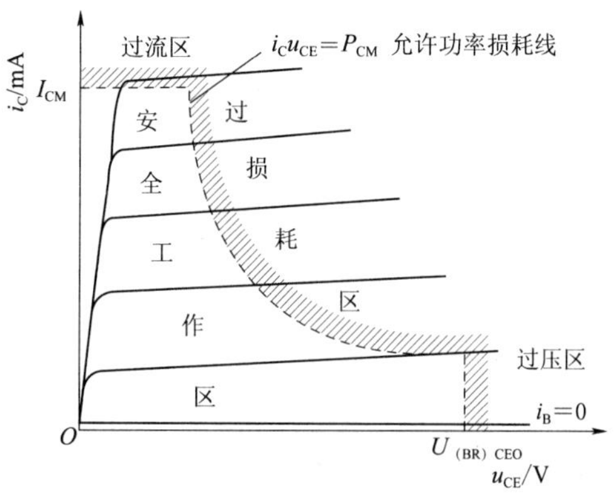


图 3-8　晶体管安全工作区

（1）晶体管直流电路。晶体管直流电路主要用来确定晶体管的工作状态，通常采用两种方法来进行分析和求解，即工程近似法和图解法。下面结合例题进行分析讨论。

**【例 3-2】** 某硅晶体管的直流电路和输出特性曲线如图 3-9 所示，试求该直流电路中的基极电流 $I_B$、集电极电流 $I_C$、发射结电压 $U_{BE}$ 和集-射间电压 $U_{CE}$。

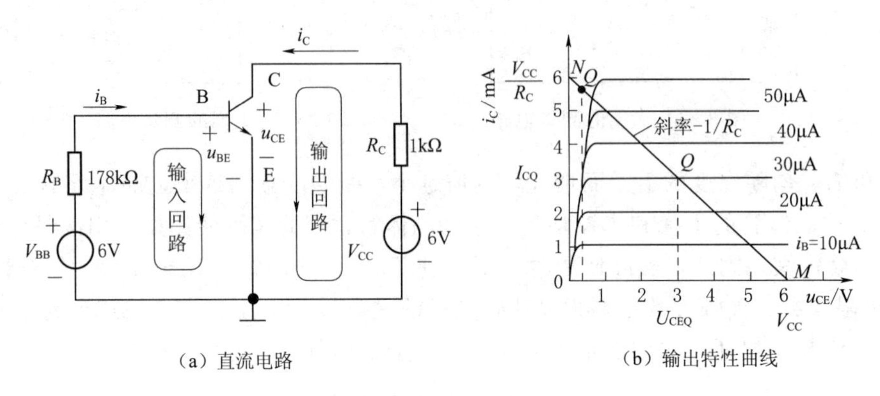


（a）直流电路　　（b）输出特性曲线

图 3-9 ［例 3-2］图

**解：**

方法一：采用工程近似法求解。

观察图 3-9（a）所示电路可知，发射结能够正偏导通，而硅晶体管导通时，$U_{BE}\approx0.7$V。

由晶体管输入回路可得

$$I_B=\frac{V_{BB}-U_{BE}}{R_B}=\frac{6-0.7}{178}=0.03(\text{mA})=30\mu\text{A} \tag{3-8}$$

假设晶体管工作于放大状态，由图 3-9（b）所示输出特性曲线可知，在放大区满足 $\beta=i_C/i_B=100$，因此

$$I_C=\beta I_B=100\times0.03=3(\text{mA}) \tag{3-9}$$

由晶体管输出回路可得

$$U_{CE}=V_{CC}-I_CR_C=(6-3\times1)=3(\text{V}) \tag{3-10}$$

由以上分析知，$U_{CE}>U_{BE}$。

所以，晶体管确实工作于放大状态，上述结果有效，即基极电流、集电极电流、发射结电压和集-射间电压分别为 $I_B=30\mu$A，$I_C=3$mA，$U_{BE}\approx0.7$V，$U_{CE}=3$V。

方法二：采用图解法求解。

通常先采用上述工程近似第一步估算法求得 $I_B$，见式（3-8），再对晶体管的输出回路使用图解法进行分析。

根据图 3-9（a）所示晶体管输出电路，可写出下列方程组

$$\left.\begin{aligned}i_C&=f(u_{CE})\big|_{i_B=30\mu A}\\u_{CE}&=V_{CC}-i_CR_C\end{aligned}\right\} \tag{3-11}$$

式（3-11）中，第一个公式表示晶体管的输出伏安特性，它对应 $I_B=30\mu$A 的那条输出特性曲线；第二个公式表示晶体管输出端外电路的伏安特性，称为晶体管输出回路的直流负载方程，在晶体管输出特性曲线所在的坐标系中，作直流负载方程所对应的直线，称为直流负载线，直流负载线与 $I_B=30\mu$A 对应的输出特性曲线有一个交点，交点处对应的坐标值

即为该方程组的解。

由于$V_{CC}=6V$，$R_C=1k\Omega$，令$i_C=0$，则$u_{CE}=V_{CC}=6V$，可得横轴截点$M(6V, 0)$；令$u_{CE}=0$，则$i_C=V_{CC}/R_C=6mA$，可得纵轴截点$N(0, 6mA)$；连接点$M$、$N$，便得直流负载线$MN$，与$I_B=30\mu A$对应的输出特性曲线相交于$Q$点，如图3-9（b）所示。由$Q$点坐标可读得$I_C=3mA$，$U_{CE}=3V$。与工程近似法中所得结果一致。

由于$Q$点确定了晶体管的直流工作参数，因此将其称为晶体管的直流工作点，根据它在输出特性曲线中的位置，可确定晶体管的工作状态，只有当直流工作点位于放大区时，晶体管才能起放大作用。

**【例3-3】** 例3-2中，设饱和压降$U_{CE(sat)}\approx 0.3V$，若将基极电阻$R_B$调小为75kΩ，其他参数不变，试求基极电流$I_B$、集电极电流$I_C$和集—射间电压$U_{CE}$。

**解：** 若用工程近似法求解，当$R_B$调小为75kΩ时，可得

$$I_B=\frac{V_{BB}-U_{BE}}{R_B}=\frac{6-0.7}{75}=0.07(mA)=70\mu A$$

仍假设晶体管工作于放大状态，例3-2中已求得$\beta=100$，则有

$$I_C=\beta I_B=100\times 70=7(mA)$$

$$U_{CE}=V_{CC}-I_C R_C=(6-7\times 1)<0$$

可见，$U_{CE}$值不合理。所以，假设错误，晶体管工作于饱和状态。

由于饱和时C、E之间的压降$U_{CE}\approx U_{CE(sat)}\approx 0.3V$，故由晶体管输出回路可求得集电极电流为

$$I_C=\frac{V_{CC}-U_{CE(sat)}}{R_C}=\frac{6-0.3}{1}=5.7(mA) \tag{3-12}$$

因此，$I_B=70\mu A$，$I_C=5.7mA$，$U_{CE}\approx 0.3V$。

若用图解法求解，则比较方便。由图3-9（b）中直流负载线MN与$I_B=57\mu A$对应的输出特性曲线相交于$Q'$点，可见晶体管处于饱和区，此时$i_C\neq\beta i_B$，因此由$Q'$点坐标可直接读得$I_B=57\mu A$，$I_C=5.7mA$，$U_{CE}\approx 0.3V$。

此例说明，晶体管饱和时的集电极电流不能由$I_C=\beta I_B$求得，而应根据晶体管输出端外电路，即输出回路求得，集电极饱和电流是由外电路确定的常数，不随基极电流的变化而成倍变化。

（2）晶体管开关电路。利用晶体管的饱和和截止特性可构成开关电路，图3-10（a）所示为用以控制发光二极管LED的开关电路。图中符号“⊥”是信号与直流电源的参考零电位，称为“地”。$+V_{CC}$表示小圆圈与地之间接有$+V_{CC}$的直流电源，“⊥”作为电源的“—”端，因“—”端作为参考零电位，所以不再标明其极性。

在图3-10（a）中，当输入电压$U_I$为高电平$U_{IH}$时，晶体管V工作于饱和状态，C、E间等效为开关闭合，LED导通发光，如图3-10（b）所示；当输入$U_I$为低电平0V时，晶体管V工作于截止状态，C、E间等效为开关断开，LED不能导通发光，如图3-10（c）所示。可见，晶体管起开关作用，是一个受基极输入电压$U_I$控制的电子开关，用以驱动发光二极管LED的点亮或熄灭。

为什么不将$U_I$直接加到LED上来驱动？这是因为点亮LED需要一定的驱动电流，通

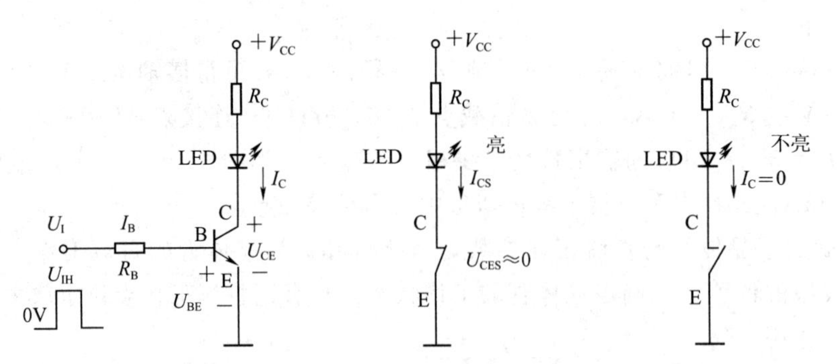

(a) 晶体管开关路　(b) 晶体管饱和时（相当于C、E接通）LED点亮　(c) 晶体导管截止时（相当于C、E断开）LED不亮

图 3-10　晶体管驱动 LED 开关电路

常典型值约为 10mA，当信号源驱动电流能力不够时，利用晶体管 $I_C > I_B$ 的电流放大作用，可提高信号源的驱动灵敏度。

(3) 晶体管放大电路。

1) 放大电路工作原理。放大电路是电子电路中应用最广泛的基本电路之一，其作用是将输入信号进行不失真放大。

由晶体管组成的基本放大电路如图 3-11 所示，它是由 NPN 型晶体管组成的共发射极放大电路。图中，$u_i$ 为待放大的输入电压，$u_o$ 为放大后的输出电压。基极直流电源 $V_{BB}$ 经基极电阻 $R_B$ 给晶体管发射结加正向偏置电压，集电极直流电源 $V_{CC}$ 经集电极直流负载电阻 $R_C$ 给晶体管集电结加反向偏置电压，从而使晶体管工作于放大区。$C_1$、$C_2$ 用以隔断直流、耦合交流，称为隔直电容或耦合电容，其容量应足够大，使其对交流信号的容抗近似为 0。利用 $R_C$ 的降压作用，将集电极电流的变化转变为集电极电压的变化，从而实现电压信号的放大。

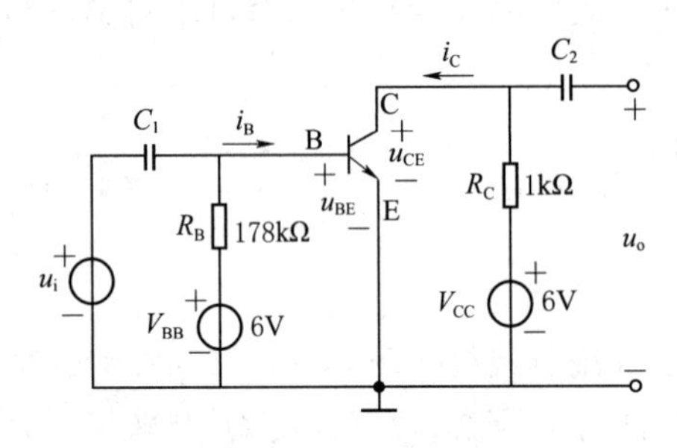

图 3-11　共发射极基本放大电路

放大电路中，为了便于区别各种电压、电流量，通常对其符号作如下规定，以发射结电压、基极电流、集电极电流和集—射间电压为例：直流量表示符号为 $U_{BE}$、$I_B$、$I_C$、$U_{CE}$；静态量表示符号为 $U_{BEQ}$、$I_{BQ}$、$I_{CQ}$、$U_{CEQ}$；交流量瞬时值表示符号为 $u_{be}$、$i_b$、$i_c$、$u_{ce}$，交流量幅值表示符号为 $U_{bem}$、$I_{bm}$、$I_{cm}$、$U_{cem}$；信号总量表示符号为 $u_{BE}$、$i_B$、$i_C$、$u_{CE}$。

a. 静态工作状态。当放大电路接通直流电源而输入信号为 0 时，其工作状态称为静态，这时电路中电压、电流只有直流量。

由于电容有隔直作用，可将图 3-11 中的电容 $C_1$、$C_2$ 断开，如图 3-12 (a) 所示，称为电路的直流通路（即直流电源作用形成的电流通路）。图中画出了基极和集电极静态电流 $I_{BQ}$，$I_{CQ}$的流通途径，并标出基极与发射极、集电极与发射极间的静态电压 $U_{BEQ}$、$U_{CEQ}$。$U_{BEQ}$，$I_{BQ}$，$I_{CQ}$，$U_{CEQ}$在晶体管的输入、输出特性曲线上可以确定一个点 $Q$，如图 3-12 (b) 所示，$Q$ 点称为放大电路的静态工作点。由于晶体管导通后输入特性具有恒压特性，所以工程上小功率管常取 $U_{BEQ}=U_{BE(on)}$，即硅管取 $U_{BEQ}=0.7$V，锗管取 $U_{BEQ}=0.2$V。

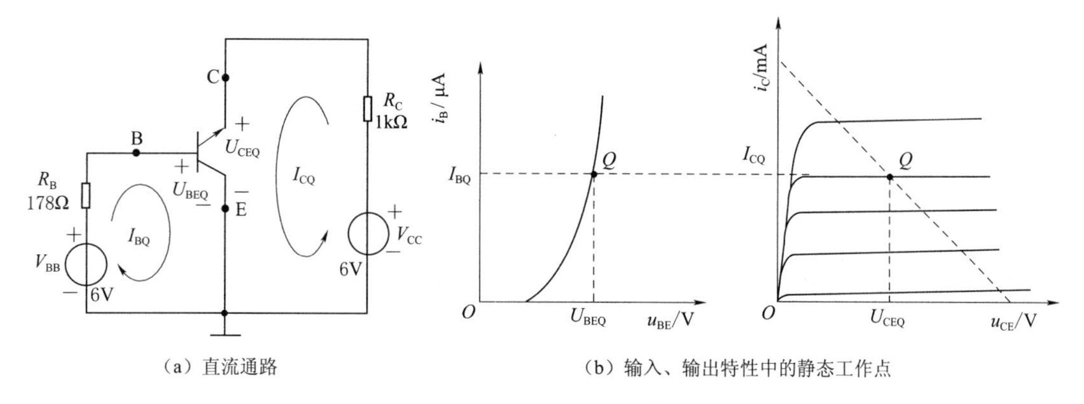

(a) 直流通路　　(b) 输入、输出特性中的静态工作点

图 3-12　放大电路静态工作波形

b. 动态工作状态。有信号输入时，晶体管电路的工作状态称为动态。设输入电压 $u_i$ 为小信号正弦波，它通过 $C_1$ 加到晶体管的基极后，各极电流和极间电压均在直流量的基础上叠加了一个随 $u_i$ 变化的交流量。由于 $u_i$ 很小，略去其失真，各极电压、电流的直流量为放大电路的静态工作点 $U_{BEQ}$、$I_{BQ}$、$I_{CQ}$、$U_{CEQ}$，交流量均为与 $u_i$ 相同的正弦信号。如图 3-13 所示为放大电路输入回路、输出回路的工作波形。图 3-13 (a) 中基极电流 $i_B$ 经过晶体管放大后变为图 3-13 (b) 中集电极电流 $i_C$，图中，$I_{CQ}=\beta I_{BQ}$ 且 $i_c=\beta i_b$。输出回路中，由于集电极负载电阻 $R_C$ 的降压作用，使晶体管 C、E 间的电压 $u_{CE}=V_{CC}-i_C R_C$，$i_C$ 增大时，$u_{CE}$反而减小，电压波形变化与 $i_C$ 波形变化反相。

$u_{CE}$经 $C_2$ 隔除直流电压 $U_{CEQ}$后，得到输出电压 $u_o=u_{ce}=-i_c R_c$。显然放大电路输出电压 $u_o$ 为与输入电压 $u_i$ 反相的正弦波信号，等于负载电阻 $R_C$ 上交流压降的负值。只要电路参数选择合适，$u_o$ 可以比 $u_i$ 大很多，从而实现信号的放大。

2）放大电路的失真。如果放大电路输入信号太大或者其静态工作点设置不当，会引起输出信号失真。以 NPN 型共发射极放大电路为例：当静态工作点 Q 太低时，如图 3-14 (a) 所示，动态工作点进入截止区，产生截止失真，输出电压波形顶部被削平，俗称“削顶”；当静态工作点 Q 太高时，如图 3-14 (b) 所示，动态工作点进入饱和区，产生饱和失真，输出电压波形底部被削平，俗称“削底”；当输入信号过大时，如图 3-14 (c) 所示，放大电路可能会同时产生饱和、截止失真。

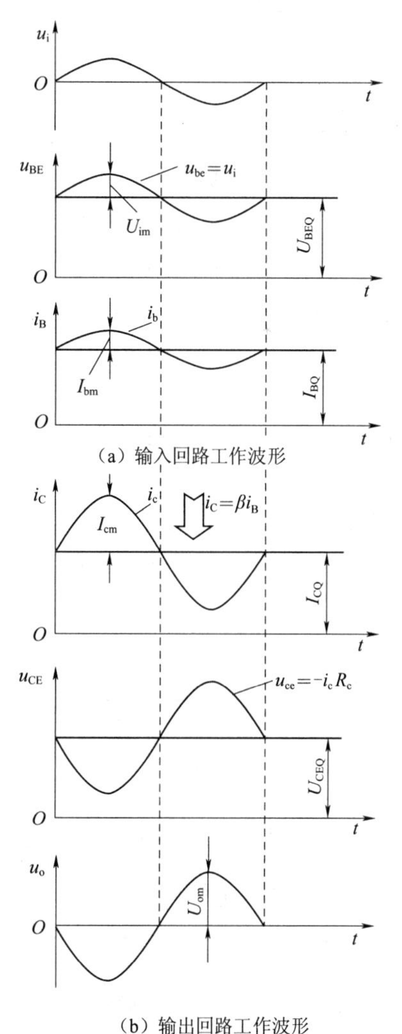

图 3-13　放大电路动态工作波形

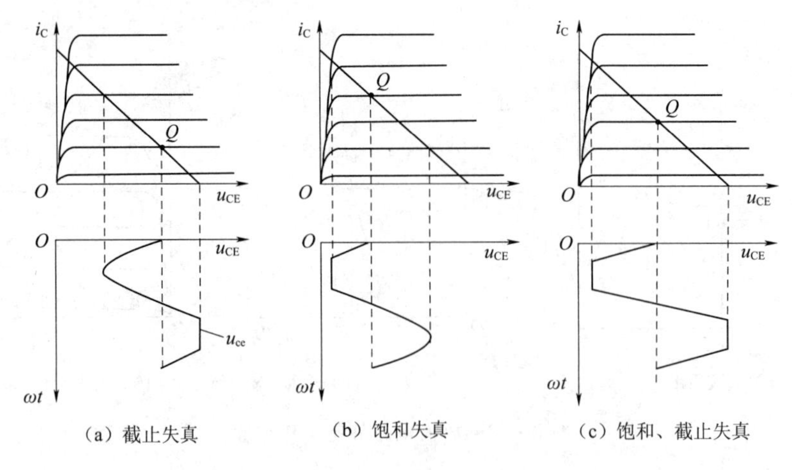


图 3-14　NPN 型管共发射极放大电路失真图像

**(二) 单管放大电路**

这一部分将首先介绍放大电路的基础知识，然后详细分析单一晶体管放大电路。用来对电信号进行放大的电路称为放大电路，习惯上称为放大器，是使用最为广泛的电子电路之一，也是构成其他电子电路的基本单元电路。放大电路的种类很多，电路形式以及性能指标不完全相同，但基本工作原理是相同的。

本任务将采用由 NPN 型晶体管构成的典型分压式偏置共发射极放大电路进行单管放大电路的分析与测试，如图 3-15 所示。

1. 放大电路基本知识

(1) 放大电路的组成。放大电路组成框图如图 3-16 所示。直流电源用来供给放大电路工作时所需要的能量，其中一部分能量转变为输出信号输出，还有一部分能量消耗在放大电路中的电阻、器件等耗能元器件中。

图 3-16 (a) 中信号源是需放大的电信号，可由将非电信号物理量变换为电信号的换能器提供，也可是前一级电子电路的输出信号，但都可等效为图 3-16 (b) 所示的电压源或电流源电路，$u_s$ 和 $i_s$ 分别为理想电压源和电流源，$R_s$ 为它们的电源内阻，且 $u_s = i_s R_s$。

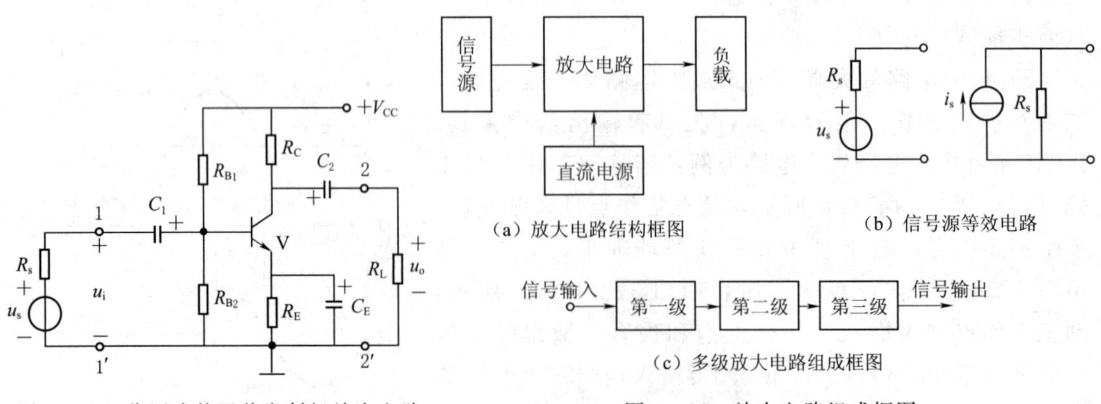


图 3-15　分压式偏置共发射极放大电路

图 3-16　放大电路组成框图

负载是接收放大电路输出信号的元件（或电路），可由将电信号变成非电信号的输出换能器构成，也可是下一级电子电路的输入电阻，一般情况下在分析时为了方便，可将其等效为一个纯电阻 $R_L$，但事实上它可能是容性阻抗或是感性阻抗，而并非纯电阻。

信号源和负载不是放大电路的本体，但由于实际电路中信号源内阻 $R_s$ 和负载电阻 $R_L$ 不是定值，因此它们都会对放大电路的工作产生一定的影响，特别是它们与放大电路之间的连接方式（亦称耦合方式）将会直接影响到放大电路的正常工作。

基本单元放大电路由晶体管构成，但由于单元放大电路性能往往达不到实际要求，所以实际使用的放大电路是由基本单元放大电路组成的多级放大电路，如图 3－16（c）所示，或是由多级放大电路组成的集成放大器件构成，这样才有可能将微弱的输入信号不失真地放大到所需大小，后续任务中会详细介绍这类电路。

由此可见，放大电路中除含有源器件、直流电源外，还应具有提供放大电路正常工作所需直流工作点的偏置电路，以及信号源与放大电路、放大电路与负载、级与级之间的耦合电路。要求偏置电路不仅要给放大电路提供合适的静态工作点电流和电压，同时还要保证在器件更换以及环境温度、电源电压等外界因素变化时，维持工作点不变。耦合电路应保证有效地传输信号、使之损失最小，同时使放大电路直流工作状态不受影响。

必须指出，放大电路的放大作用是针对变化量而言的，是在输入信号的作用下，利用有源器件的控制作用，将直流电源提供的部分能量转换为与输入信号成比例的输出信号。因此，放大电路实质上是一个受输入信号控制的能量转换器。

（2）放大电路的分类。按照不同的分类方式，放大电路可分为不同种类，见表 3－2。

**表 3－2　　放大电路的分类**

| 分类方式 | 种类 | 应　用 |
|---|---|---|
| 用途 | 电压放大器 | 基本放大电路<br>注：输入信号很小，要求获得不失真足够大输出电压的电路称为电压放大电路，也称小信号放大电路 |
| | 电流放大器 | 稳定电路 |
| | 功率放大器 | 高输出增益电路<br>注：输入信号比较大，要求输出足够功率的电路称为功率放大电路，也称大信号放大电路 |
| 信号大小 | 小信号放大器 | 位于多级放大电路的前级，专门用于小信号的放大 |
| | 大信号放大器 | 位于多级放大电路的后级，如功率放大器，专门用于大信号的放大 |
| 所放大信号的频率 | 低频放大器 | 专门用于低频信号的放大 |
| | 高频放大器 | 专门用于高频信号的放大 |
| 三极管的连接方式 | 共发射极放大器 | 最常用的放大器，具有电压和电流放大能力，是唯一能够同时放大电流和电压的放大器 |
| | 共集电极放大器 | 最常用的放大器，具有电压和电流放大能力，是唯一能够同时放大电流和电压的放大器 |
| | 共基极放大器 | 用于高频放大电路中，只有电压放大能力，没有电流放大能力，很少用 |
| 元件集成程度 | 分立元件放大器 | 是由单个分立的元器件组成的电子线路 |
| | 集成放大器 | 按元件集成程度来分将电子元器件和连线按照电子线路的连接方法，集中制作在一小块集成放大器晶片上的电子器件 |

（3）放大电路的主要性能指标。一个放大电路的性能可以用许多性能指标来衡量，本节主要介绍放大倍数、输入电阻和输出电阻等主要性能指标，此外，针对不同的使用场合，还有如非线性失真系数、最大不失真输出电压、最大输出功率和效率等。为了说明各项指标的含义，将放大电路用如图 3-17 所示有源线性四端网络表示，且图中所示电压、电流的参考方向符合四端网络的一般规定。

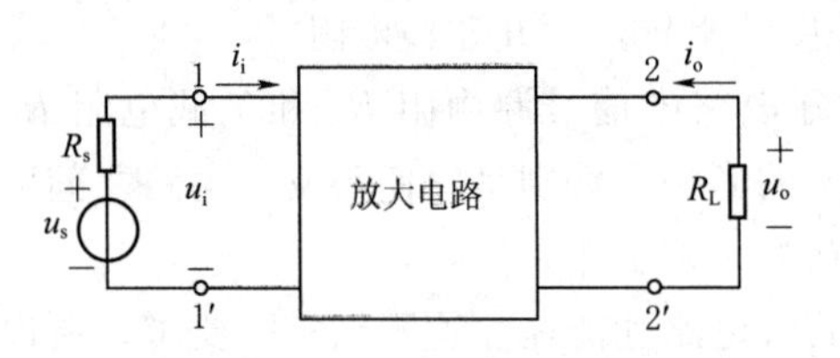

图 3-17 放大电路四端网络表示

如图 3-17，1-1′端为放大电路输入端，$u_s$、$R_s$ 分别为信号源电压和信号源内阻，此时放大电路的输入电压和电流分别为 $u_i$ 和 $i_i$；2-2′端为放大电路输出端，接实际负载电阻 $R_L$，$u_o$ 和 $i_o$ 分别为放大电路输出电压和输出电流。

1）放大倍数。放大倍数是衡量放大电路放大能力的指标，有电压放大倍数、电流放大倍数和功率放大倍数等表示方法，其中电压放大倍数应用最为广泛。

电压放大倍数是指放大电路的输出电压 $u_o$ 与输入电压 $u_i$ 之比，即

$$A_u = u_o/u_i \tag{3-13}$$

电流放大倍数是指放大电路的输出电流 $i_o$ 与输入电流 $i_i$ 之比，即

$$A_i = i_o/i_i \tag{3-14}$$

功率放大倍数是指放大电路的输出功率 $P_o$ 与输入功率 $P_i$ 之比，即

$$A_P = P_o/P_i \tag{3-15}$$

工程上，通常用分贝（dB）来表示放大电路的放大倍数，称为增益，电压增益 $A_u$、电流增益 $A_i$ 和功率增益 $A_P$ 的表达式为

$$\left.\begin{aligned} A_u(\mathrm{dB}) &= 20\lg|A_u| \\ A_i(\mathrm{dB}) &= 20\lg|A_i| \\ A_P(\mathrm{dB}) &= 10\lg A_P \end{aligned}\right\} \tag{3-16}$$

**【例 3-4】** 某放大电路的电压放大倍数为 100，试求其电压增益。

**解：** 由已知条件知，$A_u = 100$，故电压增益

$$A_u(\mathrm{dB}) = 20\lg|A_u| = 20\lg100 = 40(\mathrm{dB})$$

2）输入电阻。如图 3-18 所示，放大电路输出端接负载电阻 $R_L$ 后，从输入端 1-1′向放大电路内看进去的等效动态电阻，称为输入电阻，它等于放大电路输入电压 $u_i$ 与输入电流 $i_i$ 之比，即

$$R_i = u_i/i_i \tag{3-17}$$

对于信号源来说，$R_i$ 就是它的等效负载，由图 3-18 可知

$$u_i = u_s \frac{R_i}{R_i + R_s} \tag{3-18}$$

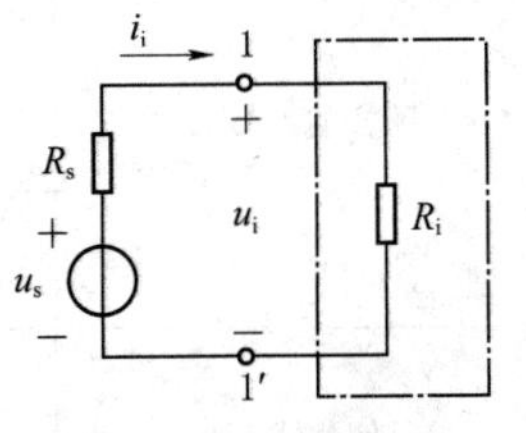

图 3-18 放大电路输入等效电路

显然，输入电阻 $R_i$ 的大小反映了放大电路对信号源的影响程度。

输入电阻 $R_i$ 越大，输入电流 $i_i$ 越小，即放大电路从信号源吸取的电流越小，信号源内阻 $R_s$ 上的压降越小，其实际输入电压 $u_i$ 越接近信号源电压 $u_s$，读者可通过选取不同的 $R_i$ 来分析输入电流

和输入电压的大小变化进而得到此结论。

当 $R_i \gg R_s$ 时，$u_i \approx u_s$，通常称为恒压输入；当要求恒流输入时，则必须使 $R_i \ll R_s$；若要求获得最大功率输入时，则要求 $R_i = R_s$，即阻抗匹配。

3）输出电阻。如图 3-19 所示，放大电路输入信号源电压短路（即 $u_s=0$），信号源内阻 $R_s$ 保留，实际负载 $R_L$ 开路时，由输出端 2-2′向放大电路看进去的等效动态电阻 $R_o$ 即为输出电阻。

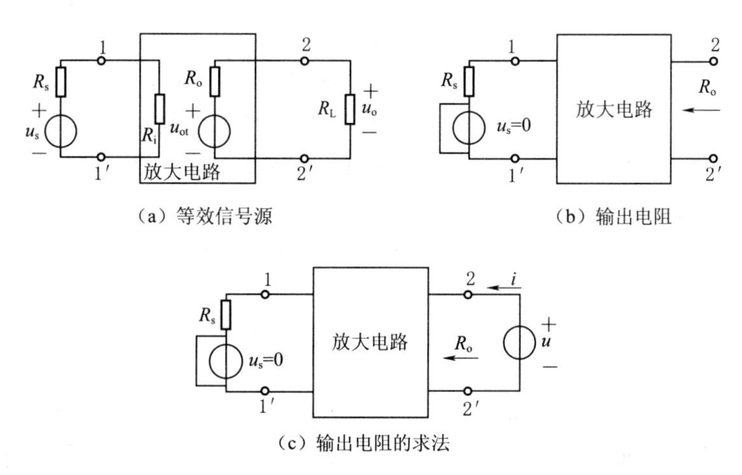


（a）等效信号源

（b）输出电阻

（c）输出电阻的求法

图 3-19　放大电路输出电阻

在输出端 2-2′接一个信号源电压 $u$，如图 3-19（c）所示，通过求得由此产生的电流 $i$，即可得到放大电路的输出电阻为

$$R_o = u/i \tag{3-19}$$

对实际负载 $R_L$ 而言，放大电路的输出端可等效为一个信号源，如图 3-19（a）所示。图中 $u_{ot}$ 为等效信号源电压，它等于负载 $R_L$ 开路时，放大电路 2-2′端的输出电压。$R_o$ 为等效信号源内阻，即放大电路输出电阻。由于 $R_o$ 的存在，放大电路实际输出电压为

$$u_{ot} = \frac{R_L}{R_L + R_o} \tag{3-20}$$

式（3-20）表明，输出电阻 $R_o$ 越小，输出电压 $u_o$ 受负载 $R_L$ 的影响就越小，若 $R_o=0$，则 $u_o=u_{ot}$，此时，输出电压的大小将不受负载 $R_L$ 的影响，称恒压输出。当 $R_o \gg R_L$ 时，即可得到恒流输出。

可见，输出电阻 $R_o$ 的大小反映了放大电路带负载能力的大小。

说明：放大电路输入电阻 $R_i$ 和输出电阻 $R_o$ 不是直流电阻，而是在线性应用中的动态电阻，且一般情况下，二者不仅与电路参数有关，还与负载和信号源内阻有关。

4）通频带。放大电路中通常含有电抗元件，这些电抗元件可能是外接的，也可能是有源放大器件内部所寄生的，电抗元件电抗值与信号频率有关，因此，放大电路对于不同频率的输入信号会产生不同的放大能力，且产生不同的相移，放大电路的放大倍数是信号频率的函数。放大倍数的大小与信号频率的关系，称为幅频特性；放大倍数的相移与信号频率的关系，称为相频特性。幅频特性与相频特性总称为放大电路的频率特性或频率响应。

如图 3-20 所示为放大电路的典型幅频特性曲线。通常，中频段的放大倍数为 $A_{um}$ 不

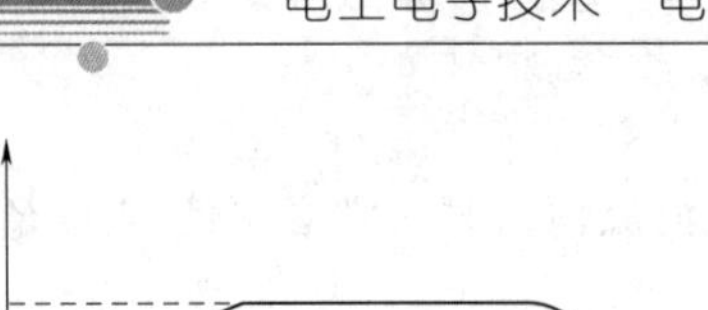

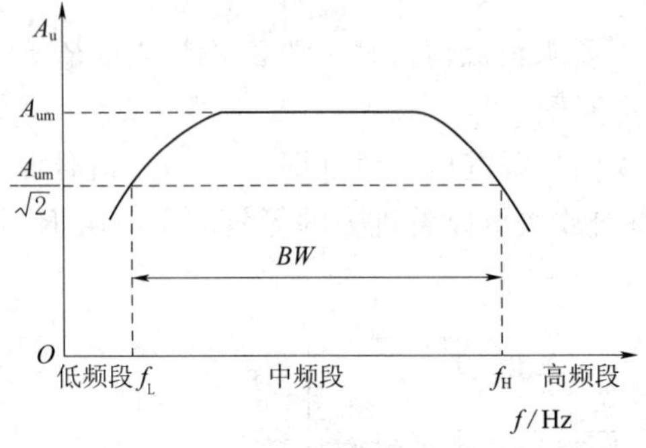


图 3-20 放大电路的幅频特性曲线

变，而低频段和高频段放大倍数都会下降，当下降到 $A_{um}/\sqrt{2}$（约 $0.7A_{um}$）时的低端频率和高端频率，分别称为放大电路的下限频率（$f_L$）和上限频率（$f_H$），$f_L$ 和 $f_H$ 之间的频率范围称为放大电路的通频带，用 BW 表示。

放大电路所需的通频带由输入信号的频带来确定，为了不失真地放大信号，要求放大电路的通频带应大于信号的频带，否则会因信号低频段或高频段的放大倍数下降过多造成放大后信号的失真，这种失真称为放大电路的频率失真。

2. 三种基本组态放大电路

由晶体管可构成共射、共集、共基三种基本组态放大电路。

（1）共发射极放大电路。

1）电路组成。由 NPN 型晶体管构成的典型共发射极放大电路如图 3-15 所示，即单管放大电路，本节对该电路进行详细分析。

$C_1$ 与 $C_2$ 为耦合电容，$R_{B1}$ 和 $R_{B2}$ 为基极偏置电阻，直流电源 $V_{CC}$ 通过 $R_{B1}$、$R_{B2}$、$R_C$ 和 $R_E$ 使三极管获得合适的偏置，为三极管放大作用提供必要条件。利用集电极负载电阻 $R_C$ 的降压作用，将三极管集电极电流的变化转换成集电极电压的变化，从而实现信号的电压放大；发射极旁路电容 $C_E$ 起短路交流的作用，保证发射极电阻 $R_E$ 不影响放大电路的电压放大倍数，低频放大电路中通常采用电解电容器。

2）电路分析。

a. 静态分析（直流分析）。画出直流通路。

图 3-15 所示电路中，$C_1$、$C_2$ 和 $C_E$ 的容量均较大，对直流信号可视为开路，放大电路的直流通路如图 3-21（a）所示，为了更加直观，也可将它改画为图 3-21（b）。

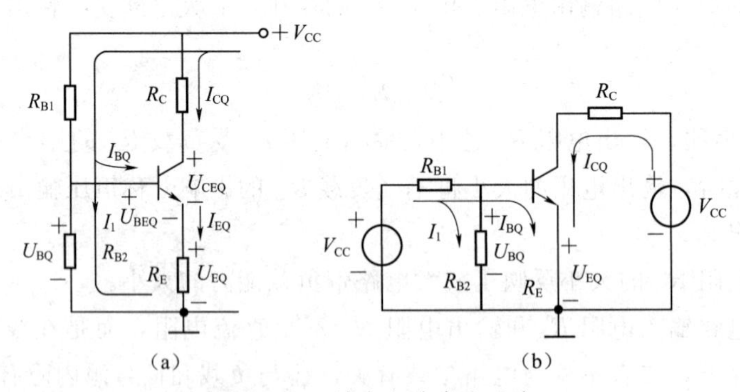


图 3-21 放大电路直流通路

显然，晶体管的基极偏置电压是由直流电源 $V_{CC}$ 经 $R_{B1}$ 和 $R_{B2}$ 分压获得，所以，常将该电路称为“分压式偏置电路”。

- 求解静态工作点 $Q(U_{BEQ}、I_{BQ}、I_{CQ}、U_{CEQ})$。

由于晶体管导通，故

$$U_{BEQ} \approx 0.7\text{V} \tag{3-21}$$

当流过 $R_{B1}$ 和 $R_{B2}$ 的直流电流远大于基极电流 $I_{BQ}$ 时，可得晶体管基极直流电压为

$$U_{BQ}\approx\frac{R_{B2}}{R_{B1}+R_{B2}}V_{CC} \tag{3-22}$$

又 $U_{EQ}=U_{BQ}-U_{BEQ}$，所以晶体管发射极直流电流为

$$I_{EQ}=\frac{U_{BQ}-U_{BEQ}}{R_E} \tag{3-23}$$

晶体管集电极直流电流为

$$I_{CQ}\approx I_{EQ} \tag{3-24}$$

晶体管基极直流电流分为

$$I_{BQ}=\frac{I_{EQ}}{\beta} \tag{3-25}$$

晶体管 C、E 之间的直流管压降为

$$U_{CEQ}\approx V_{CC}-I_{CQ}R_C-I_{EQ}R_E\approx V_{CC}-I_{CQ}(R_C+R_E) \tag{3-26}$$

说明：放大电路的静态工作点 $Q$ 会随工作温度的变化而漂移，这不但会影响放大倍数 $\beta$ 等参数性能，严重时还会造成输出波形失真，甚至使放大电路无法正常工作。下面分析分压式偏置电路如何解决这一问题。

若如图 3-22 所示电路满足

$$\left.\begin{aligned}I_1&\geqslant(5-10)I_{BQ}\\U_{BQ}&\geqslant(5-10)U_{BEQ}\end{aligned}\right\} \tag{3-27}$$

由式（3-22）可知，$U_{BQ}$ 由 $R_{B1}$、$R_{B2}$ 分压固定，与温度无关。当温度上升时，由于 $I_{CQ}$（$I_{EQ}$）的增加，发射极电阻上产生的压降 $I_{EQ}R_E$ 也将增加，$I_{EQ}R_E$ 的增加部分回送到基极-发射极回路，因 $U_{BEQ}=U_{BQ}-I_{EQ}R_E$，$U_{BQ}$ 固定的情况下，$U_{BEQ}$ 随之减小，迫使 $I_{BQ}$ 减小，从而牵制了 $I_{CQ}(I_{EQ})$ 的增加，使 $I_{CQ}(I_{EQ})$ 基本维持恒定，这就是负反馈作用，它是利用直流电流 $I_{CQ}(I_{EQ})$ 的变化通过 $R_E$ 来实现负反馈作用的，所以称为直流电流负反馈。

综上，分压式电流负反馈偏置电路中，更换不同参数晶体管时，其静态工作点电流 $I_{CQ}$ 也可基本维持恒定。

b. 动态分析（交流分析）。

- 画出交流通路。

由于图 3-15 电路中电容 $C_1$、$C_2$ 和 $C_E$ 的容量均较大，对交流信号可视为短路；直流电源 $V_{CC}$ 内阻很小，对交流信号也可视为短路，由此可得如图 3-22 所示的交流通路。

- 画出小信号等效电路。

当输入信号足够小时，通常采用小信号电路模型分析放大电路的交流特性。

由晶体管应用电路中放大电路的应用分析知，当输入交流信号很小时，可认为晶体管的动态工作点在线性范围内变动，这时晶体管各极交流电压、电流的关系近似为线性关系，这样就可把晶体管特性线性化，晶体管 b、e 间可用一线性电阻 $r_{be}$ 等效，c、e 间可用一输出电流为 $\beta i_b$ 的受控电流源表示，即晶体管 V 用 H 参数小信号电路模型代入，从而使复杂电路的计算大为简化，等效电路如图 3-23 所示。

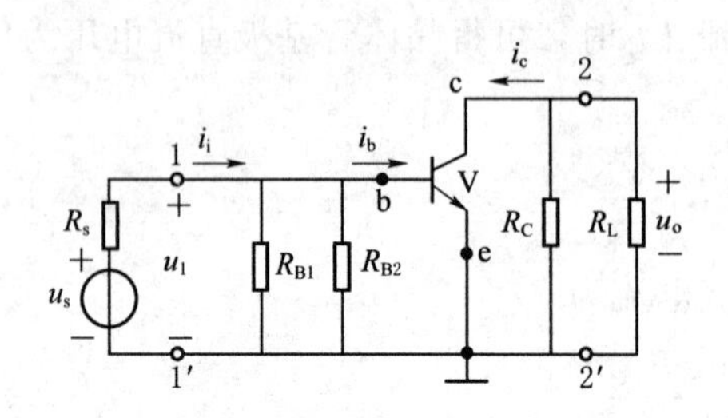


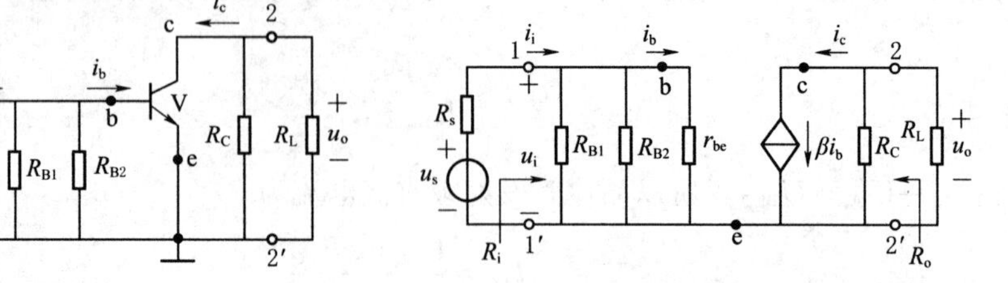


图 3-22　共发射极放大电路交流通路　　　图 3-23　共发射极放大电路小信号等效电路

说明：$r_{be}$称为晶体管输出端交流短路时共发射极输入电阻（也常用$h_{ie}$表示），其值与晶体管的静态工作点$Q$有关，工程上估算公式为

$$r_{be}=r_{bb'}+(1+\beta)\frac{U_T}{I_{EQ}} \tag{3-28}$$

式中：$r_{bb'}$为晶体管基区体电阻，不同型号晶体管对应$r_{bb'}$值也不相同，从几十欧到几百欧，可从手册中查出，对低频小功率管其值约为 200Ω；$I_{EQ}$为静态发射极电流；$U_T$ 为温度电压当量，在室温 300K 时，其值约为 26mV。

式（3-28）可写为

$$r_{be}=200\Omega+(1+\beta)\frac{26\text{mV}}{I_{EQ}(\text{mA})} \tag{3-29}$$

- 求解动态性能指标。
- 电压放大倍数$A_u$。

由图 3-23 可得

$$u_o=-\beta i_b(R_C /\!/ R_L) \tag{3-30}$$

所以，放大电路的电压放大倍数为

$$A_u=\frac{u_o}{u_i}=-\frac{\beta i_b(R_C /\!/ R_L)}{i_b r_{be}}=-\frac{\beta(R_C /\!/ R_L)}{r_{be}} \tag{3-31}$$

式中：负号说明输出电压$u_o$与输入电压$u_i$反相。

- 输入电阻$R_i$。

由图 3-23 可得

$$i_i=\frac{u_i}{R_{B1}}+\frac{u_i}{R_{B2}}+\frac{u_i}{r_{be}}=u_i\left(\frac{1}{R_{B1}}+\frac{1}{R_{B2}}+\frac{1}{r_{be}}\right) \tag{3-32}$$

所以，放大电路输入电阻为

$$R_i=\frac{u_i}{i_i}=\frac{1}{\dfrac{1}{R_{B1}}+\dfrac{1}{R_{B2}}+\dfrac{1}{r_{be}}}=R_{B1} /\!/ R_{B2} /\!/ r_{be} \tag{3-33}$$

对于绝大多数分压式偏置共发射极放大电路，由于$r_{be}$相比$R_{B1}$、$R_{B2}$均小得多，因此，可根据电路实际情况估算为

$$R_i\approx r_{be} \tag{3-34}$$

- 输出电阻。

由图 3-23 可知，当$u_s=0$时，$i_b=0$，则$\beta i_b$开路，所以，放大电路输出端断开负载$R_L$，接入信号源$u$，如图 3-24 所示，可得$i=u/R_c$，因此放大电路的输出电阻为

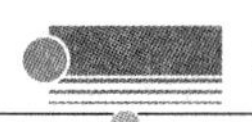



$$R_o \approx \frac{u}{i} = R_c \tag{3-35}$$

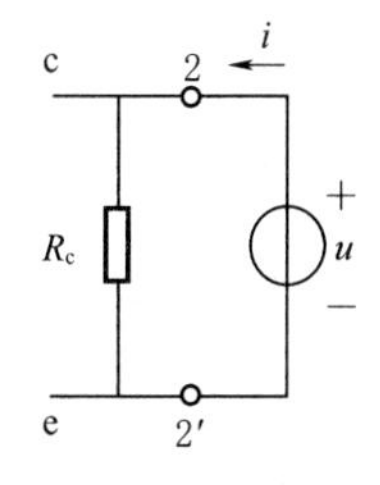


图 3-24　求输出电阻

说明：由于信号源内阻的存在，使得 $u_s$ 不可能全部加到放大电路的输入端，使信号源电压的利用率下降。$R_s$ 越大，放大电路的输入电阻越小时，$u_s$ 的利用率就越低。考虑到 $R_s$ 对放大电路放大特性的影响，常引用源电压放大倍数 $A_{us}$ 这一性能指标，定义为输出电压 $u_o$ 与信号源电压 $u_s$ 之比，即

$$A_{us} = \frac{u_o}{u_s} \tag{3-36}$$

即

$$A_{us} = \frac{u_i}{u_s} \times \frac{u_o}{u_i} = \frac{u_i}{u_s} A_u = \frac{R_i}{R_s + R_i} A_u \tag{3-37}$$

共发射极放大电路输出电压 $u_o$ 与输入电压 $u_i$ 反相，输入电阻和输出电阻大小适中。由于共发射极放大电路的电压、电流、功率增益都比较大，因而成为最常用的放大电路，适用于一般放大或多级放大电路的中间级。

（2）共集电极放大电路。共集电极放大电路如图 3-25（a）所示，图 3-25（b）、（c）分别为其直流通路和交流通路。由交流通路可知，晶体管的集电极是交流地电位，输出信号 $u_o$ 和输入信号 $u_i$ 以它为公共端，故称为共集电极放大电路。同时由于输出信号 $u_o$ 取自发射极，因而又称为射极输出器。

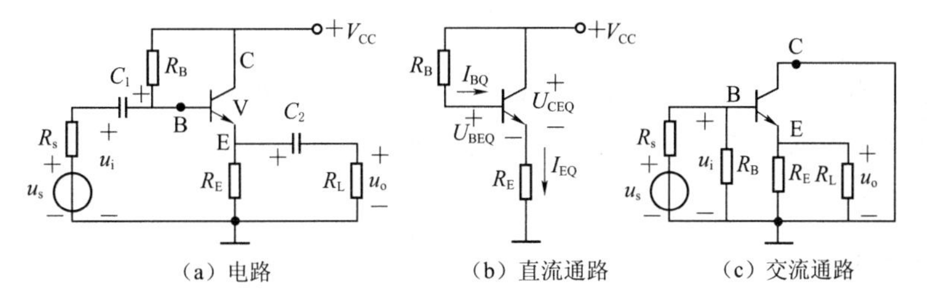


图 3-25　共集电极放大电路

共集电极放大电路的静态工作点及其主要性能指标分析方法与共发射极放大电路类似，请读者自行分析。

共集电极放大电路的输出电压 $u_o$ 与输入电压 $u_i$ 不但大小近似相等（$u_o$ 略小于 $u_i$），且相位相同，即输出电压有跟随输入电压的特点，故共集电极放大电路又称射极跟随器。

共集电极放大电路具有电压放大倍数 $A_u$ 小于 1 且接近于 1、输出电压 $u_o$ 与输入电压 $u_i$ 同相、输入电阻 $R_i$ 大、输出电阻 $R_o$ 小等特点，虽然共集电极电路本身没有电压放大作用，但有很好的电流、功率放大作用，所以，共集电极放大电路常用于：

1）多级放大电路的输入级。由于共集电极放大电路有很高的输入电阻，可减小对输入信号源的影响。如用于交流毫伏表、示波器等测量仪表的输入级，可减小对被测电路的影响，从而提高测量准确度。

2）多级放大电路的输出级。由于共集电极放大电路的输出电阻很小，可提供恒压输出。如用于集成运放输出级，可提供较强的负载能力和较大的动态范围。

3）多级放大电路的中间级（称为缓冲级）。利用共集电极放大电路的高输入电阻和低输出电阻特点，隔离前后级间影响，起到级间阻抗变换作用，有利于改善多级放大电路性能。

（3）共基极放大电路。共基极放大电路如图 3-26 所示。由图可见，交流信号通过晶体管基极旁路电容 $C_2$ 接地，因此输入信号 $u_i$ 由发射极引入，输出信号 $u_o$ 由集电极引出，它们都以基极为公共端，故称共基极放大电路。

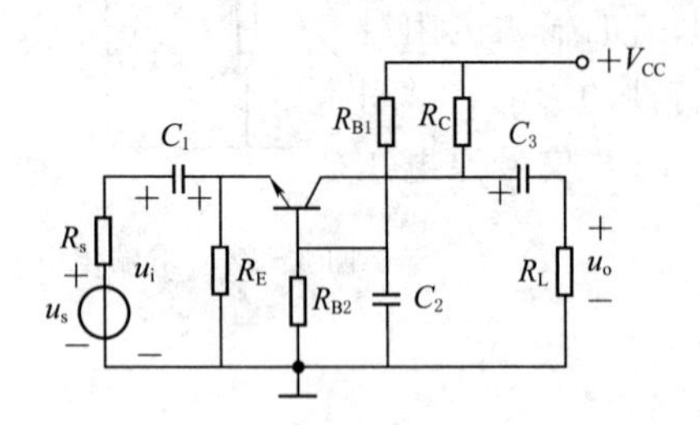


图 3-26　共基极放大电路

将 $C_1$、$C_2$、$C_3$ 断开，便可得如图 3-27（a）所示共基极放大电路直流通路，显然，与共发射极放大电路一样，也构成分压式电流负反馈偏置电路，故可以用与上述相同的方法估算静态工作点，并根据图 3-27（b）与（c）分析动态性能指标。

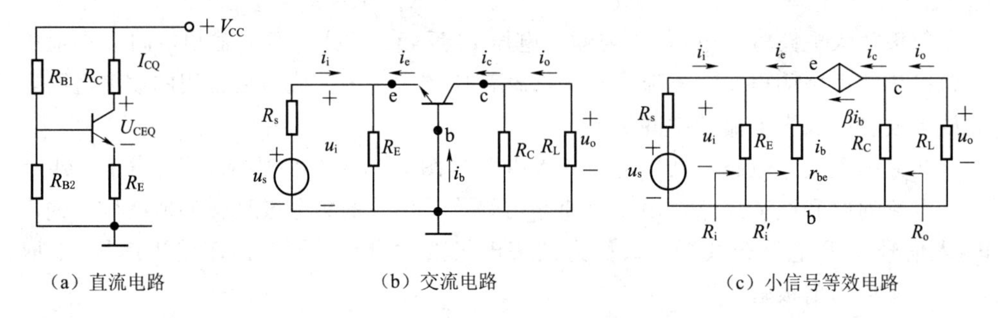


图 3-27　共基极电路的等效电路

共基极放大电路具有输出电压 $u_o$ 与输入电压 $u_i$ 同相、电压放大倍数 $A_u$ 高、输入电阻 $R_i$ 小、输出电阻 $R_o$ 大等特点。由于共基极放大电路具有较好的高频特性，故广泛用于高频及宽带放大电路中。

## 五、任务准备

### 1. 设备、工具的准备

为完成工作任务，每个工作小组需要向工作站内仓库管理教师提供借用工具清单。

### 2. 材料的准备

供参考选择的元件清单：

三极管：9013　1 个。

电阻：22kΩ　2 个；2.2kΩ　1 个；220Ω　1 个。

可调电位器：500kΩ　1 个。

电容：电解电容 4.7μF　1 个，100μF　2 个；贴片电容 1000pF　1 个。

其他：排针 6 个。

为完成工作任务，每个工作小组需要向工作站内仓库管理教师提供领用材料清单。

### 3. 团队分配的方案

将学生分为 3 个工作岛，每个工作岛再分为 6 组，根据工作岛工位要求，每个工作岛指定 1 人为组长、2 人为材料管理员，材料管理员负责材料领取分发，小组长负责组织本组相关问题的计划、实施及讨论汇总，填写各组人员工作任务实施所需文字材料的相关记录表。

## 六、任务实施

1. 三极管判别及放大倍数测试

（1）三极管类型及引脚判别。

1）基极判别。将数字万用表置欧姆挡的“R×1kΩ”或“R×100kΩ”挡，把红表笔接在某一个引脚上，用黑表笔分别接另外两个引脚，测得两个阻值，如果阻值一大一小，则红表笔所接的不是基极。此时应另选一引脚，直到所测两个阻值同大（或同小）为止。将表笔对换，再测一次，阻值将变为同小（或同大），这时，黑表笔所接的引脚为基极。当黑表笔接基极且两阻值同大时，则三极管为 NPN 型；若两阻值同小时，则三极管为 PNP 型。

2）发射极和集电极的判别。对于 NPN 型三极管，用数字万用表的黑、红表笔分别测量 c、e 两极间的正、反向电阻 $R_{ce}$ 和 $R_{ec}$，虽然两次测量中万用表指针的偏转角度都很小，但仔细观察，总会有一次偏转角度稍大。此时电流的流向一定是：黑表笔→c 极→b 极→e 极→红表笔，电流流向正好与三极管符号中的箭头方向一致，因此黑表笔所接的一定是集电极 c，红表笔所接的一定是发射极 e。

对于 PNP 型的三极管，原理类似于 NPN 型，其电流流向一定是：黑表笔→e 极→b 极→c 极→红表笔，其电流流向也与三极管符号中的箭头方向一致，因此黑表笔所接的一定是发射极 e，红表笔所接的一定是集电极 c。

（2）三极管放大倍数测试。利用数字万用表上的“hFE”插孔，将万用表置“hFE”挡，将本任务用 9013 三极管对应插入测量插座，待显示数据稳定后，记下读数，即为 9013 三极管放大倍数 $\beta$ 值。

2. 单管放大电路制作与功能调试

（1）识读电路原理图，识别电路相关元器件并了解各元件基本结构与基本功能，如图 3-28 所示。

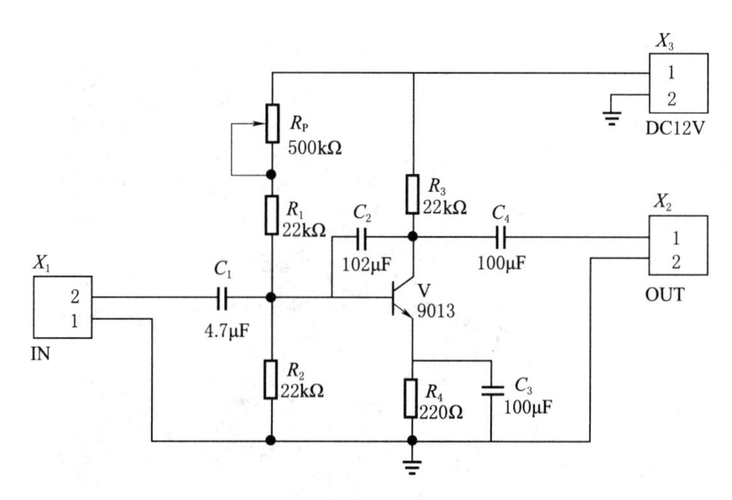


图 3-28　单管放大电路原理图

（2）电路制作与功能调试。

1）焊接电路。

a. 根据电路原理图设计电路布线图，要求布局合理，布线正确，如图 3-29 所示。

图 3-29　电路布线图

b. 对照布线图在电子万能板上按电子工艺要求对元器件进行插装，完成电路布局。$X_1$、$X_2$ 和 $X_3$ 分别为信号输入端、信号输出端和直流电源端，每个端口用两个小排针实现。

c. 正确焊接电路。焊接时应注意：若电烙铁头不挂锡，在使用前要将烙铁头锉干净，待电烙铁通电加热后，先上一层松香，再挂一层锡。这样也可防止电烙铁长时间加热因氧化而被“烧死”，不再“吃锡”。安全起见，依实际情况配置烙铁架。

焊接过程中为了去除焊点处的锈渍，确保焊点质量，焊接过程中可依实际需要使用松香、焊锡膏等助焊剂。

在电子万能板上正确焊接如图 3-30 所示单管放大电路，完成电路安装，焊接电路，可参考图 3-30 实物。

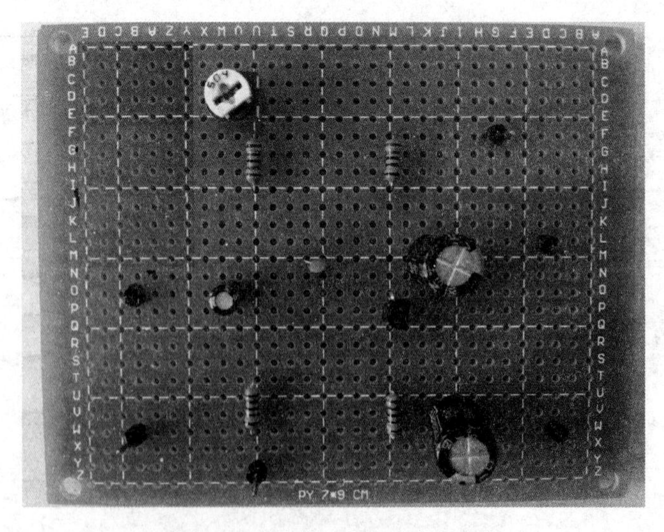


图 3-30　单管放大电路实物图例

d. 用万用表等仪器仪表检查电路布线无误。

2）电路功能调试。+12V 直流电源由电子技能工作岛“0～30V 可调直流电源”提供。利用函数信号发生器提供电压峰峰值为 10mV、频率为 1kHz 的信号，模拟传感器的微弱信号送入放大电路，用示波器监测输入和输出电压波形。

a. 逐渐调高输入信号幅值，观察输出波形的失真现象，了解饱和失真与截止失真。

b. 调节可调电位器，了解减少饱和失真与截止失真的方法，并将放大电路调整至最佳工作状态。

c. 通过示波器“垂直系统”和“水平系统”，并配合其他旋钮调节输入、输出波形至合适屏幕位置。

d. 按照调试项目要求，记录可调电位器 $R_P$ 和输出电压 $V_{PP}$ 等相关数据，并记录输入、输出电压波形。

e. 计算单管放大电路放大倍数，并与估算值比较。

## 七、任务总结

1. 本次任务用到了哪些知识？

2. 你从本次任务中获得了哪些经验？

3. 任务实施过程中，你遇到了哪些问题？是如何解决的？

## 八、思考与练习

1. 题 1 图所示电路中三极管为硅管，试判断各管工作状态。

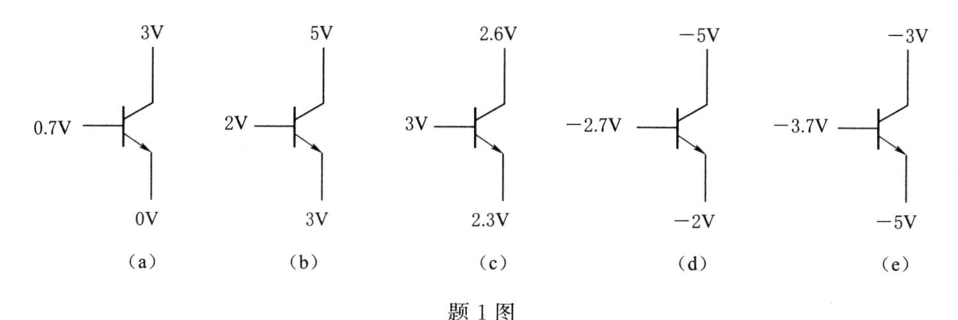


题 1 图

2. 放大电路中某三极管 3 个管脚电位分别为 2V、2.7V、5V，试判别此管的 3 个电极，并说明它是 NPN 管还是 PNP 管，是硅管还是锗管？

3. 题 2 图所示各三极管，各极电流已测得，试判别①、②、③分别是哪个电极，并说明该管是 NPN 管还是 PNP 管，估算其 $\beta$ 值。

4. 题 3 图所示电路中，三极管均为硅管，$\beta=100$，试判断各三极管的工作状态，并求各管的 $I_B$、$I_C$ 和 $U_{CE}$。

5. 题 4 图（a）所示电路中，三极管的输出伏安特性曲线如题 4 图（b）所示，设 $U_{BEQ}=0$，当 $R_B$ 分别为 300kΩ 和 150kΩ 时，试用图解法求 $I_C$ 和 $U_{CE}$。

6. 在题 5 图所示放大电路中，已知三极管 $\beta=100$，$r_{bb'}=100\Omega$，$U_{BEQ}=0.7V$，试求：

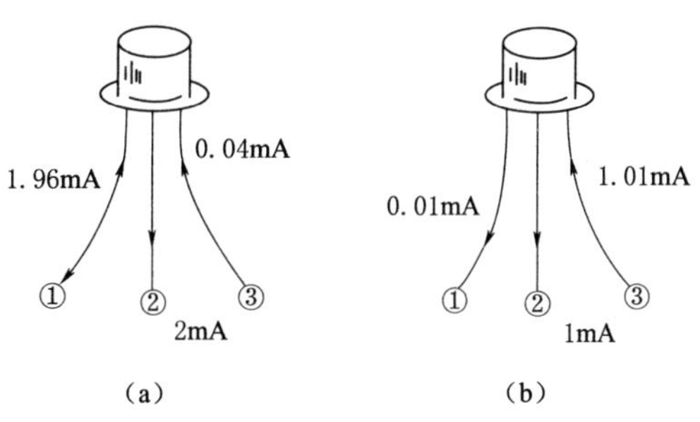


题 2 图

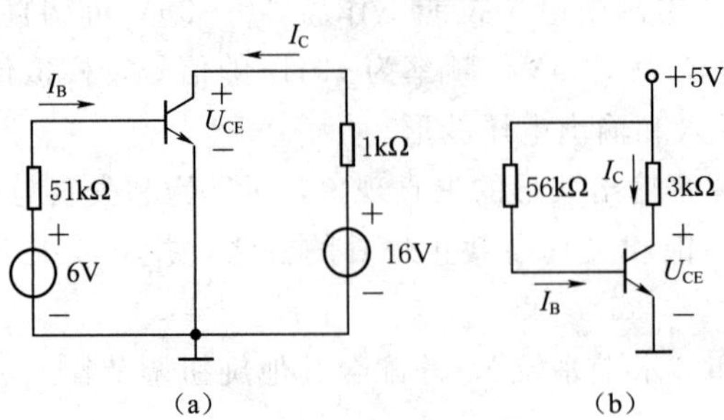


题 3 图

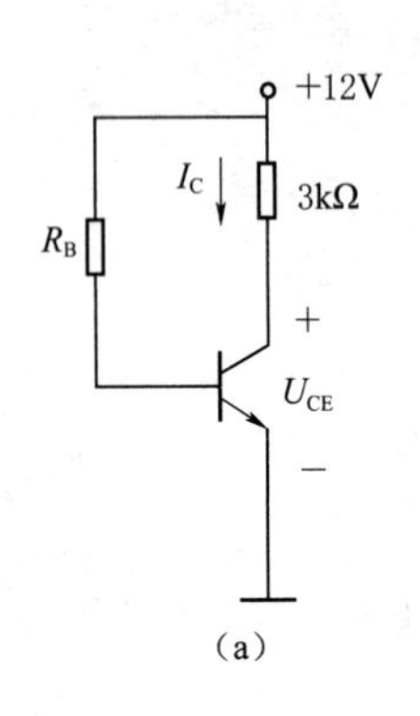


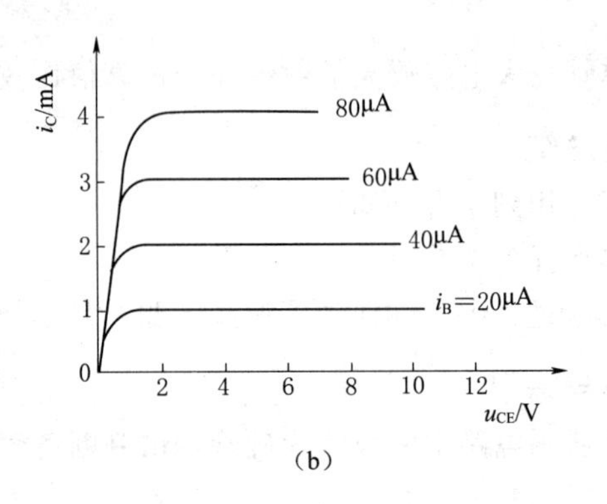


题 4 图

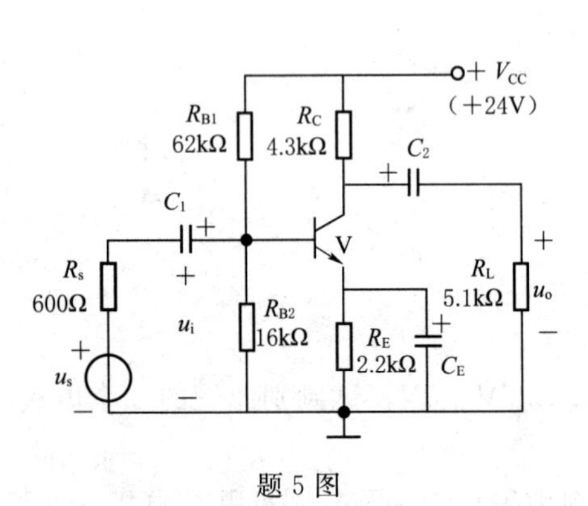


题 5 图

（1）对电路进行静态分析，求解 $I_{CQ}$ 和 $U_{CEQ}$；（2）对电路进行动态分析，求解 $A_u$、$R_i$、$R_o$ 和 $A_{us}$；（3）当 $\beta=60$ 时，求解 $A_u$、$R_i$ 和 $R_o$。

7. 任务实施调试过程中，输出电压出现波形不对称的情况，可能的原因是什么？如何排除故障？

8. 如果在电路调试时，波形出现明显失真，如何解决？

9. 单管放大电路设计布线有哪些注意事项？

# 任务四　发光闪烁器装调

## 一、任务描述

学生接到本任务后，应根据任务要求，准备电路所需元器件和检测用仪表，做好工作现场准备，读懂电路图，并且按照电路要求完成焊接工作，要求闪烁器安装两个不同颜色的发光二极管，闪烁速度可调，体积小，功耗低，使用两节纽扣电池供电，能长时间稳定工作；施工时严格遵守作业规范，焊接完毕后进行调试，验证功能，并交由检测指导教师验收。按照现场管理规范清理场地、归置物品。

本工作任务实际上是制作一个由三极管、发光二极管和电阻电容组成的多谐振荡电路，电路结构简单，电路图如图 4－1 所示。小型发光闪烁器能起到提醒、指示等作用，它装有两个不同颜色的发光二极管，电路板如图 4－2 所示，通电后左右的发光管循环闪亮，调节电位器可改变闪烁速度。

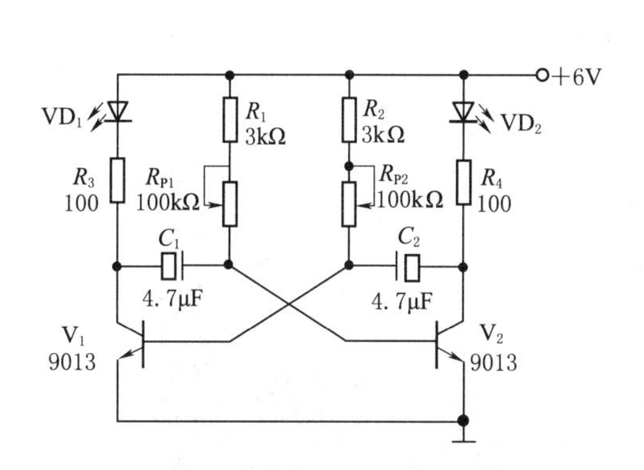

图 4－1　发光闪烁器电路图

图 4－2　发光闪烁器电路板

## 二、任务要求

（1）遵守安全用电规则，正确使用电烙铁进行焊接，注意人身安全。

（2）根据电路原理图设计元器件装配图，元器件布局合理，排列整齐。

（3）按标准电子工艺要求完成元器件成形加工、插装、焊接操作。

（4）使用仪器调试电路，做好测量数据记录。

## 三、能力目标

（1）能正确识别、检测与使用晶体三极管和二极管。

（2）学会手工制作电路板的方法和步骤。

（3）能熟练进行手工焊接操作，按焊接标准完成闪烁器电路焊接。

（4）会分析振荡电路工作原理，熟练使用仪表进行电路调试和排故。

（5）培养独立分析、自我学习、改造创新等能力。

## 四、相关理论知识

### （一）晶体二极管

晶体二极管主要由P型半导体和N型半导体形成的PN结组成，利用PN结单向导电性原理工作。在PN结加上正向偏压，其工作在导通状态下，电阻很小（几十欧到几百欧）；加上反向偏压后截止，其电阻很大。晶体二极管在电路中主要起整流、控制、检波、调制、限幅、开关等作用。相关知识见任务二。

常见晶体二极管符号如图4-3所示，外形如图4-4所示。

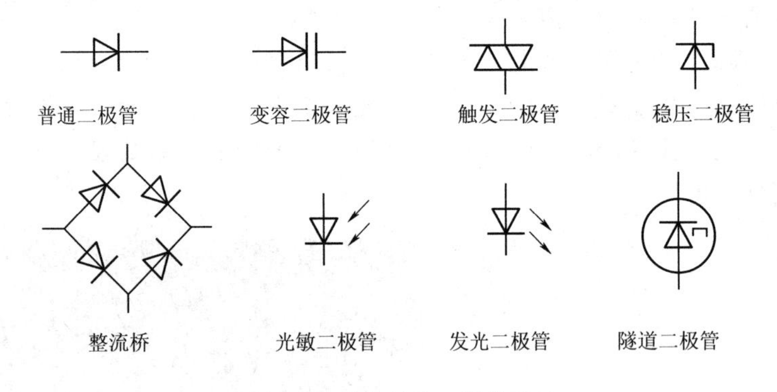


图4-3 常见晶体二极管符号

整流二极管

大功率稳压管

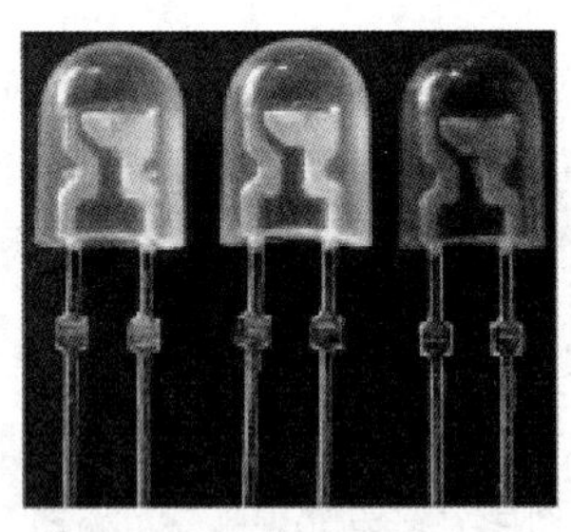

发光二极管

图4-4 常见晶体二极管外形

### （二）晶体三极管

晶体三极管是在半导体锗或硅单晶上制造两个能相互影响的PN结组成的一个PNP（或NPN）结构。中间N区（或P区）称为基区，两边区域称为发射区和集电区，每个区引出一条电极，分别称为基极b、发射极e和集电极c，主要作用有放大、振荡、限幅、开关等。相关知识见任务三。

常见晶体三极管符号及组成如图4-5所示，外形如图4-6所示。

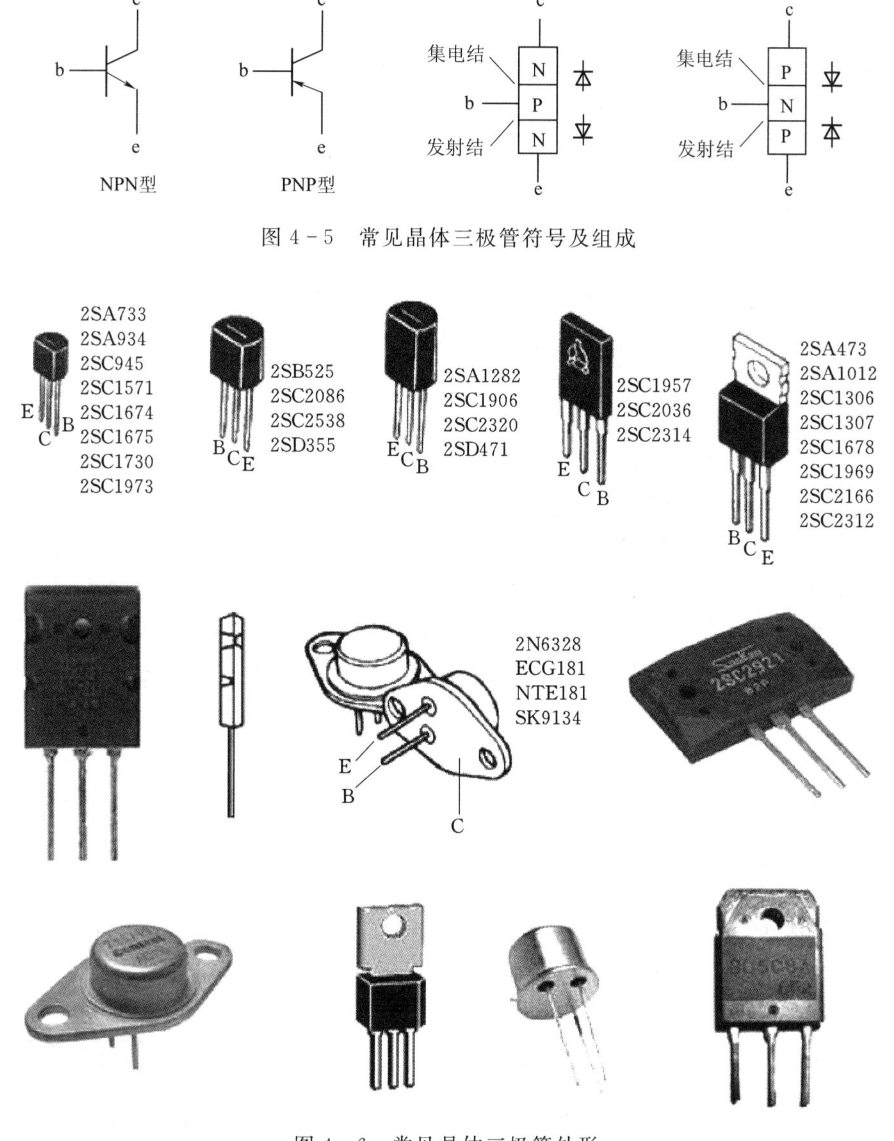


图 4-5　常见晶体三极管符号及组成

图 4-6　常见晶体三极管外形

## 五、任务准备

1. 设备、工具的准备

为完成工作任务，每个工作小组需要向工作站内仓库管理教师提供借用工具清单。

2. 材料的准备

供参考选择的元件清单：

电阻：100kΩ　2 个；100Ω　2 个；3kΩ　2 个。

电容：电解电容 4.7μF　2 个。

红色发光二极管（5mm）：2 个。

晶体三极管（9013）：2 个。

电位器：100kΩ，2 个。

3. 团队分配方案

将学生分为 3 个工作岛，每个工作岛再分为 6 组，根据工作岛工位要求，每个工作岛指定 1 人为组长、2 人为材料管理员，材料管理员负责材料领取分发，小组长负责组织本组相关问题的计划、实施及讨论汇总，填写各组人员工作任务实施所需文字材料的相关记录表。

## 六、任务实施

1. 决策和制订工作计划

制作闪烁器的流程一般是：熟悉原理、准备器材、制作电路板、安装和调试、故障排除。根据所学知识进行小组讨论，得出决策，制订工作计划。

2. 电路原理分析

发光闪烁器是由两个三极管组成的自激多谐振荡电路，由左右对称的两部分电路组成。接通电源，虽然元件参数相同，但由于参数误差，两个三极管中必有一个先导通。假设 $V_1$ 先导通，$VD_1$ 导通发光，$I_{C1}$ 电流为 $VD_1$ 电流，$C_1$ 开始充电，极性为左负右正，$V_2$ 基极接到 $C_2$ 因低电位而截止，$VD_2$ 熄灭。一定时间后，$C_1$ 电压充电到一定值使 $V_2$ 从截止迅速进入饱和导通状态，$VD_2$ 发光，这时 $C_2$ 开始充电，极性为左正右负，将导致 $V_1$ 迅速从饱和变成截止状态，$VD_1$ 熄灭。一定时间后 $C_2$ 充电到一定值再次使得 $V_1$ 导通，$V_2$ 截止，$VD_1$ 再次发光，如此循环，电路产生了自激振荡，三极管 $V_1$ 和 $V_2$ 轮流导通，发光二极管 $VD_1$ 和 $VD_2$ 轮流闪亮。改变电位器阻值，即改变电容器充放电时间，实际调整了发光二极管闪烁速度。

3. 安装与调试

将所有元器件安装在电路板上，检查电路无短路和元器件无虚焊后进行调试。打开电源，调节直流稳压电源输出 6V，接通发光闪烁器的电源。调试步骤为：①通电源，观察两发光二极管是否交替闪亮；②调节电位器 $R_{P1}$ 和 $R_{P2}$，观察发光二极管变化情况；③调节 $R_{P1}$ 和 $R_{P2}$，使电路振荡频率为 1Hz，即发光二极管闪烁频率为 1s，用万用表测量三极管 $V_1$ 和 $V_2$ 各极瞬间最高电压，测试结果填入表 4－1。

**表 4－1　　三极管电压记录表**

| 测量项目 | | 电压/V | 测量项目 | | 电压/V |
|---|---|---|---|---|---|
| $V_1$ | $U_B$ | | $V_2$ | $U_B$ | |
| | $U_C$ | | | $U_C$ | |
| | $U_E$ | | | $U_E$ | |

## 七、任务总结

1. 本次任务用到了哪些知识？
2. 你从本次任务中获得了哪些经验？
3. 任务实施中，你遇到了哪些问题？是如何解决的？

## 八、思考

1. 发光二极管 $VD_1$ 亮时，三极管 $V_1$ 集电极电位及工作状态？
2. 安装时，若电容 $C_1$ 和 $C_2$ 的极性反向安装，电路能否正常工作？
3. 如果把 $R_1$ 参数变成 100kΩ，电路能否正常工作？
4. 电路中三极管如果换成 PNP 型，电路能否振荡闪烁？

# 任务五 小功率放大器

## 一、任务描述

此项工作任务主要使学生熟悉 TDA2030A 集成电路的工作原理，能够独立完成小功率放大器的焊接与功能调试。

学生接到本任务后，应根据任务要求，准备电路所需元器件和检测用仪表，做好工作现场准备，读懂电路图，并且按照电路要求完成焊接工作，要求小功率放大电路简洁、可靠，性能稳定；施工时严格遵守作业规范，焊接完毕后进行调试，验证功能，并交检测指导教师验收。按照现场管理规范清理场地、归置物品。

## 二、任务要求

(1) 遵守安全用电规则，正确使用电烙铁进行焊接，注意人身安全。

(2) 根据小功率放大器原理图设计元器件装配图，元器件排列整齐且布局规范，散热器安装位置合理。

(3) 完成 15W 的功率放大，无输入信号时要求输出端约为 0V，保证失真小。

(4) 使用测量仪器，完成调试项目操作并做好数据、波形记录。

(5) 加深对功率放大电路相关知识的了解，通过调试电路，掌握电子电路常用排故方法。

## 三、能力目标

(1) 学会正确识别电阻等相关元器件。

(2) 熟悉 TDA2030A 的功能和使用，学会分析功率放大器的工作原理。

(3) 学会在电子万能板上对数字逻辑笔电路进行合理布局，并焊接电路。

(4) 学会正确使用测量仪器调试电路，并进行电路故障的查找和排除。

(5) 培养独立分析、自我学习和创新等能力。

## 四、相关理论知识

电路是要驱动负载工作的，如收音机中的扬声器（喇叭）要发出声音、电动机要旋转、继电器触点要动作、记录仪表要指示数据等，这些负载需供给足够的功率才能发挥其功能。

前面讨论的低频电压放大器的主要任务是把微弱的信号电压放大，输出功率不一定大。在多级放大电路的末级，通常要求既能输出较高的电压又能输出较大电流，即采用能输出一定功率的功率放大电路。

从能量控制的观点来看，功率放大器和电压放大器没有本质的区别，但是从完成的任务来看，它们是不同的。电压放大器主要向负载提供不失真的电压信号，主要讨论的是电压放大倍数，输入、输出电阻等；而低频功率放大器主要输出足够大的不失真（或失真很小）的功率信号，因此有一些特殊要求。

对功率放大器的基本要求：

（1）有足够大的输出功率。

（2）效率要高。

（3）非线性失真要小。

（4）功放管的散热要好。

**（一）功率放大电路的特点与分类**

在多级放大电路的末级、集成功率放大器、集成运算放大器等模拟集成电路的输出级，要求具有较高的输出功率或具有较大的输出动态范围。这类主要用于向负载提供功率的放大电路称为功率放大电路。它与前面所讨论的主要用于放大小信号的电压放大电路作用不同，所以功率放大电路与电压放大电路在性能要求、电路组成、工作状态等方面有明显的区别。通常，功率放大电路主要研究电路的输出功率和效率等问题。

功率放大电路按晶体管在一个信号周期内导通时间的不同，可分为甲类、乙类和甲乙类放大，见表 5－1。

**表 5－1　　功率放大器的分类**

| 类别 | 定义 | 优点 | 缺点 | 应用 | 工作状态 |
|---|---|---|---|---|---|
| 甲类 | 整个输入信号周期内，管子都有电流流通 | 波形失真小 | 管耗大，放大电路效率低 | 小功率放大电路中或功率放大器的激励级 | |
| 乙类 | 一个信号周期内，管子只有半个周期有电流流通 | 管耗小，放大电路效率高 | 输出波形失真严重 | 功率要求高，音质要求不高的电路 | |
| 甲乙类 | 一个信号周期内管子有半个多周期有电流流通 | 管耗小，放大电路效率高 | 输出波形失真严重 | 音频放大器做功放 | |

**（二）乙类双电源互补对称功率放大电路**

1. 电路组成及工作原理

采用正、负电源构成的乙类互补对称功率放大电路如图 5－1（a）所示，$V_1$、$V_2$ 分别为 NPN 型管和 PNP 型管，两管的基极和发射极分别连在一起，信号从基极引入，从发射极输出，$R_L$ 为负载，要求两管特性相同，且 $V_{CC}=V_{EE}$。

静态，即 $u_i=0$ 时，$V_1$ 和 $V_2$ 处于零偏置，两管的 $I_{BQ}$、$I_{CQ}$ 均为 0，因此输出电压 $u_o=0$，此时电路不消耗功率。

当放大电路有正弦信号 $u_i$ 输入时，在 $u_i$ 正半周，$V_2$ 因发射结反偏而截止，$V_1$ 得正偏而导通，$V_{CC}$ 通过 $V_1$ 向 $R_L$ 提供电流 $i_{C1}$，产生输出电压 $u_o$ 的正半周，如图 5－1（b）所示。在 $u_i$ 负半周，$V_1$ 发射结反偏而截止，$V_2$ 正偏而导通，$-V_{EE}$ 通过 $V_2$ 向 $R_L$ 提供电流 $i_{C2}$，产生输出电压 $u_o$ 的负半周，如图 5－1（c）所示。由此可见，由于 $V_1$、$V_2$ 管轮流导通，相互补足对方缺少的半个周期，$R_L$ 上仍得到与输入信号波形相接近的电流和电压，故称这种电路为乙类互补对称放大电路。又因为静态时公共发射极电位为 0，不必采用电容耦合，故又称为 OCL 电路。由图 5-1（b）、（c）可见，互补对称放大电路由两个工作在乙类的射极输出器组成，所以输出电压 $u_o$ 的大小与输入电压 $u_i$ 的大小基本相等。又因为射极输出器输出电阻很低，所以，互补对称放大电路具有较强的负载能力，即能向负载提供较大的功率，实现功率放大作用，所以又把这种电路称为乙类互补对称功率放大电路。

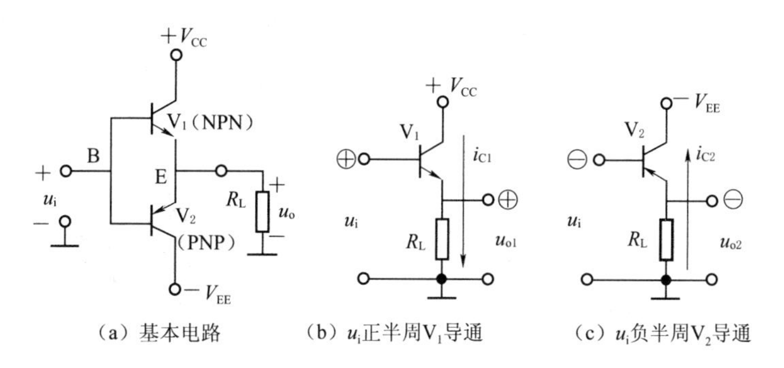


图 5-1　乙类双电源互补对称功率放大电路

2. OCL 电路的特点

由以上讨论可见，OCL 电路有输出功率大，效率高；输出电阻小，负载能力强；低频响应好，输出动态范围大；电路简单，使用方便，易于集成化等优点。但它有电压放大倍数小于近似等于 1，输出功率受负载和电源电压的限制，电源电压利用率低等缺点。目前，OCL 电路广泛用于低频功率放大、高传真音响设备以及集成运放、集成功放电路中。

**（三）甲乙类双电源互补对称功率放大电路**

在乙类互补功率放大器中，由于 $V_1$、$V_2$ 管没有基极偏流，静态时 $U_{BEQ1}=U_{BEQ2}=0$，当输入信号小于晶体管的死区电压时，管子仍处于截止状态。因此，在输入信号的一个周期内，$V_1$、$V_2$ 轮流导通时形成的基极电流波形在过零点附近一个区域内出现失真，从而使输出电流和电压出现同样的失真，这种失真称为“交越失真”，为了消除交越失真，可分别给两只晶体管的发射结加很小的正偏压，使两管在静态时均处于微导通状态，两管轮流导通时，交替得比较平滑，从而减小了交越失真。此时的电路为甲乙类放大状态，如图 5-2 所示。

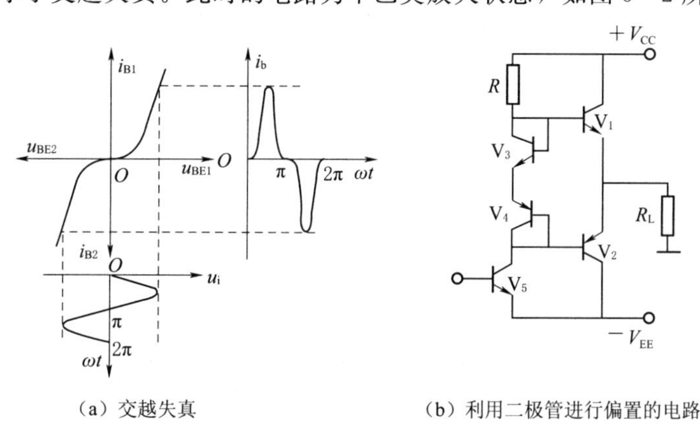


图 5-2　甲乙类双电源互补对称功率放大电路

1. TDA2030A 集成电路简介

TDA2030A集成电路是一款优秀的集成功率放大电路，输出功率可达18W，保护全面且价格低廉，常用于小功率放大器。该集成电路最早是德律风根公司生产的音频功放电路，现广泛应用于汽车收录音机和多媒体音箱等小功率音响设备。

如图5-3所示，TDA2030A集成电路采用V型5脚单列直插式塑料封装结构。按引脚形状可分为H型和V型，具有体积小、输出功率大、失真小等特点，并具备完善的功能保护电路。

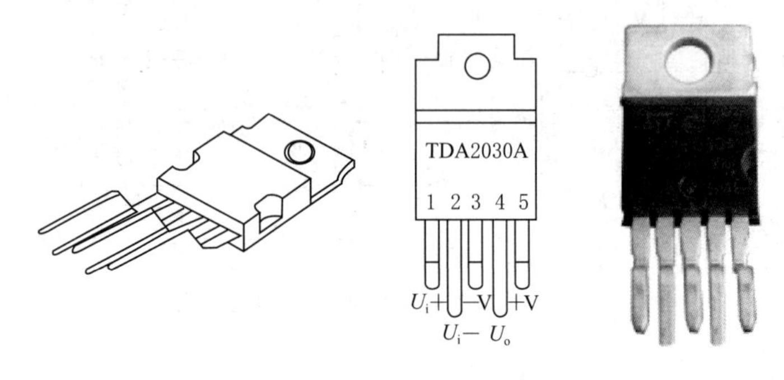


图5-3 TDA2030A引脚排列及实物图

(1) 电路特点。

1) 外接元器件非常少。

2) 输出功率大，$P_o$=18W（$R_L$=4Ω）。

3) 采用超小型封装（TO—220），可提高组装密度。

4) 开机冲击极小。

5) 内含短路保护、热保护、地线偶然开路、电源极性反接以及负载泄放电压反冲等各种保护电路，因此工作安全可靠。

6) TDA2030A能在最低±6V、最高±22V的电压下工作，在±19V、8Ω阻抗时，TDA2030A能够输出16W的有效功率，THD≤0.1%。

因此，用TDA2030A作为电脑有源音箱的功率放大部分或小型功放最为合适。

(2) 电路结构。TDA2030A集成电路主要由差动输入级、中间放大级、互补输出级和偏置电路组成，如图5-4所示。

(3) 电路极限参数见表5-2。

**表5-2　TDA2030A集成电路极限参数**

| 参　数 | 数　值 | 参　数 | 数　值 |
|---|---|---|---|
| 最大供电电压 | ±22V | 差分输入 | ±15V |
| 最大输出电流 | 3.5A | 存储和节点温度 | −40～+150℃ |
| 最大功耗 | 20W | | |

2. 扬声器

扬声器是一种把电信号转变为声信号的元器件，按其换能原理可分为电动式（动圈式）扬声器、电磁式（舌簧式）扬声器和静电式（电容式）扬声器等；按频率范围可分为低频扬

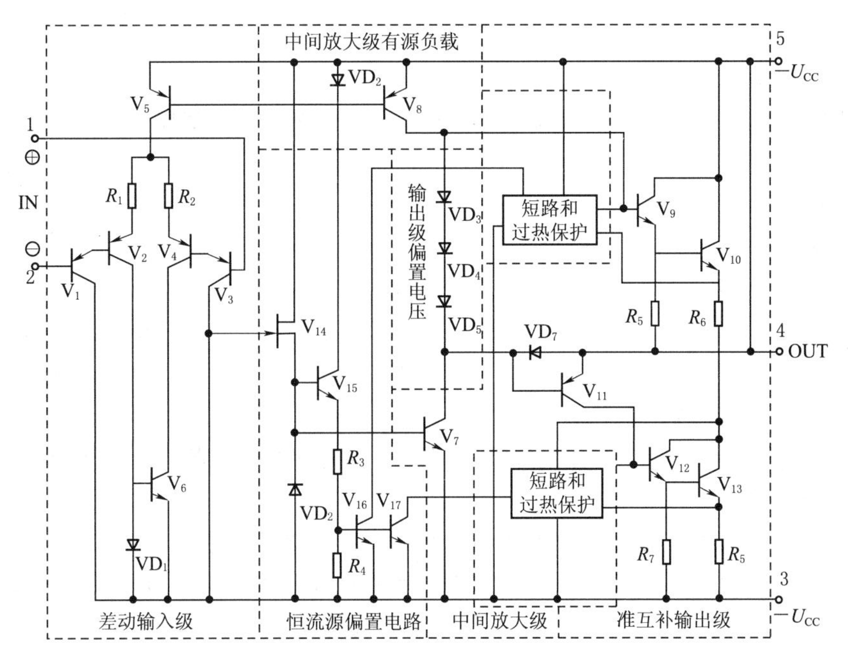


图 5-4　TDA2030A 内部组成电路

声器、中频扬声器和高频扬声器。图 5-5 所示为电动式扬声器，在低音纸盘上还安装有中、高频扬声器。

电动式扬声器结构如图 5-6 所示，一般由磁铁、框架、定芯支片、振膜折环、音圈、锥形纸盘和防尘帽构成。通过线圈换能把电信号转换成动能，靠振动纸盘产生和原来一致的声音。功率越大的扬声器，音圈和振动纸盆尺寸越大。

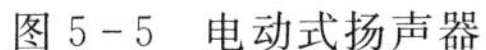

图 5-5　电动式扬声器

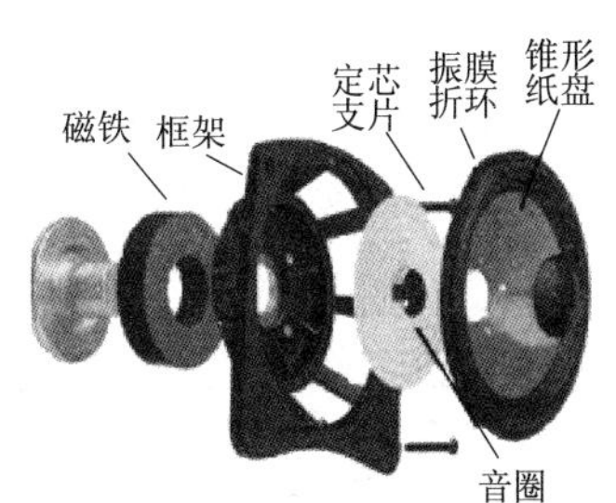


图 5-6　电动式扬声器结构图

扬声器的直观检查：可观察纸盘是否有破裂、变形现象，或用螺丝刀去试磁铁磁性，磁性越强越好，防磁扬声器对外不显磁性。电动式扬声器简单检测：可用电阻挡“R×1Ω”量程，直接测量音圈阻值，因扬声器铭牌标注的是线圈阻抗，不是直流电阻，正常时直流阻值应比铭牌扬声器阻抗值略小。若测量阻值为无穷大，或远大于它的标称阻抗值，说明扬声器已经损坏。测量直流电阻时，将一支表笔断续接触引脚，应能听到扬声器发出“喀喇喀喇”响声，无响声说明扬声器音圈被卡死或者短路，但须注意，有些低音扬声器响声比较小。如果要详细测试其电声性能，则须使用专业声学设备和软件。

## 五、任务准备

1. 设备、工具的准备

为完成工作任务，每个工作小组需要向工作站内仓库管理教师提供借用工具清单。

2. 材料的准备

供参考选择的元件清单：

集成电路：TDA2030A　1片。

电阻：100kΩ　1个；680Ω　1个；3Ω　1个；13kΩ　1个。

电容：电解电容3.3μF　1个，22μF　1个，220μF　2个；贴片电容0.01μF　1个。

二极管：IN4007　2个。

其他：电动式扬声器1个。

为完成工作任务，每个工作小组需要向工作站内仓库管理教师提供领用材料清单。

3. 团队分配方案

将学生分为3个工作岛，每个工作岛再分为6组，根据工作岛工位要求，每个工作岛指定1人为组长、2人为材料管理员，材料管理员负责材料领取分发，小组长负责组织本组相关问题的计划、实施及讨论汇总，填写各组人员工作任务实施所需文字材料的相关记录表。

## 六、任务实施

1. 识读电路原理图，识别电路相关元器件并了解各元件基本结构与基本功能。

2. 电路制作与功能调试。

（1）焊接电路。

1）根据电路原理图设计电路布线图，要求布局合理，布线正确，如图5-7所示。

图5-7　电路布线图

2）对照布线图在电子万能板上按电子工艺要求对元器件进行插装，完成电路布局。

3）正确焊接电路。

焊接时应注意：

a. 若电烙铁头不挂锡，在使用前要将烙铁头锉干净，待电烙铁通电加热后，先上一层松香，再挂一层锡。这样也可防止电烙铁长时间加热因氧化而被“烧死”，不再“吃锡”。安全起见，依实际情况配置烙铁架。

b. 焊接过程中为了去除焊点处的锈渍，确保焊点质量，焊接过程中可依实际需要使用松香、焊锡膏等助焊剂。

在电子万能板上正确焊接如图 5-8 所示的功率放大器，完成电路安装，焊接电路实物如图 5-8 所示。

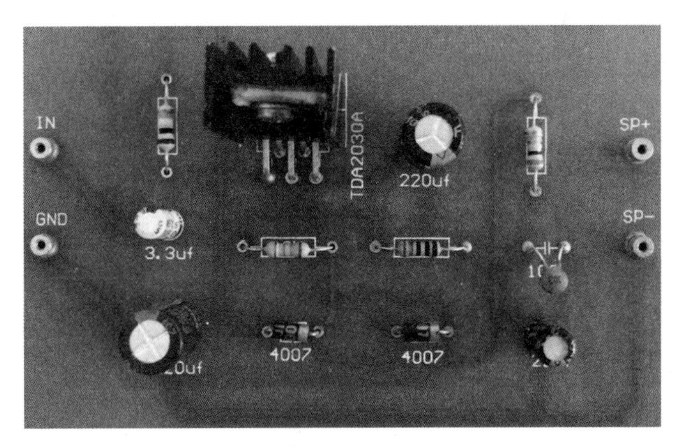


图 5-8　功率放大器实物图

(2) 电路功能调试。电路所需电源为双电源供电（+15V，-15V）。

安装完毕经检查无误后通电调试，按表 5-3 和表 5-4 的调试项目要求，记录测量数据并填表。

**表 5-3　　小功率放大器调试记录表（一）**

| 测试项目 | 输出端 4 脚电位/V | 输出端电流/A |
| --- | --- | --- |
| $U_i=0V$ | | |

**表 5-4　　小功率放大器调试记录表（二）**

| 测试项目 | 输入波形 | 输出波形 |
| --- | --- | --- |
| $U_i=50mV$<br>$f=1kHz$<br>（正弦信号） | | |

## 七、任务总结

1. 本次任务用到了哪些知识？
2. 你从本次任务中获得了哪些经验？
3. 任务实施过程中，你遇到了哪些问题？是如何解决的？

## 八、思考

如果在调试时发生以下故障，分析原因，写出故障排除方法。

1. 小组讨论反馈：电阻大小对小功率放大器的性能有何影响？

2. 将小功率放大器输入端对地短路（输入信号为0），若输出还存在较大噪声，原因是什么？思考如何改善电路降低噪声。

3. 数字电路设计布线有哪些注意事项？

# 任务六　逻辑电平检测电路——数字逻辑笔

## 一、任务描述

数字逻辑笔不仅能检测信号电平高低，还可以测量信号周期、频率等。此项工作任务主要使学生熟悉CD4011与非门数字集成电路的工作原理，能够独立完成简易逻辑电平检测电路的焊接与功能调试。

学生接到本任务后，应根据任务要求，准备电路所需元器件和检测用仪表，做好工作现场准备，读懂电路图，并且按照电路要求完成焊接工作，逻辑笔成品要求体积小巧，能够方便检测数字电路中的各种逻辑电平，测量灵活方便；施工时严格遵守作业规范，焊接完毕后进行调试，验证功能，并交由检测指导教师验收。按照现场管理规范清理场地、归置物品。

## 二、任务要求

(1) 遵守安全用电规则，正确使用电烙铁进行焊接，注意人身安全。

(2) 根据逻辑笔电路原理图设计元器件装配图，元器件排列整齐且布局规范。

(3) 高电平时显示H，低电平时显示L，检测低频脉冲信号时在H和L之间跳变。

(4) 使用测量仪器，完成调试项目操作并做好数据、波形记录。

(5) 加深对数字逻辑笔相关知识的了解，通过调试电路，掌握电子电路常用排故方法。

## 三、能力目标

(1) 学会正确识别电阻等相关元器件。

(2) 熟悉CD4011的功能和使用，学会分析数字逻辑电平检测电路的工作原理。

(3) 学会在电子万能板上对数字逻辑笔电路进行合理布局，并焊接电路。

(4) 学会正确使用测量仪器调试电路，并进行电路故障的查找和排除。

(5) 培养独立分析、自我学习和创新等能力。

## 四、相关理论知识

### (一) 数字电路概述

1. 数字信号与数字电路

模拟信号在时间上和数值上是连续变化的，不会突变，比如电压、电流的变化，如图6-1 (a) 所示，实际生产生活中的各种物理量（如摄像机拍摄的图像，录音机录制的声音，车间控制室记录的压力、转速、湿度等）都是模拟信号。用于处理和传输模拟信号的电路称为模拟电路。

数字信号在时间上和数值上是不连续的、离散的，在两种稳定状态间做阶跃式变化，这两种状态用“0”和“1”表示，如图6-1 (b) 所示。用于处理和传输数字信号的电路称为数字电路，它主要研究输出与输入信号之间的对应逻辑关系，其分析的主要工具是逻辑代数。因此，数字电路又称作逻辑电路。

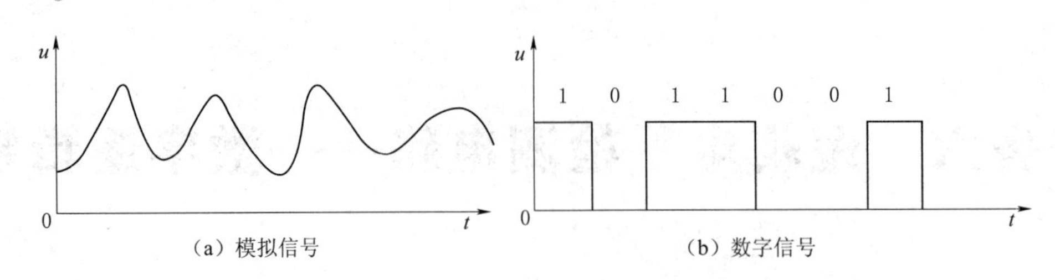


图 6-1 模拟信号和数字信号

数字电路按功能不同，可分为组合逻辑电路和时序逻辑电路两大类。组合逻辑电路在某时刻的输出，取决于电路此刻的输入状态，与电路过去的状态无关，它不具有记忆功能，常用的组合逻辑器件有加法器、译码器、数据选择器等。时序逻辑电路在某时刻的输出，不仅取决于电路此刻的输入状态，还与电路过去的状态有关，具有记忆功能。

数字电路按结构不同，可分为分立元件电路和集成电路两大类。分立元件电路是将独立的晶体管、电阻等元器件用导线连接起来的电路。集成电路是指将元器件及导线制作在半导体硅片上，封装在一个壳体内，并焊出引线的电路。根据集成电路的集成度不同，数字集成电路可以分为小规模集成电路（SSI）、中规模集成电路（MSI）、大规模集成电路（LSI）和超大规模集成电路（VLSL）。数字集成电路的种类很多，若按电路结构区分，还可分成TTL 和 MOS 两大系列。

2. 数字电路的特点

与模拟电路相比，数字电路主要有以下特点：

（1）数字电路的基本工作信号是用 1 和 0 表示的二进制的数字信号，反映在电路上就是高电平和低电平，因此组成电路结构简单，便于高度集成化，通用性强、成本低，并且便于制造和生产。

（2）数字电路构成的数字系统工作可靠，强抗干扰能力强，精度高。

（3）具有“逻辑思维”能力。电路不仅能完成数值运算，而且能对输入的数字信号进行各种算术运算和逻辑运算，具有逻辑判断能力。

（4）数字信息便于长期保存并且保密性能好。

### （二）数制和码制

1. 数制

数制又称计数制，是指用一组固定的数码和一套统一的规则表示数值的方法。常用数制有十进制、二进制、八进制、十六进制等。

（1）基本概念。

数码：组成该数的所有数字和字母。

基数：进位计数制中所使用的不同数码的个数称为该进位计数制的基数。

位权：位数的次幂。

（2）十进制。十进制是以 10 为基数的计数体制，用十个数码 0、1、2、3、4、5、6、7、8、9 来表示，且逢十进一，各位的位权是以 10 为底的幂。十进制数的数值为各位加权系数之和。例如，我们可以将十进制数 $(3806.52)_{10}$ 表示为

$$(3806.52)_{10}=3\times10^{3}+8\times10^{2}+0\times10^{1}+6\times10^{0}+5\times10^{-1}+2\times10^{-2}$$

这个式子称为十进制数 3806.52 的按位权展开式。

(3) 二进制。二进制是以 2 为基数的计数体制。在二进制中，每位只有 0 和 1 两个数码，它的进位规律是逢二进一，因此，对于一个二进制的数而言，各位的位权是以 2 为底的幂。例如：二进制数 $(110.101)_2$ 可以表示为

$$(110.101)_2=1\times2^2+1\times2^1+0\times2^0+1\times2^{-1}+0\times2^{-2}+1\times2^{-3}$$

(4) 十六进制。十六进制是以 16 为基数的计数体制，用 0、1、2、3、4、5、6、7、8、9、A、(10)、B(11)、C(12)、D(13)、E(14)、F(15) 十六个数字符号来表示，且逢十六进一，因此，各位的位权是以 16 为底的幂。例如：十六进制数 $(5E.A7)_{16}$ 可以表示为

$$(5E.A7)_{16}=5\times16^1+E\times16^0+A\times16^{-1}+7\times16^{-2}$$

表 6-1 中列出了十进制、二进制和十六进制不同数制的对照关系。

**表 6-1　　十进制、二进制和十六进制对照表**

| 十进制 | 二进制 | 十六进制 | 十进制 | 二进制 | 十六进制 |
|---|---|---|---|---|---|
| 0 | 0000 | 0 | 8 | 1000 | 8 |
| 1 | 0001 | 1 | 9 | 1001 | 9 |
| 2 | 0010 | 2 | 10 | 1010 | A |
| 3 | 0011 | 3 | 11 | 1011 | B |
| 4 | 0100 | 4 | 12 | 1100 | C |
| 5 | 0101 | 5 | 13 | 1101 | D |
| 6 | 0110 | 6 | 14 | 1110 | E |
| 7 | 0111 | 7 | 15 | 1111 | F |

2. 不同进制数之间的转换

(1) 任意进制数转化为十进制。二进制、十六进制转换为十进制的方法是：乘权相加法，即将二进制数按权展开，然后各项相加，其结果就是其对应的十进制数。

**【例 6-1】** 将 $(1011.101)_2$ 转换成十进制数。

$$\begin{aligned}(1011.101)_2&=1\times2^3+0\times2^2+1\times2^1+1\times2^0+1\times2^{-1}+0\times2^{-2}+1\times2^{-3}\\&=8+2+1+0.5+0.125\\&=(11.625)_{10}\end{aligned}$$

**【例 6-2】** 将 $(A3.2C)_{16}$ 转换成十进制数。

$$\begin{aligned}(A3.2C)_{16}&=A\times16^1+3\times16^0+2\times16^{-1}+C\times16^{-2}\\&=10\times16^1+3\times16^0+2\times16^{-1}+12\times16^{-2}\\&=160+3+0.125+0.047\\&=(163.172)_{10}\end{aligned}$$

(2) 十进制数转化为任意进制数。将十进制数转化为任意进制数需要对整数部分和小数部分分别进行转化，整数部分采用"除 $N$ 取余法"，且除到商为 0 为止；小数部分采用"乘 $N$ 取整法"，乘不尽时，到满足精度为止，其中 $N$ 为要转换的进制基数。

1) 十进制数化成二进制。

**【例 6-3】** 十进制数 $(107.525)_{10}$ 化成二进制数。

整数部分转换：将十进制数的整数部分转换为二进制数除 2 取余，它是将整数部分逐次

被2除，依次记下余数，直到商为0。第一个余数为二进制数的最低位，最后一个余数为最高位。

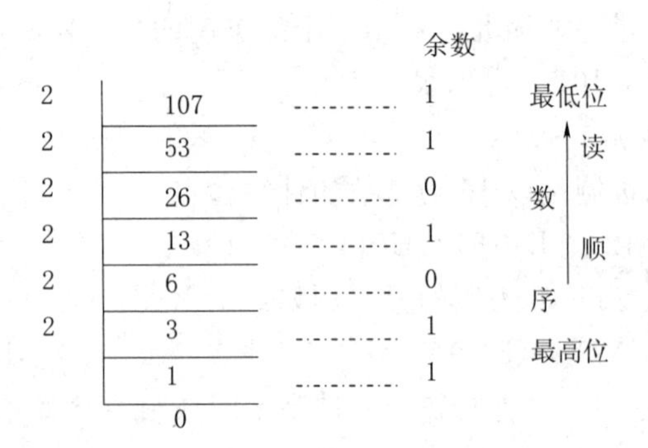


则 $(107)_{10}=(1101011)_2$

小数部分转换：将十进制数的小数部分乘2取整，小数分连续乘以2，取乘数的整数部分作为二进制数的小数。

$0.625\times2=1.250$，整数部分取1，且为小数部分最高位，$0.250\times2=0.500$，整数部分为0，$0.500\times2=1.000$，整数部分1为最低位。

则 $(0.625)_{10}=(0.101)_2$，因此得到 $(107.625)_{10}=(1101011.101)_2$

2）十进制数化成十六进制。

**【例6-4】** 将十进制数 $(254.3584)_{10}$ 转换成十六进制数。

十进制数转换为十六进制数的方法和前面介绍的十进制数转换为二进制数的方法基本相同。

**【例6-5】** $(254.3584)_{10}=(\mathrm{FE.5BC})_{16}$

（3）二进制与十六进制间相互转换。

1）二进制数转化为十六进制数。由于十六进制数的基数 $16=2^4$，故每位十六进制数用4位二进制数构成。因此，二进制数转换为十六进制数的方法是：以小数点为基准，整数部分从右至左，小数部分从左至右，每4位一组，不足4位时，整数部分在高端补0，小数部分在低端补0。然后，把每一组二进制数用一位相应的十六进制数表示，小数点位置不变，即得到十六进制数。

**【例6-6】** 将二进制数 $(10011111011.111011)_2$ 转换成十六进制数。

解：0100(4)1111(F)1011(B).1110(E)1100(C)

则 $(10011111011.1111011)_2=(\mathrm{4FB.EC})_{16}$

2）十六进制数转化为二进制数。

十六进制数转化为二进制数的方法是：每位十六进制数用4位二进制数来代替，再按原来的顺序写出来。

**【例6-7】** 将十六进制数 $(\mathrm{2CF.97D})_{16}$ 转换成二进制数。

2(0010)C(1100)F(1111).9(1001)7(0111)D(1101)

则 $(\mathrm{2CF.97D})_{16}=(1011001111.100101111101)_2$

3. 码制

在数字电子计算机等数字系统中，各种数据都要转换为二进制代码才能进行处理。人们在日常生活中习惯使用十进制数，因此就产生了用4位二进制代码来表示一位十进制数的方法，这样得到的4位二进制代码称为二-十进制代码，简称BCD码。

8421BCD码是一种用十分广泛的代码。这种代码每位的权值是固定不变的，为恒权码。取自然二进制数的前十种组合表示1位十进制数0～9，即0000(0)～1001(9)，从高位到低的权值分别为8、4、2、1，去掉了自然二进制数的后六种组合1010～1111。8421BCD码每组二进制代码各位加权系数的和便为它所代表的十进制数。8421BCD码及其所代表的十进制数见表6-2。

**表6-2　8421BCD码及其所代表的十进制数**

| 十进制数 | 8421BCD码 | 十进制数 | 8421BCD码 |
|---|---|---|---|
| 0 | 0000 | 5 | 0101 |
| 1 | 0001 | 6 | 0110 |
| 2 | 0010 | 7 | 0111 |
| 3 | 0011 | 8 | 1000 |
| 4 | 0100 | 9 | 1001 |

## （三）逻辑代数基础

### 1. 逻辑代数概述

逻辑代数是分析和研究数字逻辑电路的基本工具，逻辑代数又称为布尔代数或者开关代数，是研究逻辑电路的数学工具。它与普通代数类似，只不过逻辑代数的变量只有“0”和“1”两种取值，这里的“0”和“1”仅代表两种相反的逻辑关系，并没有数量大小的含义，如开关的闭合与断开、晶体管的饱和导通与截止、电位的高与低、真与假等。

### 2. 逻辑运算及逻辑函数的表示方法

（1）基本逻辑运算。数字电路的基本逻辑关系有三种：与逻辑、或逻辑和非逻辑。任何一个复杂的逻辑关系都可以用这三种基本逻辑关系表示出来。

1）与逻辑。与运算也叫逻辑乘或逻辑与，即当所有的条件都满足时，事件才会发生，即“缺一不可”。

与逻辑最为常见的是串联开关电路图如图6-2所示，开关$A$、$B$的状态（闭合或断开）与灯$Y$的状态（亮和灭）之间存在着确定的因果关系。如果规定开关闭合、灯亮为逻辑1态，开关断开、灯灭为逻辑0态，则开关$A$、$B$的全部状态组合与灯$Y$状态之间的关系见表6-3。它真实反映了这个开关电路中开关$A$、$B$的状态取值与灯$Y$状态之间的对应关系。

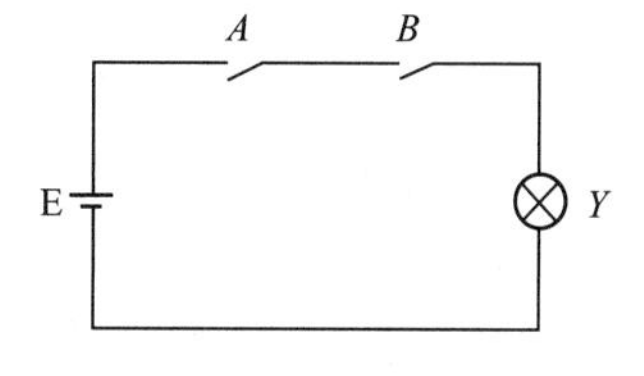

图6-2　串联开关电路图

**表6-3　与逻辑真值表**

| $A$ | $B$ | $Y$ | 输出特点 |
|---|---|---|---|
| 0 | 0 | 0 | 有0出0 |
| 0 | 1 | 0 | |
| 1 | 0 | 0 | |
| 1 | 1 | 1 | 全1出1 |

表 6－3 表明了输入输出的逻辑关系，称为真值表。这种与逻辑可以写成表达式

$$Y=A\cdot B \tag{6-1}$$

也可以简写成 $Y=AB$。对于多变量的逻辑乘可写成

$$Y=A\cdot B\cdot C\cdot\cdots \tag{6-2}$$

实现与运算的电路称为与门，其逻辑符号如图 6－3 所示。

2）或逻辑。如果决定某个事件的全部条件中有一个具备时，这件事就会发生。只有所有的条件均不具备时，事件才不发生。这种因果关系称为或逻辑。或逻辑最为常见的实际应用是并联开关电路，如图 6－4 所示，在开关 $A$ 和 $B$ 中，或者开关 $A$ 合上；或者开关 $B$ 合上；或者开关 $A$ 和 $B$ 都合上时，灯 $Y$ 就亮；只有开关 $A$、$B$ 都断开时，灯 $Y$ 才熄灭。表 6－4 为或逻辑真值表，这种与逻辑可以写成表达式

$$Y=A+B \tag{6-3}$$

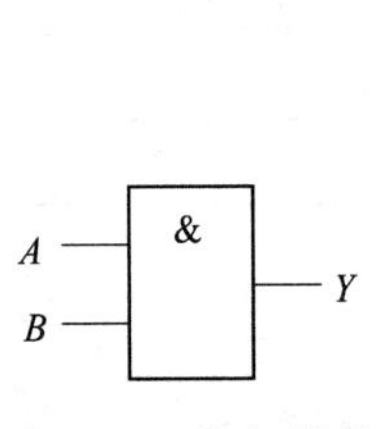


图 6－3　与门符号

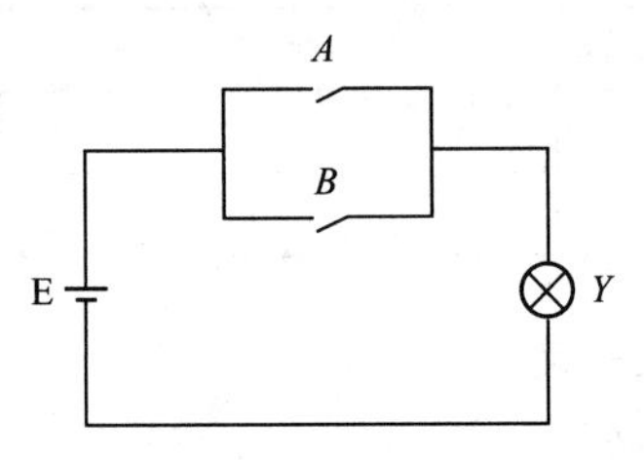


图 6－4　并联开关电路

**表 6－4　或逻辑真值表**

| $A$ | $B$ | $Y$ | 输出特点 |
|---|---|---|---|
| 0 | 0 | 0 | 全 0 出 0 |
| 0 | 1 | 1 | |
| 1 | 0 | 1 | 有 1 出 1 |
| 1 | 1 | 1 | |

当逻辑变量 $A$、$B$ 有一个为 1 时，逻辑函数输出 $Y$ 就为 1。只有 $A$、$B$ 全为 0，$Y$ 才为 0。对于多变量的逻辑或加写成

$$Y=A+B+C+\cdots \tag{6-4}$$

实现或运算的电路称为或门，其逻辑符号如图 6－5 所示。

3）非逻辑。非逻辑也叫逻辑反，数字电路中的反相器就是实现非逻辑的电子元件，在实际中经常使用。

分析如图 6－6 所示的开关电路，可知开关 $A$ 的状态与灯 $Y$ 的状态满足表 6－5 所表示的逻辑关系。它反映当开关闭合时，灯灭；而当开关断开时，灯亮。这种互相否定的因果关系，称为逻辑非。表 6－5 称为非逻辑真值表，非逻辑用下式表示

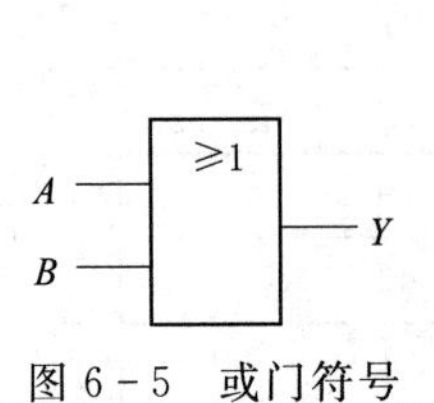


图 6－5　或门符号

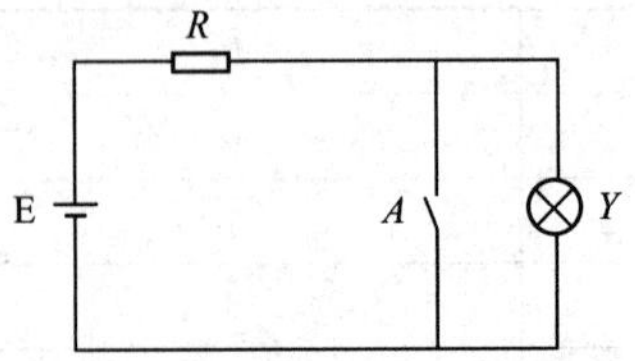

图 6－6　开关与灯并联电路

表 6-5　　非逻辑真值表

| $A$ | $Y$ | 输出特点 |
|---|---|---|
| 0 | 1 | 有 0 出 1 |
| 1 | 0 | 有 1 出 0 |

$$Y=\overline{A} \tag{6-5}$$

$A$ 非与 $A$ 互为反变量。实现非运算的电路称为非门，非门是只有一个输入端的逻辑门，其逻辑符号如图 6-7 所示。

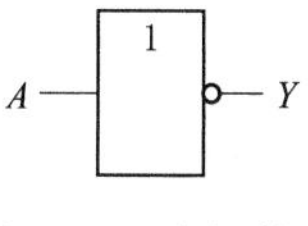

基本逻辑运算中，非运算优先级最高，其次是与运算，或运算最低。加括号可以改变运算的优先顺序。

图 6-7　非门符号

4）复合逻辑运算。常用的复合逻辑运算有与非运算、或非运算、与或非运算；还有异或运算和同或运算，其中异或运算和同或运算都是二变量逻辑运算并且在数字信号处理中经常用到的。

与非运算为先与运算后非运算；或非运算为先或运算后非运算；与或非运算为先与运算后或运算再进行非运算。如输入逻辑变量为 $A$、$B$、$C$、$D$，输出逻辑函数为 $Y$ 时，则相应的逻辑表达式为

$$Y=\overline{A \cdot B}\quad 与非运算 \tag{6-6}$$

$$Y=\overline{A+B}\quad 或非运算 \tag{6-7}$$

$$Y=\overline{AB+CD}\quad 与或非运算 \tag{6-8}$$

实现这些逻辑运算的电路分别为与非门、或非门和与或非门，它们的逻辑符号如图 6-8 所示，真值表见表 6-6 和表 6-7。

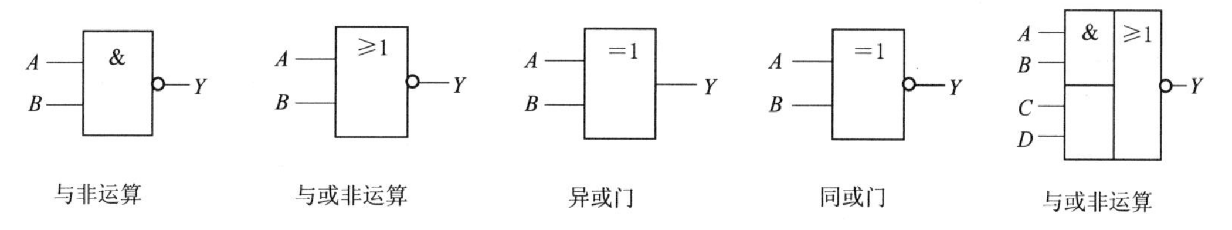


图 6-8　复合逻辑运算符号

表 6-6　　与非逻辑真值表

| $A$ | $B$ | $Y$ |
|---|---|---|
| 0 | 0 | 1 |
| 0 | 1 | 1 |
| 1 | 0 | 1 |
| 1 | 1 | 0 |

**注**　输出特点为有 0 出 1，全 1 出 0。

表 6-7　　或非逻辑真值表

| $A$ | $B$ | $Y$ |
|---|---|---|
| 0 | 0 | 1 |
| 0 | 1 | 0 |

续表

| A | B | Y |
|---|---|---|
| 1 | 0 | 0 |
| 1 | 1 | 0 |

**注** 输出特点为有1出0，全0出1。

异或运算的逻辑关系为

$$Y=\overline{A}B+A\overline{B}=A\oplus B \quad (6-9)$$

式中“$\oplus$”表示异或运算符，当输入 $A$、$B$ 相异时，输出 $Y$ 为1；当输入 $A$、$B$ 相同时，输出 $Y$ 为0。其真值见表6-8。

**表6-8** **异或逻辑真值表**

| A | B | Y |
|---|---|---|
| 0 | 0 | 0 |
| 0 | 1 | 1 |
| 1 | 0 | 1 |
| 1 | 1 | 0 |

**注** 输出特点为相同为0，不同为1。

同或运算的逻辑关系为

$$Y=\overline{A}\,\overline{B}+AB=A\odot B \quad (6-10)$$

式中“$\odot$”表示同或运算符，当输入 $A$、$B$ 相同时，输出 $Y$ 为1；输入 $A$、$B$ 相异时，输出 $Y$ 为0。其真值见表6-9。

**表6-9** **同或逻辑真值表**

| A | B | Y |
|---|---|---|
| 0 | 0 | 1 |
| 0 | 1 | 0 |
| 1 | 0 | 0 |
| 1 | 1 | 1 |

**注** 输出特点为相同为0，不同为1。

(2) 逻辑函数的表示方法。表示一个逻辑函数有多种方法，常用的有：真值表、逻辑函数式、逻辑图三种。它们各有特点，又相互联系，还可以相互转换。

1) 真值表。真值表是根据给定的逻辑问题，把输入逻辑变量全部可能取值的组合和对应的输出函数值排列成的表格。逻辑函数的真值表具有唯一性。通常以1表示真，0表示假。用真值表表示逻辑函数的优点是直观、明了。

2) 逻辑函数式。逻辑函数式是用与、或、非等基本逻辑运算来表示输入变量和输出函数因果关系的逻辑代数式。由真值表直接写出的逻辑式是：式中把任意一组变量取值中的1代以原变量，0代以反变量，由此得到一组变量的与组合，最后逻辑函数值为1的组合进行逻辑加得到标准的与—或逻辑式。

**【例6-8】** 已知逻辑函数真值见表6-10，试写出该逻辑函数的标准与或式。

表 6-10　　函数真值表

| $A$ | $B$ | $C$ | $Y$ |
|---|---|---|---|
| 0 | 0 | 0 | 0 |
| 0 | 0 | 1 | 1 |
| 1 | 0 | 0 | 0 |
| 1 | 1 | 1 | 1 |

**解**：其中逻辑函数值为 $Y=1$ 的组合：001 对应 $\overline{A}\,\overline{B}C$，111 对应 $ABC$，最后进行逻辑加得逻辑函数 $Y=\overline{A}\,\overline{B}C+ABC$。

在逻辑函数的标准与或中，每个乘积项里都包括了逻辑函数的全部变量，且每个变量或以原变量或以反变量在乘积项里只出现一次。这样的乘积项称为逻辑函数的最小项，因此，逻辑函数的标准与或式又称为逻辑函数的最小项表达式。

3）逻辑图。逻辑图是用基本逻辑门和复合逻辑门的逻辑符号组成的对应于某一逻辑功能的电路图。根据逻辑函数式画逻辑图时，只要把逻辑函数式中各逻辑运算用相应门电路的逻辑符号代替，就可画出和逻辑函数相对应的逻辑图。

3. 逻辑代数的基本公式和运算规则

（1）逻辑代数的基本公式。逻辑代数的基本公式是恒等式。它们是逻辑代数的基础，利用这些基本公式可以化简逻辑函数，还可以用来推证一些逻辑代数的基本定律。设 $A$ 为逻辑变量，逻辑代数的基本公式见表 6-11。

表 6-11　　逻辑代数的基本公式

| 与运算 | 或运算 | 非运算 |
|---|---|---|
| $A\cdot 0=0$ | $A+0=A$ | $\overline{A}=0$ |
| $A\cdot 1=A$ | $A+1=1$ | $\overline{0}=1$ |
| $A\cdot A=A$（重叠率） | $A+A=A$（重叠率） | |
| $A\cdot\overline{A}=0$（互补率） | $A+\overline{A}=1$（互补率） | |
| | $\overline{\overline{A}}=A$（还原率） | |

（2）逻辑代数的基本定律。逻辑代数基本定律反映了逻辑运算的基本规律，是化简逻辑函数、分析和设计逻辑电路的基本方法。

1）交换律、结合律、分配律见表 6-12。

表 6-12　　交换律、结合律、分配律

| | | |
|---|---|---|
| 交换律 | $A+B=B+A$ | $A\cdot B=B\cdot A$ |
| 结合律 | $A+B+C=(A+B)+C=A+(B+C)$ | $A\cdot B\cdot C=(A\cdot B)\cdot C=A\cdot(B\cdot C)$ |
| 分配律 | $A(B+C)=AB+AC$ | $A+BC=(A+B)(A+C)$ |

2）吸收率。

$$AB+A\overline{B}=A \tag{6-11}$$

$$A+AB=A \tag{6-12}$$

$$A+\overline{A}B=A+B \tag{6-13}$$

$$AB+\overline{A}C+BC=AB+\overline{A}C \tag{6-14}$$

3）摩根定律。摩根定律又称为反演律，对于摩根定律的证明可以用真值表加以证明，它有下面两种形式：

$$\overline{A+B}=\overline{A}\cdot\overline{B} \tag{6-15}$$

$$\overline{A\cdot B}=\overline{A}+\overline{B} \tag{6-16}$$

4. 逻辑函数的化简

对逻辑函数进行化简和变换，可以得到最简的逻辑函数式和所需要的形式，设计出最简洁的逻辑电路。这对于节省元器件、优化生产工艺、降低成本、提高系统的可靠性、提高产品在市场上的竞争力是非常重要的。

逻辑函数的化简，一般要求得某个逻辑函数的最简“与—或”表达式，即符合“乘积项的项数最少、每个乘积项中包含的变量个数最少”这两个条件。常用的化简方法有代数化简法和卡诺图化简法。

（1）代数化简法。代数法化简法是利用基本公式和定律化简逻辑函数的方法。利用公式化简时，常采用以下几种方法。

1）并项法。利用 $A+\overline{A}=1$ 的关系，将两项合并为一项，并消去一个变量。如：

$$Y=A\overline{B}C+A\overline{B}\,\overline{C}=A\overline{B}(C+\overline{C})=A\overline{B}$$

2）吸收法。利用 $A+AB=A$ 消去多余的项，如：

$$Y=\overline{A}B+\overline{A}BCD=\overline{A}B$$

$$\begin{aligned}Y&=ABC+\overline{A}D+\overline{C}D+BD\\&=ABC+(\overline{A}+\overline{C})D+BD\\&=ABC+\overline{AC}D+BD\\&=ABC+\overline{AC}D\\&=ABC+\overline{A}D+\overline{C}D\end{aligned}$$

3）消去法。利用 $A+\overline{A}B=A+B$ 消去多余的因子，如：

$$\begin{aligned}Y&=AB+\overline{A}C+\overline{B}C\\&=AB+(\overline{A}+\overline{B})C\\&=AB+\overline{AB}C\\&=AB+C\end{aligned}$$

4）配项法。利用 $A+\overline{A}=1$ 可在函数某一项中乘以（$A+\overline{A}$），展开后消去更多的项，也可利用公式 $A+A=A$，在函数上增加多余的项，以便获得更简化的函数项。如：

$$\begin{aligned}Y&=A\overline{C}+\overline{B}C+\overline{A}C+B\overline{C}\\&=A\overline{C}(B+\overline{B})+B\overline{C}+\overline{A}C+\overline{B}C(A+\overline{A})\\&=AB\overline{C}+A\overline{B}\,\overline{C}+B\overline{C}+\overline{A}C+A\overline{B}C+\overline{A}\,\overline{B}C\\&=B\overline{C}+\overline{A}C+A\overline{B}\end{aligned}$$

化简逻辑函数时，往往综合应用上述方法。

（2）卡诺图化简法。卡诺图化简法是逻辑函数式的图解化简法。它克服了难以确定代数化简法的化简结果是否最简的缺点。卡诺图化简法具有确定的化简步骤，能比较方便地获得逻辑函数的最简与—或表达式。

一个逻辑函数的卡诺图就是将此函数的最小项表达式中的各最小项相应地填入一个方格

图内。最小项指 $n$ 个变量的 $n$ 个因子的乘积，每个变量都以它的原变量或非变量的形式在乘积中出现，且仅出现一次。$n$ 个变量的全部最小项共有 $2^n$ 个。如三变量 $A$、$B$、$C$ 共有 $2^3=8$ 个最小项，分别是$\overline{A}\,\overline{B}\,\overline{C}$、$\overline{A}\,\overline{B}C$、$\overline{A}B\overline{C}$、$\overline{A}BC$、$A\overline{B}\,\overline{C}$、$AB\overline{C}$、$ABC$、$A\overline{B}C$。为了书写方便，最小项简记为 $m_i$，下标 $i$ 为最小项编号。编号的方法是：最小项中的原变量取 1，反变量取 0，则最小项取值 $m$ 为一组二进制数，其对应的十进制数便为该最小项的编号。如最小项$\overline{A}\,\overline{B}C$ 对应变量值为 001，001 对应十进制数为 1，则$\overline{A}\,\overline{B}C$ 简记为 $m_1$。

如果表达式为最小项表达式，则可直接填入卡诺图。如果表达式不是最小项表达式，须先化成最小项表达式，再填入卡诺图。卡诺图上处在相邻、相对、相重位置的小方格所代表的最小项为相邻最小项。如两个最小项中只有一个变量为互反变量，其余变量均相同时，则这两个最小项为相邻最小项，例如，三变量最小项$\overline{A}B\overline{C}$和 $AB\overline{C}$。卡诺图的构造特点使卡诺图具有一个重要性质：可以从图形上直观地找出相邻最小项。两个相邻最小项可以合并为一个与项并消去一个变量。下面举例说明。

**【例 6-9】** 设两个变量 $A$ 和 $B$，共有 $2^2$ 即 4 个最小项，为$\overline{A}\,\overline{B}$、$\overline{A}B$、$A\overline{B}$、$AB$，分别记为 $m_0$、$m_1$、$m_2$、$m_3$，按相邻性画出二变量卡诺图，如图 6-9 所示。

| A \ B | $\overline{B}$ | $B$ |
|---|---|---|
| $\overline{A}$ | $m_0$ $\overline{A}\,\overline{B}$ | $m_1$ $\overline{A}B$ |
| $A$ | $m_2$ $A\overline{B}$ | $m_3$ $AB$ |

(a) 方格内标最小项

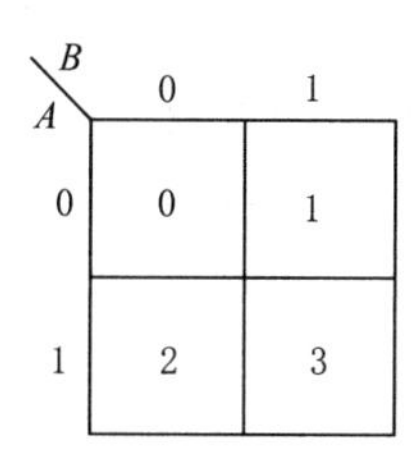


(b) 方格内标最小项取值

| A \ B | 0 | 1 |
|---|---|---|
| 0 | 0 | 1 |
| 1 | 2 | 3 |

(c) 方格内标最小项编号

图 6-9　[例 6-9] 图

同理设三个变量为 $A$、$B$、$C$ 全部最小项有 $2^3=8$ 个，分别记作 $m_0$，$m_1$，…，$m_7$ 卡诺图由 9 个方格组成，按相邻性安放最小项可画出三变量卡诺图，如图 6-10 所示。

| A \ BC | $\overline{B}\,\overline{C}$ | $\overline{B}C$ | $BC$ | $B\overline{C}$ |
|---|---|---|---|---|
| $\overline{A}$ | $m_0$ $\overline{A}\,\overline{B}\,\overline{C}$ | $m_1$ $\overline{A}\,\overline{B}C$ | $m_3$ $\overline{A}BC$ | $m_2$ $\overline{A}B\overline{C}$ |
| $A$ | $m_4$ $A\overline{B}\,\overline{C}$ | $m_5$ $A\overline{B}C$ | $m_7$ $ABC$ | $m_6$ $AB\overline{C}$ |

(a) 方格内标最小项

| A \ BC | 00 | 01 | 11 | 10 |
|---|---|---|---|---|
| 0 | 0 | 1 | 3 | 2 |
| 1 | 4 | 5 | 7 | 6 |

(b) 方格内标最小项编号

图 6-10　[例 6-9] 图

卡诺图化简法步骤：

1）将函数式化为最小项之和的形式并画出表示该逻辑函数的卡诺图，用卡诺图表示逻辑函数的步骤是：①根据逻辑式中的变量数 $n$，画出 $n$ 变量最小项卡诺图；②将逻辑函数式所包含的最小项在相应卡诺图的方格内填 1，没有最小项的方格内填 0 或不填。

2）利用卡诺图合并相邻最小项。把卡诺图中 $2^n$ 个相邻为 1 的最小项方格用包围圈圈起来进行合并，直到所有 1 方格全部圈完为止。画包围圈的规则是只有相邻的 1 方格才能合并，可以被重复圈在不同的包围圈中，但在新画的包围圈中必须有被圈过的 1 方格，围圈的个数尽量少，围圈尽量大。

3）画出包围圈并选取化简后的乘积项。

**【例 6-10】** 试用卡诺图化简逻辑函数

$$F=AB\overline{C}\,\overline{D}+\overline{A}\,\overline{B}\,\overline{C}D+\overline{A}B\,\overline{C}D+AB\overline{C}D+A\overline{B}\,\overline{C}D+\overline{A}\,\overline{B}CD+A\overline{B}CD$$

画出其卡诺图为：

| CD \ AB | 00 | 01 | 11 | 10 |
|---|---|---|---|---|
| 00 | 0 | 0 | 1 | 0 |
| 01 | 1 | 1 | 1 | 1 |
| 11 | 1 | 0 | 0 | 1 |
| 10 | 0 | 0 | 0 | 0 |

化简被圈过的 1 圈的方格后，得最简式为 $F=\overline{C}D+\overline{B}D+AB\overline{C}$

**（四）CD4011 集成门电路**

CD4011 集成电路引脚图与实物图如图 6-11 所示，集成电路内部含 4 个独立的两输入与非门电路，一组输入的两输入端只要有一个输入为 0，输出就为 1；当输入端均为 1 时，输出为 0。CD4011 集成电路输出电流较小，仅可驱动发光二极管或者小型继电器负载。

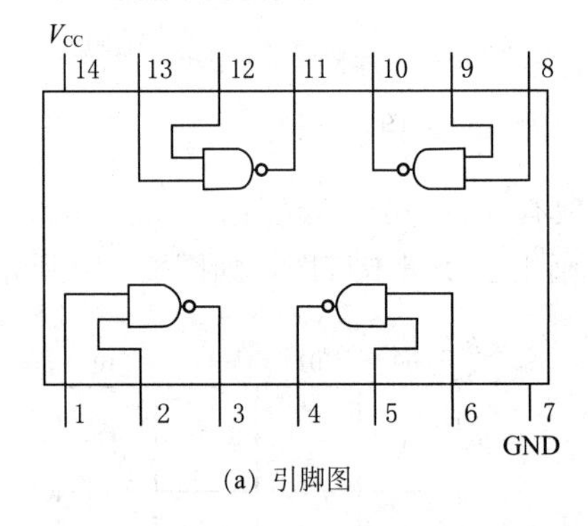


(a) 引脚图

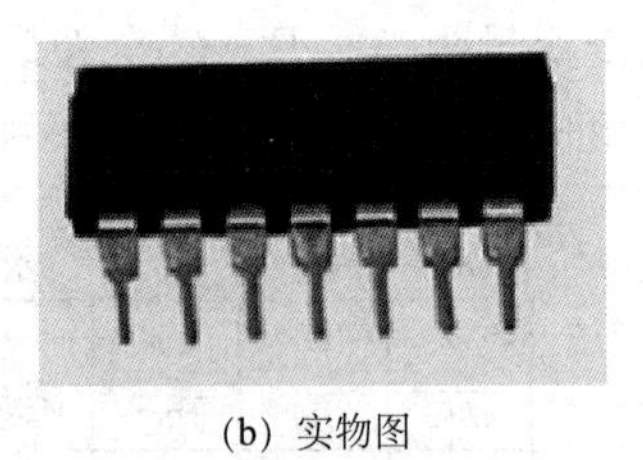

(b) 实物图

图 6-11 CD4011 集成电路引脚图与实物图

CD4011 电气特性如下：

（1）$V$cc 电压范围：5～15V。

（2）功耗：双列普通封装为 700mV，小型封装为 500mV。

（3）工作温度：－55～＋125℃。

（4）输出最大电流：8.8mA。

**（五）数字逻辑笔电路**

数字逻辑笔电路原理如图 6-12 所示。

假设检测信号为高电平，经 $R_1$ 至 $D_1$ 的并联输入端，$D_1$ 输出低电平，低电平送入 $D_2$ 的并联输入端，从 $D_2$ 输出高电平分两路：一路经 $R_3$ 连接至共阳数码管 $d$ 段，高电平使得

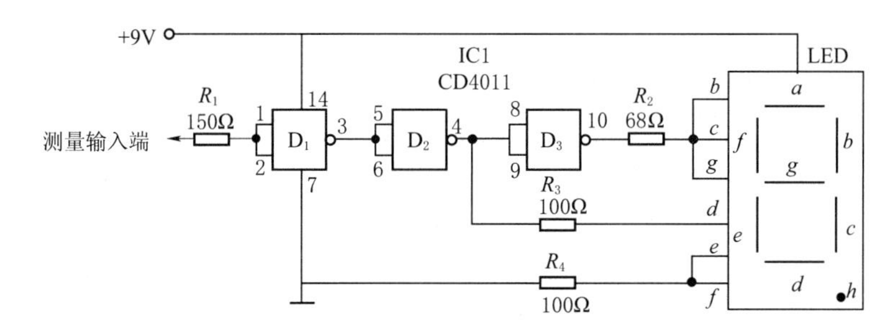


图 6-12　数字逻辑笔电路原理图

$d$ 段不点亮；另一路送至 $D_3$ 并联输入端，$D_3$ 输出低电平经 $R_2$ 连接至数码管 $b$、$c$、$g$ 段，这几段正常点亮。数码管 $e$、$f$ 段经 $R_4$ 保持接地，故一直点亮，最终显示 H。

## 五、任务准备

1. 设备、工具的准备

为完成工作任务，每个工作小组需要向工作站内仓库管理教师提供借用工具清单。

2. 材料的准备

为完成工作任务，每个工作小组需要向工作站内仓库管理教师提供领用材料清单。

3. 团队分配方案

将学生分为 3 个工作岛，每个工作岛再分为 6 组，根据工作岛工位要求，每个工作岛指定 1 人为组长、2 人为材料管理员，材料管理员负责材料领取分发，小组长负责组织本组相关问题的计划、实施及讨论汇总，填写各组人员工作任务实施所需文字材料的相关记录表。

## 六、任务实施

1. 识读电路原理图，如图 6-13 所示，识别电路相关元器件并了解各元件基本结构与基本功能。

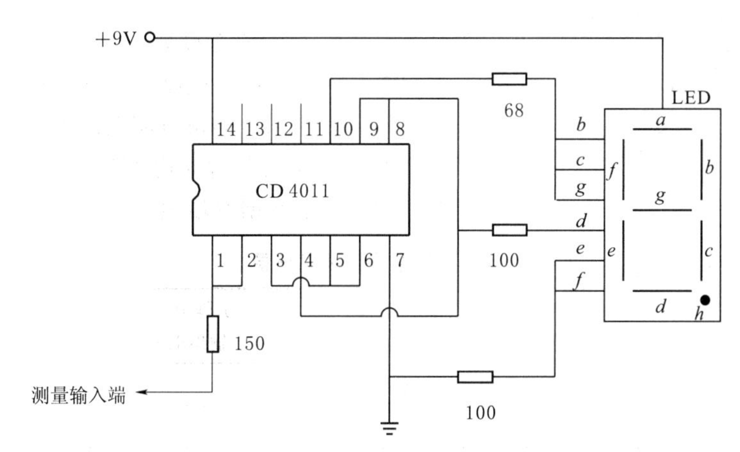


图 6-13　数字逻辑笔电路

2. 电路制作与功能调试

(1) 焊接电路。

1) 根据电路原理图设计电路布线图，要求布局合理，布线正确，如图 6-14 所示。

图 6-14　电路布线图

2）对照布线图在电子万能板上按电子工艺要求对元器件进行插装，完成电路布局。

3）正确焊接电路。

焊接时应注意：

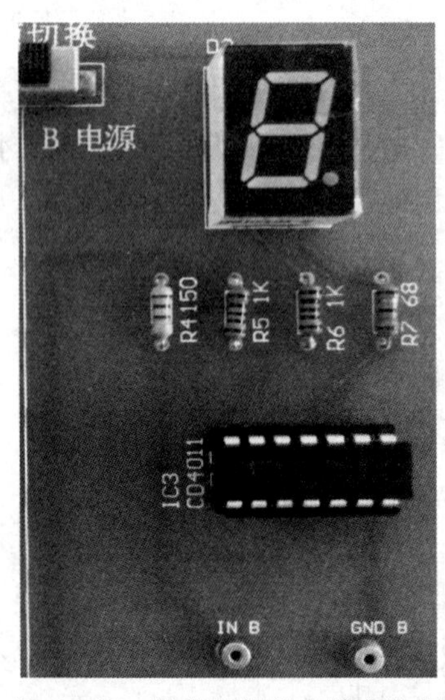


图 6-15　数字逻辑笔电路实物图

a. 若电烙铁头不挂锡，在使用前要将烙铁头锉干净，待电烙铁通电加热后，先上一层松香，再挂一层锡。这样也可防止电烙铁长时间加热因氧化而被“烧死”，不再“吃锡”。安全起见，依实际情况配置烙铁架。

b. 焊接过程中为了去除焊点处的锈渍，确保焊点质量，焊接过程中可依实际需要使用松香、焊锡膏等助焊剂。

c. 输出空闲引脚一般采取悬空处理；输入空闲引脚接地或接正电源（因输入阻抗高，悬空时会干扰，造成逻辑混乱）。

在电子万能板上正确焊接如图 6-15 所示数字逻辑笔电路，完成电路安装，焊接电路实物图，如图 6-15 所示。

（2）电路功能调试。电路所需电源为＋5V 直流电源。

安装完毕经检查无误后通电调试，按表 6-13 的调试项目要求，记录测量数据并填表。

**表 6-13　　数字逻辑笔电路调试记录**

| 测试项目 | 引脚 3（$D_1$）输出电平/V | 引脚 4（$D_2$）输出电平/V | 引脚 10（$D_3$）输出电平/V | 电路总电流/mA |
|---|---|---|---|---|
| $U_i=5V$ | | | | |
| $U_i=1V$ | | | | |

## 七、任务总结

1. 本次任务用到了哪些知识？

2. 你从本次任务中获得了哪些经验？

3. 任务实施中，你遇到了哪些问题？是如何解决的？

## 八、思考

1. 在通电调试时，如果无论检测高、低电平时发光数码管都不点亮，分析原因。

2. 在检测稳定高电平信号时，如果发光数码管总是在 H 和 L 之间跳变，可能的原因是什么？如何排除故障？

3. 数字电路设计布线有哪些注意事项？

# 任务七 表决器的制作

## 一、任务描述

表决器是一种代表投票或举手表决的表决装置。表决时，与会的有关人员只要按动各自表决器上“赞成”“反对”“弃权”的某一按钮，荧光屏上即显示出表决结果。三人表决器中三个人分别用手指拨动开关SW1、SW2、SW3来表示自己的意愿，如果对某决议同意，各人就把自己的指拨开关拨到高电平（上方），不同意就把自己的指拨开关拨到低电平（下方）。表决结果用LED（高电平亮）显示，如果决议通过，指示灯亮；如果不通过，指示灯灭。如果对某个决议有任意2～3人同意，那么此决议通过；如果对某个决议只有一个人或没人同意，那么此决议不通过。

## 二、任务要求

（1）记住逻辑代数的基本定律和常用公式。

（2）会用公式法和卡诺图法化简逻辑函数。

（3）会识别、选购常用电路元、器件，掌握常用电路元器件的检测方法。

（4）掌握逻辑门电路的逻辑功能与主要参数的测试和使用方法。

（5）掌握面包板的使用。

（6）能合理利用门电路设计表决器。

（7）能熟练掌握电路原理，及时调试和排除故障。

## 三、能力目标

（1）熟悉各集成逻辑元件的性能和元件的参数设置。

（2）分析电路图的原理，并改良原理图，用仿真软件进行仿真调试，弄清楚电路的工作原理。

（3）元件安装符合工艺要求，既考虑其性能又应美观整齐。焊接元件要注意焊点的圆润。

（4）对元件的性能进行评估和替换，用性能和使用范围更好、更常用的元件进行替换，使元件更接近实际使用。

（5）学习数字逻辑电路的设计方法。

（6）熟知74LS74、74LS08、74HC4075、74LS373各引脚的功能及内部结构。

（7）学会使用各集成芯片组成逻辑电路。

（8）学会真值表与逻辑表达式之间的转换，能根据简化后的逻辑表达式画出逻辑电路。

## 四、相关理论知识

### （一）组合逻辑电路的基本知识

在数字系统中，根据逻辑功能特点的不同，数字电路可分为组合逻辑电路和时序逻辑电路两大类。如果一个逻辑电路在任何时刻的输出状态只取决于这一时刻的输入状态，而与电路的原来状态无关，则该电路称为组合逻辑电路，又称组合电路。

根据组合逻辑电路的上述特点，它在电路结构上只能由逻辑门电路组成，不会有记忆单元，而且只有从输入到输出的通路，没有从输出反馈到输入的回路。分析中规模集成组合逻辑电路的重点放在逻辑功能和使用方法上。为了扩大电路的功能，一般中规模集成组合逻辑电路设有扩展端和使能端。

逻辑电路逻辑功能的表示方法主要有逻辑表达式、真值表、卡诺图和逻辑图等。

常用的组合逻辑电路有加法器、数值比较器、编码器、译码器、数据选择器和数据分配器等。

组合逻辑电路按集成元件数量分为小规模集成电路（SSI）、中规模集成电路（MSI）、大规模集成电路（LSI）、超大规模集成电路（VLSI）等。

### （二）组合逻辑电路的分析方法和设计方法

组合逻辑电路的分析主要是根据给定的逻辑图，找出输出信号与输入信号间的关系，从而确定它的逻辑功能。而组合逻辑电路的设计，则是根据给出的实际问题，求出能实现这一逻辑要求的最简逻辑电路。

1. *组合逻辑电路的分析方法*

（1）分析方法。

1）根据给定的逻辑电路写出输出逻辑函数式。一般从输入端向输出端逐级写出各个门输出对其输入的逻辑表达式，从而写出整个逻辑电路的输出对输入变量的逻辑函数式。必要时，可进行简化，求出最简输出逻辑函数式。

2）列出逻辑函数的真值表。将输入变量的状态以自然二进制数递增顺序的各种取值组合代入输出逻辑函数式进行计算，求出相应的输出状态，并填入表中，即得真值表。

3）分析逻辑功能。通常通过分析真值表的特点来说明电路的逻辑功能。

（2）分析举例。

**【例 7-1】** 分析如图 7-1 所示逻辑电路的功能。

**解：** 1）写出输出逻辑函数表达式为

$$F_1=\overline{ABC}$$
$$F_2=A\cdot F_1$$
$$F_3=B\cdot F_1$$
$$F_4=C\cdot F_1$$

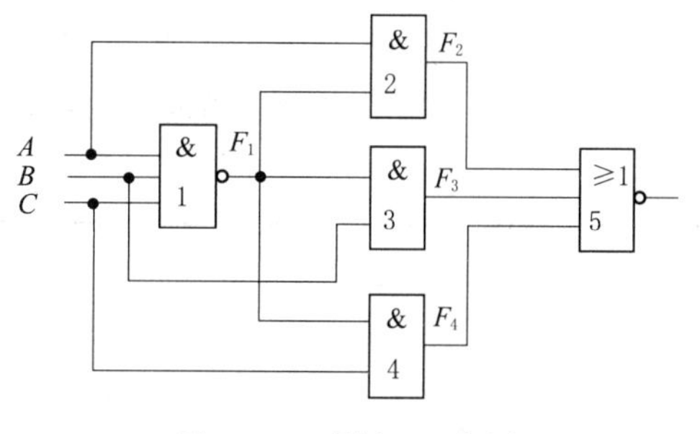

图 7-1　［例 7-1］图

由此可得电路的输出逻辑表达式为

$$\begin{aligned}F&=\overline{\overline{ABC}\cdot A+\overline{ABC}\cdot B+\overline{ABC}\cdot C}\\&=\overline{\overline{ABC}\cdot(A+B+C)}\\&=ABC+\overline{A}\,\overline{B}\,\overline{C}\end{aligned}$$

2）根据逻辑函数式列出真值表。将输入变量的各种取值组合（通常按自然二进制数递增顺序排列），求出相应的输出 $F$ 值，由此可列出表 7-1 所示的真值表。

可根据真值表说明电路的逻辑功能。由表 7-1 可以看出：只有当输入 $A$、$B$、$C$ 全相同时，输出才为“1”，否则为“0”。此电路为“判一致电路”。

表 7-1　　逻辑函数的真值表

| 输入 | | | 输出 |
|---|---|---|---|
| A | B | C | F |
| 0 | 0 | 0 | 1 |
| 0 | 0 | 0 | 0 |
| 0 | 0 | 0 | 0 |
| 0 | 0 | 0 | 0 |
| 0 | 0 | 0 | 0 |
| 0 | 0 | 0 | 0 |
| 0 | 0 | 0 | 0 |
| 0 | 0 | 0 | 1 |

2. 组合逻辑电路的设计方法

组合逻辑电路的设计方法，分 4 步：

（1）分析设计要求，列出真值表。

（2）根据真值表写出输出逻辑函数表达式。

（3）对输出逻辑函数进行化简。

（4）根据最简输出逻辑函数式画逻辑图。

可根据最简与—或输出逻辑函数表达式画逻辑图，也可根据要求将输出逻辑函数变换为与非表达式、或非表达式、与或非表达式或其他表达式来画逻辑图。

**【例 7-2】** 某雷达站有 3 部雷达 $A$、$B$、$C$，其中 $A$ 和 $B$ 功率消耗相等，$C$ 的消耗功率是 $A$ 的 2 倍。这些雷达由两台发电机 $X$、$Y$ 供电，发电机 $X$ 的最大输出功率等于雷达 $A$ 的功率消耗，发电机 $Y$ 的最大输出功率是雷达 $A$ 和 $C$ 的功率消耗总和。要求设计一个组合逻辑电路，能够根据各雷达的启动、关闭信号，以最省电的方式开、停电机。

**解：** 根据组合逻辑电路的设计步骤：

1）确定输入变量个数为 3 个，输出变量个数 2 个。

2）输入变量为 $A$、$B$、$C$，设定雷达启动状态为逻辑 1，雷达关闭为逻辑 0；输出变量为 $X$、$Y$，设定电机开状态为逻辑 1，关闭状态为逻辑 0。

3）根据输入与输出变量的逻辑关系，列真值见表 7-2。

表 7-2　　真　值　表

| 输入 | | | 输出 | |
|---|---|---|---|---|
| A | B | C | X | Y |
| 0 | 0 | 0 | 0 | 0 |
| 0 | 0 | 1 | 0 | 1 |
| 0 | 1 | 0 | 1 | 0 |
| 0 | 1 | 1 | 0 | 1 |
| 1 | 0 | 0 | 1 | 0 |
| 1 | 0 | 1 | 0 | 1 |
| 1 | 1 | 0 | 0 | 1 |
| 1 | 1 | 1 | 1 | 1 |

4）根据真值表，写出逻辑函数式，并进行化简。

$$X=\overline{A}B\overline{C}+A\overline{B}\,\overline{C}+ABC$$

$$Y=\overline{A}\,\overline{B}C+\overline{A}BC+A\overline{B}C+AB\overline{C}+ABC=AB+C$$

5）根据最简表达式画出逻辑电路图，如图7-2所示。

**（三）面包板及集成与非门的使用**

1. 面包板的使用

面包板，即集成电路实验板，是专为电子电路的无焊接实训而设计制造的一种具有多孔插座的插件板。在进行电子电路实验、实训时，可根据电路连接需求，在相应孔内随意插入或拔出各种电子元器件引脚及导线等，插入部分通过与孔内弹性接触簧片接触，完成电路连接，免去了焊接操作，节省了电路的组装时间，且元器件可以重复使用，所以面包板适合用于电子电路的组装、调试和训练。

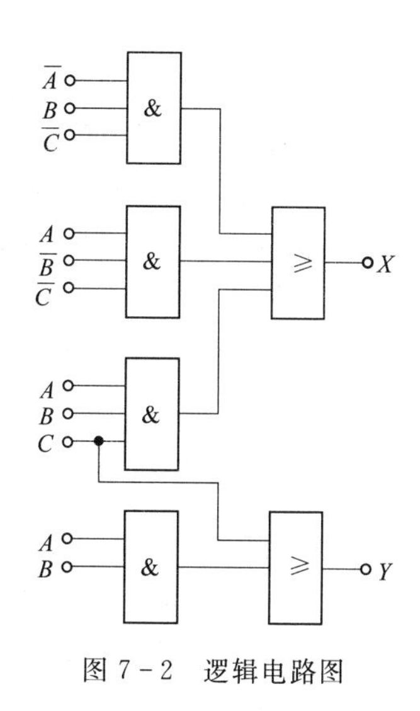

图7-2　逻辑电路图

（1）面包板结构。面包板是具有许多小插孔的塑料插板，其内部结构如图7-3所示。每块插板中央有一个凹槽，凹槽两边各有纵向排列的多列插孔，每5个插孔为一组，各列插孔间距与双列直插式封装的集成电路的引脚间距一致，为2.54mm。每列的5个插孔中有金属簧片连通，列与列之间在电气上互不相通。面包板的上、下边各有一排（或两排）横向插孔，每排横向插孔分为若干段（一般是2～3段），每段内部在电气上是相通的，一般可用作电源线和地线的插孔。

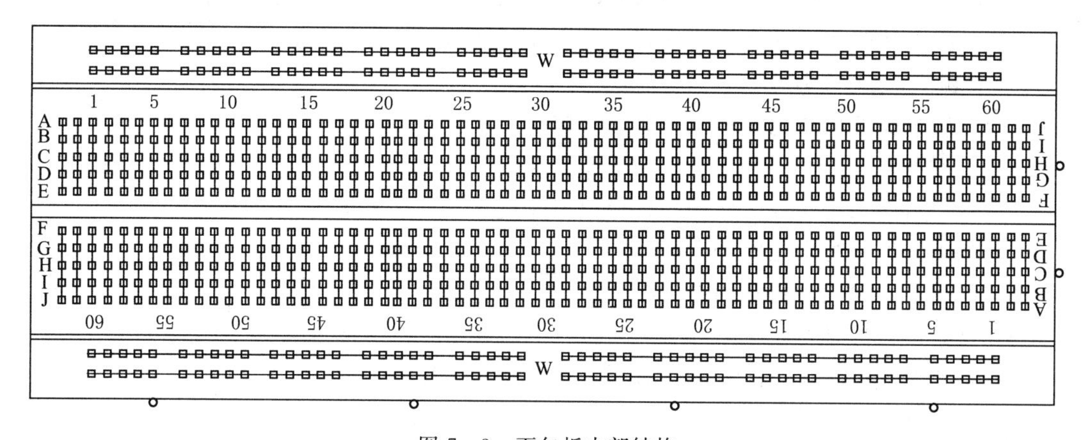

图7-3　面包板内部结构

（2）元器件与集成电路的安装。

1）分立元件安装。在安装分立元件时，应便于看到其极性和标志，将元件引脚理直后，在需要的地方折弯。为了防止裸露的引线短路，必须使用带保护套管的导线，一般不剪断元件引脚，以便重复使用。一般不要插入引脚直径大于0.8mm的元器件，以防破坏插座内部簧片的弹性。

2）集成电路安装。在安装集成电路时，其引脚必须插在面包板中央凹槽两边的孔中，插入时所有引脚应稍向外偏，使引脚与插孔中的簧片接触良好，所有集成块的方向要一致，缺口朝左，便于正确布线和查线。集成块在插入与拔出时要受力均匀，以防造成引脚弯曲或断裂。

（3）正确合理布线。为了避免或减少故障，面包板上的电路布局与布线必须合理而且美观。

1）根据信号流的顺序，采用边安装边调试的方法。安装好元器件后，先连接电源线和地线。为了查线方便，连线应尽量采用不同颜色。例如：电源正极一般选用红色绝缘皮导线，电源负极一般用蓝色绝缘皮导线，地线用黑色绝缘皮导线，信号线用黄色绝缘皮导线，也可根据条件选用其他颜色。

2）插入面包板孔内导线宜使用铜芯直径为0.4～0.6mm的单股导线，即比大头针的直径略小一些。线头剥离长度根据连线的距离及插入插孔的长度剪断导线，要求将线头剪成斜口45°、长6mm左右，并将线头全部插入底板以保证接触良好。裸线不宜露在外面，以防止与其他导线构成短路。

3）连线要求紧贴在面包板上，以免碰撞弹出面包板，造成接触不良。必须使连线在集成电路周围通过，不允许将连线跨接在集成电路上，也不得使导线互相重叠，尽量做到横平竖直，这样有利于查线和更换元器件。

4）布线时所有的地线必须连接在一起，形成一个公共参考点。

（4）面包板使用注意事项。

1）保持面包板清洁。

2）面包板应在通风、干燥处存放，特别要避免被电池漏出的电解液所腐蚀。

3）焊接过的元器件不可以插在面包板上。

4）元器件引脚或导线线头要沿面包板板面垂直方向插入面包板方孔内，应能感觉到有轻微、均匀的摩擦阻力。在面包板倒置时，应保证元器件能被簧片夹住而不脱落。

2. 组合逻辑电路设计步骤

组合逻辑电路的标准化设计工作通常可按以下步骤进行：

（1）根据要求，确定输入变量和输出变量及它们相互间的关系，并给予逻辑赋值，然后将输入变量以自然二进制数顺序的各种取值组合排列，列出真值表。

（2）根据真值表写出逻辑函数式。

（3）对逻辑函数式进行化简并进行变换。

（4）选定器件类型。

（5）根据简化或变换后的逻辑函数式，画出逻辑电路图。

3. 集成电路引脚识别

方法一：74系列集成电路一侧有一缺口，将其引脚向下，有字面向上，缺口在观察者的左边，从上往下看集成电路，左下角为1脚，逆时针依次为2、3、4、5脚。

方法二：将集成电路引脚向下，有字面向上，集成电路正面凹坑或色点对应的引脚为1脚，逆时针依次为2、3、4、5…脚。

方法三：若集成电路无缺口、凹坑或色点，将其引脚向下，集成电路厂标、型号正对观察者，则从上往下看左下角为1脚，逆时针依次为2、3、4、5…脚。

4. 集成电路

（1）74LS00及74LS20的管脚功能如图7-4、图7-5所示。

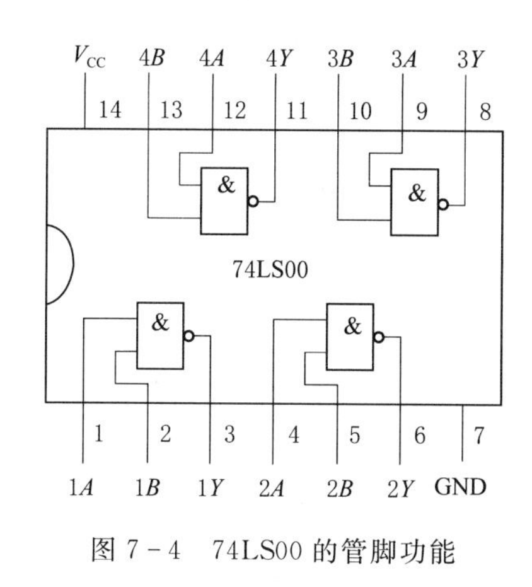


图 7-4　74LS00 的管脚功能

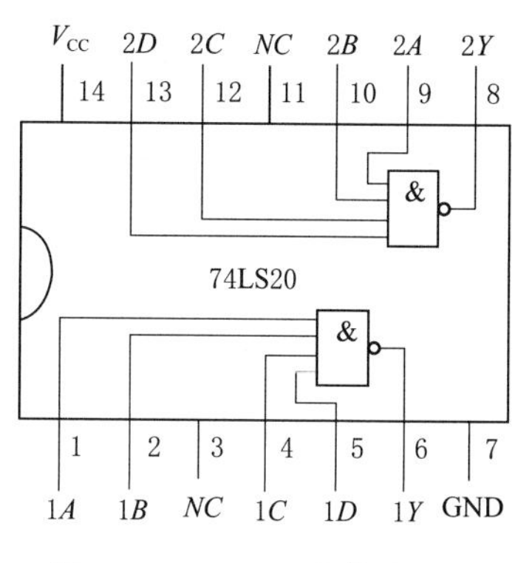


图 7-5　74LS20 的管脚功能

（2）74LS00 及 74LS20 的逻辑功能见表 7-3、表 7-4。

**表 7-3　　74LS00 的逻辑功能**

| $A$ | $B$ | $Y$ |
|---|---|---|
| 0 | 0 | 1 |
| 0 | 1 | 1 |
| 1 | 0 | 1 |
| 1 | 1 | 0 |

**表 7-4　　74LS20 的逻辑功能**

| $A$ | $B$ | $C$ | $D$ | $Y$ |
|---|---|---|---|---|
| 0 | 0 | 0 | 0 | 1 |
| 0 | 0 | 0 | 1 | 1 |
| 0 | 0 | 1 | 0 | 1 |
| 0 | 0 | 1 | 1 | 1 |
| 0 | 1 | 0 | 0 | 1 |
| 0 | 1 | 0 | 1 | 1 |
| 0 | 1 | 1 | 0 | 1 |
| 0 | 1 | 1 | 1 | 1 |
| 1 | 0 | 0 | 0 | 1 |
| 1 | 0 | 0 | 1 | 1 |
| 1 | 0 | 1 | 0 | 1 |
| 1 | 0 | 1 | 1 | 1 |
| 1 | 1 | 0 | 0 | 1 |
| 1 | 1 | 0 | 1 | 1 |
| 1 | 1 | 1 | 0 | 1 |
| 1 | 1 | 1 | 1 | 0 |

对于与非门来说，输入信号中如果有一个或一个以上是 0 则输出为 1，所有输入信号全

部是 1 时输出为 0，此时可以判断该与非门逻辑功能正常，否则说明这个与非门已经损坏，应避免使用。总结与非门的逻辑功能是“有 0 得 1，全 1 得 0”。

5. 电路原理

设 $A$、$B$、$C$ 三个人表决同意提案是用 1 表示，不同意用 0 表示；$Y$ 为表示结果，提案通过用 1 表示，通不过用 0 表示，列出真值表，见表 7－5。

**表 7－5　　表决器真值表**

| 输入 | | | 输出 |
|---|---|---|---|
| $A$ | $B$ | $C$ | $Y$ |
| 0 | 0 | 0 | 0 |
| 0 | 0 | 1 | 0 |
| 0 | 1 | 0 | 0 |
| 0 | 1 | 1 | 1 |
| 1 | 0 | 0 | 0 |
| 1 | 0 | 1 | 1 |
| 1 | 1 | 0 | 1 |
| 1 | 1 | 1 | 1 |

根据真值表写出逻辑函数式。

$$Y=AB+AC+BC$$

选定元件，用与非门实现，化简上式，得到

$$Y=\overline{\overline{AB}\cdot\overline{BC}\cdot\overline{AC}}$$

根据逻辑函数式，画出电路原理图，如图 7－6 所示。

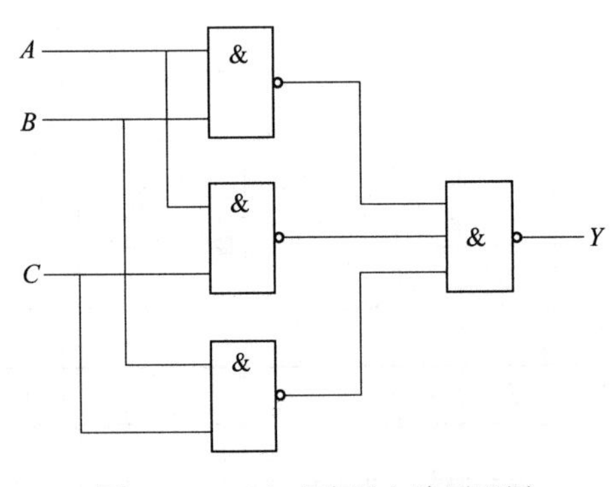


图 7－6　三人表决器电路原理图

这个电路需要使用 3 个两输入与非门和 1 个三输入与非门，可以在 74LS00 中选择 3 个两输入与非门，在 74LS20 中选择 1 个四输入与非门来连接电路，输入端 $A$、$B$、$C$ 分别连接到 3 个电平开关上，输出端 $Y$ 连接到电平指示灯插孔中。

注意：74LS00 和 74LS20 的 $V_{CC}$、GND 必须分别连接到直流电源部的 5V 处和接地处，否则集成电路将无法工作。

74LS20 中的四输入与非门只能用到 3 个输入端，对于多余的输入端可采用下述方法中的一种进行处理：①并联到其他输入端上；②接电源极或者接高电平；③悬空。

注意：74 系列集成电路属于 TTL 门电路，其输入端悬空可视为输入高电平；CMOS 门电路的多余输入端是禁止悬空的，否则容易损坏集成电路。

## 五、任务准备

1. 设备、工具的准备

为完成工作任务，每个工作小组需要向工作站内仓库管理教师提供借用工具清单。

2. 材料的准备

为完成工作任务，每个工作小组需要向工作站内仓库管理教师提供领用材料清单。

3. 团队分配方案

将学生分为 3 个工作岛，每个工作岛再分为 6 组，根据工作岛工位要求，每个工作岛指定 1 人为组长、2 人为材料管理员，材料管理员负责材料领取分发，小组长负责组织本组相关问题的计划、实施及讨论汇总，填写各组人员工作任务实施所需文字材料的相关记录表。

## 六、任务实施

1. 设计电路

根据控制要求可自行设计一个电路，按照控制要求画出原理图、自选元件。

2. 装配及调试要求

1）按照电路图自行装配电路。

2）按照要求进行调试。

如果输出结果与输入中的多数一致，则表明电路功能正确，即多数人同意（电路中用“1”表示），表决结果为通过；多数人不同意（电路中用“0”表示），表决结果为不同意。

## 七、任务总结

1. 本次任务用到了哪些知识？

2. 你从本次任务中获得了哪些经验？

3. 任务实施中，你遇到了哪些问题？是如何解决的？

## 八、思考

1. 如果在通电调试时，无论输入端为任意组合，输出指示灯都不点亮，分析其原因。

2. 输出状态与相应的输入状态不一致，可能的原因是什么？如何排除故障？

3. 数字电路设计布线有哪些注意事项？

# 任务八　8 路抢答器的制作

## 一、任务描述

抢答器广泛应用在一些知识竞赛或游戏比赛中，图 8-1 所示是一个 8 路抢答器电路图，它主要由 74LS373、74LS148、74LS83、CD4511 和共阴极数码管构成。8 个抢答开关中最先按下的一个即显示该路数字，直到复位清零后，再次进行第二轮抢答，电路板如图 8-2 所示。

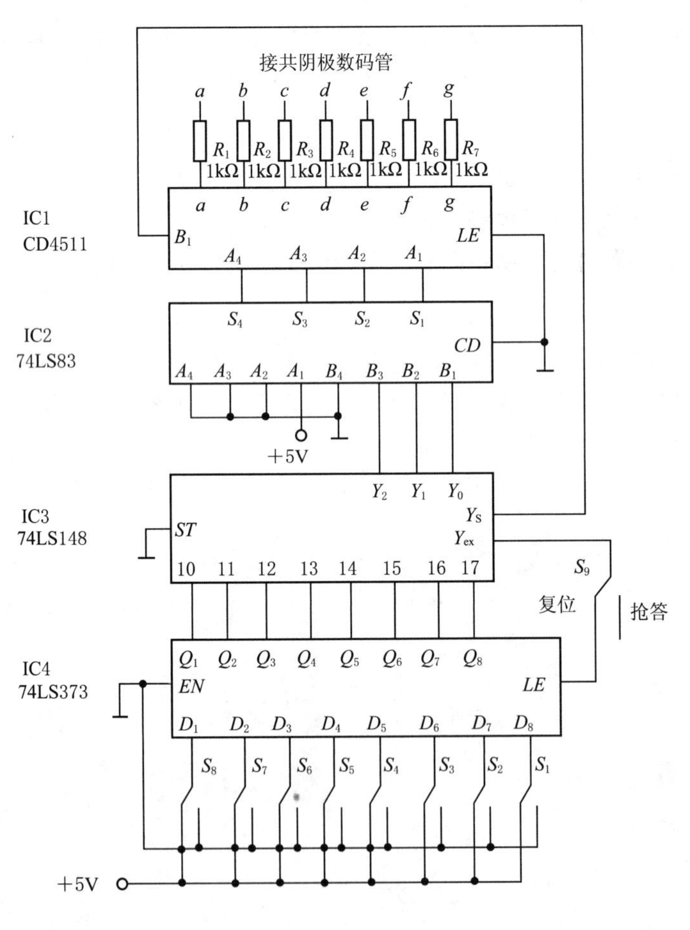


图 8-1　8 路抢答器电路图

此项工作任务主要使学生掌握 74LS373、74LS148、74LS83、CD4511 的管脚功能；根据控制要求设计一个简单的电路原理图并进行布线，安装完成后进行通电调试。参考电路如图 8-1 所示。

图8-2　8路抢答器电路板

## 二、任务要求

（1）电路具有锁存和显示功能，最先按下的一路编号被锁存并在数码管上显示。

（2）设有主持人清零开关，未开始抢答时各路开关按下无效。

（3）单面PCB设计和安装，布局合理，面积小于15cm×10cm。

（4）电路抗干扰能力强，工作可靠，不存在误触发现象。

## 三、能力目标

（1）熟悉74LS373、74LS148、74LS83、CD4511数字集成电路引脚功能及其使用。

（2）会运用Protel 99SE设计8路抢答器PCB。

（3）会使用示波器等仪器进行电路调试和排除故障。

（4）培养独立分析、团队协助、改造创新能力。

## 四、相关理论知识

### （一）基本组合逻辑电路

1. 加法器

实现多位二进制数相加的电路称为加法器。根据进位方式不同，加法器分为串行进位加法器和超前进位加法器。

（1）一位加法器。一位全加器输入变量有3个：被加数 $A_i$、加数 $B_i$、低一位的进位输入 $C_{i-1}$；输出变量有2个：产生的和 $S_i$ 和进位输出 $C_i$，其示意图如图8-3所示。

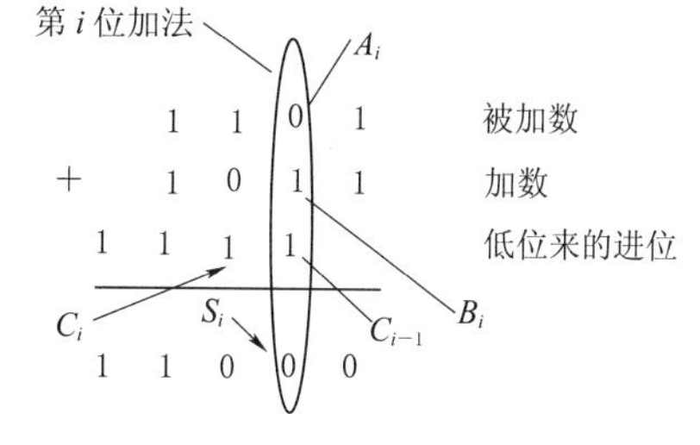


图8-3　一位全加器第 $i$ 位加法示意图

一位全加器真值表见表8-1。

**表8-1　　一位全加器真值表**

| 输　入 | | | 输　出 | |
|---|---|---|---|---|
| $A_i$ | $B_i$ | $C_{i-1}$ | $S_i$ | $C_i$ |
| 0 | 0 | 0 | 0 | 0 |
| 0 | 0 | 1 | 1 | 0 |
| 0 | 1 | 0 | 1 | 0 |
| 0 | 1 | 1 | 0 | 1 |
| 1 | 0 | 0 | 1 | 0 |
| 1 | 0 | 1 | 0 | 1 |
| 1 | 1 | 0 | 0 | 1 |
| 1 | 1 | 1 | 1 | 1 |

根据真值表，对输出变量用卡诺图简化，如图 8-4 所示。

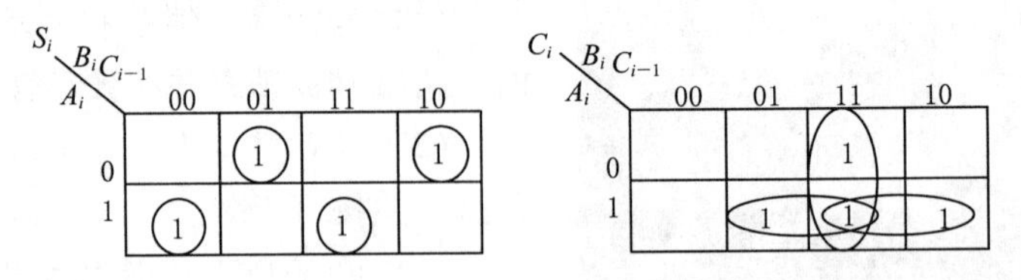


图 8-4　一位全加器卡诺图

由图 8-4，写出逻辑函数表达式

$$S_i = A_iB_iC_{i-1} - A_iB_iC_{i-1} + A_iB_iC_{i-1} + A_i \oplus B_i \oplus C_{i-1} \tag{8-1}$$

$$C_i = A_iB_i + B_iC_{i-1} + A_iC_{i-1} + A_iB_i + C_{i-1}(B_i \oplus A_i) \tag{8-2}$$

根据式（8-1）、式（8-2）画出一位全加器的逻辑电路图，如图 8-5（a）所示，图 8-5（b）为一位全加器图形符号。

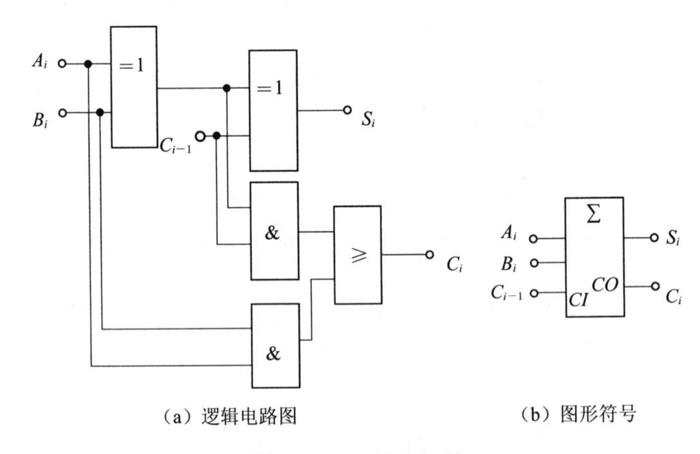


（a）逻辑电路图　　（b）图形符号

图 8-5　一位全加器

（2）4 位串行进位加法器。串行进位加法器是指全加器进位输出端接到另一个全加器的进位输入端，以此类推构成多位加法器。以 4 位串行加法器为例，逻辑电路图如图 8-6 所示。

串行进位加法器虽然接法简单，但是由于后一位的加法运算必须在前面几位的加法运算完成产生进位后才能进行，所以这种加法器只适用于位数少的加法器，当加法的位数较多时，为了提高运算速度，可以用超前进位加法器。

（3）超前进位加法器。所谓的超前进位加法器，是指在作多位加法时，各位的进位输入信号直接由输入二进制数通过超前进位电路产生，由于该电路与每位加法运算无关，所以可以加快加法运算速度。超前进位加法器逻辑电路结构如图 8-7 所示，集成 4 位加法器的图形符号表示如图 8-8 所示。

超前进位加法器由于采用了超前进位工作方式，可以用在高速加法电路中。

2. 乘法器

二进制乘法器是指完成两个二进制数乘法运算的电路，主要有两种：

（1）2 位×2 位二进制乘法器，逻辑电路图如图 8-9 所示。

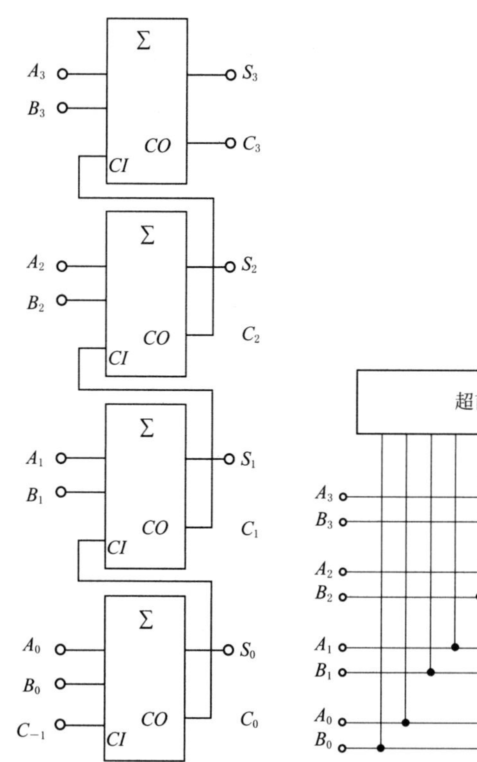


图 8-6　4位串行进位加法器

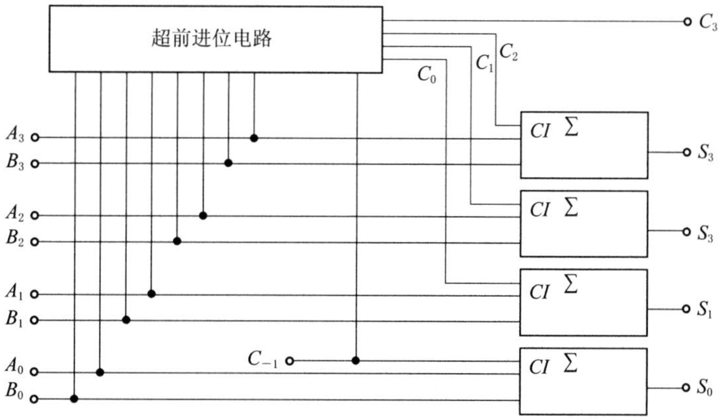

图 8-7　4位二进制超前进位加法器逻辑电路结构

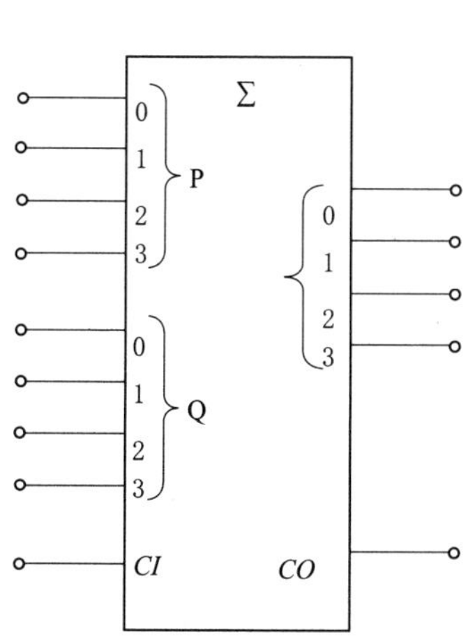


图 8-8　集成4位加法器图形符号

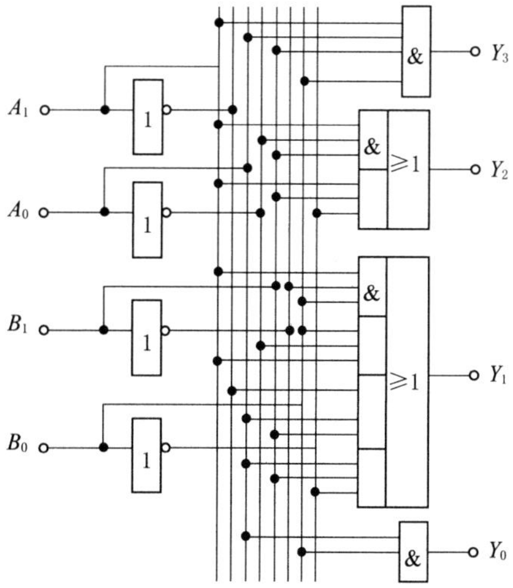

图 8-9　2位×2位二进制乘法器逻辑电路图

（2）集成4位×4位并行二进制乘法器。利用芯片74LS284、74LS285，可以组成集成4位×4位并行二进制乘法器。图8-10是用两个芯片构成的4位×4位并行二进制乘法器。

3. 数值比较器

数字比较器是比较两个二进制数大小的电路。输入信号是两个待比较的二进制数，输出为比较结果：大于、等于、小于。

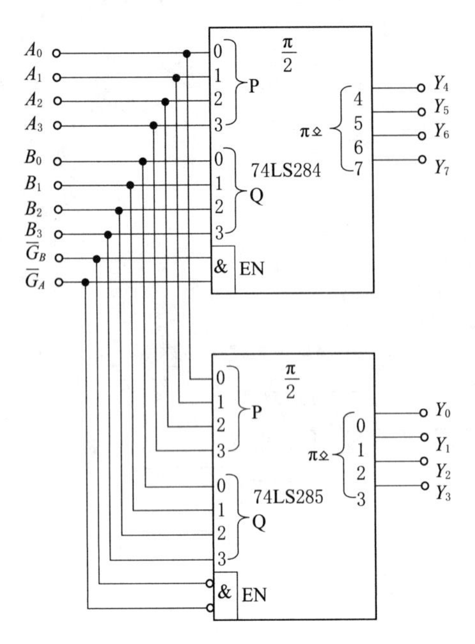


图 8－10　集成 4 位×4 位并行二进制乘法器连接图

（1）1 位数值比较器原理。参加比较的数是两个一位二进制数。设 $A_i$、$B_i$ 为输入的一位二进制数，$L_i$、$G_i$、$M_i$ 为 $A_i$ 与 $B_i$ 比较产生大于、等于、小于三种结果的输出信号。根据二进制数的大小比较，列出真值表，见表 8－2。

根据真值表，直接写出输出逻辑表达式：

$$L_i = A\overline{B} \tag{8-3}$$

$$G_i = \overline{A\overline{B} + \overline{A}B} \tag{8-4}$$

$$M_i = \overline{A}B \tag{8-5}$$

1 位数值比较器的逻辑电路图如图 8－11（a）所示，其电路框图如图 8－11（b）所示。

（2）4 位数值比较器。4 位数值比较器逻辑框图如图 8－12 所示。

（3）集成数值比较器。将 4 位数值比较器电路封装在集成芯片中，便构成集成 4 位数值比较器。图 8－13 为 4 位数值比较器 74LS85 的图形符号。

**表 8－2　　1 位数值比较器的真值表**

| 输　　入 | | 输　　出 | | |
|---|---|---|---|---|
| $A_i$ | $B_i$ | $M_i$ | $G_i$ | $L_i$ |
| 0 | 0 | 0 | 1 | 0 |
| 0 | 1 | 1 | 0 | 0 |
| 1 | 0 | 0 | 0 | 1 |
| 1 | 1 | 0 | 1 | 0 |

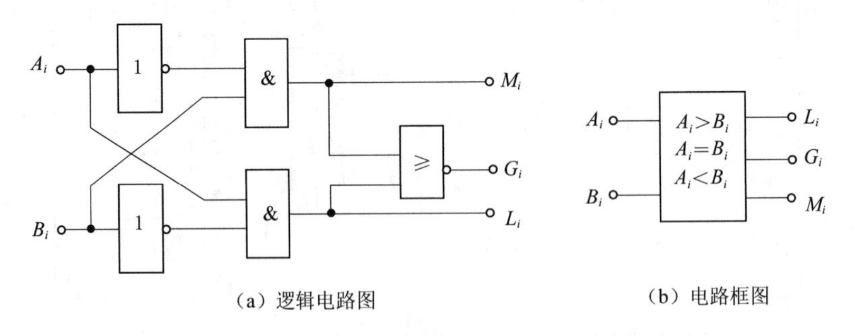


图 8－11　1 位数值比较器

由于集成数值比较器要考虑比较数值的位数扩展，因此增加了级联输入（$A<B$）、（$A=B$）、（$A>B$）三个端，当 4 位比较数值相等时，由级联输入的值决定输出结果。状态输出 $F_{A<B}$、$F_{A=B}$、$F_{A>B}$ 与 $M$、$G$、$L$ 对应。

（4）8 位数值比较器扩展。74LS85 与 CC14585 的 8 位数值比较器扩展逻辑图如图 8－14 所示。

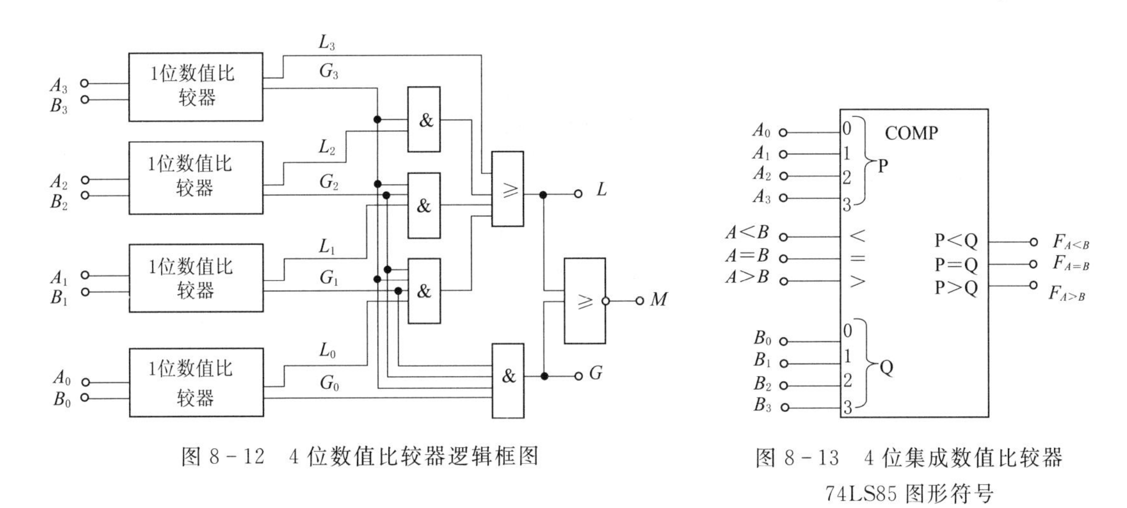


图 8－12　4 位数值比较器逻辑框图

图 8－13　4 位集成数值比较器 74LS85 图形符号

（a）用74LS85扩展8位数值比较器　（b）用CC14585扩展8位数值比较器

图 8－14　8 位数值比较器扩展

在用 74LS85 扩展时，低 4 位集成芯片比较状态输出接高 4 位级联输入，低 4 位集成芯片的级联输入（$A<B$）、（$A=B$）、（$A>B$）应接 0、1、0。

4. 编码器

在数字电路中，编码器是指将输入信号用二进制编码形式输出的器件。如图 8－15 所示。

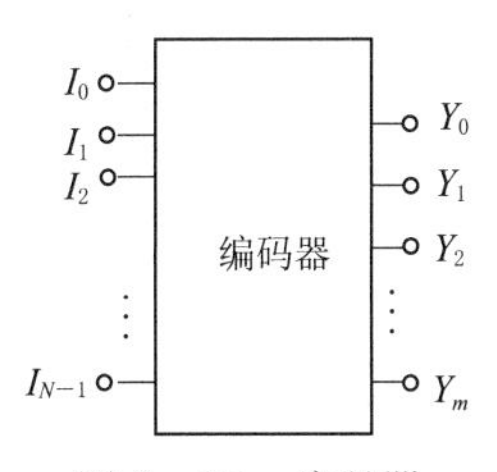


图 8－15　编码器

（1）4－2 编码器。4 个输入信号为 $I_0$、$I_1$、$I_2$、$I_3$，2 个输出信号为 $Y_1$、$Y_0$；根据输入信号编码要求唯一性，即当输入某个信号要求编码时，其他 3 个输入不能有编码要求。并假设 $I_0$ 为高电平时要求编码，其对应 $Y_1Y_0$ 为 00，同理，$I_1$ 为高电平时对应

$Y_1Y_0$ 为 01，$I_2$ 为高电平时对应 $Y_1Y_0$ 为 10，$I_3$ 为高电平时对应 $Y_1Y_0$ 为 11，真值表见表 8-3。

**表 8-3　　2 位二进制编码器真值表**

| 输入 | | | | 输出 | |
|---|---|---|---|---|---|
| $I_0$ | $I_1$ | $I_2$ | $I_3$ | $Y_1$ | $Y_0$ |
| 1 | 0 | 0 | 0 | 0 | 0 |
| 0 | 1 | 0 | 0 | 0 | 1 |
| 0 | 0 | 1 | 0 | 1 | 0 |
| 0 | 0 | 0 | 1 | 1 | 1 |

根据真值表写出逻辑表达式

$$Y_1 = I_2 + I_3 \tag{8-6}$$

$$Y_0 = I_1 + I_3 \tag{8-7}$$

根据式（8-6）、式（8-7）画出 2 位二进制编码器逻辑图，如图 8-16 所示。

从二进制编码器真值表我们可以看出，当输入信号同时出现两个或两个以上信号要求编码时，该二进制编码器逻辑电路将出现编码错误，此时，应使用二进制优先编码器。下面以 3 位优先编码器为例说明优先编码器设计原理。

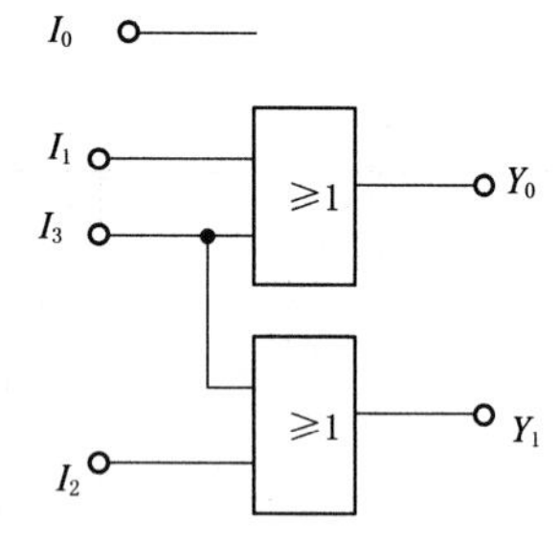

图 8-16　2 位二进制编码器

（2）3 位二进制优先编码器原理。优先编码器是指当输入信号同时出现几个编码要求时，编码器选择优先级最高的输入信号输出其编码。假设 3 位二进制优先编码器有 8 个输入信号端：$\overline{I_0}$、$\overline{I_1}$、$\overline{I_2}$、$\overline{I_3}$、$\overline{I_4}$、$\overline{I_5}$、$\overline{I_6}$、$\overline{I_7}$，其中 $\overline{I_i}$（$i$=0、1、2、…、7）的非号表示当 $I_i$ 为低电平时该信号要求编码。3 位编码输出：$\overline{Y_2}$、$\overline{Y_1}$、$\overline{Y_0}$、$\overline{Y_i}$（$i$=0，1，2）的非号表示对应二进制反码输出；假设 $I_7$ 的编码优先级最高，$I_6$ 次之，以此类推。$I_0$ 的编码优先级最低，则对应的 3 位二进制优先编码器真值表见表 8-4。逻辑电路如图 8-17 所示。

**表 8-4　　3 位二进制优先编码器真值表**

| 输入 | | | | | | | | 输出 | | |
|---|---|---|---|---|---|---|---|---|---|---|
| $\overline{I_0}$ | $\overline{I_1}$ | $\overline{I_2}$ | $\overline{I_3}$ | $\overline{I_4}$ | $\overline{I_5}$ | $\overline{I_6}$ | $\overline{I_7}$ | $Y_2$ | $Y_1$ | $Y_0$ |
| × | × | × | × | × | × | × | 0 | 0 | 0 | 0 |
| × | × | × | × | × | × | 0 | 1 | 0 | 0 | 1 |
| × | × | × | × | × | 0 | 1 | 1 | 0 | 1 | 0 |
| × | × | × | × | 0 | 1 | 1 | 1 | 0 | 1 | 1 |
| × | × | × | 0 | 1 | 1 | 1 | 1 | 1 | 0 | 0 |
| × | × | 0 | 1 | 1 | 1 | 1 | 1 | 1 | 0 | 1 |
| × | 0 | 1 | 1 | 1 | 1 | 1 | 1 | 1 | 1 | 0 |
| 0 | 1 | 1 | 1 | 1 | 1 | 1 | 1 | 1 | 1 | 1 |

**注**　表中的×表示取值可以为 0 或 1。

(3) 集成8线—3线优先编码器。如图8-18所示是8线—3线优先编码器74LS148的图形符号图。

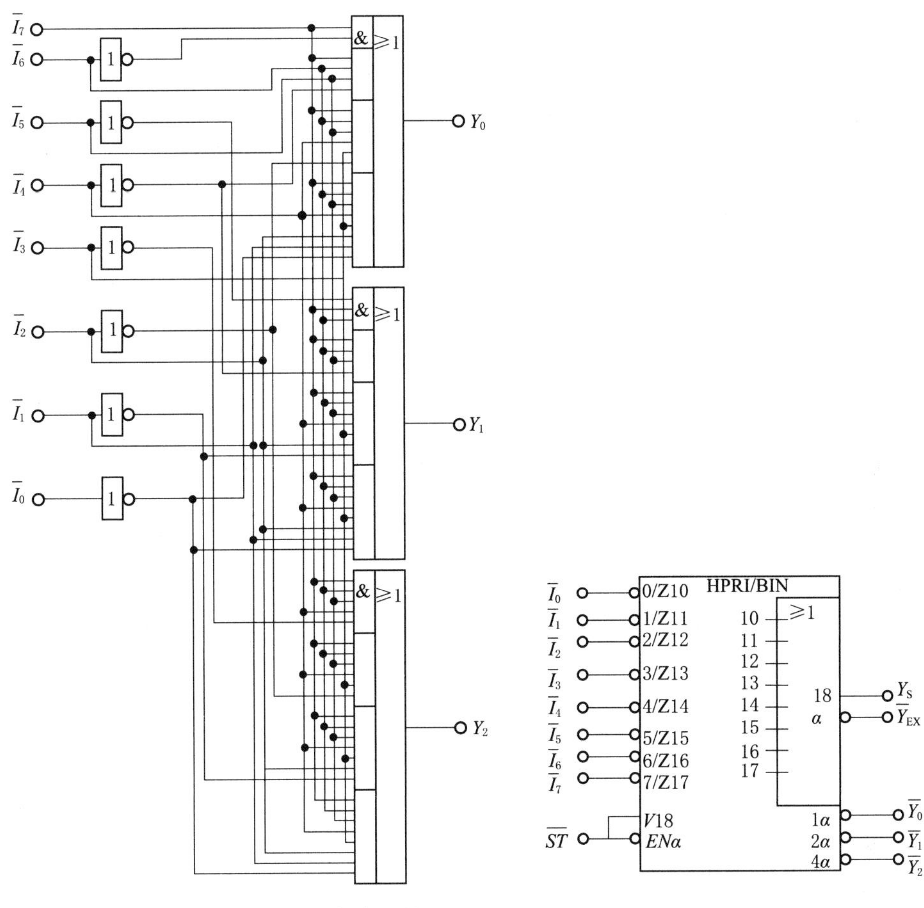


图8-17　3位二进制优先编码器

图8-18　8线—3线优先编码器74LS148图形符号

$\overline{I_7}$、$\overline{I_6}$、$\overline{I_5}$、$\overline{I_4}$、$\overline{I_3}$、$\overline{I_2}$、$\overline{I_1}$、$\overline{I_0}$是8个输入信号端，输入低电平表示该信号有编码要求；$\overline{Y_{EX}}$为优先扩展输出端，$Y_S$为选通输出端，$\overline{Y_2}$、$\overline{Y_1}$、$\overline{Y_0}$是3位二进制反码输出端。当$\overline{ST}=1$时，集成8线—3线优先编码器禁止编码输出，此时$\overline{Y_{EX}}Y_S=11$；第二行则说明当$\overline{ST}=0$时，允许编码器编码，但由于输入信号$\overline{I_7 I_6 I_5 I_4 I_3 I_2 I_1 I_0}=11111111$，8个输入信号无一个信号有编码要求，此时状态输出端$\overline{Y_{EX}}Y_S=10$，$\overline{ST}=0$有效时，且输入信号至少有一个有编码要求，则此时$\overline{Y_{EX}}Y_S=01$，$\overline{Y_2}$、$\overline{Y_1}$、$\overline{Y_0}$输出要求编码的输入信号中最高优先级的编码，$\overline{ST}$、$\overline{Y_{EX}}$、$Y_S$在芯片扩展时作为控制端使用。

如果构成16线—4线优先编码器，可以用两片74LS148优先编码器加少量的门电路构成。具体步骤如下：

1) 确定$\overline{I_{15}}$的编码优先级最高，$\overline{I_{14}}$次之，以此类推，$\overline{I_0}$最低。

2) 用一片74LS148作为高位片，$\overline{I_{15}}$、$\overline{I_{14}}$、$\overline{I_{13}}$、$\overline{I_{12}}$、$\overline{I_{11}}$、$\overline{I_{10}}$、$\overline{I_9}$、$\overline{I_8}$作为该片的信号输入；另一片74LS148作为低位片，$\overline{I_7}$、$\overline{I_6}$、$\overline{I_5}$、$\overline{I_4}$、$\overline{I_3}$、$\overline{I_2}$、$\overline{I_1}$、$\overline{I_0}$作为该片的信号输入。

3）根据编码优先级顺序，高位片的选通输入端作为总的选通输入端，低位片的选通输入端接高位片的选通输出端，高位片的$\overline{Y_{EX}}$端作为4位编码的最高位输出，低位片的$Y_S$作为总的选通输出端。两片的$\overline{Y_{EX}}$信号相与作为总的优先扩展输出端。具体逻辑电路如图8-19所示。

（4）集成10线—4线优先编码器。根据8线—4线优先编码器的设计方法，可以设计10线—4线优先编码器，将其封装在一个芯片上，便构成10线—4线集成优先编码器，图8-20为74LS147图形符号表示。

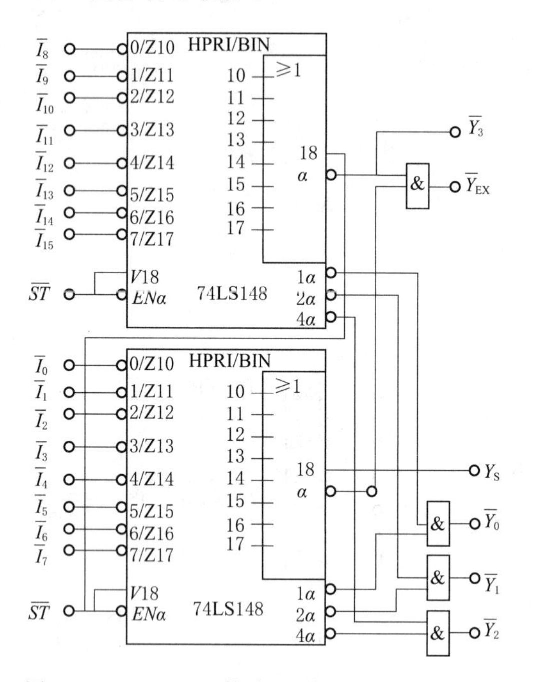


图8-19 74LS148构成16线—4线优先编码器

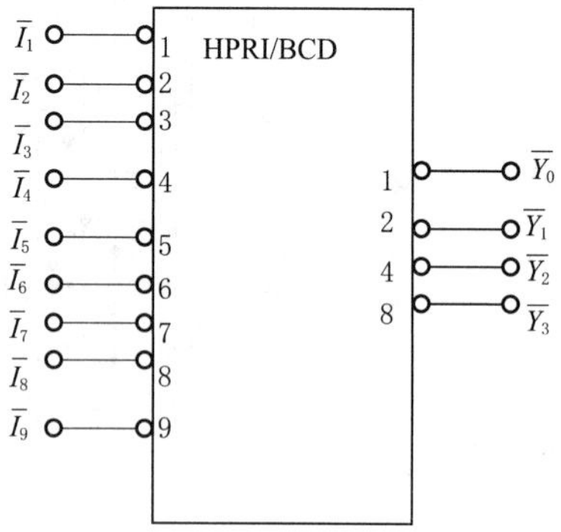

图8-20 10线—4线集成优先编码器74LS147图形符号

5. 译码器

译码是编码的逆过程，译码器是将输入的二进制代码转换成相应的控制信号输出的电路。下面以3线—8线二进制译码器为例，说明二进制译码器的原理。

（1）3线—8线二进制译码器。假设输入信号为二进制原码，输出信号为低电平有效，3线—8线二进制译码器输入的3位二进制代码为$A_2$、$A_1$、$A_0$；$2^3$个输出信号为$\overline{Y}_0$、$\overline{Y}_1$、$\overline{Y}_3$、$\overline{Y}_4$、$\overline{Y}_5$、$\overline{Y}_6$、$\overline{Y}_7$。任何时刻二进制译码器的输出信号只允许一个输出信号有效。根据设计要求，列出真值表（表8-5）。

**表8-5　　3线—8线二进制译码器真值表**

| 输入 | | | 输出 | | | | | | | |
|---|---|---|---|---|---|---|---|---|---|---|
| $A_2$ | $A_1$ | $A_0$ | $Y_0$ | $Y_1$ | $Y_2$ | $Y_3$ | $Y_4$ | $Y_5$ | $Y_6$ | $Y_7$ |
| 0 | 0 | 0 | 0 | 1 | 1 | 1 | 1 | 1 | 1 | 1 |
| 0 | 0 | 1 | 1 | 0 | 1 | 1 | 1 | 1 | 1 | 1 |

续表

| 输　入 | | | 输　出 | | | | | | | |
|---|---|---|---|---|---|---|---|---|---|---|
| $A_2$ | $A_1$ | $A_0$ | $Y_0$ | $Y_1$ | $Y_2$ | $Y_3$ | $Y_4$ | $Y_5$ | $Y_6$ | $Y_7$ |
| 0 | 1 | 0 | 1 | 1 | 0 | 1 | 1 | 1 | 1 | 1 |
| 0 | 1 | 1 | 1 | 1 | 1 | 0 | 1 | 1 | 1 | 1 |
| 1 | 0 | 0 | 1 | 1 | 1 | 1 | 0 | 1 | 1 | 1 |
| 1 | 0 | 1 | 1 | 1 | 1 | 1 | 1 | 0 | 1 | 1 |
| 1 | 1 | 0 | 1 | 1 | 1 | 1 | 1 | 1 | 0 | 1 |
| 1 | 1 | 1 | 1 | 1 | 1 | 1 | 1 | 1 | 1 | 0 |

从二进制译码器的逻辑表达式可以看到，输出为低电平有效时，输出表达式为以输入信号为自变量的最小项的非，这样，可以用译码器加与非门构成逻辑函数表达式。

（2）集成 3 线—8 线译码器。将设计好的 3 线—8 线译码器封装在一个集成芯片上，便成为集成 3 线—8 线译码器，如图 8-21 所示为 74LS138 图形符号，相应的真值见表 8-6。

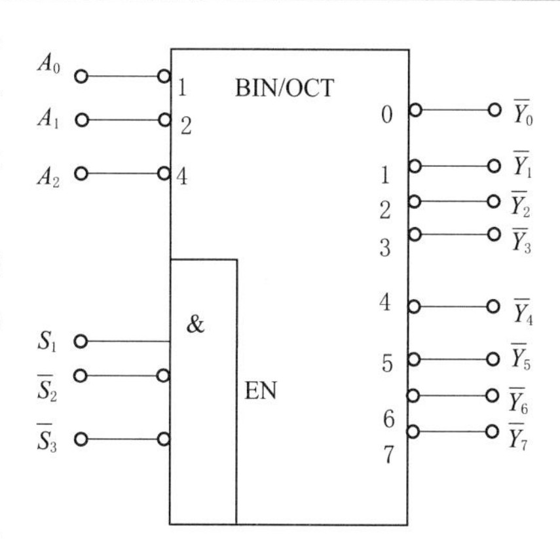

图 8-21　集成 3 线—8 线译码器 74LS138 图形符号

$S_1$、$\overline{S_2}$、$\overline{S_3}$ 为 3 个输入选通控制端，当 $S_1\overline{S_2}\,\overline{S_3}=100$ 时，才允许集成 3 线—8 线二进制译码器进行译码，这 3 个控制信号可以作为译码器的扩展使用。

（3）译码器 74LS138 的扩展。下面用集成 3 线—8 线二进制译码器构成 4 线—16 线译码器为例，说明译码器的扩展方法。

**表 8-6　　集成 3 线—8 线二进制译码器真值表**

| 输　入 | | | | | 输　出 | | | | | | | |
|---|---|---|---|---|---|---|---|---|---|---|---|---|
| $S_1$ | $\overline{S_2}+\overline{S_3}$ | $A_2$ | $A_1$ | $A_0$ | $\overline{Y_0}$ | $\overline{Y_1}$ | $\overline{Y_2}$ | $\overline{Y_3}$ | $\overline{Y_4}$ | $\overline{Y_5}$ | $\overline{Y_6}$ | $\overline{Y_7}$ |
| 1 | 0 | 0 | 0 | 0 | 0 | 1 | 1 | 1 | 1 | 1 | 1 | 1 |
| 1 | 0 | 0 | 0 | 1 | 1 | 0 | 1 | 1 | 1 | 1 | 1 | 1 |
| 1 | 0 | 0 | 1 | 0 | 1 | 1 | 0 | 1 | 1 | 1 | 1 | 1 |
| 1 | 0 | 0 | 1 | 1 | 1 | 1 | 1 | 0 | 1 | 1 | 1 | 1 |
| 1 | 0 | 1 | 0 | 0 | 1 | 1 | 1 | 1 | 0 | 1 | 1 | 1 |
| 1 | 0 | 1 | 0 | 1 | 1 | 1 | 1 | 1 | 1 | 0 | 1 | 1 |
| 1 | 0 | 1 | 1 | 0 | 1 | 1 | 1 | 1 | 1 | 1 | 0 | 1 |
| 1 | 0 | 1 | 1 | 1 | 1 | 1 | 1 | 1 | 1 | 1 | 1 | 0 |
| 0 | × | × | × | × | 1 | 1 | 1 | 1 | 1 | 1 | 1 | 1 |
| × | 1 | × | × | × | 1 | 1 | 1 | 1 | 1 | 1 | 1 | 1 |

1）确定译码器的个数。由于输出有 16 个信号，至少需要 2 个 3 线—8 线二进制译码器。

2）扩展后输入的二进制代码有 4 个，除了使用芯片原有的 3 个二进制代码输入端作为低 3 位代码输入外，还需要在 3 个选通控制端中选择 1 个作为最高位代码输入端。

具体的逻辑电路如图 8－22 所示。

（4）集成 8421BCD 输入 4 线—10 线译码器。将前面介绍的 3 线—8 线译码器封装在一个集成芯片中，便构成集成 8421BCD 输入 4 线—10 线译码器，型号为 74LS42，如图 8－23 所示。

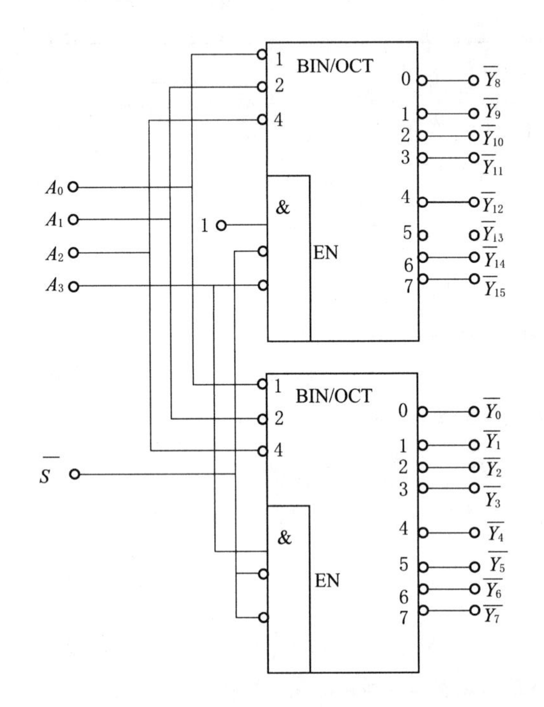


图 8－22　用 74LS138 构成的 4 线—16 线译码器

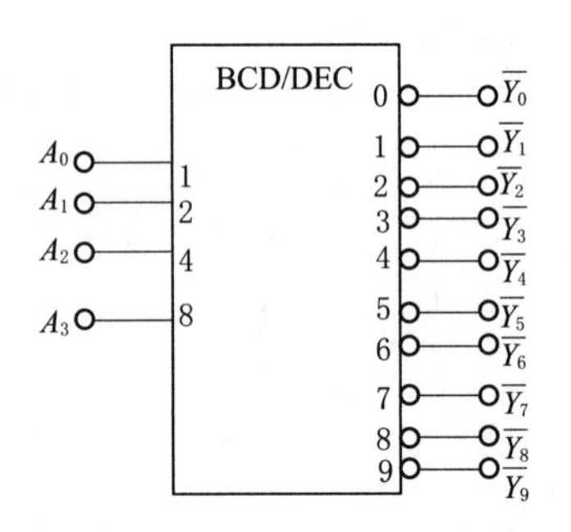


图 8－23　集成 8421BCD 输入 4 线—10 线译码器 74LS42 图形符号

（5）显示译码器。显示译码器是用来驱动显示器件的译码器。要了解显示译码器的原理，应先了解显示器件类型及工作原理。下面先介绍常用的显示器件，然后对显示译码器的设计原理进行分析。

1）半导体显示器件。某些特殊的半导体材料做成的 PN 结，在外加一定的电压时，能将电能转化成光能，利用这种 PN 结发光特性制作成的显示器件，称为半导体显示器件。常用半导体显示器件有单个的发光二极管及由多个发光二极管组成的 LED 数码管的显示器件，如图 8－24 所示。

半导体显示器件工作时，发光二极管需要一定大小的工作电压及电流。一般发光二极管的工作电压为 1.5～3V，工作电流为几 mA 到十几 mA，视型号不同而有所不同。驱动电路可以由门电路构成，也可以由三极管电路构成。如图 8－25 所示，调整电阻 $R$ 的大小，可以改变发光二极管 D 的亮度，使发光二极管正常工作。

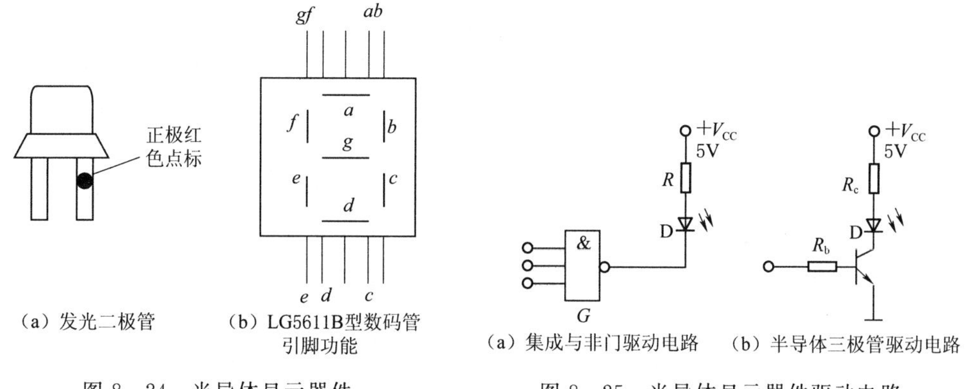


（a）发光二极管（b）LG5611B型数码管引脚功能

图 8-24 半导体显示器件

（a）集成与非门驱动电路（b）半导体三极管驱动电路

图 8-25 半导体显示器件驱动电路

LED 数码管有共阴极数码管与共阳极数码管两种接法。如图 8-26 所示，在构成显示译码器时，对于 LED 共阳极数码管，要使某段发亮，该段应接低电平；对于 LED 共阴极数码管，要使某段发亮，该段应接高电平。

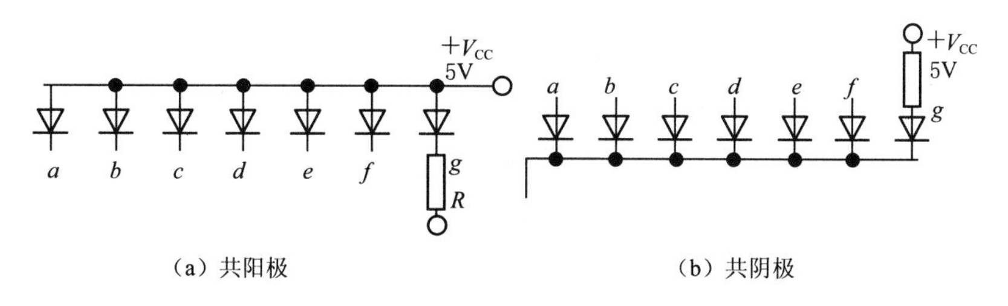


（a）共阳极（b）共阴极

图 8-26 LED 数码管两种接法

半导体显示器件的优点是体积小、工作可靠、寿命长、响应速度快、颜色丰富。缺点是功耗较大。

2）液晶显示器件。液晶显示元件（LCD）是一种平板薄型显示器件。由于它的驱动电压低，工作电流非常小，与 CMOS 电路结合可以构成微功耗系统，广泛应用在电子钟表、电子计算机、各种仪器和仪表中。

液晶是一种介于晶体和液体之间的化合物。常温下既具有液体的流动性和连续性，又具有晶体的某些光学特性。液晶显示器件本身不发光，但在外加电场作用下，产生光电效应，调制外界光线使不同的部位显现反差来达到显示目的。液晶显示器件由一个公共极和构成 7 段字形的 7 个电极构成。图 8-27（a）是字段 $a$ 的液晶显示器件交流驱动电路，图 8-27（b）是产生交流电压的工作波形。当 $a$ 为低电平时，液晶两端不形成电场，无光电效应，该段不发光；当 $a$ 为高电平时，液晶两端形成电场，有光电效应，该段发光。

3）显示译码器。现以驱动共阳极 LED 数码管的 8421BCD 码 7 段显示译码器为例，说明显示译码器的设计原理。

如图 8-28 所示，显示译码器的输入信号为 8421 码，输出为对应下标的数码管 7 段控制信号。

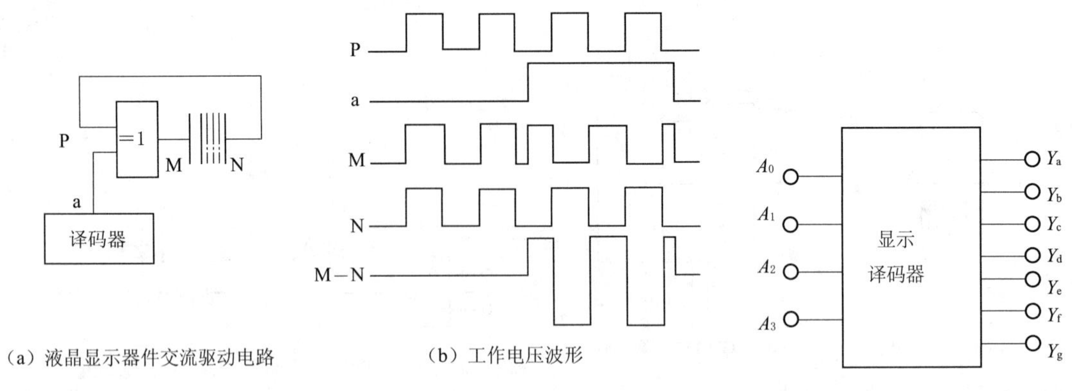


（a）液晶显示器件交流驱动电路　　（b）工作电压波形

图 8－27　液晶显示器件驱动电路

图 8－28　显示译码器框图

根据共阳极 LED 数码管特点，当某段控制信号为低电平时，该段发亮，否则该段不亮。由于显示译码器是将 8421BCD 码转换成十进制数显示控制信号，如图 8－29 所示，当输入不同的 BCD 码，输出应控制每段 LED 数码管按下列方式发亮。

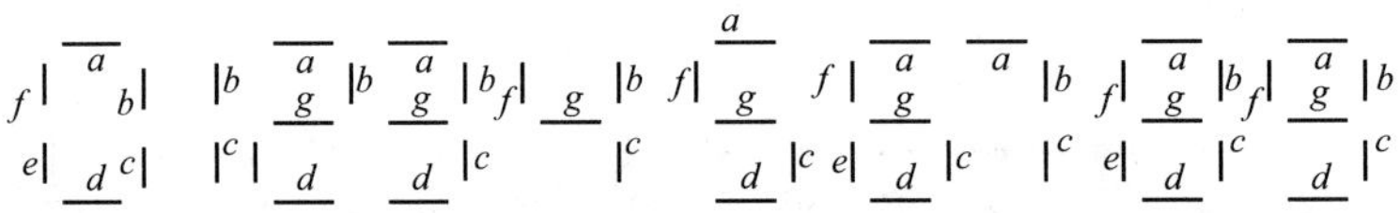

图 8－29　BCD 码所对应的 10 个十进制数显示形式

根据图 8－29，列出相应的真值表，见表 8－7。

**表 8－7　　8421BCD 码七段显示译码器真值表**

| 输　入 | | | | 输　　出 | | | | | | | 字形 |
|---|---|---|---|---|---|---|---|---|---|---|---|
| $A_3$ | $A_2$ | $A_1$ | $A_0$ | $Y_a$ | $Y_b$ | $Y_c$ | $Y_d$ | $Y_e$ | $Y_f$ | $Y_g$ | |
| 0 | 0 | 0 | 0 | 0 | 0 | 0 | 0 | 0 | 0 | 1 | 0 |
| 0 | 0 | 0 | 1 | 1 | 0 | 0 | 1 | 1 | 1 | 1 | 1 |
| 0 | 0 | 1 | 0 | 0 | 0 | 1 | 0 | 0 | 1 | 0 | 2 |
| 0 | 0 | 1 | 1 | 0 | 0 | 0 | 0 | 1 | 1 | 0 | 3 |
| 0 | 1 | 0 | 0 | 1 | 0 | 0 | 1 | 1 | 0 | 0 | 4 |
| 0 | 1 | 0 | 1 | 0 | 1 | 0 | 0 | 1 | 0 | 0 | 5 |
| 0 | 1 | 1 | 0 | 0 | 1 | 0 | 0 | 0 | 0 | 0 | 6 |
| 0 | 1 | 1 | 1 | 0 | 0 | 0 | 1 | 1 | 1 | 1 | 7 |
| 1 | 0 | 0 | 0 | 0 | 0 | 0 | 0 | 0 | 0 | 0 | 8 |
| 1 | 0 | 0 | 1 | 1 | 1 | 1 | 1 | 0 | 1 | 1 | 9 |

根据共阳极数码管发光原理，译码器输出信号为低电平时，才能使数码管发光。因此，LED 数码管的阳极接电源正极，阴极接译码器输出信号。由于 LED 数码管发光需要有一定的工作电流，显示译码器输出信号必须要有足够的带灌电流负载的能力，以驱动 LED 相应的段发光。在译码器的输出端需串联一个限流电阻 $R$。具体电路如图 8－30 所示。

4）集成显示译码器。由于显示器件种类较多，因此集成显示译码器种类也有很多。在使用译码器时，应根据显示器件的类型，选择不同的显示译码器，具体集成显示译码器的介绍，请参照有关集成电路资料。

### （二）部分集成逻辑电路介绍

1. 74LS373三态八路锁存器

74LS373是一块地址锁存器芯片，内部集有八路输出带三态门的D锁存器，可输出高电平、低电平或高阻三种状态。电路引脚功能如图8-31所示。

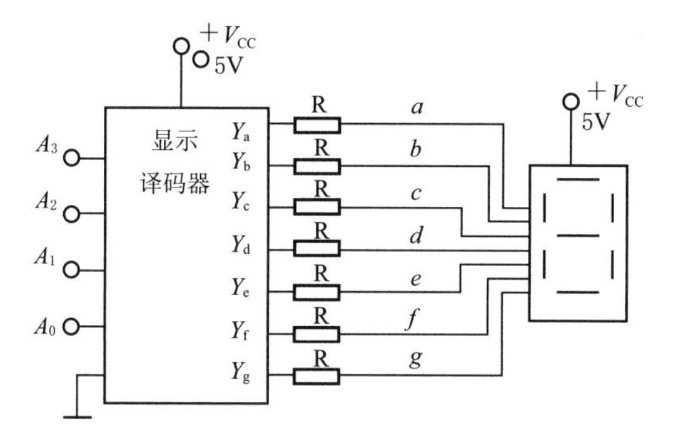


图8-30　显示译码器与共阳极显示器的连接图

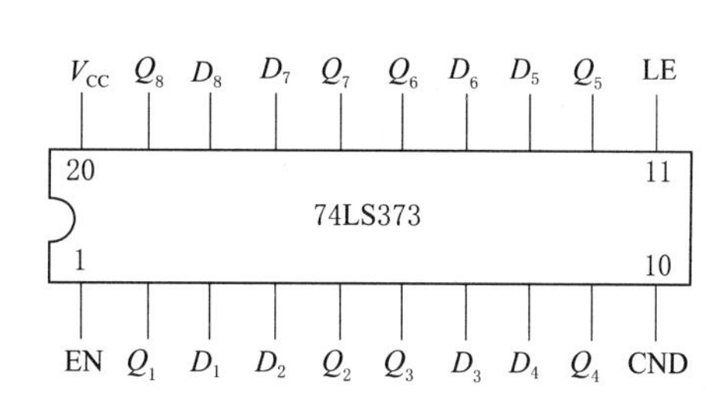


图8-31　74LS373管脚功能

74LS373内部逻辑原理如图8-32所示，该锁存器有两个功能端，输出控制端$EN$和锁存允许$LE$，当$EN$为高电平时，无论锁存允许端$LE$电平高低，不管输入状态如何，输出全部呈现高阻状态；当$EN$为低电平时，$LE$端由高电平变为低电平时，三态门导通，允许$Q_1$～$Q_8$输出，其输出状态根据输入状态而定。

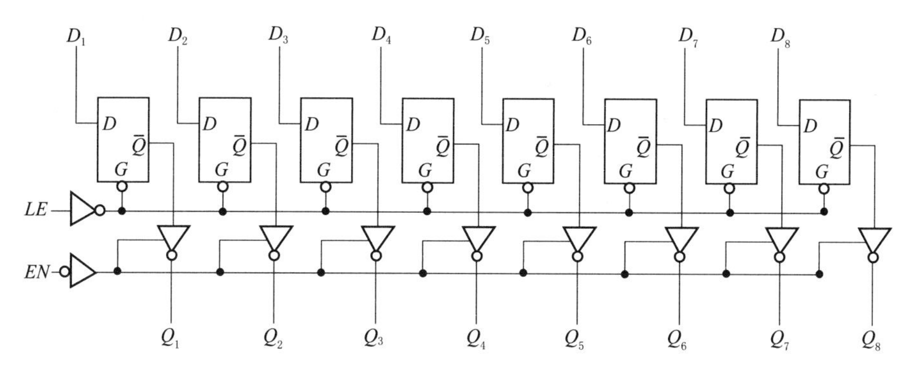


图8-32　74LS373内部逻辑原理图

当74LS373用作地址锁存器时，$EN$应接低电平，当锁存允许端$LE$为高电平时，输出随输入数据而变。当$LE$为低电平时，输出被锁存。74LS373真值见表8-8。

**表8-8　74LS373 真 值 表**

| $D$ | $LE$ | $EN$ | $Q_0$ |
| --- | --- | --- | --- |
| H | H | L | H |
| L | H | L | L |
| × | H | L | $Q_0$ |
| × | L | H | 高阻 |

2. 74LS83 全加器

74LS83 是快速进位四位二进制全加器，采用 DIP16 引脚封装，引脚功能如图 8－33 所示。它运算速度较快，如果参加运算的加数确定，可同时产生各位进位，实现多位二进制数的并行相加。

在 $A_1 \sim A_4$ 和 $B_1 \sim B_4$ 输入二进制数，输出结果，$C_4$ 为总进位，使用时 $C_0$ 接低电平。全加器的逻辑都采用原码形式，不需要逻辑或者电平转换就可以实现循环进位。

按 8 路抢答器电路图示接法，74LS83 中 $A_1 \sim A_4$ 输入始终为“0001”，$B_4$ 始终输入“0”，这种接法实际就是加 1 全加器，假如 $B_1 \sim B_4$ 输入为“0101”，则 $S_1 \sim S_4$ 输出数据为“0110”。

3. CD4511 七段译码驱动器

CD4511 是 BCD 锁存/段译码/动器，具备 BCD 转换、消隐和锁存控制、七段译码及驱动功能，提供较大的驱动电流，能直接驱动共阴极数码管显示十进制数字，引脚功能如图 8－34 所示，真值见表 8－9。

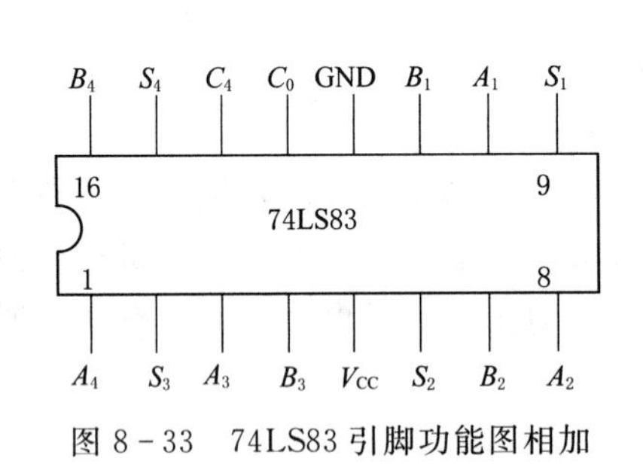


图 8－33　74LS83 引脚功能图相加

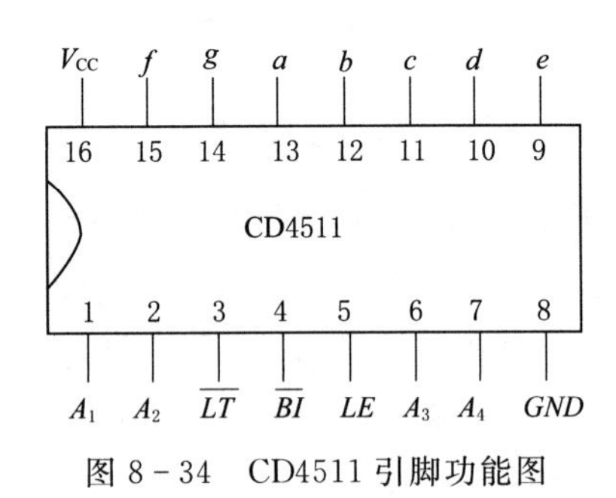


图 8－34　CD4511 引脚功能图

**表 8－9　　　　CD4511 真值表**

| 输入 | | | | | | | 输出 | | | | | | | |
|---|---|---|---|---|---|---|---|---|---|---|---|---|---|---|
| *LE* | *BI* | *LI* | *D* | *C* | *B* | *A* | *a* | *b* | *c* | *d* | *e* | *f* | *g* | 显示 |
| × | × | 0 | × | × | × | × | 1 | 1 | 1 | 1 | 1 | 1 | 1 | 8 |
| × | 0 | 1 | × | × | × | × | 0 | 0 | 0 | 0 | 0 | 0 | 0 | 消隐 |
| 0 | 1 | 1 | 0 | 0 | 0 | 0 | 1 | 1 | 1 | 1 | 1 | 1 | 0 | 0 |
| 0 | 1 | 1 | 0 | 0 | 0 | 1 | 0 | 1 | 1 | 0 | 0 | 0 | 0 | 1 |
| 0 | 1 | 1 | 0 | 0 | 1 | 0 | 1 | 1 | 0 | 1 | 1 | 0 | 1 | 2 |
| 0 | 1 | 1 | 0 | 0 | 1 | 1 | 1 | 1 | 1 | 1 | 0 | 0 | 1 | 3 |
| 0 | 1 | 1 | 0 | 1 | 0 | 0 | 0 | 1 | 1 | 0 | 0 | 1 | 1 | 4 |
| 0 | 1 | 1 | 0 | 1 | 0 | 1 | 1 | 0 | 1 | 1 | 0 | 1 | 1 | 5 |
| 0 | 1 | 1 | 0 | 1 | 1 | 0 | 0 | 0 | 1 | 1 | 1 | 1 | 1 | 6 |
| 0 | 1 | 1 | 0 | 1 | 1 | 1 | 1 | 1 | 1 | 0 | 0 | 0 | 0 | 7 |
| 0 | 1 | 1 | 1 | 0 | 0 | 0 | 1 | 1 | 1 | 1 | 1 | 1 | 1 | 8 |
| 0 | 1 | 1 | 1 | 0 | 0 | 1 | 1 | 1 | 1 | 0 | 0 | 1 | 1 | 9 |
| 0 | 1 | 1 | 1 | 0 | 1 | 0 | 0 | 0 | 0 | 0 | 0 | 0 | 0 | 消隐 |

续表

| 输　入 | | | | | | | 输　出 | | | | | | | |
|---|---|---|---|---|---|---|---|---|---|---|---|---|---|---|
| *LE* | *BI* | *LI* | *D* | *C* | *B* | *A* | *a* | *b* | *c* | *d* | *e* | *f* | *g* | 显示 |
| 0 | 1 | 1 | 1 | 0 | 1 | 1 | 0 | 0 | 0 | 0 | 0 | 0 | 0 | 消隐 |
| 0 | 1 | 1 | 1 | 1 | 0 | 0 | 0 | 0 | 0 | 0 | 0 | 0 | 0 | 消隐 |
| 0 | 1 | 1 | 1 | 1 | 0 | 1 | 0 | 0 | 0 | 0 | 0 | 0 | 0 | 消隐 |
| 0 | 1 | 1 | 1 | 1 | 1 | 0 | 0 | 0 | 0 | 0 | 0 | 0 | 0 | 消隐 |
| 0 | 1 | 1 | 1 | 1 | 1 | 1 | 0 | 0 | 0 | 0 | 0 | | 0 | 消隐 |
| 1 | 1 | 1 | X | X | X | X | 锁　存 | | | | | | | 锁存 |

引脚功能介绍如下：

(1) 消隐输入控制端 $BI$，当 $BI=0$ 时，不管其他输入端状态如何，七段数码管均处于熄灭（消隐）状态，不显示数字。

(2) 测试输入端 $LT$，当 $BI=1$，$LT=0$ 时，译码输出全为 1，不管 $A_1 \sim A_4$ 输入状态如何，七段均发亮，显示“8”，主要用来检测数码管是否损坏。

(3) 锁定控制端 $LE$，当 $LE=0$ 时，允许译码输出，$LE=1$ 时译码器锁定保持状态，输出被保持在 $LE=0$ 时的数值。

(4) 8421BCD 码输入端 $A_1$、$A_2$、$A_3$、$A_4$。

(5) 译码输出端 $a$、$b$、$c$、$d$、$e$、$f$、$g$，输出高电平有效。

## 五、任务准备

1. 设备、工具的准备

为完成工作任务，每个工作小组需要向工作站内仓库管理教师提供借用工具清单。

2. 材料的准备

为完成工作任务，每个工作小组需要向工作站内仓库管理教师提供领用材料清单。

3. 团队分配方案

将学生分为 3 个工作岛，每个工作岛再分为 6 组，根据工作岛工位要求，每个工作岛指定 1 人为组长、2 人为材料管理员，材料管理员负责材料领取分发，小组长负责组织本组相关问题的计划、实施及讨论汇总，填写各组人员工作任务实施所需文字材料的相关记录表。

## 六、任务实施

1. 设计电路

根据控制要求设计一个电路原理图。

2. 调试要求

调试时，打开电源开关，按一下清零开关，数码管应显示“0”。当 $SB_1 \sim SB_8$ 任一开关先按下时，数码管应显示该组的数字。如 $D_5$ 先按下，数码管应显示数字“5”，其他开关在按下时，数字“5”应不变，直到再按下清零开关，数码管又显示“0”，才可以进行下一轮的抢答。

## 七、任务总结

1. 本次任务用到了哪些知识？

2. 你从本次任务中获得了哪些经验?

3. 任务实施中，你遇到了哪些问题?是如何解决的?

## 八、思考

如果在调试时发生以下故障，分析原因，写出故障排除方法。

1. 如果在通电调试时，无论输入端为任意组合，数码管都不点亮，分析其原因。

2. 数码管始终显示为“8”，是由什么原因造成的?如何排除故障?

3. 分析抢答器原理。

# 任务九 流 水 灯 的 制 作

## 一、任务描述

循环流水灯常用在一些广告宣传或灯光装饰场合，在控制系统的控制下按照设定的顺序和时间来发亮和熄灭，这样就能形成一定的视觉效果，引人注意。电路由时基电路 NE555 和 CD4017 十进制计数器组成，如图 9-1 所示，能够循环点亮 10 个发光二极管，还可以调节点亮的速度。流水灯电路板如图 9-2 所示，点亮速度通过电位器进行调节。

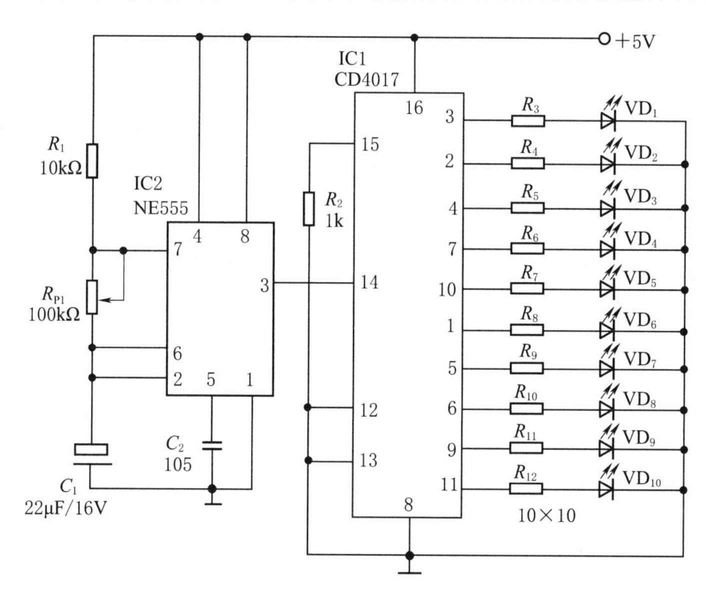


图 9-1 流水灯电路图

## 二、任务要求

（1）10 个发光二极管安装整齐，高度一致，循环点亮效果明显。

（2）使用 Protel 99SE 绘制电路图和设计单面 PCB，元器件布局合理。

（3）单面 PCB 尺寸小于 10cm×10cm。

（4）电位器安装在方便调节的位置，能平滑调节发光二极管点亮速度。

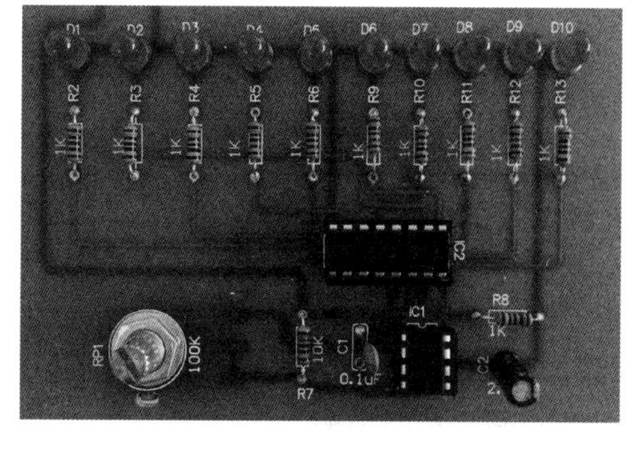


图 9-2 流水灯电路板

## 三、能力目标

（1）熟悉 CD4017 引脚功能及其使用，能够分析流水灯电路工作原理。

（2）能使用 Protel 99SE 快速设计流水灯 PCB。

(3) 学会正确使用测量仪器进行电路调试和故障排除。

(4) 培养独立分析、团队协作、改造创新能力。

## 四、相关理论知识

### (一) 时序逻辑电路基础

在各种复杂的数字电路中，我们通常需要使用能够存储二进制信息，即具有记忆功能的基本逻辑单元。

1. 触发器

触发器（Flip - Flop）是一种最常用的具有记忆功能、能够存储数字信号的单元电路，通常作为存储器的基本存储单元。为了实现记忆功能，触发器必须具备以下三个特点：

(1) 具有两个能自行保持的稳定状态，可分别用来表示逻辑状态的 0 和 1，或者二进制数码 0 或 1。

(2) 在触发信号作用下，两个稳定状态可相互转换。

(3) 触发信号消失后，已转换的状态可长期保存。

根据逻辑功能的不同，触发器可分为 RS 触发器、JK 触发器、T 触发器、D 触发器等。根据触发方式的不同，触发器可分为电平触发器、边沿触发器和主从触发器等。

(1) 基本 RS 触发器。图 9 - 3 所示为用两个与非门交叉连接构成的基本 RS 触发器，图 9 - 3（a）和（b）分别为其电路结构与逻辑符号。$\overline{R}_D$ 和 $\overline{S}_D$ 为信号输入端，低电平有效，如图 9 - 3（b）所示，逻辑符号中用小圆圈表示，$Q$ 和 $\overline{Q}$ 为信号输出端。

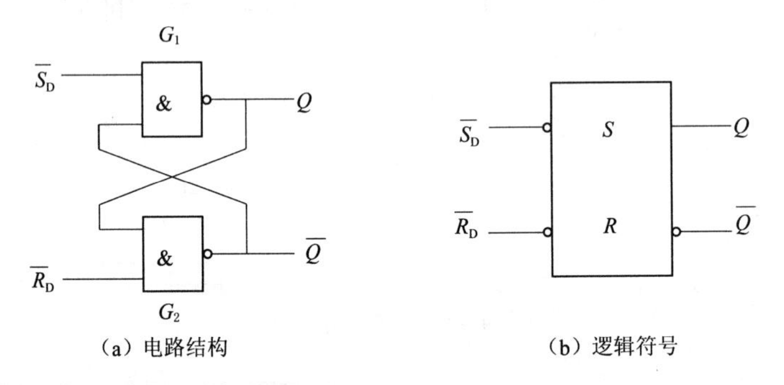

(a) 电路结构　(b) 逻辑符号

图 9 - 3　用与非门组成的基本 RS 触发器

一般地，用 $Q$ 端的输出状态表示触发器状态。定义 $Q=1$、$\overline{Q}=0$ 为触发器的 1 状态，$Q=0$、$\overline{Q}=1$ 为触发器的 0 状态，这两个状态和二进制信息的 1 和 0 对应。用 $Q^n$ 表示触发器现态（原状态），即触发器输入信号变化前的状态；用 $Q^{n+1}$ 表示触发器次态（新状态），即触发器输入信号发生变化后的状态。

根据不同的触发方式，得出用与非门构成的基本 RS 触发器的特性，见表 9 - 1，特性表又称为状态转换真值表。

基本 RS 触发器电路简单，具有置 0、置 1 和保持的功能，但因其受电平直接控制，使电路的抗干扰能力下降，使用的局限性大，一般用作组成其他各种功能触发器的基本电路。

(2) 同步 RS 触发器。为了克服基本 RS 触发器由输入信号 $\overline{R}_D$ 和 $\overline{S}_D$（或 $R_D$ 和 $S_D$）直接控制，即电平直接控制的缺点，同时为了能够控制多个触发器同步工作，实际应用中，一

表 9-1　　基本 RS 触发器特性表

| 输入 | | 现态 | 次态 | 说明 |
|---|---|---|---|---|
| $\overline{R}_D$ | $\overline{S}_D$ | $Q^n$ | $Q^{n+1}$ | |
| 0 | 0 | 0 | × | 禁用（输出状态不定） |
| 0 | 0 | 1 | × | |
| 0 | 1 | 0 | 0 | 置 0（$\overline{R}_D$ 为置 0 端/复位端） |
| 0 | 1 | 1 | 0 | |
| 1 | 0 | 0 | 1 | 置 1（$\overline{S}_D$ 为置 1 端/置位端） |
| 1 | 0 | 1 | 1 | |
| 1 | 1 | 0 | 0 | 保持（输出状态不变） |
| 1 | 1 | 1 | 1 | |

般在基本 RS 触发器中加入时钟控制，即为受时钟脉冲控制的同步触发器，如图 9-4 所示，其中，$R$、$S$ 为信号输入端，$Q$ 和 $\overline{Q}$ 为信号输出端，$CP$ 为时钟脉冲输入端，简称 $CP$ 端或钟控端。同步触发器又称时钟触发器或钟控触发器。图 9-4（b）为同步触发器的逻辑符号，框内 C1 为控制关联标记，1 为标识序号，1R 和 1S 受 C1 控制，表示 $CP=1$ 时，C1 为高电平 1，$R$ 或 $S$ 输入为 1 时，同步 RS 触发器被置 0 或置 1。

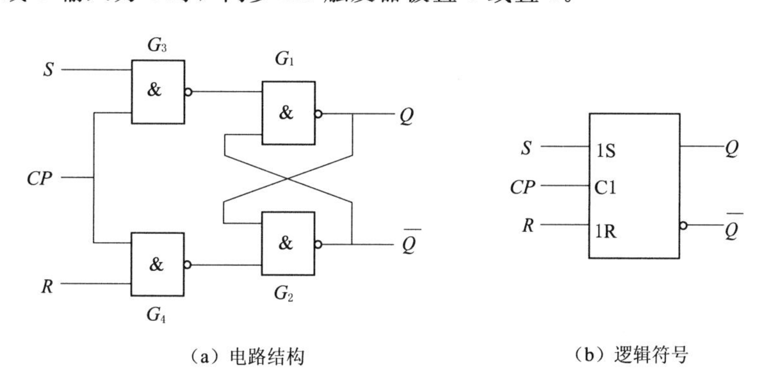


（a）电路结构　　（b）逻辑符号

图 9-4　同步 RS 触发器

同步 RS 触发器工作原理：$CP=0$ 时，$G_3$ 和 $G_4$ 被封锁，均输出 1，触发器工作状态与 $R$ 端和 $S$ 端信号无关，触发器保持原状态不变；$CP=1$ 时，$G_3$ 和 $G_4$ 解除封锁，工作情况与基本 RS 触发器相同。同步 RS 触发器的特性见表 9-2。

分析表 9-2，得出以下结论：

1）当 $CP=1$ 时，同步 RS 触发器具有三种可用功能：置 0、置 1 和保持。

2）同步 RS 触发器正常工作的条件，即约束条件为：输入信号 $R$ 端和 $S$ 端至少有一个为 0。

3）当 $CP=1$ 时，$R$ 端和 $S$ 端输入信号不变时，触发器状态稳定，一旦输入信号发生变化，输出状态随之改变，这种现象称之为空翻，是一种“禁用”状态。因此，同步 RS 触发器仅用于数据所存。

4）同步 RS 触发器中，输入信号 $R$ 端和 $S$ 端决定了电路翻转的状态，而时钟脉冲 $CP$ 决定了电路状态翻转的时刻，实现了对电路翻转时刻的控制。

表 9-2　　同步 RS 触发器特性表

| $CP$ | $R$ | $S$ | $Q^n$ | $Q^{n+1}$ | 说明 |
|---|---|---|---|---|---|
| 0 | × | × | × | $Q^n$ | 不变 |
| 1 | 0 | 0 | 0 | 0 | 保持 |
| | 0 | 0 | 1 | 1 | |
| | 0 | 1 | 0 | 1 | 置 1 |
| | 0 | 1 | 1 | 1 | |
| | 1 | 0 | 0 | 0 | 置 0 |
| | 1 | 0 | 1 | 0 | |
| | 1 | 1 | 0 | × | 禁用 |
| | 1 | 1 | 1 | × | |

由表 9-2 画出 $Q^{n+1}$ 的卡诺图，进而得到同步 RS 触发器的特性方程

$$\left.\begin{aligned}&Q^{n+1}=S+\overline{R}Q^n\\&RS=0(\text{约束条件},CP=1\text{ 有效})\end{aligned}\right\}\qquad(9-1)$$

同步 RS 触发器的工作波形如图 9-5 所示。

图 9-5　同步 RS 触发器电压波形图

（3）同步 D 触发器。为了解决在同步 RS 触发器中输入端的约束问题，对同步 RS 触发器进行改进，在输入端 $R$ 和 $S$ 之间加入非门 $G_5$，使得两个输入端电平不一致，如图 9-6 所示，这种触发器称为同步 D 触发器。其中，$D$ 为信号输入端，$Q$ 和 $\overline{Q}$ 为信号输出端。

同步 D 触发器工作原理：$CP=0$ 时，$G_3$ 和 $G_4$ 被封锁，触发器工作状态保持原状态不变；$CP=1$ 时，$G_3$ 和 $G_4$ 解除封锁，接收信号端 $D$ 输入信号。同步 D 触发器的特性见表9-3。

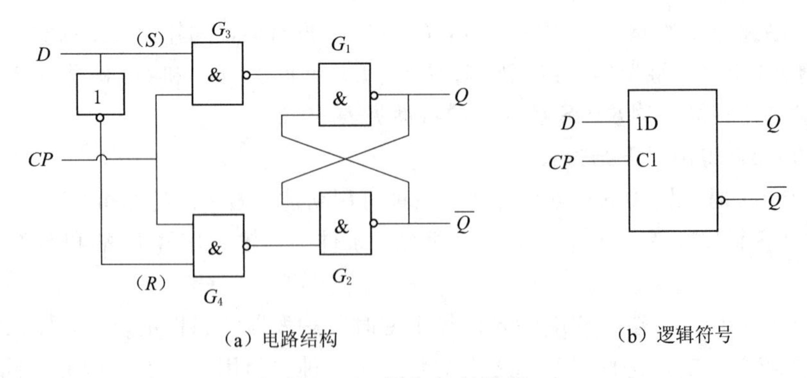

（a）电路结构　　（b）逻辑符号

图 9-6　同步 D 触发器

分析表 9-3，同步 D 触发器功能如下：

1）当 $CP$ 由 0 变为 1 时，触发器状态翻转到与 $D$ 同状态；

表 9－3　　同步 D 触发器特性表

| $CP$ | $D$ | $Q^n$ | $Q^{n+1}$ | 说明 |
|---|---|---|---|---|
| 0 | × | × | $Q^n$ | 不变 |
| 1 | 0 | 0 | 0 | 置 0 |
| | 0 | 1 | 0 | |
| | 1 | 0 | 1 | 置 1 |
| | 1 | 1 | 1 | |

2）当 $CP$ 由 1 变为 0 时，触发器状态保持原状态不变。

同步 D 触发器在 $CP=1$ 期间，其输出状态总是跟随输入信号 $D$ 变化的。其电压波形如图 9－7 所示。显然，同步 D 触发器解决了同步 RS 触发器约束问题，但存在空翻现象。

（4）边沿触发器。

1）边沿 D 触发器。为提高触发器可靠性，增强其抗干扰能力，人们希望触发器次态仅取决于时钟脉冲 $CP$ 上升沿（$CP$ 由低电平正跃到高电平瞬时电压变化）或下降沿（$CP$ 由高电平负跃到低电平瞬时电压变化）到来时刻输入信号状态，在此前或此后输入状态的变化对触发器次态没有影响。由此，人们相继研发了各种边沿触发的触发器，主要有边沿 $D$ 触发器和边沿 JK 触发器，都没有空翻现象。

图 9－8 所示为边沿 D 触发器逻辑符号，$D$ 为信号输入端，框内“>”表示动态输入，图 9－8（a）和（b）分别表明用时钟脉冲 $CP$ 上升沿和下降沿触发。其逻辑功能与前面讨论的同步 D 触发器相同，因此特性表和特性方程也与之相同。不同的是边沿 D 触发器只有 $CP$ 上升沿（或下降沿）到达时刻才接受 $D$ 端输入信号。它的特性方程为

$$Q^{n+1}=D \quad (CP\text{ 上升沿到达时刻有效}) \tag{9-2}$$

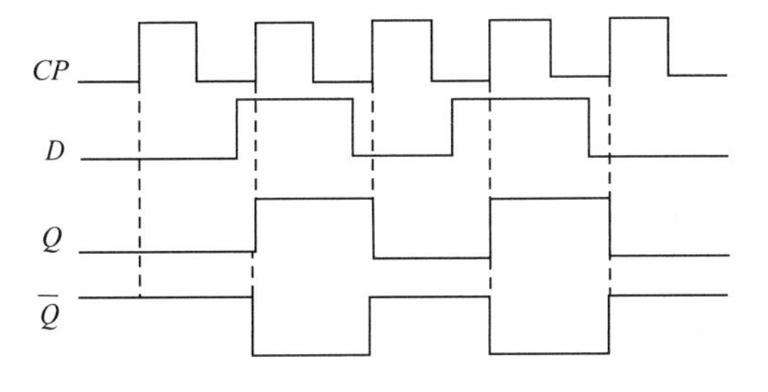

图 9－7　同步 D 触发器电压波形图

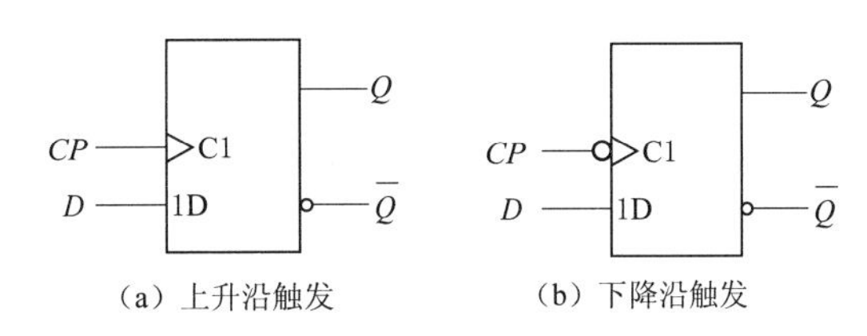

图 9－8　边沿 D 触发器逻辑符号

**【例 9－1】** 根据图 9－9 所示相关电压波形，画出上升沿 D 触发器的输出 $Q$ 电压波形。设触发器的初始状态为 $Q=0$。

**解：** 第 1 个时钟脉冲 $CP$ 上升沿到达时，$D$ 端输入信号为 1，所以触发器由 0 状态翻转到 1 状态，$Q^{n+1}=1$。

在第 2 个时钟脉冲 $CP$ 上升沿到达时，$D$ 端输入信号仍为 1，触发器保持 1 状态不变，虽然 $CP=1$ 期间，$D$ 端输入信号由 1 变为 0，但触发器输出状态不改变。

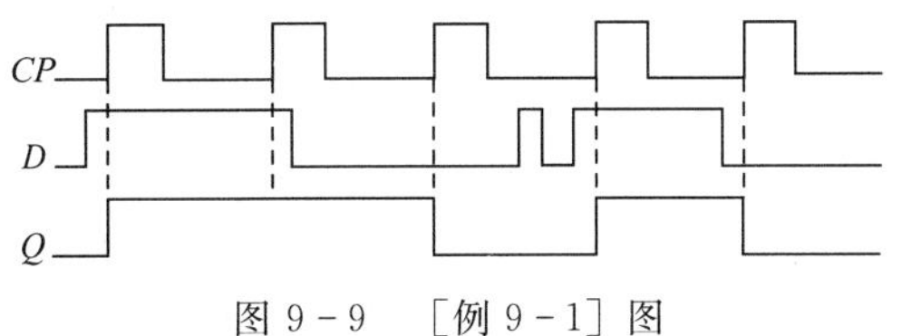

图 9－9　［例 9－1］图

第 3 个时钟脉冲 $CP$ 上升沿到达时，$D$ 端输入信号为 0，触发器由 1 翻转到 0 状态，$Q^{n+1}=0$，虽然 $CP=1$ 期间，$D$ 端输入信号跃变两次，但触发器状态保持不变。

第 4 个时钟脉冲 $CP$ 上升沿到达时，$D$ 端输入信号为 1，触发器由 0 状态翻转到 1 状态，$Q^{n+1}=1$，同样，虽然 $CP=1$ 期间，$D$ 端输入信号虽出现负脉冲，触发器状态保持不变。

第 5 个时钟脉冲 $CP$ 上升沿到达时，$D$ 端输入信号为 0，所以触发器由 1 状态翻转到 0 状态，$Q^{n+1}=0$。

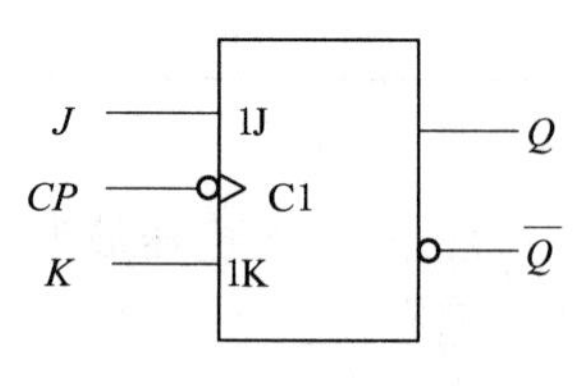

图 9-10　边沿 JK 触发器的逻辑符号

分析该例可知，上升沿 D 触发器只有在 $CP$ 上升沿到达时，电路才会接收 $D$ 端输入信号而改变状态，而在 $CP$ 为其他值时，不管 $D$ 端输入为 0 还是 1，触发器状态不变。

2）边沿 JK 触发器。图 9-10 所示为边沿 JK 触发器的逻辑符号，$J$、$K$ 为信号输入端，框内“>”的左边加“o”表示逻辑非的动态输入，实际上是表示时钟脉冲 $CP$ 的下降沿（即时钟脉冲 $CP$ 由 1 跃变为 0 时）触发翻转。边沿 JK 触发器特性见表 9-4。

**表 9-4　　边沿 JK 触发器特性表**

| 现态 | $CP$ 由 1 变 0 下跳时 | | 次态 | 说明 |
|---|---|---|---|---|
| $Q^n$ | $J$ | $K$ | $Q^{n+1}$ | |
| 0 | 0 | 0 | 0 | 保持 |
| 1 | 0 | 0 | 1 | |
| 0 | 0 | 1 | 0 | 置 0 |
| 1 | 0 | 1 | 0 | |
| 0 | 1 | 0 | 1 | 置 1 |
| 1 | 1 | 0 | 1 | |
| 0 | 1 | 1 | 1 | 翻转（计数） |
| 1 | 1 | 1 | 0 | |

其特性方程为

$$
\begin{aligned}
Q^{n+1} &= S+\overline{R}Q^n = J\overline{Q}^n+\overline{K\overline{Q}^n}Q^n \\
&= J\overline{Q}^n+(K+\overline{Q}^n)Q^n \\
&= J\overline{Q}^n+\overline{K}Q^n \quad (CP\text{ 下降沿期间有效})
\end{aligned} \tag{9-3}
$$

显然，$CP$ 下降沿到达时，接收 $J$、$K$ 端输入信号而改变输出状态。JK 触发器具有置 0、置 1、保持、和翻转（计数）功能，不存在“禁止”状态，无空翻现象。

**【例 9-2】** 已知某型号 JK 触发器逻辑符号如图 9-10 所示，触发器输入信号 JK 及 $CP$ 波形如图 9-11 所示，画出输出端 $Q$ 的波形图。设触发器初始状态为 0。

**解：** 边沿 JK 触发器用时钟脉冲 $CP$ 的下降沿触发，这时电路才会接收 $J$、$K$ 端的输入信号并改变状态，触发器波形如图 9-11 所示。

结论：①边沿 JK 触发器是用时钟脉冲 $CP$ 的下降沿触发，而在 $CP$ 为其他值时，不管 $J$、$K$ 输入端为何值，触发器的状态都保持不变；②在一个时钟脉冲 $CP$ 作用时间内，只有

一个下降沿，电路只能改变一次状态。因此，电路没有空翻现象。

边沿 JK 触发器的主要特点：时钟脉冲边沿控制，抗干扰能力强，功能齐全，使用灵活方便。

(5) 同步 T 触发器和同步 T′触发器。在实际应用中通常会用到计数器，而 T 触发器和 T′触发器是构成计数器的基本单元，主要用来简化逻辑电路。

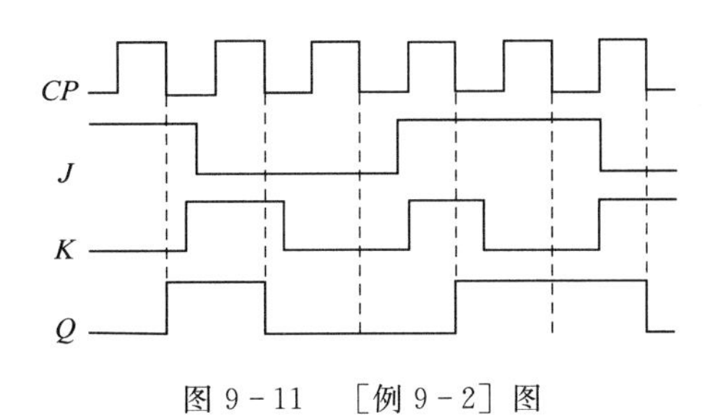

图 9-11　[例 9-2] 图

1) 同步 T 触发器。将 JK 触发器的两个控制端 $J$、$K$ 接在一起，就构成 T 触发器。所以，可以理解为：T 触发器是 JK 触发器在 $J=K=T$ 条件下的一个特例，仅有一个输入端 $T$。同步 T 触发器电路结构和逻辑符号分别如图 9-12 (a) 和 (b) 所示。

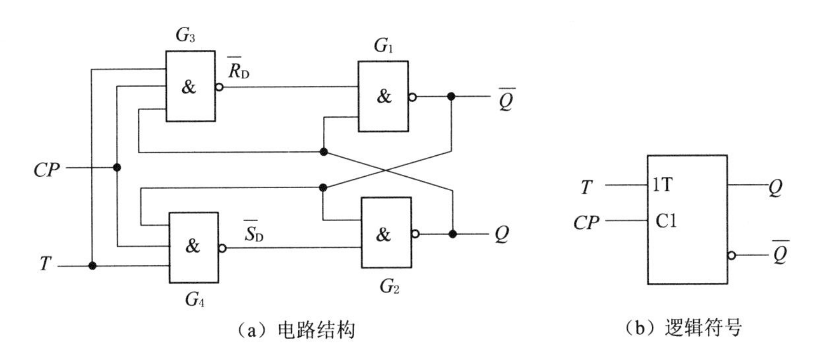

(a) 电路结构　(b) 逻辑符号

图 9-12　同步 T 触发器电路结构和逻辑符号

将 $J=K=T$ 代入特性方程 (9-3) 中，即可得到 T 触发器特性方程

$$Q^{n+1}=T\overline{Q}^n+\overline{T}Q^n=T\oplus Q^n \tag{9-4}$$

显然，$T=0$ 时，$Q^{n+1}=Q^n$，触发器状态保持不变；$T=1$ 时，$Q^{n+1}=\overline{Q}^n$，触发器状态翻转。

2) 同步 T′触发器。将 T 触发器输入端恒接高电平，即为 T′触发器。因此可理解为：T′触发器是 T 触发器在 $T=1$ 条件下的一个特例，该触发器没有控制输入端。同步 T′触发器特性方程为

$$Q^{n+1}=\overline{Q}^n \tag{9-5}$$

(6) 不同类型触发器间的相互转换。同一种电路结构形式，可做成不同逻辑功能的触发器，反之，同一种逻辑功能的触发器，可采用不同电路结构形式来实现。因此，触发器的电路结构形式和逻辑功能之间没有固定的对应关系。例如，基本 RS 触发器和同步 RS 触发器的逻辑功能相同，但电路结构形式不同，因此，触发翻转的特点也不同。

实际应用中的集成触发器产品只有 JK 触发器和 D 触发器，而其他功能的触发器则是由这两种触发器转换而成。

图 9-13 (a) 和 (b) 分别表示 D 触发器转换为 JK 触发器和 T 触发器的情形。

2. 计数器

(1) 计数器的概念。广义上讲，一切能够完成技术工作的器物都称为计数器，例如，里程表、钟表、算盘和温度计等都是计数器 (counter)。在数字电路中，用来统计输入计数脉

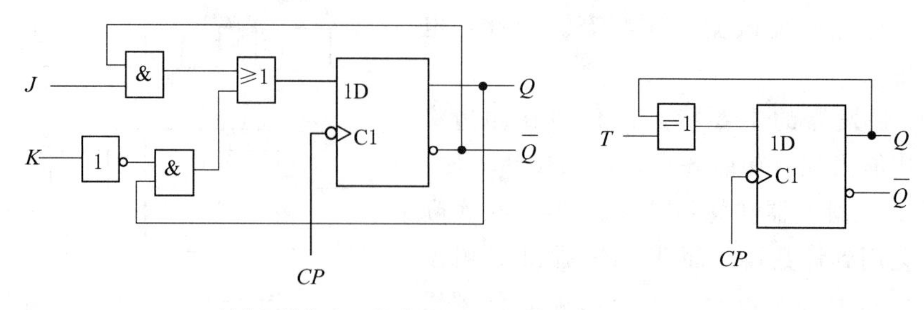


（a）D触发器转换为JK 触发器　　（b）D触发器转换为T 触发器

图 9-13　D 触发器与其他类型触发器的转换

冲 $CP$ 个数的电路，称为计数器，由触发器和门电路组成。计数器是数字系统中应用最多的时序逻辑电路，具有以下特点：

1）除了输入计数脉冲 $CP$ 信号之外，计数器很少有另外的输入信号，且认为输入脉冲 $CP$ 信号为触发器时钟信号。

2）计数器输出通常为现态的函数。

（2）计数器的分类。

1）按计数进制分类，有二进制计数器、十进制计数器、$N$ 进制计数器（任意进制计数器）。

除二进制计数器和十进制计数器之外的其他进制计数器，统称为 $N$ 进制计数器或任意进制计数器。如六进制计数器、八进制计数器等。

2）按计数增减分类，有加法计数器、减法计数器、可逆计数器（在加/减控制信号作用下，既可进行递增规律计数又可进行递减规律计数的计数器）。

3）按计数器中触发器翻转是否同步分类有：

异步计数器：当输入计数脉冲 $CP$ 到来时，应翻转的触发器有的先行翻转，有的过后翻转，异步进行，称为异步计数器。从电路结构看，计数器中各个时钟触发器的时钟信号部分为输入计数脉冲，部分为其他触发器的输出。

同步计数器：当输入计数脉冲 $CP$ 到来时，应翻转的触发器均同时翻转的计数器称为同步计数器。从电路结构看，计数器中各个时钟触发器的时钟信号都是输入计数脉冲。

（3）二进制计数器。

1）异步二进制加法计数器。图 9-14 所示为 4 位异步二进制加法计数器逻辑电路图，由 JK 触发器组成。显然，图中的 JK 触发器全部接成了 T′触发器，并用计数脉冲 $CP$ 的下降沿触发。下面详细分析其工作原理。

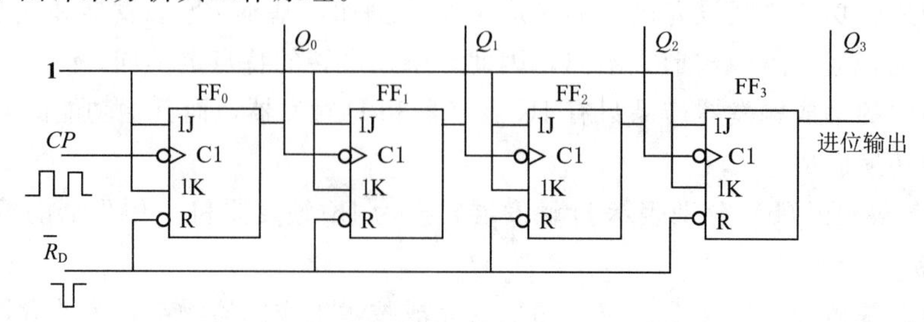


图 9-14　4 位异步二进制加法计数器逻辑电路

计数之前我们在计数器的置 0 端$\overline{R}_D$上加上负脉冲，使各触发器的状态都为 0，即$Q_3Q_2Q_1Q_0=0000$。计数过程中，$\overline{R}_D$为高电平。

当输入第一个计数脉冲 $CP$ 时，第一位触发器 $FF_0$ 由 0 状态翻转为 1 状态，$Q_0$ 端输出正跃变，触发器 $FF_1$ 不翻转，即保持 0 状态。此时，计数器状态为 $Q_3Q_2Q_1Q_0=0001$。

当输入第二个计数脉冲 $CP$ 时，触发器 $FF_0$ 由 1 状态翻转为 0 状态，$Q_0$ 端输出负跃变，触发器 $FF_1$ 则由 0 状态翻转为 1 状态，$Q_1$ 端输出正跃变，触发器 $FF_2$ 不翻转，即保持 0 状态不变。此时，计数器状态为 $Q_3Q_2Q_1Q_0=0010$。

根据上述分析可知，当连续输入计数脉冲时，只要低位触发器由 1 状态翻转为 0 状态，相邻高位触发器的状态就会改变。计数器各触发器状态转换顺序见表 9-5。

**表 9-5　　4 位二进制加法计数器各触发器状态转换顺序表**

| 计数顺序（计数脉冲） | 加法计数器状态 | | | |
|---|---|---|---|---|
| | $Q_3$ | $Q_2$ | $Q_1$ | $Q_0$ |
| 0 | 0 | 0 | 0 | 0 |
| 1 | 0 | 0 | 0 | 1 |
| 2 | 0 | 0 | 1 | 0 |
| 3 | 0 | 0 | 1 | 1 |
| 4 | 0 | 1 | 0 | 0 |
| 5 | 0 | 1 | 0 | 1 |
| 6 | 0 | 1 | 1 | 0 |
| 7 | 0 | 1 | 1 | 1 |
| 8 | 1 | 0 | 0 | 0 |
| 9 | 1 | 0 | 0 | 1 |
| 10 | 1 | 0 | 1 | 0 |
| 11 | 1 | 0 | 1 | 1 |
| 12 | 1 | 1 | 0 | 0 |
| 13 | 1 | 1 | 0 | 1 |
| 14 | 1 | 1 | 1 | 0 |
| 15 | 1 | 1 | 1 | 1 |
| 16 | 0 | 0 | 0 | 0 |

由表 9-4 可知，当输入第 16 个计数脉冲时，4 个触发器都返回到初始状态，即$Q_3Q_2Q_1Q_0=0000$，且计数器的 $Q_3$ 端输出进位信号（负跃变）。当输入第 17 个计数脉冲时，计数器开始新一轮的计数循环。可见，图 9-14 所示电路为十六进制计数器。

4 位异步二进制加法计数器工作波形如图 9-15 所示，该波形图又称其为时序图或时序波形。

由图 9-15 可以看出，输入的计数脉冲每经过一级触发器，其周期增加一倍，同时频率降低 1/2，可见，图 9-14 所示电路为 16 分频器。因此，有时也将计数器称为分频器。

图 9-16 是一个由 D 触发器组成的 3 位异步二进制加法计数器逻辑图。计数脉冲 $CP$ 只加到第一位触发器即最低位触发器的时钟脉冲输入端，高位触发器的时钟脉冲输入端 $Q$ 和

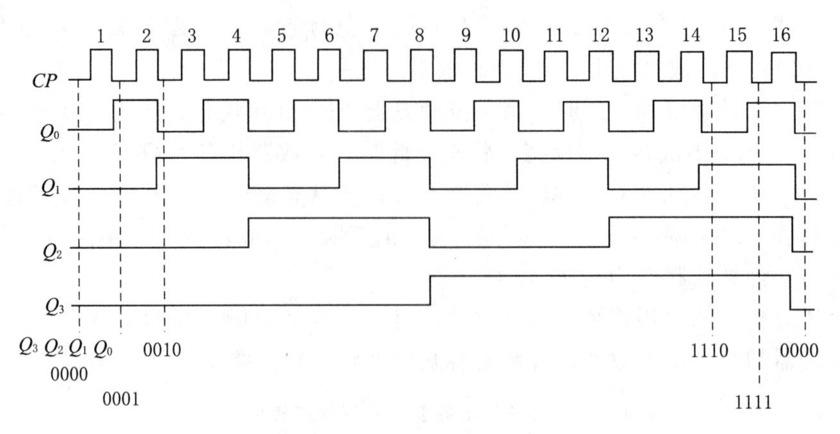


图 9-15 4位异步二进制加法计数器工作波形

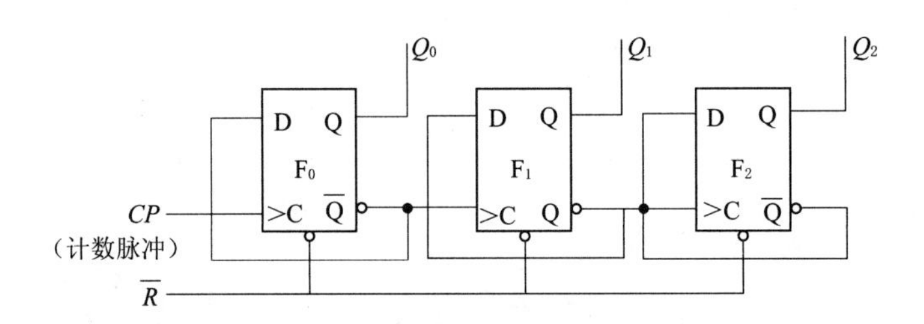


图 9-16 3位异步二进制加法计数器电路

低位触发器输出端 $\overline{Q}$ 相连，每一级触发器的状态转换由低位逐级向高位进行。

2）同步二进制加法计数器。由于异步计数器的进位信号会逐级传送，所以计数速度受限。为了提高计数器工作速度，现将电路计数脉冲 $CP$ 同时加到计数器中各触发器 C1 端，保证各触发器状态变换与计数脉冲同步。图 9-17 所示为 4 位同步二进制加法计数器逻辑电路，由 JK 触发器组成，用计数脉冲 $CP$ 的下降沿触发。

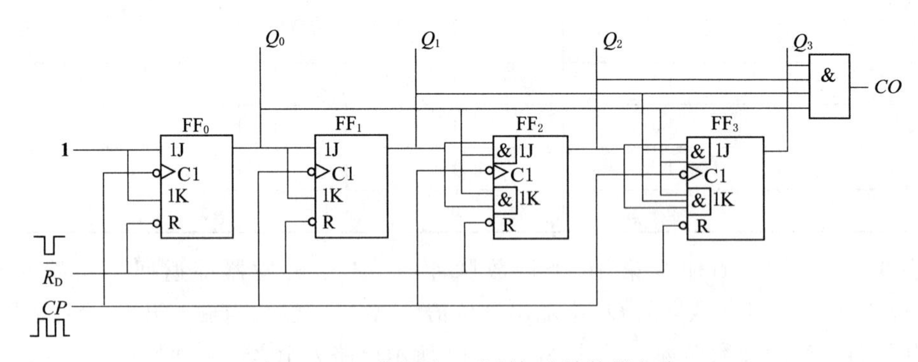


图 9-17 4位同步二进制加法计数器电路

由图 9-17 可写出各级触发器的驱动方程

$$\left.\begin{aligned}J_0&=K_0=1\\J_1&=K_1=Q_0^n\\J_2&=K_2=Q_1^nQ_0^n\\J_3&=K_3=Q_2^nQ_1^nQ_0^n\end{aligned}\right\}\qquad(9-6)$$

输出方程为

$$CO=Q_3^nQ_2^nQ_1^nQ_0^n \tag{9-7}$$

由式（9-6）可知，第一位触发器 $FF_0$ 为 T′触发器，每当输入一个计数脉冲 $CP$，输出 $Q_0$ 端状态翻转一次。

触发器 $FF_1$ 为 T 触发器，$Q_0=0$ 时，即 $T=0$，保持原状态；$Q_0=1$ 时，即 $T=1$，在下一个计数脉冲 $CP$ 下降沿到来时，$FF_1$ 状态改变。

触发器 $FF_2$ 和 $FF_3$ 同样为 T 触发器。同理，触发器 $FF_2$ 的 $Q_2$ 端在 $Q_0$ 端和 $Q_1$ 端均为 1 状态后的下一个计数脉冲 $CP$ 下降沿作用下状态改变。显而易见，电路状态改变符合表 9-7中所列二进制的加法规律，因此，此电路为 4 位同步二进制加法计数器。

当输入第 15 个计数脉冲时电路中 4 个触发器状态为 $Q_3Q_2Q_1Q_0=1111$，且计数器的进位输出为 $CO=Q_3^nQ_2^nQ_1^nQ_0^n=1$；当输入第 16 个计数脉冲时，4 个触发器都返回到初始状态，即 $Q_3Q_2Q_1Q_0=0000$，同时计数器的 $Q_3$ 端输出状态由 1 翻转为 0，输出负跃变进位信号，相邻高位计数器加 1，实现了“逢 16 进 1”的功能，电路是一个十六进制计数器。

3）二进制减法计数器。二进制减法运算规则为：1－1=0，0－1 不足，向相邻高位借 1，此时可视作（1)0－1=1。例如，当二进制数为 0000－1 时可视作（1)0000－1=1111：1111－1=1110，以此类推其余的减法运算。由此可得 4 位二进制减法计数器状态，见表 9-6。

**表 9-6　　4 位二进制减法计数器状态表**

| 计数顺序（计数脉冲） | 减法计数器状态 | | | | 等效十进制数 |
|---|---|---|---|---|---|
| | $Q_3$ | $Q_2$ | $Q_1$ | $Q_0$ | |
| 0 | 0 | 0 | 0 | 0 | 0 |
| 1 | 0 | 0 | 0 | 1 | 15 |
| 2 | 0 | 0 | 1 | 0 | 14 |
| 3 | 0 | 0 | 1 | 1 | 13 |
| 4 | 0 | 1 | 0 | 0 | 12 |
| 5 | 0 | 1 | 0 | 1 | 11 |
| 6 | 0 | 1 | 1 | 0 | 10 |
| 7 | 0 | 1 | 1 | 1 | 9 |
| 8 | 1 | 0 | 0 | 0 | 8 |
| 9 | 1 | 0 | 0 | 1 | 7 |
| 10 | 1 | 0 | 1 | 0 | 6 |
| 11 | 1 | 0 | 1 | 1 | 5 |
| 12 | 1 | 1 | 0 | 0 | 4 |
| 13 | 1 | 1 | 0 | 1 | 3 |
| 14 | 1 | 1 | 1 | 0 | 2 |
| 15 | 1 | 1 | 1 | 1 | 1 |
| 16 | 0 | 0 | 0 | 0 | 0 |

分析可知，表 9-6 中 4 位二进制减法计数器实现减法运算的关键是在输入第一个减法计数脉冲 $CP$ 计数器状态应该由 0000 变为 1111。为了实现计数器的减法计数，要求在低位触发器由 0 状态翻转为 1 状态时，此触发器向相邻高位触发器输出借位触发脉冲，使高位触发器的状态实现翻转。事实上，只需将二进制加法计数器中各个触发器的输出端由 $Q$ 改为 $\overline{Q}$，并和其相邻高位触发器的触发脉冲相连即可构成二进制减法计数器。

因此，将 4 位异步二进制加法计数器的低位触发器 $\overline{Q}$ 端和相邻的高位触发器触发脉冲端相连，即可构成如图 9-18 所示的 4 位异步二进制减法计数器；同理，将 4 位同步二进制加法计数器的低位触发器 $\overline{Q}$ 端和相邻的高位触发器触发脉冲端相连，即可构成 4 位同步二进制减法计数器。

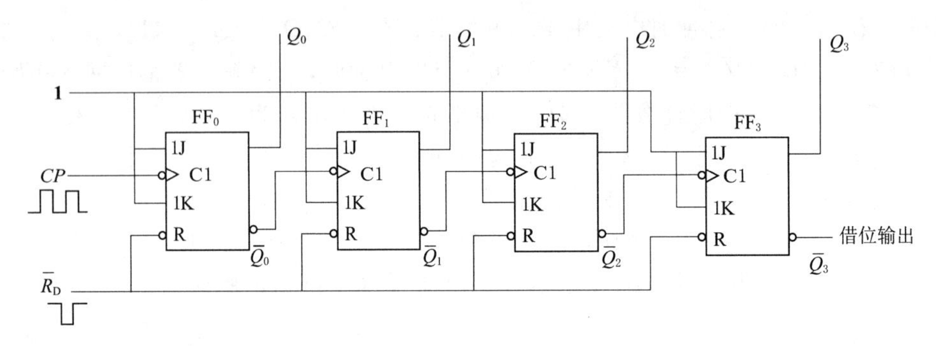


图 9-18　4 位异步二进制减法计数器电路

（4）十进制计数器。实际应用中多采用十进制计数器。如：在数字装置终端，广泛采用十进制计数器，用于计数并显示结果。

十进制数共有 0～9 十个数码，其加法规律为“逢 10 进 1”，即从 0 开始计数，到 9+1 时，这一位归 0，并向高位进位，高位加 1，8421BCD 码十进制加法计数器状态见表 9-7。

**表 9-7　　8421BCD 码十进制加法计数器状态表**

| 计数脉冲 | 二进制数 | | | | 等效十进制数 |
|---|---|---|---|---|---|
| | $Q_3$ | $Q_2$ | $Q_1$ | $Q_0$ | |
| 0 | 0 | 0 | 0 | 0 | 0 |
| 1 | 0 | 0 | 0 | 1 | 1 |
| 2 | 0 | 0 | 1 | 0 | 2 |
| 3 | 0 | 0 | 1 | 1 | 3 |
| 4 | 0 | 1 | 0 | 0 | 4 |
| 5 | 0 | 1 | 0 | 1 | 5 |
| 6 | 0 | 1 | 1 | 0 | 6 |
| 7 | 0 | 1 | 1 | 1 | 7 |
| 8 | 1 | 0 | 0 | 0 | 8 |
| 9 | 1 | 0 | 0 | 1 | 9 |
| 10 | 1 | 0 | 1 | 0 | 0（进位） |

1）同步十进制加法计数器。将 4 位同步二进制加法计数器适当改变即可获得如图 9-19

所示的 1 位同步十进制加法计数器，由 4 个 JK 触发器构成。

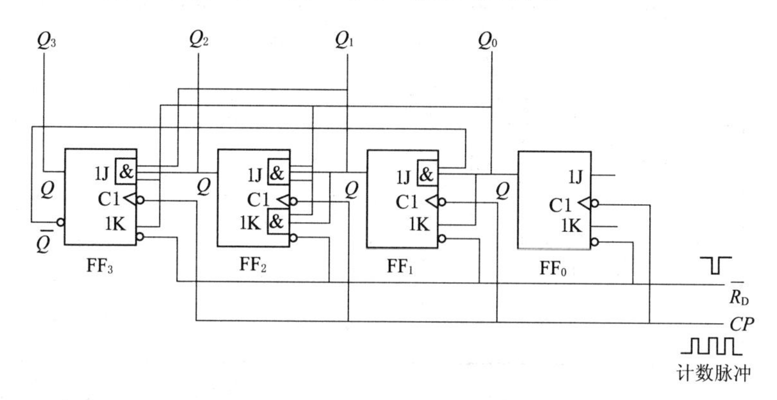


图 9-19　1 位同步十进制加法计数器电路

下面分析 1 位同步十进制加法计数器电路的工作原理及工作过程：

第一位触发器 $FF_0$：$J_0=K_0=1$，每当计数脉冲 $CP$ 到来一次便翻转一次；第二位触发器 $FF_1$：$J_1=\overline{Q}_3Q_0$，$K_1=Q_0$，$Q_3=1$，$Q_0=1$ 时，计数脉冲 $CP$ 到来才会翻转；第三位触发器 $FF_2$：$J_2=K_2=Q_1Q_0$，在 $Q_1=Q_0=1$ 时，计数脉冲 $CP$ 到来才会翻转；第四位触发器 $FF_3$：$J_3=Q_2Q_1Q_0$，$K_3=Q_0$，在 $Q_2=Q_1=Q_0=1$ 时，第八个计数脉冲 $CP$ 到来时由 0 状态翻转为 1 状态，第十个计数脉冲 $CP$ 到来时由 1 状态翻转为 0 状态。

各个触发器清 0 后，根据上述逻辑关系可知，电路初态为 0000，$J_0=K_0=1$，$J_1=K_1=0$，$J_2=K_2=0$，$J_3=K_3=0$，在第一个计数脉冲 $CP$ 到来时，$FF_0$ 翻转为 1 状态，使得 $Q_0=1$，其他各触发器保持 0 状态，不翻转，因此，计数器状态为 0001。根据 $Q_3Q_2Q_1Q_0=0001$，分析求解各触发器控制端电平，$J_0=K_0=1$，$J_1=K_1=1$，显然，$FF_0$ 和 $FF_1$ 翻转，使得 $Q_0=0$，$Q_1=1$，此时其他触发器满足 $J_2=K_2=0$，$J_3=0$，$K_3=1$，保持 0 状态不变，所以，第二个计数脉冲 $CP$ 到来后的状态为 0010。依此类推，当 $Q_3Q_2Q_1Q_0=1001$ 时，$J_0=K_0=1$，$J_1=0$，$K_1=1$，$J_2=K_2=0$，$J_3=0$，$K_3=1$，在第 10 个计数脉冲 $CP$ 作用下，触发器 $FF_0$ 和 $FF_3$ 翻转为 0 状态，而 $FF_1$ 和 $FF_2$ 保持 0 状态，即此时有 $Q_3Q_2Q_1Q_0=0000$，电路恢复初态。

将 1 位同步十进制加法计数器电路的工作过程列表，见表 9-8。如图 9-20 所示为其工作波形。

**表 9-8　　1 位同步十进制加法计数器时序表**

| 计数脉冲 | 计数器状态 | | | | 控制端 | | | | | | | |
|---|---|---|---|---|---|---|---|---|---|---|---|---|
| | | | | | $FF_3$ | | $FF_2$ | | $FF_1$ | | $FF_0$ | |
| $CP$ | $Q_3$ | $Q_2$ | $Q_1$ | $Q_0$ | $J_3=Q_2Q_1Q_0$ | $K_3=Q_0$ | $J_2=Q_1Q_0$ | $K_2=Q_1Q_0$ | $J_1=\overline{Q}_3Q_0$ | $K_1=Q_0$ | $J_0=1$ | $K_0=1$ |
| 0 | 0 | 0 | 0 | 0 | 0 | 0 | 0 | 0 | 0 | 0 | 1 | 1 |
| 1 | 0 | 0 | 0 | 1 | 0 | 1 | 0 | 1 | 1 | 1 | 1 | 1 |
| 2 | 0 | 0 | 1 | 0 | 0 | 0 | 0 | 0 | 0 | 0 | 1 | 1 |
| 3 | 0 | 0 | 1 | 1 | 0 | 1 | 1 | 1 | 1 | 1 | 1 | 1 |

续表

| 计数脉冲 | 计数器状态 | | | | 控制端 | | | | | | | |
|---|---|---|---|---|---|---|---|---|---|---|---|---|
| 4 | 0 | 1 | 0 | 0 | 0 | 0 | 0 | 0 | 0 | 0 | 1 | 1 |
| 5 | 0 | 1 | 0 | 1 | 0 | 1 | 0 | 1 | 1 | 1 | 1 | 1 |
| 6 | 0 | 1 | 1 | 0 | 0 | 0 | 0 | 0 | 0 | 0 | 1 | 1 |
| 7 | 0 | 1 | 1 | 1 | 1 | 1 | 1 | 1 | 1 | 1 | 1 | 1 |
| 8 | 1 | 0 | 0 | 0 | 0 | 0 | 0 | 0 | 0 | 0 | 1 | 1 |
| 9 | 1 | 0 | 0 | 1 | 0 | 1 | 0 | 0 | 0 | 1 | 1 | 1 |
| 10 | 0 | 0 | 0 | 0 | 0 | 0 | 0 | 0 | 0 | 0 | 1 | 1 |

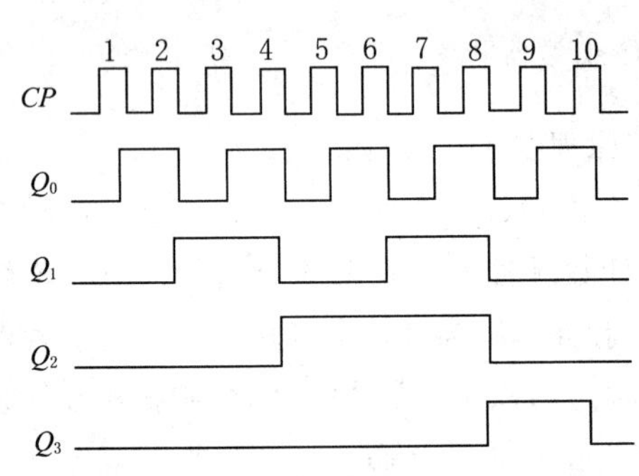

图 9-20 1位同步十进制加法计数器工作波形

2）异步十进制加法计数器。利用触发器异步置 0 信号优先的特点可通过反馈控制电路将 4 位异步二进制加法计数器改为 1 位异步十进制加法计数器，如图 9-21 所示。

当第 1 个计数脉冲 $CP$ 到来时，计数器由 $Q_3Q_2Q_1Q_0=0000$ 状态（即十进制数码 0）按照异步二进制加法规律开始计数，直到 1001 状态。当第 10 个计数脉冲到来后，计数器状态为 $Q_3Q_2Q_1Q_0=1010$，此时的 $Q_3$ 和 $Q_1$ 都为高电平 1，电路中与非门输入全为 1，输出为低电平 0，

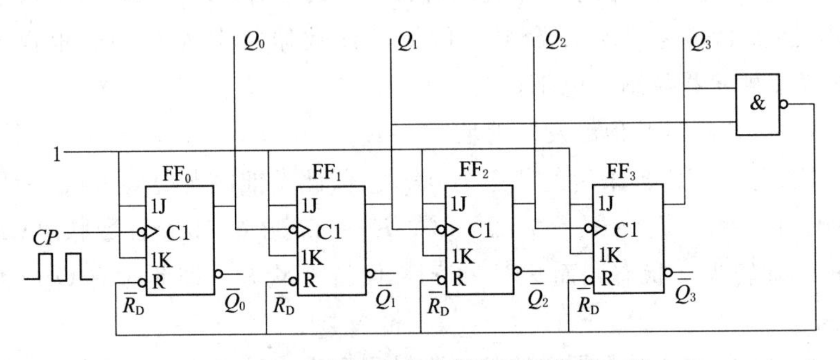

图 9-21 1位异步十进制加法计数器电路

从而促使计数器立即置 0，回到初态 $Q_3Q_2Q_1Q_0=0000$，实现了 8421BCD 码十进制加法计数。之后，电路中与非门输出高电平，计数器开始新一轮循环计数。

（5）集成计数器。前面介绍了采用触发器构成的几种典型计数器，但在实际数字系统的设计中，通常不需要使用触发器来自行搭接计数器，而是直接选用现成的集成计数器。下面介绍几种有代表性的集成计数器。

1）集成异步计数器 74LS290。74LS290 是异步二—五—十进制计数器，图 9-22 和图 9-23 所示分别为其逻辑符号和结构框图。74LS290 由二进制计数器和五进制计数器两部分组成。当二者分开使用时，可分别实现二进制和五进制计数；当二者级联使用时，可得到十进制计数器。$R_{01}$ 和 $R_{02}$ 为异步清 0 端，$S_{91}$ 和 $S_{92}$ 为异步置 9 端，均为高电平有效。

图 9-24 所示为集成计数器 74LS290 的内部逻辑图，可以看出，主要由 4 个下降沿触发

的 JK 触发器构成。其中，$FF_0$ 构成二进制计数器；$FF_1$～$FF_3$ 构成异步五进制计数器。

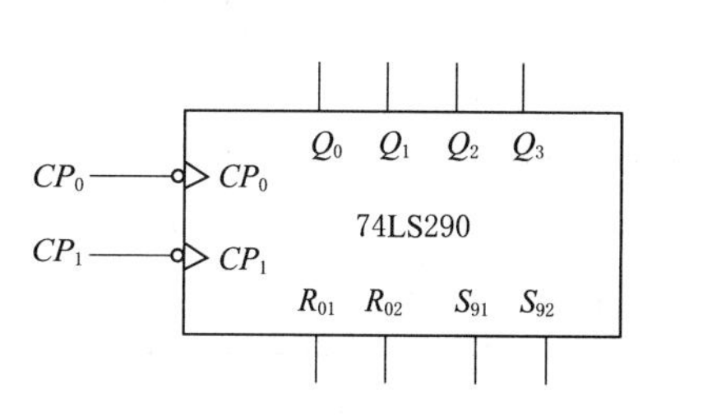


图 9-22　74LS290 逻辑符号

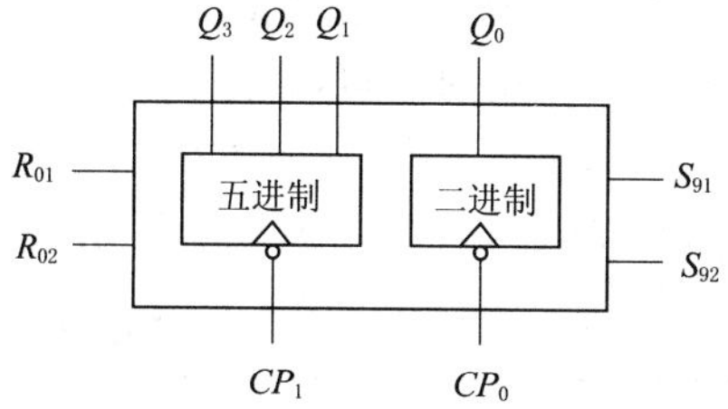


图 9-23　74LS290 结构框图

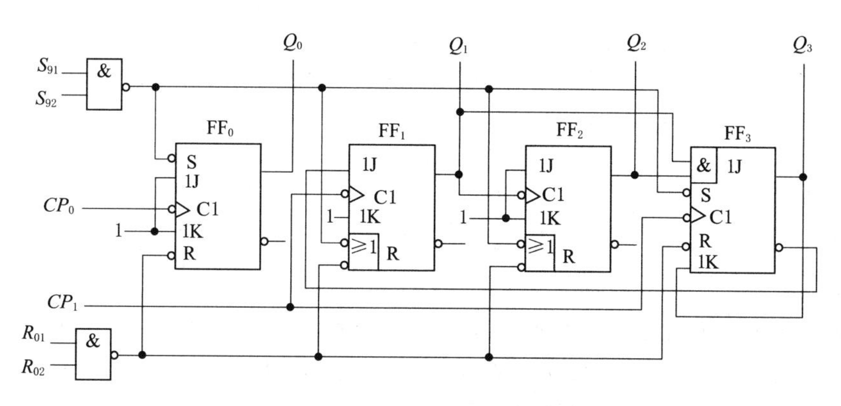


图 9-24　74LS290 逻辑图

设该电路初始状态为 000，电路状态转换真值表见表 9-9，可见，触发器 $FF_1$、$FF_2$ 和 $FF_3$ 构成了异步五进制计数器。

**表 9-9　　74LS290 状态转换真值表**

| 现态 | | | 内部时钟 | 次态 | | |
|---|---|---|---|---|---|---|
| $Q_3^n$ | $Q_2^n$ | $Q_1^n$ | $CP_2$ | $Q_3^{n+1}$ | $Q_2^{n+1}$ | $Q_1^{n+1}$ |
| 0 | 0 | 0 | 0 | 0 | 0 | 1 |
| 0 | 0 | 1 | 1 | 0 | 1 | 0 |
| 0 | 1 | 0 | 0 | 0 | 1 | 1 |
| 0 | 1 | 1 | 1 | 1 | 0 | 0 |
| 1 | 0 | 0 | 0 | 0 | 0 | 0 |
| 1 | 0 | 1 | 1 | 0 | 1 | 0 |
| 1 | 1 | 0 | 0 | 0 | 1 | 0 |
| 1 | 1 | 1 | 1 | 0 | 0 | 0 |

表 9-10 为 74LS290 的功能表，由表可见，74LS290 具有以下逻辑功能：

a. 异步清 0。当 $R_{01} \cdot R_{02}=1$、$S_{91} \cdot S_{92}=0$ 时，无论时钟状态如何，计数器都会被强制清 0，即 $Q_3Q_2Q_1Q_0=0000$。由于此清 0 操作无需时钟信号配合，故称为异步清 0。

b. 异步置 9。只要满足 $S_{91} \cdot S_{92}=1$，无论时钟脉冲信号和清 0 信号 $R_{01}$ 和 $R_{02}$ 状态如何，计数器均被置 9，即 $Q_3Q_2Q_1Q_0=1001$。由于此操作也无需时钟信号配合，因而称为异步置 9。

c. 加法计数。只有同时满足 $R_{01} \cdot R_{02}=0$ 和 $S_{91} \cdot S_{92}=0$ 时，电路才能进行加法计数。根据计数脉冲引入方式的不同，实现不同进制的计数功能。

当计数脉冲从 $CP_0$ 输入，且 $CP_1$ 不加信号时，$Q_0$ 即可实现二进制计数；当计数脉冲从 $CP_1$ 输入时，$Q_3Q_2Q_1$ 可实现五进制计数。

**表 9-10　　74LS290 功能表**

| 输入 | | | | | | 输出 | | | | 逻辑功能说明 |
|---|---|---|---|---|---|---|---|---|---|---|
| $R_{01}$ | $R_{02}$ | $S_{91}$ | $S_{92}$ | $CP_0$ | $CP_1$ | $Q_3$ | $Q_2$ | $Q_1$ | $Q_0$ | |
| 1 | 1 | 0 | × | × | × | 0 | 0 | 0 | 0 | 异步清 0 |
| 1 | 1 | × | 0 | × | × | 0 | 0 | 0 | 0 | |
| × | × | 1 | 1 | × | × | 1 | 0 | 0 | 1 | 异步置 9 |
| $R_{01} \cdot R_{02}=0$ | | $S_{91} \cdot S_{92}=0$ | | $CP$ | 0 | 二进制 | | | | 计数 |
| | | | | 0 | $CP$ | 五进制 | | | | |
| | | | | $CP$ | $Q_0$ | 8421BCD 码 | | | | |
| | | | | $Q_3$ | $CP$ | 5421BCD 码 | | | | |

74LS290 实现十进制计数有两种电路接法，分别为 8421BCD 码接法和 5421BCD 码接法。如图 9-25（a）所示为 8421BCD 码接法，此种接法 $Q_0$ 与 $CP_1$ 相连，计数脉冲由 $CP_0$ 输入，从 $Q_3Q_2Q_1Q_0$ 依次输出 8421BCD 码，最高位 $Q_3$ 作为进位输出，构成 8421BCD 码异步十进制计数器；而如图 9-25（b）所示的 5421BCD 码接法中，$Q_3$ 与 $CP_0$ 相连，计数脉冲由 $CP_1$ 输入，从 $Q_0Q_3Q_2Q_1$ 顺序输出 5421BCD 码，最高位 $Q_0$ 作为进位输出，构成 5421BCD 码异步十进制计数器。表 9-11 为两种电路接法对应的状态转换真值表。

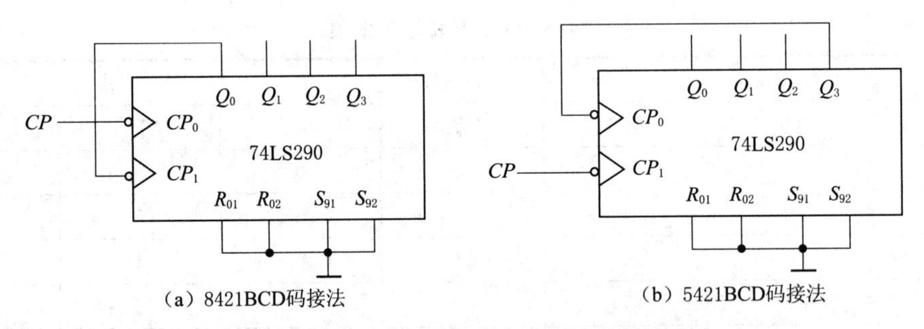


图 9-25　74LS290 构成十进制计数器接法

**表 9-11　　74LS290 构成十进制计数器的两种接法对应的状态转换真值表**

| 十进制 | 8421BCD 码计数 | | | | 5421BCD 码计数 | | | |
|---|---|---|---|---|---|---|---|---|
| | $Q_3$ | $Q_2$ | $Q_1$ | $Q_0$ | $Q_0$ | $Q_3$ | $Q_2$ | $Q_1$ |
| 0 | 0 | 0 | 0 | 0 | 0 | 0 | 0 | 0 |
| 1 | 0 | 0 | 0 | 1 | 0 | 0 | 0 | 1 |
| 2 | 0 | 0 | 1 | 0 | 0 | 0 | 1 | 0 |
| 3 | 0 | 0 | 1 | 1 | 0 | 0 | 1 | 1 |
| 4 | 0 | 1 | 0 | 0 | 0 | 1 | 0 | 0 |

续表

| 十进制 | 8421BCD码计数 | | | | 5421BCD码计数 | | | |
|---|---|---|---|---|---|---|---|---|
| | $Q_3$ | $Q_2$ | $Q_1$ | $Q_0$ | $Q_0$ | $Q_3$ | $Q_2$ | $Q_1$ |
| 5 | 0 | 1 | 0 | 1 | 1 | 0 | 0 | 0 |
| 6 | 0 | 1 | 1 | 0 | 1 | 0 | 0 | 1 |
| 7 | 0 | 1 | 1 | 1 | 1 | 0 | 1 | 0 |
| 8 | 1 | 0 | 0 | 0 | 1 | 0 | 1 | 1 |
| 9 | 1 | 0 | 0 | 1 | 1 | 1 | 0 | 0 |

**【例9-3】** 试用74LS290构成一个六进制计数器。

**解：**借助异步清0或异步置9功能，用74LS290可构成其他进制的计数器。图9-26所示为利用74LS290构成的六进制计数器。

电路连接分为两步进行：①将74LS290接成十进制计数器，即计数脉冲由$CP_0$端引入，并将二进制计数器的输出端$Q_0$接到五进制计数器的时钟脉冲输入端$CP_1$；②利用与非门$G_1$对计数状态0110进行译码，产生异步清0信号，使得$R_{01}=R_{01}=1$，这样就会使计数器被迫直接返回状态0000，从而构成六进制计数器，其状态转换如图9-27所示，图中0110状态只是瞬间出现。

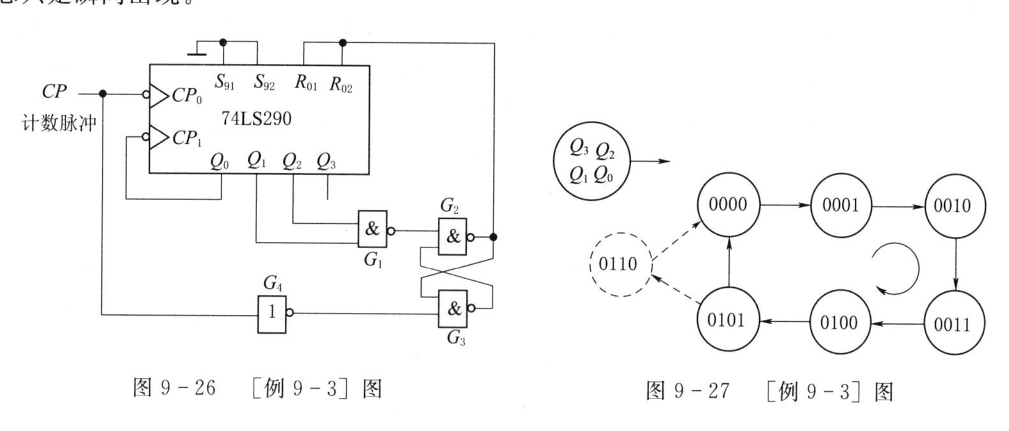


图9-26　［例9-3］图　　　　图9-27　［例9-3］图

图9-26中，由与非门$G_2$、$G_3$构成的基本RS触发器，其作用是使$R_{01}=R_{01}=1$的有效时间延长至与计数脉冲$CP=0$的持续时间相，从而保证计数器中的各个触发器都能可靠清0。

2）利用异步置0功能获得$N$进制计数器（任意进制计数器）。利用计数器的异步置0功能可获得$N$进制计数器。这时，只要异步置0输入端出现置0信号，计数器便立刻被置0。因此，利用异步置0输入端获得$N$进制计数器时，应在电路输入第$N$个计数脉冲$CP$后，将计数器输出$Q_3Q_2Q_1Q_0$中的高电平1通过控制电路产生的置0信号加到异步置0端上，使计数器置0，便可实现$N$进制计数。用$S_1$，$S_2$，…，$S_N$来表示输入1，2，…，$N$个计数脉冲$CP$时计数器的状态，下面介绍具体方法：①写出$N$进制计数器状态$S_N$的二进制代码；②写出反馈归零函数，事实上，是根据$S_N$写置0端的逻辑表达式；③画连线图，主要根据反馈归零函数画连线图。

**【例9-4】** 试利用两片CT74LS290构成二十三进制计数器。

**解**：电路连接分三步进行：

（1）分别写出 $S_{23}$ 十位和个位的二进制代码。

$$S_{23}=00100011$$

（2）写出反馈归零函数。设十位计数器输出为 $Q_3'$、$Q_2'$、$Q_1'$、$Q_0'$，个位为 $Q_3Q_2Q_1Q_0$。

$$R_0=R_{0A}\cdot R_{0B}=Q_1'Q_1Q_0 \tag{9-8}$$

（3）画连线图。根据式（9-8）所示反馈归零函数画连线图，用两个与非门组成与门，同时将 $S_{9A}$ 和 $S_{9B}$ 接低电平，电路如图 9-28 所示，图中非门由与非门构成。

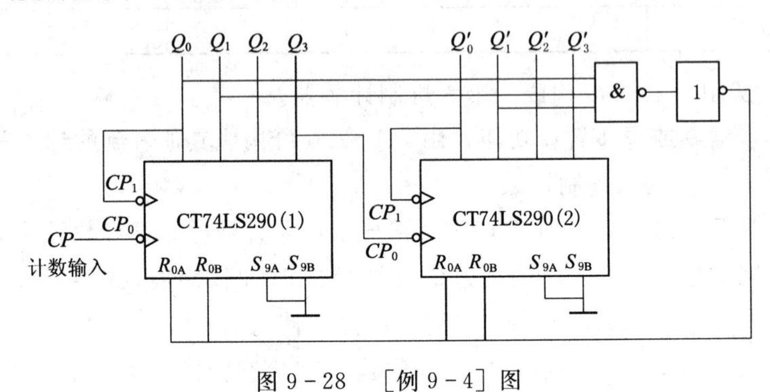


图 9-28　［例 9-4］图

3）集成同步计数器 74161。集成计数器 74161 是一种中规模集成 4 位同步二进制（十六进制）加法计数器，由一些逻辑门和 4 个下降沿触发的 JK 触发器组成，具有计数、保持、清 0、置数等逻辑功能。图 9-29 和图 9-30 所示分别为 74161 的逻辑符号和内部逻辑图。图中，$\overline{R}_D$ 为异步清 0 端，$\overline{LD}$ 为同步并行置数端，$EP$ 和 $ET$ 为计数控制端，$D_0\sim D_3$ 为 4 位并行数据输入端，$Q_0\sim Q_3$ 为 4 位并行数据输出端，$CO$ 为进位输出端。由 74161 的内部逻辑如图 9-30 所示，可直接写出进位输出端 $CO$ 的表达式：

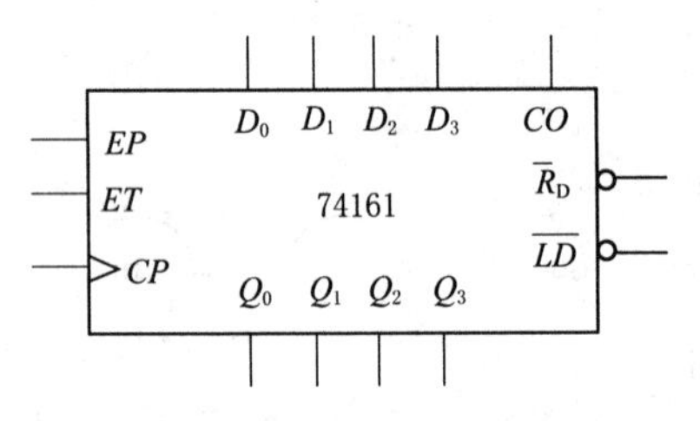


图 9-29　74161 的逻辑符号

$$CO=Q_3^nQ_2^nQ_1^nQ_0^nET \tag{9-9}$$

由式（9-9）可见，只有当 $ET=1$ 且计数状态 $Q_3^nQ_2^nQ_1^nQ_0^n=1111$ 时，进位输出 $CO$ 才为 1，即产生一个进位输出信号；而在计数状态为 0000～1110 期间，进位输出始终为 0。因此，有时也将进位输出端 $CO$ 称为满值输出端。

集成计数器 74161 的功能见表 9-12。

**表 9-12　　74161 功能表**

| 输入 | | | | | | | | | 输出 | | | | 逻辑功能说明 |
|---|---|---|---|---|---|---|---|---|---|---|---|---|---|
| $\overline{R}_D$ | $\overline{LD}$ | $EP$ | $ET$ | $CP$ | $D_0$ | $D_1$ | $D_2$ | $D_3$ | $Q_0$ | $Q_1$ | $Q_2$ | $Q_3$ | |
| 0 | × | × | × | × | × | × | × | × | 0 | 0 | 0 | 0 | 异步清 0 |
| 1 | 0 | × | × | ↑ | $d_0$ | $d_1$ | $d_2$ | $d_3$ | $d_0$ | $d_1$ | $d_2$ | $d_3$ | 同步置数 |
| 1 | 1 | 1 | 1 | ↑ | × | × | × | × | | | | | 加法计数 |
| 1 | 1 | 0 | 1 | × | × | × | × | × | | | | | |
| 1 | 1 | × | 0 | × | × | × | × | × | | | | | 保持；$CO=0$ |

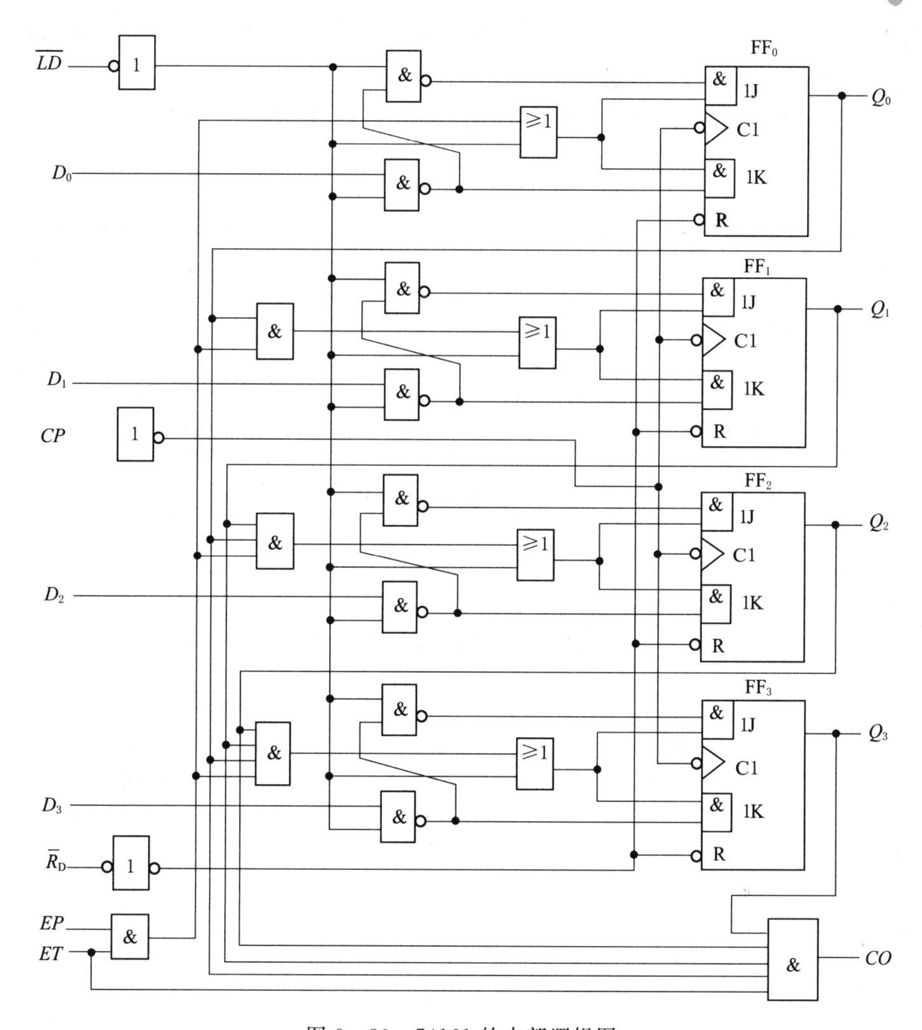


图 9-30　74161 的内部逻辑图

由表 9-12 可知，74161 逻辑功能如下：

a. 异步清 0。当 $\overline{R}_D=0$ 时，计数器处于异步清 0 状态。此时，不管时钟脉冲信号 $CP$ 及其他各输入信号状态如何，计数器中的各个触发器都被立刻清 0。由于清 0 操作无需时钟脉冲信号 $CP$ 的配合，与时钟信号异步，因此，将其称为异步清 0。

b. 同步置数。当 $\overline{R}_D=1$、$\overline{LD}=0$ 时，计数器处于同步置数状态。此后，在时钟脉冲信号 $CP$ 上升沿作用下，并行数据输入端 $D_0 \sim D_3$ 上的数据 $d_0 \sim d_3$ 将分别置入触发器 $FF_0 \sim FF_3$ 的输出端 $Q_0 \sim Q_3$。由于这一操作必须有时钟脉冲信号 $CP$ 上升沿配合工作，与时钟信号同步，因此，称之为同步置数。

c. 加法计数。当 $\overline{R}_D=1$、$\overline{LD}=1$ 且 $EP=ET=1$ 时，计数器处于加法计数状态。它能在时钟脉冲信号 $CP$ 上升沿作用下实现 4 位二进制（十六进制）加法计数功能，并在电路计数状态为 $Q_3^n Q_2^n Q_1^n Q_0^n=1111$ 时，产生一个进位脉冲，使进位输出端 $CO=1$。

d. 保持。当 $\overline{R}_D=1$、$\overline{LD}=1$、且 $EP \cdot ET=0$，即两个计数控制端 $EP$ 和 $ET$ 至少有一个为 0 时，计数器即停止计数，计数器中的各个触发器状态保持不变。$EP$ 和 $ET$ 的差别仅在于：当 $ET=0$ 使计数器停止计数、保持电路原来状态的同时，进位输出端 $CO=0$；当 $EP=0$ 时则只能使计数器停止计数。

集成计数器 74LS161 的时序图如图 9-31 所示，图中阴影部分表示可能为 0 也可能为 1。

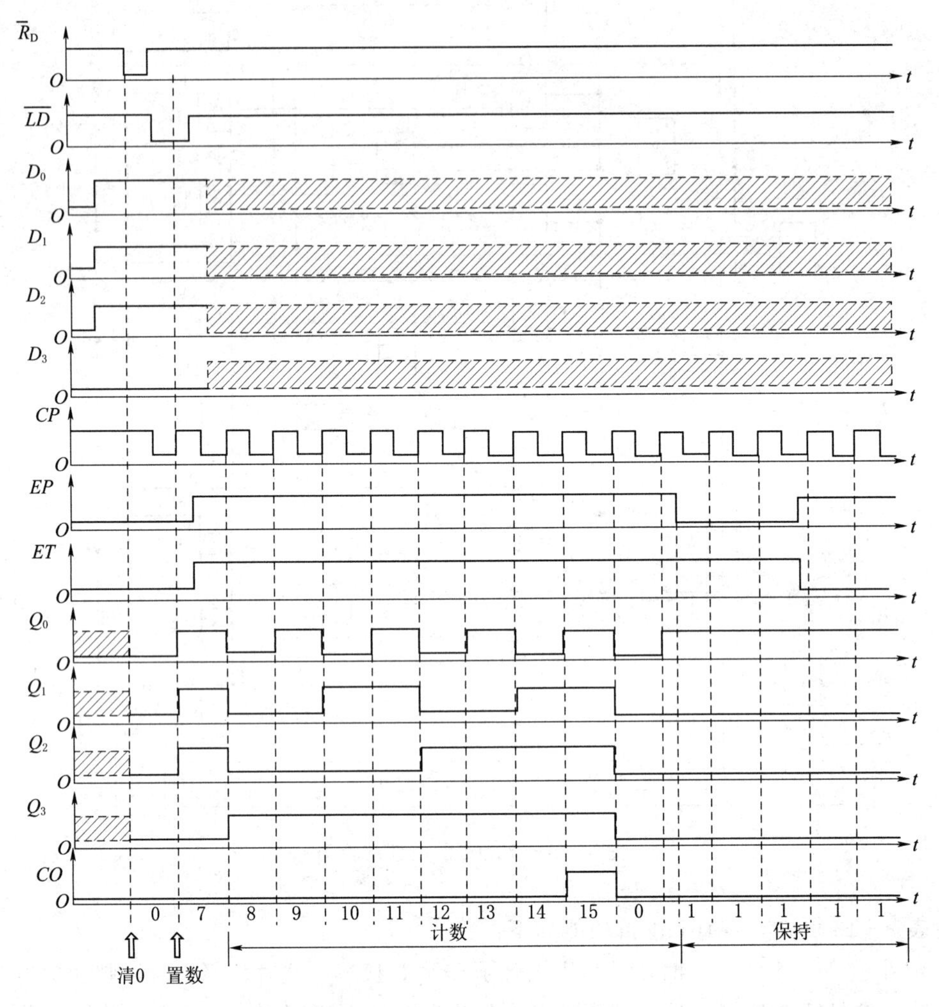


图 9-31 74LS161 电路时序图

74LS161、CT74LS161 的内部电路结构与 74161 有所差别，但管脚排列、功能表和时序图都与 74161 基本相同。

4）利用同步置数功能获得 $N$ 进制计数器（任意进制计数器）。利用计数器的同步置数功能也可获得 $N$ 进制计数器。在计数器的并行数据输入端 $D_0 \sim D_3$ 输入计数起始数据，并将其置入计数器。这时，在输入第 $N-1$ 个计数脉冲 $CP$ 之后，将计数器输出 $Q_3Q_2Q_1Q_0$ 中的高电平 1 通过控制电路使同步置数控制端获得一个置数信号，这时计数器虽然并不能将 $D_0 \sim D_3$ 端的数据置入计数器，但为置数创造了条件，所以，当输入第 $N$ 个计数脉冲 $CP$ 时，输入端 $D_0 \sim D_3$ 输入的数据被置入计数器，使电路返回初始预制状态，从而实现了 $N$ 进制计数。

综上所述，利用同步置数功能获得 $N$ 进制计数器的具体方法为：①写出 $N$ 进制计数器状态 $S_{N-1}$ 的二进制代码；②写出反馈置数函数，事实上，是根据 $S_{N-1}$ 写出同步置数控制端的逻辑表达式；③画连线图，主要根据反馈置数函数画连线图。

**【例 9-5】** 试用 CT74LS161 的同步置数功能构成十进制计数器。

**解：** 可利用集成计数器 CT74LS161 内设的同步置数控制端来实现十进制计数。设计数从 $Q_3Q_2Q_1Q_0=0000$ 状态开始，由于采用反馈置数法获得十进制计数器，因此应取 $D_3D_2D_1D_0=0000$。采用置数控制端获得 $N$ 进制计数器一般都是从 0 开始计数的。

（1）写出 $S_{N-1}$ 的二进制代码

$$S_{N-1}=S_{10-1}=S_9=1001$$

（2）写出反馈置数函数。由于同步置数控制信号为低电平 0，因此，要使置数函数 $\overline{LD}$ 在 $Q_3=1$、$Q_0=1$ 时为 0，则反馈置数函数为与非函数，即

$$\overline{LD}=\overline{Q_3Q_0}$$

（3）画连线图。根据表达式置数要求画出十进制计数器的连线图，如图 9-32 所示。

**【例 9-6】** 试用 CT74LS161 的异步清 0 功能构成十进制计数器。

**解：** 可利用集成计数器 CT74LS161 的异步清 0 功能实现十进制计数。

（1）写出 $S_{10}$ 的二进制代码

$$S_{10}=1010$$

（2）写出反馈归零函数

$$\overline{CR}=\overline{Q_3Q_1}$$

（3）画连线图。根据表达式和题目要求画出连线图，如图 9-33 所示。

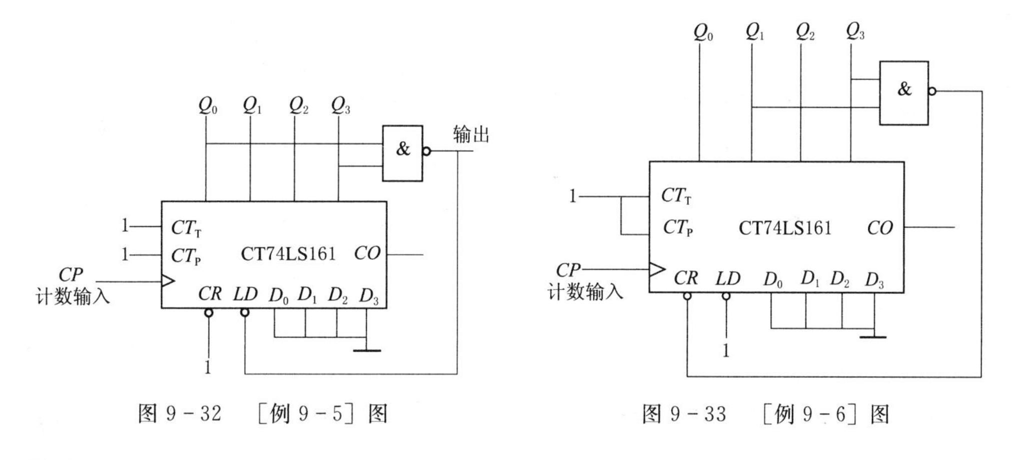


图 9-32　［例 9-5］图　　　　图 9-33　［例 9-6］图

说明：

（1）利用异步置 0 控制端 $\overline{CR}$ 实现任意进制计数器时，并行数据输入端 $D_0 \sim D_3$ 可接任意数据，在本例中，$D_0 \sim D_3$ 端都接低电平 0（接地），当然也可接其他数据。

（2）利用一片 CT74LS161 的同步置数和异步清 0 功能可构成 16 以内的任意进制计数器。

5）利用同步置 0 功能获得 $N$ 进制计数器（任意进制计数器）。利用计数器的同步置 0 功能也可以获得 $N$ 进制计数器，但与利用异步清 0 功能实现任意进制计数不同，因为在同步置 0 控制端获得置 0 控制信号后，计数器还需再输入一个计数脉冲 $CP$ 后才可被置 0，所

以，利用同步置0控制端获得$N$进制计数器时，应在输入第$N-1$个计数脉冲$CP$后，将计数器输出$Q_3Q_2Q_1Q_0$中的高电平1通过控制电路使同步置0控制端获得置0信号，这样，在输入第$N$个计数脉冲时计数器才可被置0，回到初态0，从而实现$N$进制计数。这里说明一点，利用同步置0功能实现$N$进制计数时其并行数据输入端$D_0 \sim D_3$可为任意数据，并不需要接入固定的计数起始数据。

综上所述，用$S_1$，$S_2$，…，$S_N$来表示输入1，2，…，$N$个计数脉冲$CP$时计数器的状态，利用同步置0功能获得$N$进制计数器的具体方法为：①写出$N$进制计数器状态$S_{N-1}$的二进制代码；②写出反馈归零函数。事实上，是根据$S_{N-1}$的二进制代码写出置0控制端的逻辑表达式；③画连线图。主要根据反馈归零函数画连线图。

**【例9-7】** 试根据异步置0功能，用两片CT74LS161构成五十进制计数器。

**解：** 由于CT74LS161为同步二进制加法计数器，因此，首先应写出数码50对应的二进制代码。

（1）写出$S_{50}$对应的二进制代码

$$S_{50}=00110010$$

（2）写出反馈归零函数。设高位计数器的输出为$Q'_3$、$Q'_2$、$Q'_1$、$Q'_0$，低位计数的输出为$Q_3$、$Q_2$、$Q_1$、$Q_0$，则

$$\overline{CR}=\overline{Q'_1 Q'_0 Q_1}$$

（3）画连线图。根据表达式和题目要求画出五十进制计数器的连线图，如图9-34所示。并联数据输入端$D_0 \sim D_3$可接任意数据。

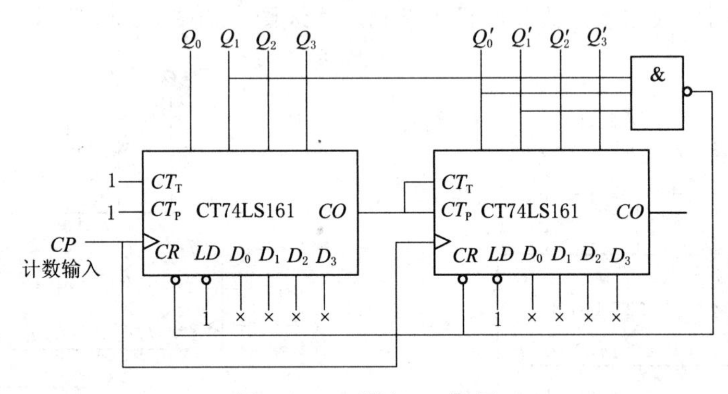


图9-34　［例9-7］图

如图9-35所示为利用4位二进制计数器CT74LS163的同步置0功能构成的八十五进制计数器。

该计数器由两片CT74LS163级联而成，其反馈归零函数应根据$S_{85-1}=01010100$来写表达式，因此，计数器同步置0端的反馈归零函数为$\overline{CR}=\overline{Q'_2 Q'_0 Q_2}$。当计数器计数达到84时，与非门输出低电平，即$\overline{CR}$，在输入第85个计数脉冲$CP$时，计数器被置0，从而实现了八十五进制计数。

以上讨论了几种具有代表性的集成计数器，在实际数字系统中，集成计数器的应用非常广泛，下面将常见的集成计数器根据型号、计数规律和功能特点等方面列表比较说明，以便读者使用，见表9-13。

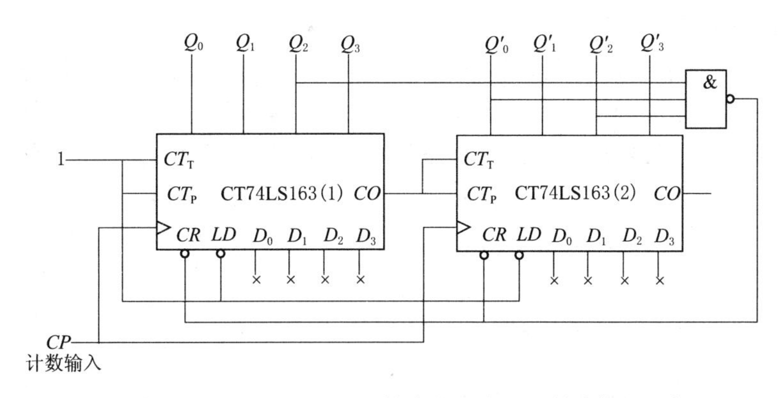


图 9－35 用两片 CT74LS163 构成的八十五进制计数器连线图

**表 9－13 常见集成计数器的型号及工作特点**

<table>
<tr><th>类型</th><th>型号</th><th>编码</th><th>计数规律</th><th>清 0 方式</th><th>置数方式</th><th>触发方式</th></tr>
<tr><td>异步</td><td>（CT）74LS290</td><td>8421/5421BCD 码</td><td>加法</td><td>异步高电平</td><td>异步高电平</td><td>下降沿</td></tr>
<tr><td rowspan="8">同步</td><td>（CT）74LS160</td><td>8421BCD 码</td><td rowspan="4">加法</td><td rowspan="2">异步低电平</td><td rowspan="4">同步低电平</td><td rowspan="4">上升沿</td></tr>
<tr><td>（CT）74LS161</td><td>二进制</td></tr>
<tr><td>（CT）74LS162</td><td>8421BCD 码</td><td rowspan="2">同步低电平</td></tr>
<tr><td>（CT）74LS163</td><td>二进制</td></tr>
<tr><td>（CT）74LS190</td><td>8421BCD 码</td><td rowspan="2">单时钟加/减</td><td rowspan="2">无</td><td rowspan="4">异步低电平</td><td rowspan="4">上升沿</td></tr>
<tr><td>（CT）74LS191</td><td>二进制</td></tr>
<tr><td>（CT）74LS192</td><td>8421BCD 码</td><td rowspan="2">双时钟加/减</td><td rowspan="2">异步高电平</td></tr>
<tr><td>（CT）74LS193</td><td>二进制</td></tr>
</table>

## （二）部分集成块功能介绍

### 1. NE555 振荡器

利用 NE555 可组成多谐振荡器，电路如图 9－36 所示，波形图如图 9－37 所示。6 脚和 2 脚并联接在定时电容 $C_1$ 上，电源接通后，$V_{CC}$ 通过电阻 $R_1$、$R_2$ 向电容 $C_1$ 充电。刚通电瞬间，$C_1$ 电压不能突变，电压从 0 上升，当电容电压 $U_C$ 低于 $1/3V_{CC}$ 时，2 脚触发，$U_O$ 为高电平，7 脚内部放电管截止；当电容电压 $U_C$ 达到 $2/3V_{CC}$ 时，阈值输入端 6 脚触发，$U_O$ 为低电平，7 脚内部放电管导通，电容 $C_1$ 通过 $R_2$ 放电。

由于电容的循环充、放电，$U_O$ 输出电压在高、低电平之间转换，周而复始，在 3 脚输出一定频率的振荡信号，振荡周期与充放电时间有关。

NE555 振荡器的特点：①电路振荡周期 $T$ 只与外接元件 $R_1$、$R_2$ 和 $C_1$ 参数有关，不受电源电压变化的影响；②改变 $R_1$、$R_2$ 参数即可改变占空系数，其值可在较大范围内调节；③改变 $C_1$ 参数，可单独改变周期，而不影响占空系数；④复位端 4 脚接高电平保持振荡，接低电平时，电路停振。

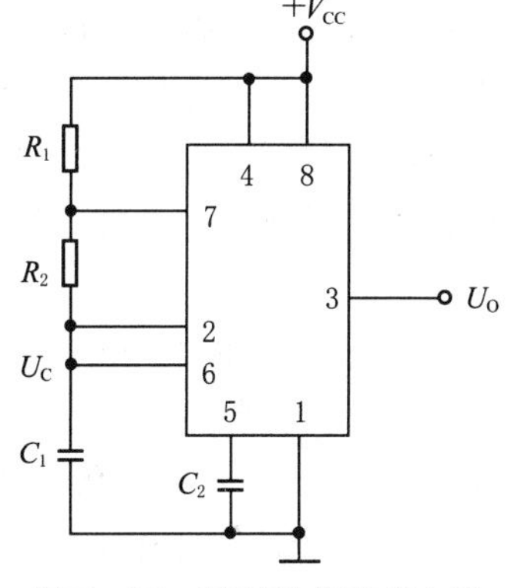


图 9－36 NE555 振荡器电路

2. CD4017 十进制计数/冲分配器

CD4017 是一块 5 位 Johnson 计数器，具有 10 个译码输出端，约翰逊（Johnson）计数器又称扭环计数器，是一种用 $n$ 位触发器来表示 $2n$ 个状态的计数器，价格低廉，广泛使用在数据计算、信号分配等电路。有多层陶瓷双列直插、熔封陶瓷双列直插、塑料双列直插和陶瓷片状载体 4 种封装形式。常用塑料双列直插式 16 脚封装，引脚功能如图 9-38 所示。

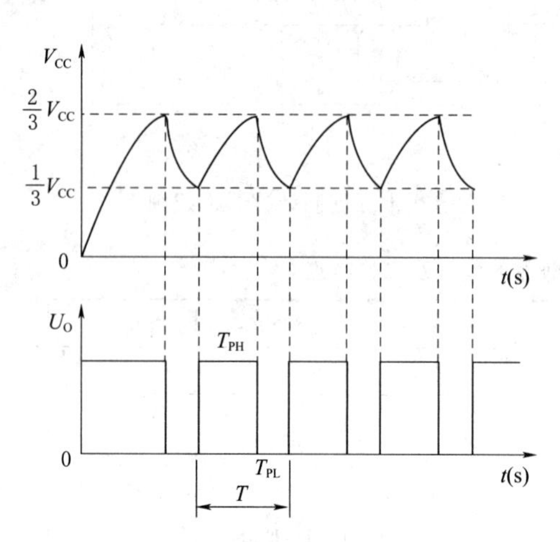


图 9-37　NE555 振荡器波形图

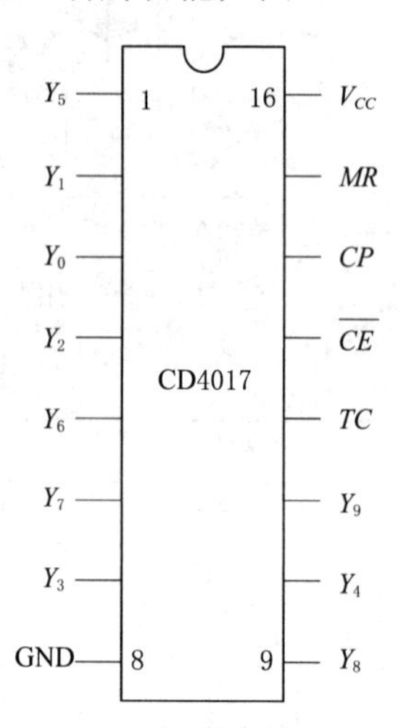


图 9-38　CD4017 引脚图

各引脚功能说明如下：

$TC$：级联进位输出端，每输入 10 个时钟脉冲，可得一个进位输出脉冲，此进位输出可作为下一级计数器的时钟信号。

$CP$：时钟输入端，脉冲上升沿有效。

$CE$：时钟输入端，脉冲下降沿有效。

$MR$：清零端，加高电平或正脉冲时，计数器各计数单元输出低电平。

$Y_0 \sim Y_9$：计数脉冲输出端。

$V_{CC}$：正电源。

GND：接地。

CD4017 内部逻辑原理图如图 9-39 所示，由十进制计数器电路和时序译码电路两部分组成。其中 D 触发器 $F_1 \sim F_5$ 构成十进制约翰逊计数器，约翰逊计数器结构比较简单，实质是一种串行移位寄存器，除由门电路构成的组合逻辑电路作 $D_3$ 输入外，其他各级均是将前一级触发器输出端连接到后一级触发器输入端 $D$，计数器最后一级 $Q_5$ 端连接到第一级 $D_1$ 端。这种计数器具有编码可靠，工作速度快、译码简单，只需 2 输入端的与门即可译码，且译码输出无过渡脉冲干扰等特点。通常只有译码选中的输出端为高电平，其余输出端均为低电平。

加上清 0 脉冲后，$Q_1 \sim Q_5$ 均为 0，由于 $Q_1$ 数据输入端 $D_1$ 是 $Q_5$ 输出的反码，因此，输入第 1 个时钟脉冲后，$Q_1=1$，这时 $Q_2 \sim Q_5$ 依次进行移位输出，$Q_1$ 输出移至 $Q_2$，$Q_2$ 输出移至 $Q_3$……如果继续输入脉冲，则 $Q_1$ 为新的 $Q_5$，$Q_2 \sim Q_5$ 仍然依次移位输出。由五级计数单元组成的约翰逊计数器，输出端共有 32 种组合状态，而构成十进制计数器只需 10 种计数状态，当电路接通电源之后，可能会进入不需要的 22 种伪码状态，为了使电路能迅速

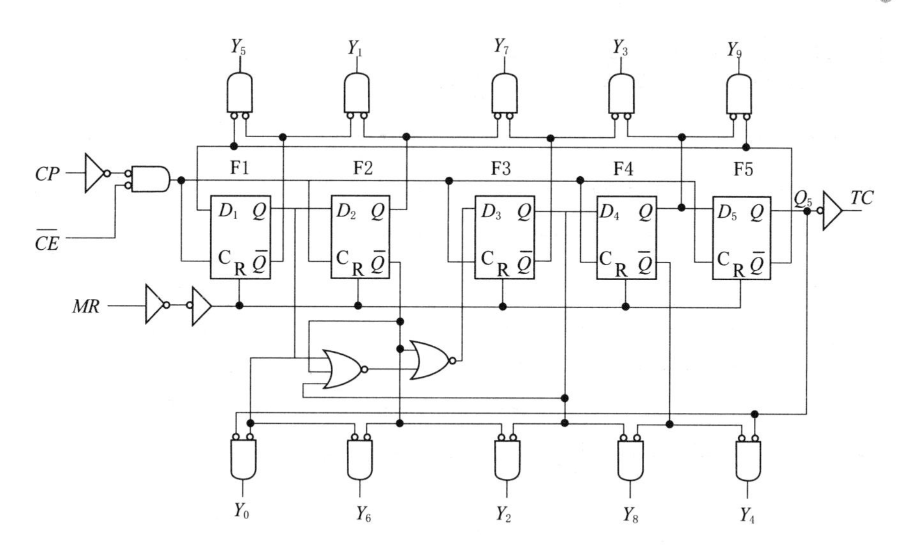


图 9－39　CD4017 内部逻辑原理图

进入表 9－14 所列状态，在第三级计数单元的数据输入端上加接两级组合逻辑门，使 $Q_2$ 不直接连接 $D_3$。当电源接通后，不论计数单元出现哪种随机组合，都会进入表 9－14 所列状态，波形如图 9－40 所示。

**表 9－14　　约翰逊计数器状态表**

| 十进制 | $Q_1$ | $Q_2$ | $Q_3$ | $Q_4$ | $Q_5$ |
|---|---|---|---|---|---|
| 0 | 0 | 0 | 0 | 0 | 0 |
| 1 | 1 | 0 | 0 | 0 | 0 |
| 2 | 1 | 1 | 0 | 0 | 0 |
| 3 | 1 | 1 | 1 | 0 | 0 |
| 4 | 1 | 1 | 1 | 1 | 0 |
| 5 | 1 | 1 | 1 | 1 | 1 |
| 6 | 0 | 1 | 1 | 1 | 1 |
| 7 | 0 | 0 | 1 | 1 | 1 |
| 8 | 0 | 0 | 0 | 1 | 1 |
| 9 | 0 | 0 | 0 | 0 | 1 |

CD4017 时钟输入端 $CP$ 用于上升沿计数，$CE$ 端用于下降沿计数，$CP$ 和 $CE$ 存在互锁关系，利用 $CP$ 计数时，$CE$ 端要接低电平；利用 $CE$ 计数时，$CP$ 端要接高电平。从上述波形分析可看，CD4017 基本功能是对输入 $CP$ 端的脉冲进行十进制计数，并按照输入脉冲个数顺序将脉冲分配在 $Y_0 \sim Y_9$ 这 10 个输出端，计满 10 个数后计数器复零，同时输出一个进位脉冲，只要掌握这些基本功能就能设计出不同功能的电路。

3. 集成上升沿 D 触发器 CT74LS74

CT74LS74 芯片是由两个独立的上升沿 D 触发器构成，其逻辑符号如图 9－41 所示，功能见表 9－15。

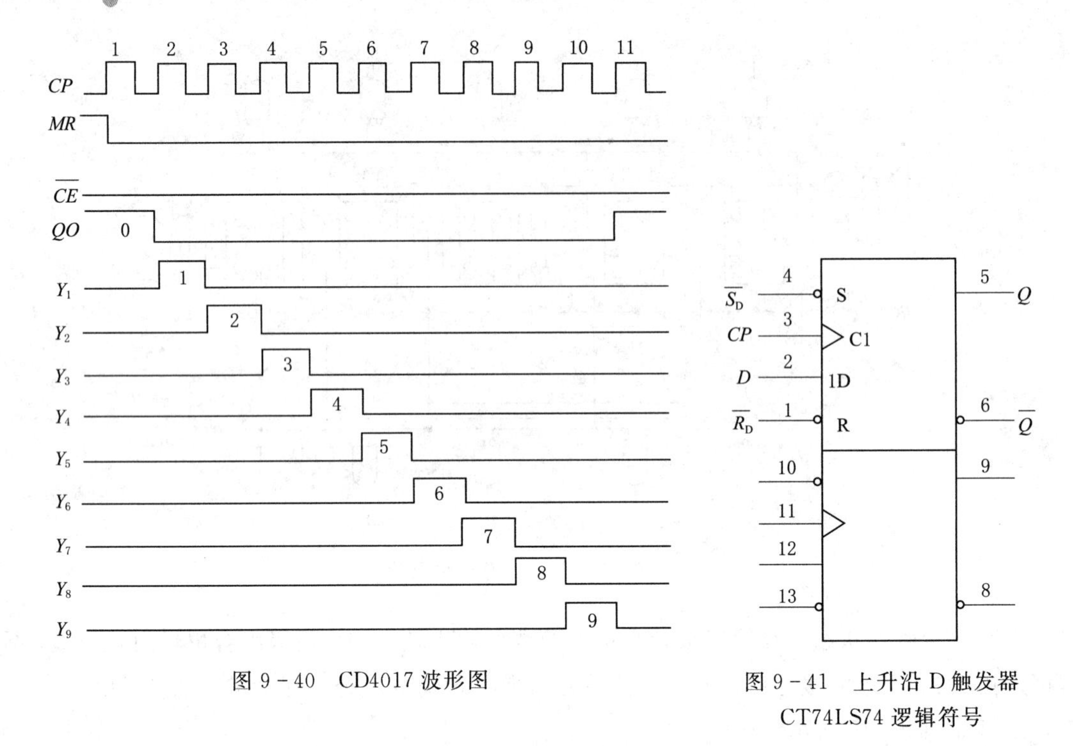


图 9－40 CD4017 波形图

图 9－41 上升沿 D 触发器 CT74LS74 逻辑符号

**表 9－15** **CT74LS74 功能表**

| 输入 | | | | 输出 | | 说明 |
|---|---|---|---|---|---|---|
| $\overline{R}_D$ | $\overline{S}_D$ | $D$ | $CP$ | $Q^{n+1}$ | $\overline{Q}^{n+1}$ | |
| 0 | 1 | × | × | 0 | 1 | 异步置 0 |
| 1 | 0 | × | × | 1 | 0 | 异步置 1 |
| 1 | 1 | 0 | ↑ | 0 | 1 | 置 0 |
| 1 | 1 | 1 | ↑ | 1 | 0 | 置 1 |
| 1 | 1 | × | 0 | $Q^n$ | $\overline{Q}^n$ | 保持 |
| 0 | 0 | × | × | 1 | 1 | 禁止 |

CT74LS74 主要功能如下：

1）异步置 0。又称直接置 0，$\overline{R}_D=0$、$\overline{S}_D=1$ 时，触发器置 0，$Q^{n+1}=0$，与时钟脉冲 $CP$ 与 $D$ 端输入信号无关。$\overline{R}_D$ 称为异步置 0 端。

2）异步置 1。又称直接置 1，$\overline{R}_D=1$、$\overline{S}_D=0$ 时，触发器置 1，$Q^{n+1}=1$。与时钟脉冲 $CP$ 与 $D$ 端输入信号无关。$\overline{R}_D$ 称为异步置 1 端。

显然，$\overline{R}_D$ 和 $\overline{S}_D$ 的信号对触发器的控制作用优先于时钟脉冲 $CP$。

3）置 0。又称同步置 0，取 $\overline{R}_D=\overline{S}_D=1$，若 $D=0$，则在 $CP$ 由 0 到 1 跃变时，触发器置 0，$Q^{n+1}=0$。触发器置 0 和时钟脉冲 $CP$ 到来同步。

4）置 1。又称同步置 1，取 $\overline{R}_D=\overline{S}_D=1$，若 $D=1$，则在 $CP$ 由 0 到 1 跃变时，触发器置 0，$Q^{n+1}=1$。触发器置 1 和时钟脉冲 $CP$ 到来同步。

5）保持。取 $\overline{R}_D=\overline{S}_D=1$，$CP=0$ 时，不论 $D$ 端输入信号是 0 还是 1，触发器保持原状

态不变。

4. 集成边沿 JK 触发器 CT74LS112

CT74LS112 集成芯片是由两个独立的下降沿 JK 触发器组成，图 9-42 所示为其逻辑符号，逻辑功能见表 9-16。

CT74LS112 主要功能如下：

（1）异步置 0。$\overline{R}_D=0$、$\overline{S}_D=1$ 时，触发器置 0，$Q^{n+1}=0$，与时钟脉冲 $CP$ 以及 $J$、$K$ 端输入信号无关。$\overline{R}_D$ 称为异步置 0 端。

（2）异步置 1。$\overline{R}_D=1$、$\overline{S}_D=0$ 时，触发器置 1，$Q^{n+1}=1$。与时钟脉冲 $CP$ 以及 $J$、$K$ 端输入信号无关。$\overline{R}_D$ 称为异步置 1 端。

（3）置 0。取 $\overline{R}_D=\overline{S}_D=1$，若 $J=0$、$K=1$，则在 $CP$ 下降沿作用下，触发器翻转为 0 状态，即：置 0，$Q^{n+1}=0$。

（4）置 1。取 $\overline{R}_D=\overline{S}_D=1$，若 $J=1$、$K=0$，则在 $CP$ 下降沿作用下，触发器翻转为 1 状态，即：置 1，$Q^{n+1}=1$。

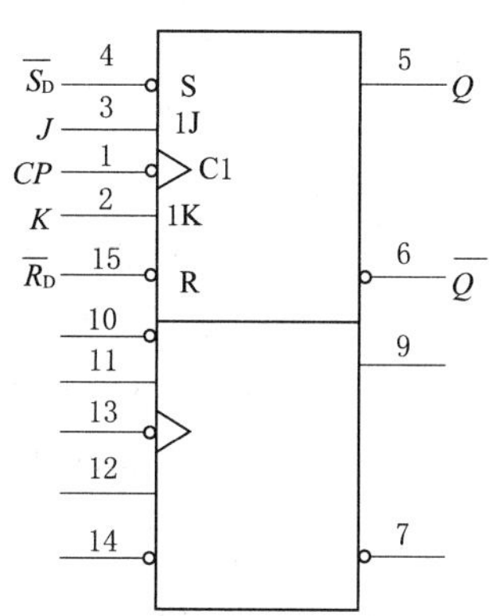


图 9-42　边沿 JK 触发器 CT74LS112 逻辑符号

**表 9-16　CT74LS112 功能表**

| 输入 | | | | | 输出 | | 说明 |
|---|---|---|---|---|---|---|---|
| $\overline{R}_D$ | $\overline{S}_D$ | $J$ | $K$ | $CP$ | $Q^{n+1}$ | $\overline{Q}^{n+1}$ | |
| 0 | 1 | × | × | × | 0 | 1 | 异步置 0 |
| 1 | 0 | × | × | × | 1 | 0 | 异步置 1 |
| 1 | 1 | 0 | 0 | ↓ | $Q^n$ | $\overline{Q}^n$ | 保持 |
| 1 | 1 | 0 | 1 | ↓ | 0 | 1 | 置 1 |
| 1 | 1 | 1 | 0 | ↓ | 1 | 0 | 置 0 |
| 1 | 1 | 1 | 1 | ↓ | $\overline{Q}^n$ | $Q^n$ | 计数 |
| 1 | 1 | × | × | 1 | $Q^n$ | $\overline{Q}^n$ | 保持 |
| 0 | 0 | × | × | × | 1 | 1 | 禁用 |

（5）保持。取 $\overline{R}_D=\overline{S}_D=1$，若 $J=K=0$，不论 $J$、$K$ 端输入信号是 0 还是 1，即使在下降沿作用下，触发器都会保持电路原状态不变，$Q^{n+1}=Q^n$。

（6）计数。取 $\overline{R}_D=\overline{S}_D=1$，若 $J=K=1$，则每当有一个 $CP$ 下降沿到来，触发器状态变化一次，$Q^{n+1}=\overline{Q}^n$，通常用于计数。

## 五、任务准备

1. 设备、工具的准备

为完成工作任务，每个工作小组需要向工作站内仓库管理教师提供借用工具清单。

2. 材料的准备

为完成工作任务，每个工作小组需要向工作站内仓库管理教师提供领用材料清单。

3. 团队分配方案

将学生分为 3 个工作岛，每个工作岛再分为 6 组，根据工作岛工位要求，每个工作岛指定 1 人为组长、2 人为材料管理员，材料管理员负责材料领取分发，小组长负责组织本组相关问题的计划、实施及讨论汇总，填写各组人员工作任务实施所需文字材料的相关记录表。

## 六、任务实施

1. 设计电路

根据控制要求设计一个电路原理图。

2. 调试要求

通电后，NE555 的 3 脚输出一定频率方波脉冲信号，振荡频率通过调节电阻 $R_P$ 调节。脉冲信号送至 CD4017 的 14 脚，在脉冲上升沿时进行计数，按输入脉冲的个数分配在 10 个输出端，依次点亮 $VD_1 \sim VD_{10}$ 发光管。满 10 个数后计数器清零，到下一个脉冲到来时再次点亮 $VD_1 \sim VD_{10}$，不断循环点亮。

## 七、任务总结

1. 本次任务用到了哪些知识？
2. 你从本次任务中获得了哪些经验？
3. 任务实施中，你遇到了哪些问题？是如何解决的？

## 八、思考与练习

1. 时序逻辑电路由________电路和________电路两部分组成，________电路必不可少。对于时序逻辑电路而言，某时刻电路的输出状态不仅取决于该时刻的________，而且还取决于电路的________，因此，时序逻辑电路具有________功能。

2. 试分析题 1 图所示计数器电路，画出状态转换图并说明是几进制计数器。

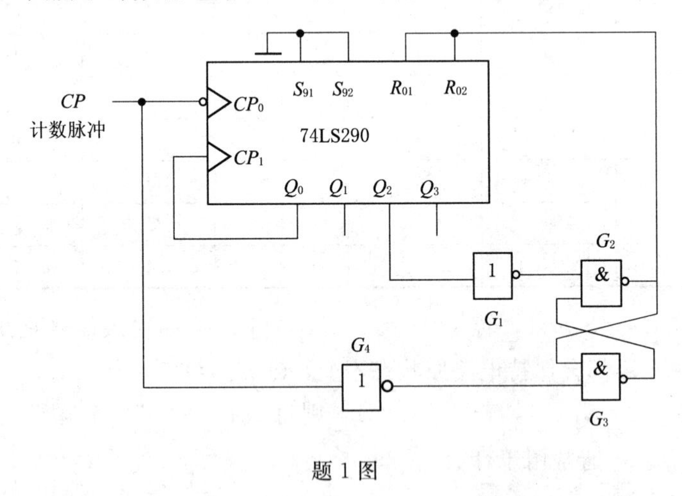


题 1 图

3. 流水灯电路中每个发光二极管都加限流电阻，能否共用一只个限流电阻？会出现什么问题？

4. 在流水灯电路中，如何调节发光二极管循环点亮的速度？

# 任务十　单键触发照明灯装调

## 一、任务描述

数控加工中心打算改造数控车床灯光照明系统，采用一个轻触式开关控制车床照明灯的通断，代替原来的拨动开关控制。轻触式开关控制电路采用继电器控制负载通断，能有效防止加工过程中按开关时因手沾有油或水导致触电的事故。要求控制电路简洁稳定，不容易受到外界干扰，能可靠地控制照明灯通断。

触发照明灯电路如图 10－1 所示，电路板如图 10－2 所示（供参考）。

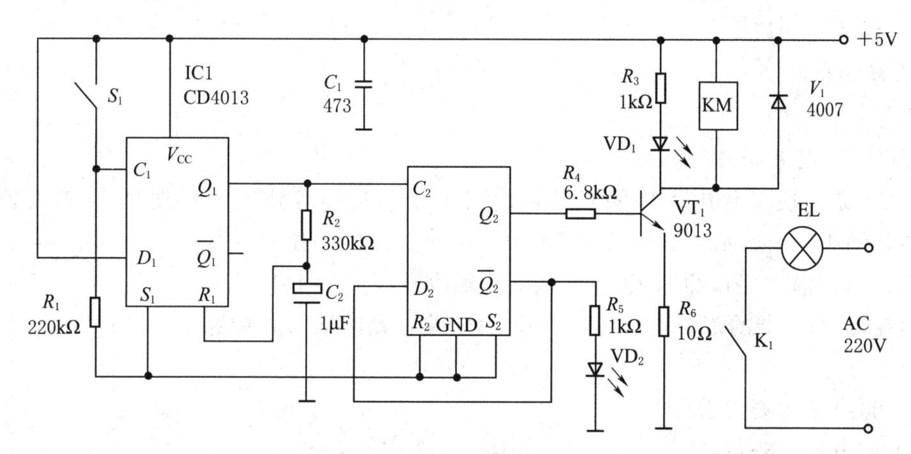


图 10－1　单键触发照明灯电路

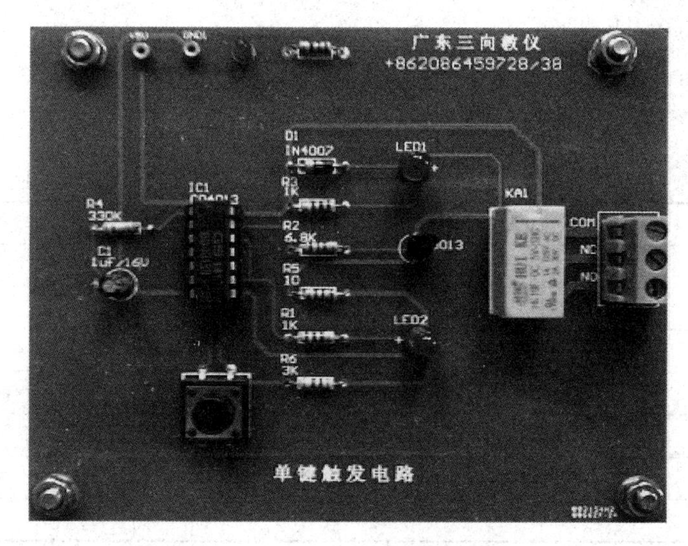


图 10－2　单键触发照明灯电路板

## 二、任务要求

（1）按开关 $S_1$ 能在开灯和关灯之间转换，转换可靠，性能稳定。

（2）根据电路图设计单面 PCB，尺寸小于 8cm×8cm。

（3）元器件布局合理、规范，强电和弱电分开布线，大面积接地。

（4）CD4013 采用集成插座安装，灯泡和 220V 输入采用接线端钮连接。

## 三、能力目标

（1）了解 CD4013 功能和使用，会分析单键触发台灯工作原理。

（2）学会运用 Protel99SE 设计单键触发台灯 PCB。

（3）能使用示波器等仪器进行电路调试和故障排除。

（4）培养独立分析、自我学习、团队协作、改造创新能力。

## 四、相关理论知识

### （一）触发器知识

1. 基础知识

见任务九。

2. CD4013 芯片介绍

CD4013 是一块双上升沿 D 触发器，由两个相同且相互独立的数据型 $D$ 触发器构成，引脚功能如图 10-3 所示，真值见表 10-1。每个触发器有独立的数据、置位、时钟输入端和 $Q$ 及 $\overline{Q}$ 输出端。D 触发器在时钟上升沿时触发，加在 $D$ 输入端的逻辑电平传送到 $Q$ 输出端，置位端与时钟脉冲无关。

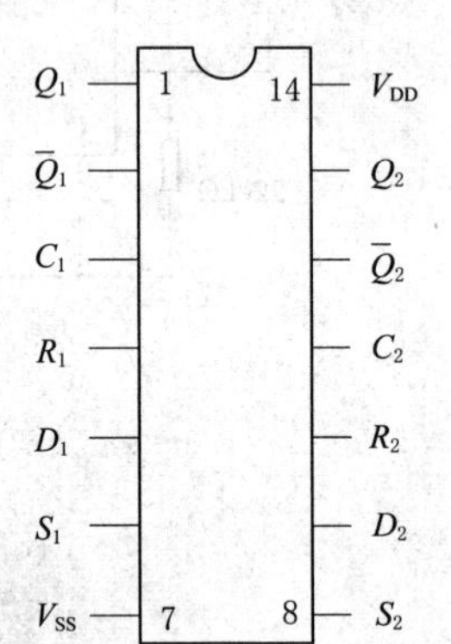

图 10-3 CD4013 引脚功能

（1）CD4013 主要参数。

1）电源电压：5～18V。

2）最大电流：4mA。

3）输入电压：0～$V_{DD}$。

4）存储温度：－55～＋105℃。

5）焊接温度：＋265℃。

**表 10-1 CD4013 真值表**

| 输入 | | | | 输出 | |
|---|---|---|---|---|---|
| $C$ | $D$ | $R$ | $S$ | $Q$ | $\overline{Q}$ |
| ↑ | 0 | 0 | 0 | 0 | 1 |
| ↑ | 1 | 0 | 0 | 1 | 0 |
| ↓ | × | 0 | 0 | 保持 | |
| × | × | 1 | 0 | 0 | 1 |
| × | × | 0 | 1 | 1 | 0 |
| × | × | 1 | 1 | 1 | 1 |

（2）典型应用电路。数字电路或自动控制电路中，经常将输入脉冲信号经一段时间延迟

后再输出，以适应后级控制电路的需要。采用 CD4013 和少量外围元件可组成脉冲延迟电路，正脉冲延迟电路及输出波形如图 10－4 所示，负脉冲延迟电路及输出波形如图 10－5 所示。

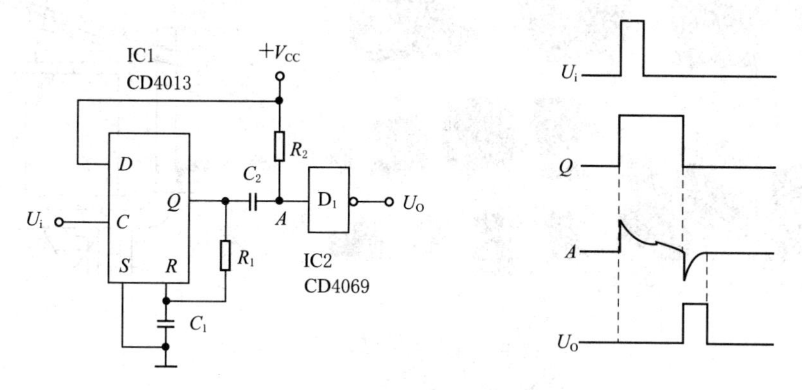


图 10－4　正脉冲延迟电路及输出波形

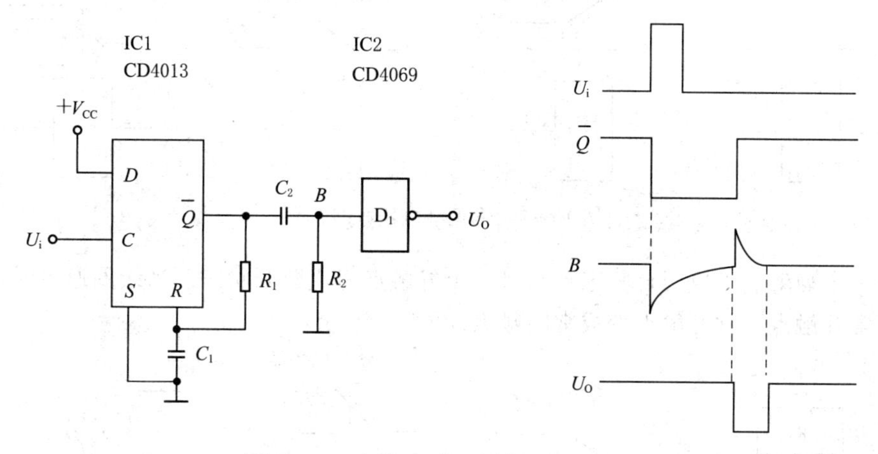


图 10－5　负脉冲延迟电路及输出波形

**（二）继电器**

继电器是一种电控制器件，用小信号控制一组或多组触点开关的接通或断开，实质是用小电流去控制大电流的一种器件，在自动控制电路中广泛使用。常见的电磁式继电器实物及结构如图 10－6 所示。

继电器在电路图中常用字母“K”表示，常见继电器电路符号如图 10－7 所示。

1．电磁式继电器工作原理

电磁式继电器一般由线圈、铁芯、衔铁、触点和弹簧片等组成，线圈如图 11－8（a）所示，用 K 表示。在线圈两端加上一定电压，线圈中流过电流产生磁场，使铁芯产生电磁力，吸住衔铁带动动触点与静触点吸合。当线圈断电后，电磁吸力消失，衔铁在弹簧反作用力下返回原来位置，使动触点与静触点断开。触点类型分三种：常开触点、常闭触点和转换触点，分别如图 10－8（b）、（c）、（d）所示。线圈未通电时处于断开状态，通电后变成闭合状态的触点称为常开触点。线圈未通电时处于闭合状态，通电后变成断开状态的触点称为常闭触点。转换型触点共有三个触点，中间是动触点，上下各一个静触点，线圈不通电时，

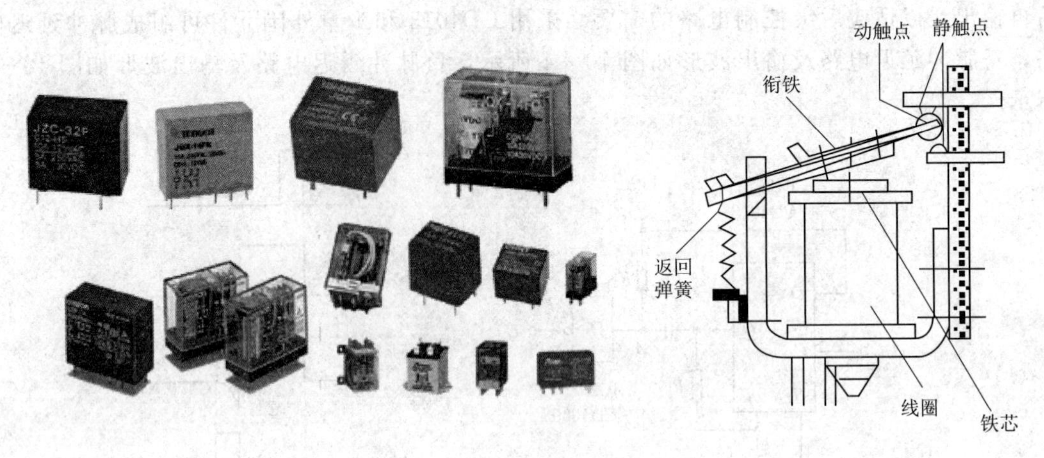


图 10-6　电磁式继电器实物及结构

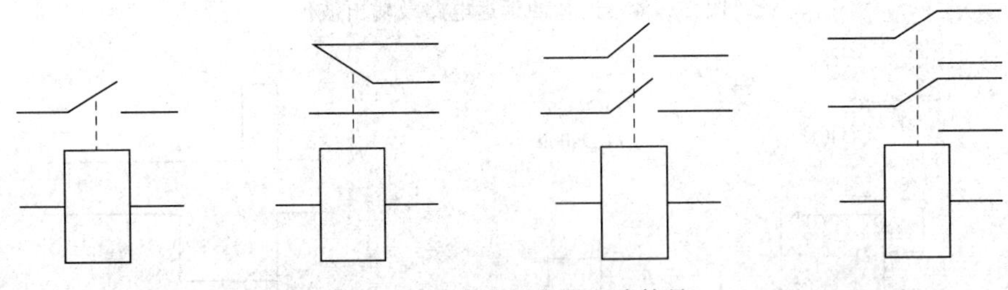

图 10-7　常见继电器电路符号

动触点与一个静触点组成闭合状态，与另一个静触点组成断开状态。当线圈通电时，原常闭触点变成常开触点，常开触点变成常闭触点。

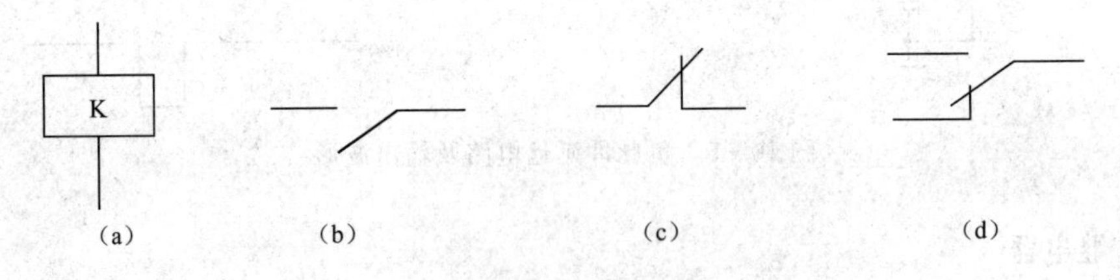


图 10-8　电磁式继电器线圈和触点

2. 电磁式继电器检测

1）检测触点电阻。用电阻挡测量常闭触点阻值，理想阻值为 0，如果有一定阻值或阻值较大，表明该触点已被氧化或被烧蚀。

2）检测线圈阻值。额定电压较低电磁式继电器的线圈阻值较小，额定电压较高的继电器线圈阻值相对较大，一般在 25Ω～2kΩ，若线圈阻值无穷大，表明线圈已开路损坏，若线圈电阻值低于正常值，线圈内部存在短路故障。

## 五、任务准备

1. 设备、工具的准备

为完成工作任务，每个工作小组需要向工作站内仓库管理教师提供借用工具清单。

2. 材料的准备

为完成工作任务，每个工作小组需要向工作站内仓库管理教师提供领用材料清单。

3. 团队分配方案

将学生分为3个工作岛，每个工作岛再分为6组，根据工作岛工位要求，每个工作岛指定1人为组长、2人为材料管理员，材料管理员负责材料领取分发，小组长负责组织本组相关问题的计划、实施及讨论汇总，填写各组人员工作任务实施所需文字材料的相关记录表。

## 六、任务实施

1. 识读电路原理图，识别电路相关元器件并了解各元件基本结构与基本功能。

2. 电路制作与功能调试：

分析工作原理：本电路CD4013双D触发器分别接成一个单稳态电路和一个双稳态电路。单稳态电路作用是对轻触式开关$S_1$产生的信号进行脉冲展宽整形，保证每次轻触动作都可靠。双稳态电路进行计数，产生翻转，用来驱动继电器控制照明灯点亮和熄灭。当第一次按$S_1$时，高电平进入$C_1$端，使单稳态电路翻转进入暂态，$Q_1$输出高电平，高电平经$R_2$向$C_2$充电，使$V_{R2}$电位逐步上升，当上升到复位电平时，单稳态电路复位，$Q_1$输出恢复低电平。每按一下$S_1$，$Q_1$就输出一个固定宽度正脉冲。此正脉冲将直接加到$C_2$端，使双稳态电路翻转一次，$Q_2$输出端电平就改变一次。当$Q_2$输出为高电平时，三极管$VT_1$导通，工作指示灯$VD_1$点亮，继电器线圈得电吸合，台灯点亮。当第二次按轻触式开关$S_1$时，$Q_1$再次输出一个固定宽度正脉冲。此正脉冲将直接加到$C_2$端，使双稳态电路翻转一次，$Q_2$输出为低电平时，三极管$VT_1$截止，工作指示灯$VD_1$熄灭，继电器线圈失电断开，台灯灭。

## 七、任务总结

1. 本次任务用到了哪些知识？

2. 你从本次任务中获得了哪些经验？

3. 任务实施中，你遇到了哪些问题？是如何解决的？

## 八、思考

1. 电路中$V_1$起到什么作用？如果$V_1$在安装时反接会出现什么故障？

2. $R_2$和$C_2$在电路中起什么作用？改变其参数对电路有什么影响？

# 任务十一　变音门铃装调

## 一、任务描述

门铃的制作采用NE555集成电路，使用9V电池供电，铃声响亮，工作可靠。NE555是使用广泛的数字时基集成电路，在一些小制作电路中常见其身影。由NE555时基集成和少量元器件可组成一个门铃电路，正常工作时可发出“叮咚”铃声，电路如图11-1所示。该门铃体积小，声音响亮清晰。变音门铃电路板如图11-2所示。

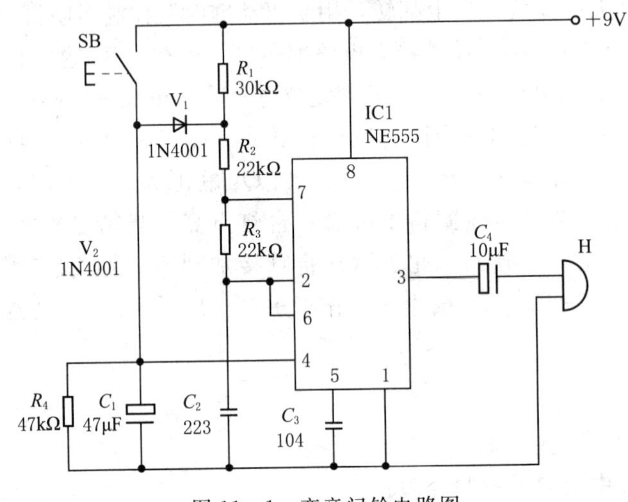

图11-1　变音门铃电路图

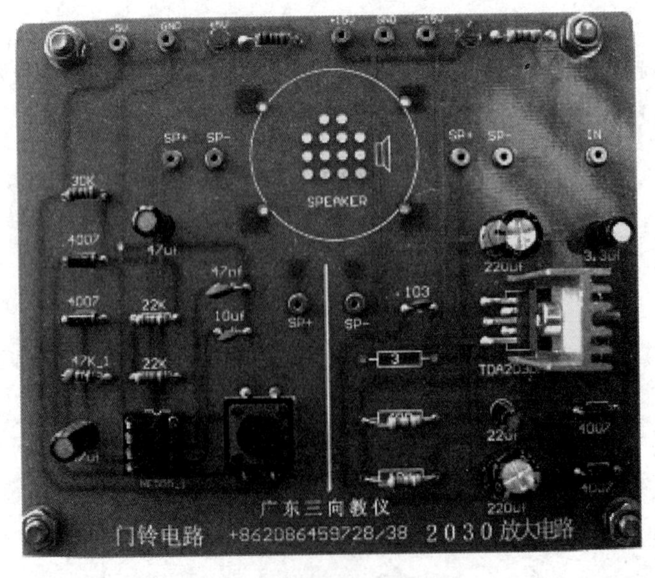

图11-2　变音门铃电路板

## 二、任务要求

1. 铃声响亮，声音清晰，余音长短符合常见门铃听音要求。
2. 按 SB 按钮时蜂鸣器发出“叮”声，松开手后发出“咚”声。

## 三、能力目标

1. 熟悉 NE555 定时器工作原理和引脚功能。
2. 学会使用 Protel99SE 绘制电路原理图和设计 PCB。
3. 学会使用仪器仪表正确测量和调试电路。
4. 培养独立分析、综合决策、改造创新和团队协作能力。

## 四、相关理论知识

### （一）NE555 相关知识

见任务九。

### （二）NE555 常用电路

NE555 定时器应用十分广泛，利用其定时功能可开发出许多实用电路。只要能理解 NE555 内部结构，会独立分析电路工作原理，自己也可以尝试设计制作一些有实际意义的功能电路。

1. NE555 闪光器

如图 11－3 所示是采用 NE555 为主的闪光电路，工作时发光二极管 $VD_1$ 和 $VD_2$ 按一定速度轮流闪烁。该电路实际是个可调振荡电路，利用 2 和 6 脚共接的可调定时元器件参数不同，能改变振荡频率。工作原理如下：

NE555 时基集成 4 脚复位端接高电平，通电后定时器正常工作，$R_1$、$R_{P1}$、$C_1$ 组成可调振荡定时网络。电路正常起振后，NE555 的 3 脚输出一定频率的信号，当 3 脚为高电平时，$VD_1$ 截止，$VD_2$ 导通发光；当 3 脚为低电平时，$VD_1$ 导通发光，电流从正电源经 $R_2$、$VD_1$、NE555 的 3 到负电源，此电流为 NE555 的灌电流，$VD_2$ 反向截止，两只发光二极管将轮流闪烁。

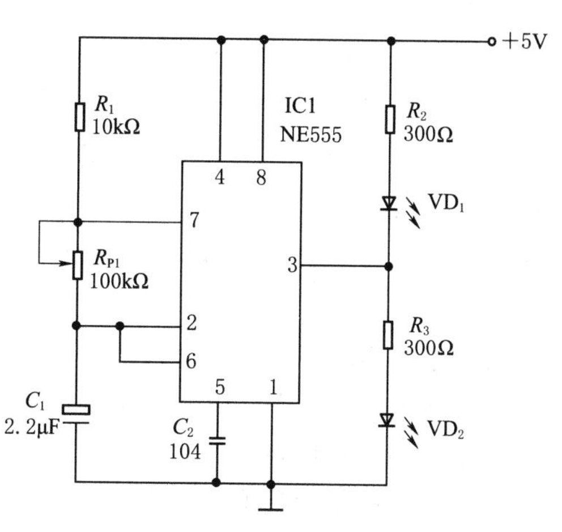

图 11－3　闪光器电路图

2. NE555 气体烟雾报警器

如图 11－4 所示是一个简易气体烟雾报警器电路，该电路由稳压电路、气敏传感元件和触发报警电路组成。触发报警电路主要由可控多谐振荡器（NE555、$R_2$、$R_{P2}$、$C_{54}$）和扬声器 Y 组成。半导体气敏元件采用 QM—25 型或 MQ211 型，适用于煤气、天然气、汽油及各种烟雾报警，由于电路要求加热端电压稳定，所以使用 7805 稳压电路，正常工作时需预热 3min。

当气敏元件 QM 接触到可燃性气体或烟雾时，其 A 至 B 极间阻值降低，使得 $R_{P1}$ 的压降上升，NE555 的 4 脚电位上升，当 4 脚电位上升到 1V 以上时，NE555 停止复位而产生振

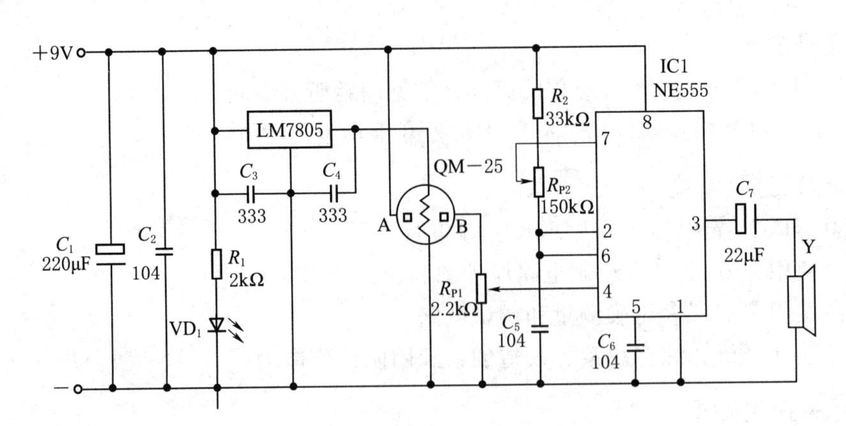


图 11-4 烟雾报警器电路图

荡，3 脚输出信号推动扬声器 Y 发出报警声，振荡频率为 $f=0.7(R_2+2R_{P2})C_4$。按图中定时元器件参数振荡频率为 0.6～8kHz，调节电位器 $R_{P2}$，使其频率为 1.5kHz 左右。

正常情况下，气敏元件 A 与 B 极间阻值较大，该电阻与 $R_{P1}$ 的分压值减小，使 NE555 的 4 脚处于低电平，NE555 复位停振，3 脚无信号输出，电路不报警。

## 五、任务准备

1. 设备、工具的准备

为完成工作任务，每个工作小组须要向工作站内仓库管理教师提供借用工具清单。

2. 材料的准备

为完成工作任务，每个工作小组须要向工作站内仓库管理教师提供领用材料清单。

3. 团队分配方案

将学生分为 3 个工作岛，每个工作岛再分为 6 组，根据工作岛工位要求，每个工作岛指定 1 人为组长、2 人为材料管理员，材料管理员负责材料领取分发，小组长负责组织本组相关问题的计划、实施及讨论汇总，填写各组人员工作任务实施所需文字材料的相关记录表。

## 六、任务实施

1. 识读电路原理图，识别电路相关元器件并了解各元件基本结构与基本功能。

2. 电路制作与功能调试。

变音门铃电路工作原理分析：NE555 定时器在该电路中实际是一个受控振荡器，接通电源，当按下开关 SB 后，9V 电源经过 $V_1$ 对 $C_1$ 进行充电。当 4 脚复位端电压大于 1V 时，电路开始振荡，振荡频率由 RC 充放电回路决定。蜂鸣器发出“叮”声，松开开关 SB，$C_1$ 储存的电能经 $R_4$ 放电，此时 4 脚还继续维持高电平而保持振荡，但因为 $R_1$ 介入振荡改变了 RC 充放电回路时间常数，振荡频率变低，蜂鸣器发出“咚”声。一直到 $C_1$ 的电能释放完毕（延时作用），4 脚电压低于 1V，此时电路停止振荡，蜂鸣器无声音。再按一次开关 SB，电路重复上述过程。

## 七、任务总结

1. 本次任务用到了哪些知识？

2. 你从本次任务中获得了哪些经验？

3. 任务实施中，你遇到了哪些问题？是如何解决的？

## 八、思考

1. 二极管 $V_1$ 反接，电路能否正常工作？$V_2$ 反接对电路有什么影响？
2. $C_2$ 容量大小对声音是否有影响？改变 $C_2$ 的参数，对比听听声音是否发生变化？

# 任务十二　电子钟的制作

## 一、任务描述

一个具有计时、校时、报时、显示等基本功能的数字钟主要由振荡器、分频器、计数器、译码器、显示器、校时电路、报时电路等七部分组成。石英晶体振荡器产生的信号经过分频器得到秒脉冲，秒脉冲送入计数器计数，计数结果通过“时”“分”“秒”译码器译码，并通过显示器显示时间。

## 二、任务要求

(1) 时钟显示功能，能够以十进制显示“时”“分”“秒”。

(2) 具有校准时、分的功能。

(3) 时间以24小时为一个周期。

(4) 整点自动报时，在整点时，便自动发出鸣叫声，时长1s。

## 三、能力目标

(1) 熟悉集成电路的引脚安排。

(2) 掌握各芯片的逻辑功能及使用方法。

(3) 了解面包板结构及其接线方法。

(4) 了解数字钟的组成及工作原理。

(5) 熟悉数字钟的设计与制作。

## 四、相关理论知识

### 1. 数字钟的构成

数字钟实际上是一个对标准频率（1Hz）进行计数的计数电路。由于计数的起始时间不可能与标准时间（如北京时间）一致，故需要在电路上加一个校时电路，同时标准的1Hz时间信号必须做到准确稳定。通常使用石英晶体振荡器电路构成数字钟。图12-1所示为数字钟的一般构成框图。

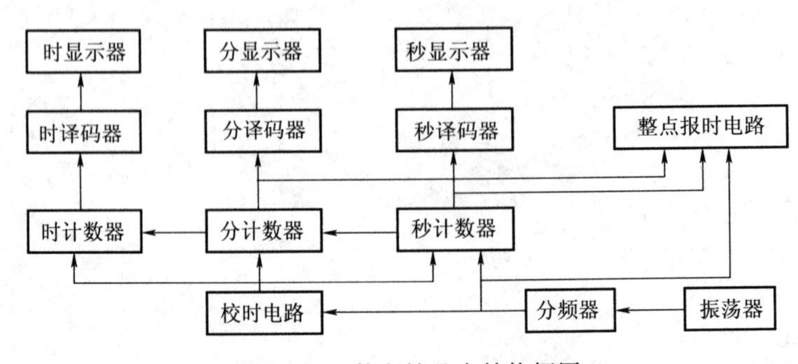


图12-1　数字钟基本结构框图

2. 晶体振荡器电路

振荡器是数字电子钟内部用来产生时 1Hz 标准“秒”信号的电路，通常采用石英晶体振荡器。石英晶体振荡器电路如图 12－2 所示，这种电路的振荡频率只取决于石英晶体本身的固有频率。利用石英晶体振荡器产生时间标准信号，经分频后得到秒时钟脉冲，一般选取石英晶体的振荡频率为 32678Hz（或 100kHz），便于分频得到 1Hz 的信号。

石英晶体振荡器的电路如图 12－2 所示。电路由石英晶体、微调电容与集成门电路等元器件构成。图中，门 1 用于振荡，门 2 用于整形。反馈电阻（10～100Ω）的作用是为反相器提供偏置，使其工作于放大状态；$C_1$ 是温度特性校正电容，一般取 20～40pF；$C_2$ 是中频微调电容，取 5～35pF，电容 $C_1$、$C_2$ 与石英晶体一起构成Ⅱ网络，完成正反馈选频。门 1 输出的波形为近似正弦波，经门 2 缓冲整形后输出矩形脉冲。

石英晶体振荡器产生的 32768Hz 时间标准信号，并不能用来直接计时，要把它分频成频率为 1Hz 的秒信号，因此须对它进行 $2^{15}$ 次分频。分频电路可选用 74LS393（或 74LS293），也可选用 CC4520（或 CC4060）等。

74LS393 是一片双四进制加法计数器，其引脚图如 12－3 所示，时序图如图 12－4 所示。

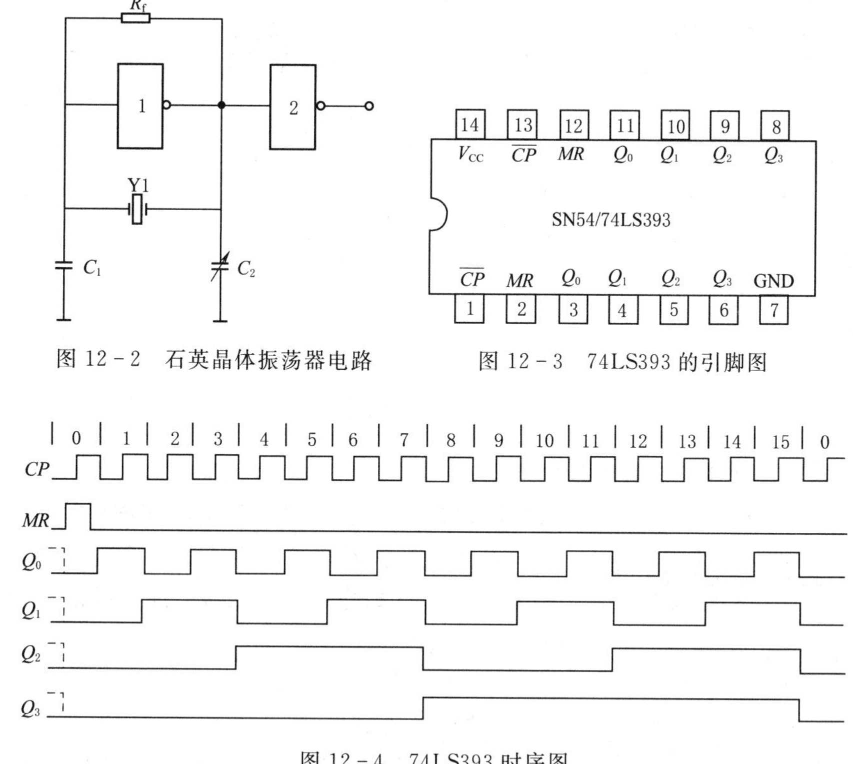


图 12－2　石英晶体振荡器电路

图 12－3　74LS393 的引脚图



图 12－4　74LS393 时序图

由 74LS393 的时序图可知，*MR* 是异步清零端，当其接高电平时，输出端均实现清零，计数器正常计数时，此端应始终接低电平。由于 74LS393 是双四进制加法计数器，可以实现 $2^8$ 次分频，所以需要两片集成块才能实现 $2^{15}$ 次分频，其连接方法如图 12－5、图 12－6 所示。

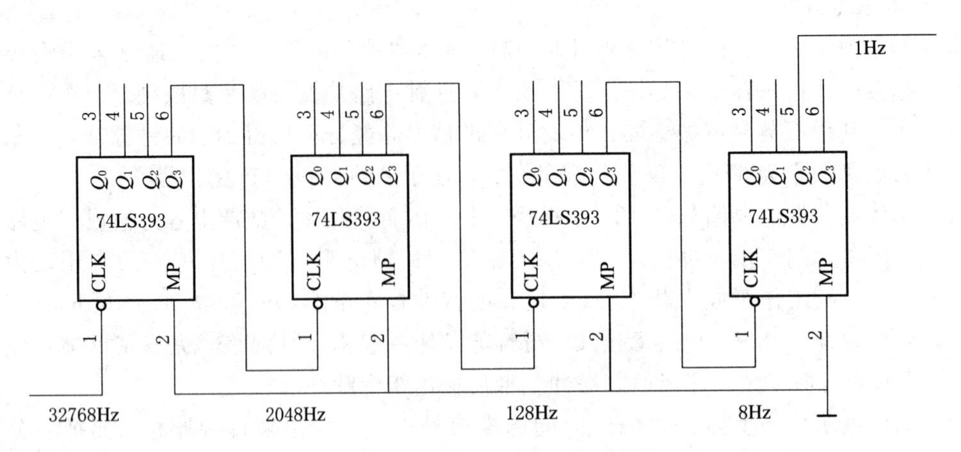


图 12-5 74LS393 的级联逻辑图

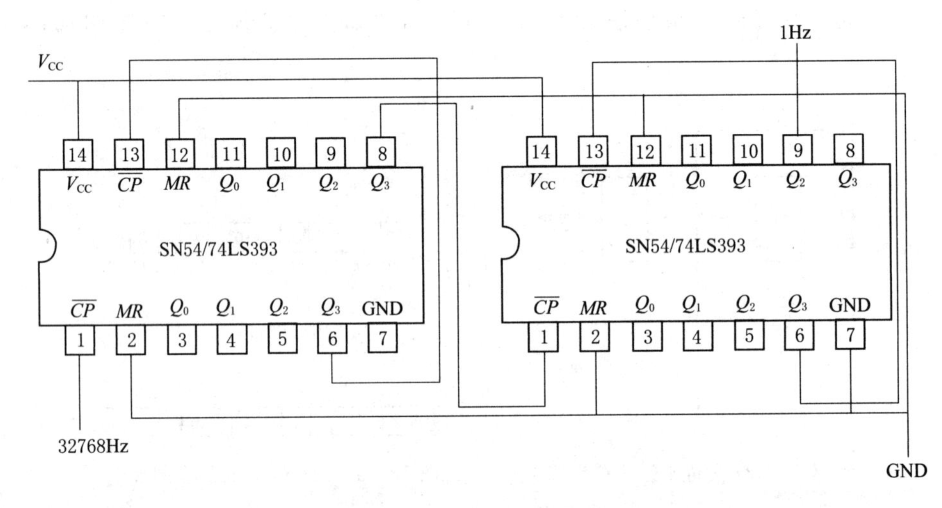


图 12-6 74LS393 的级联连接图

3. 秒计数器、分计数器电路和时计数器

秒计数器和分计数器都是六十进制计数器，其连接方法可以完全相同。采用 CD4518 双十进制加法计数器，通过清零法或反馈预置法来实现两个六十进制计数电路。CD4518 的引脚排列如图 12-7 所示。

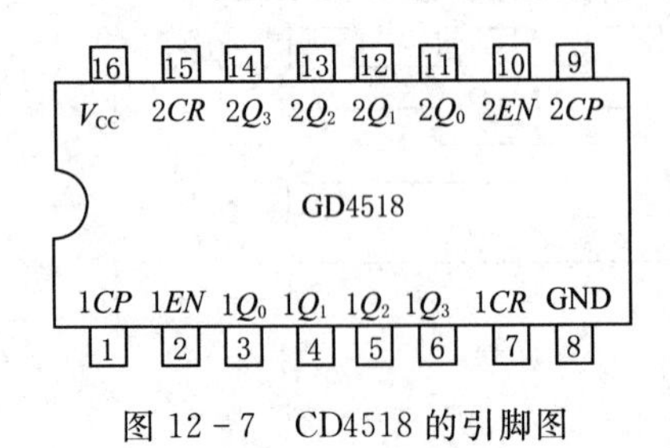


图 12-7 CD4518 的引脚图

CD4518 的逻辑功能见表 12-1。

CD4518 计数器为 D 触发器，具有内部可交换 CP 和 EN 线，用于在时钟上升沿或下降沿时进行加法计数。其中，$CR$ 为清零端，当 $CR$ 接高电平时，计数清零；而在正常计数时此端必须接低电平。六十进制计数器，即该计数器每统计 60 个脉冲信号，就完成了一个计数循环，然后再从头开始计数，可通过两个十进制计数器的级联来实现，如图 12-8 所示。

表 12-1　**CD4518 的逻辑功能表**

| 输入 | | | 输出功能 |
|---|---|---|---|
| *CP* | *CR* | *EN* | |
| ↑ | L | H | 加法计数 |
| L | L | ↓ | 加法计数 |
| ↓ | L | × | 保持 |
| × | L | ↑ | |
| ↑ | L | L | |
| H | L | ↓ | |
| × | H | × | 全部为 L |

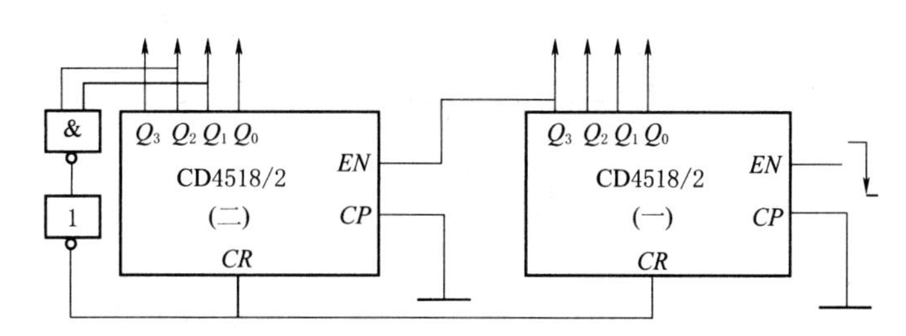


图 12-8　六十进制计数器构成电路

当第 2 个计数器计数到 6 时，即 $Q_3Q_2Q_1Q_0=0110$，$Q_2$ 和 $Q_1$ 上的高电平经过与非门和反相器输出高电平至 *CR* 端，对两个计数器同时清零，*CR* 上的高电平维持时间很短，然后又恢复低电平，计数器从头开始计数。利用这种方法可以做出秒计数器和分计数器，在秒完成一个计数循环时产生一个下降沿时，把这个下降沿输入到分的时钟信号上即可，从电路连接图中可以发现，*CR* 端上的信号满足这个要求，所以把秒计数器的 *CR* 端和分计数器的时钟信号直接相连。六十进制计数器电路如图 12-9 所示。

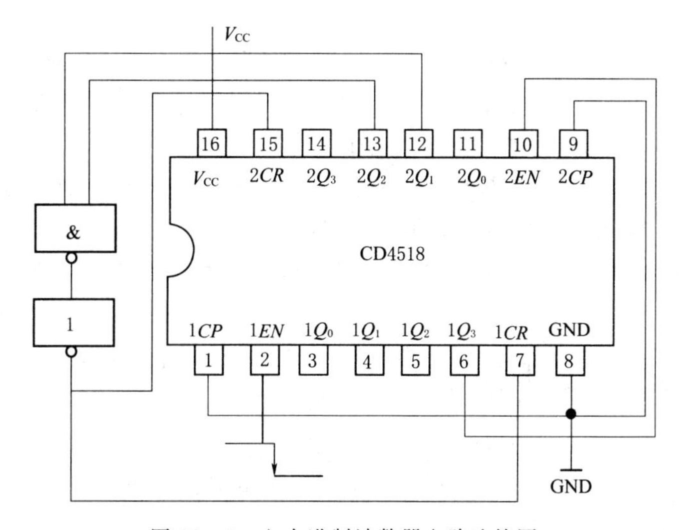


图 12-9　六十进制计数器电路连接图

时进制是二十四进制，时进制计数器和秒计数器、分计数器类似，电路连接如图 12-10、图 12-11 所示。

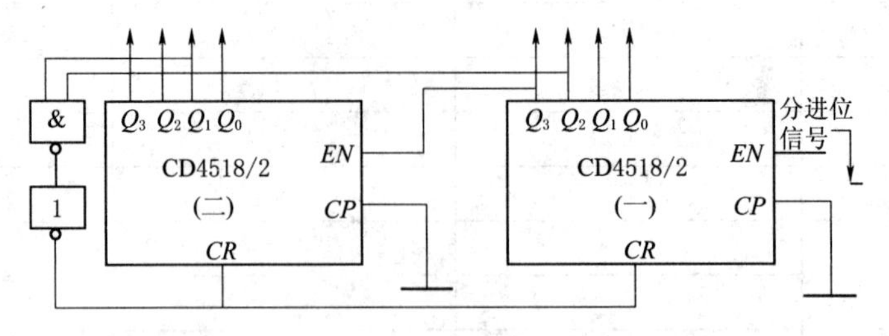


图 12-10　二十四进制计数器组成示意图

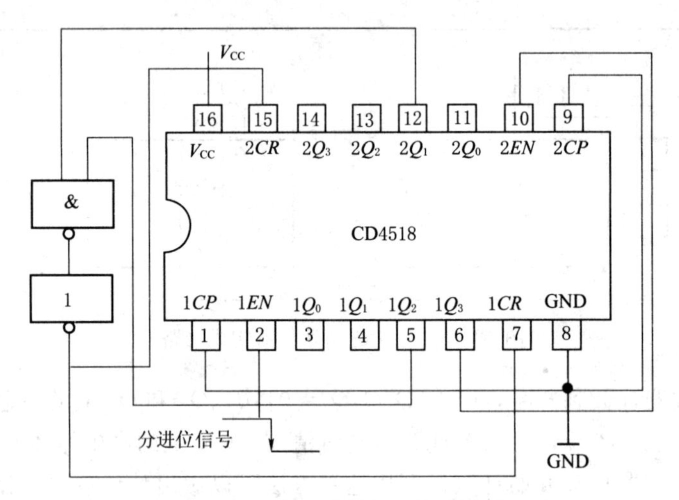


图 12-11　二十四进制计数器电路连接图

4. 译码显示驱动电路

时间的显示需要数码显示译码电路和数码显示器件来共同完成。译码器有两种：共阴极译码器和共阳极译码器，使用时要注意型号。

电路采用专用译码器，其功能是将“时”“分”“秒”计数器中计数的输出状态（8421BCD）翻译成 7 段数码管能显示十进制数所要求的电信号，然后经数码显示器把数字显示出来。

显示器件选用发光二极管数码管，可选用共阳极或共阴极数码管；译码器件可选用 TTI 系列或 CMOS 系列。如果选用的数码管功耗低，可直接用译码器驱动。高电平输出译码器驱动共阴极数码管，低电平输出译码器驱动共阳极数码管。

CD4511 是 7 段显示译码器，高电平输出电流可达 25mA。CD4511 的引脚排列如图 12-12 所示。

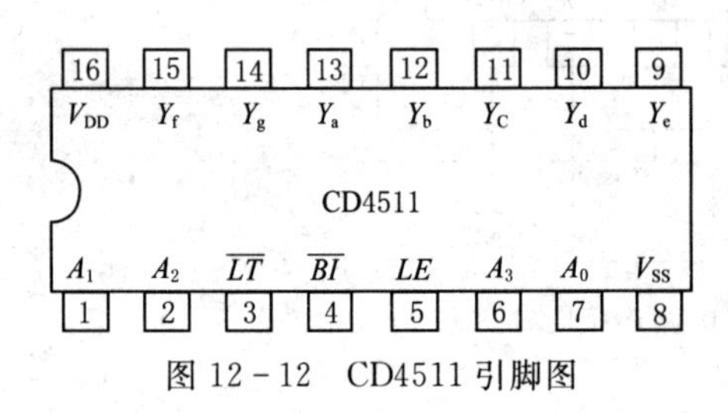


图 12-12　CD4511 引脚图

CD4511 逻辑功能见表 12-2，该器件用于驱动共阴极数码管。

其中：

$\overline{LT}$：灯测试，当该信号为低电平时，无论其他输入端为何值，$a \sim g$ 输出全为高电平，使七段显示器显示“8”字形，此功能用于测试显示器件。

表 12-2　　CD4511 逻辑功能表

| 输入 | | | | | | | 输出 | | | | | | | 显示字符 |
|---|---|---|---|---|---|---|---|---|---|---|---|---|---|---|
| $LE$ | $\overline{BI}$ | $\overline{LT}$ | $D$ | $C$ | $B$ | $A$ | $g$ | $f$ | $e$ | $d$ | $c$ | $b$ | $a$ | |
| × | × | 0 | × | × | × | × | 1 | 1 | 1 | 1 | 1 | 1 | 1 | 8 |
| × | 0 | 1 | × | × | × | × | 0 | 0 | 0 | 0 | 0 | 0 | 0 | 灭 |
| 1 | 1 | 1 | × | × | × | × | 不变 | | | | | | | 维持 |
| 0 | 1 | 1 | 0 | 0 | 0 | 0 | 0 | 1 | 1 | 1 | 1 | 1 | 1 | 0 |
| 0 | 1 | 1 | 0 | 0 | 0 | 1 | 0 | 0 | 0 | 0 | 1 | 1 | 0 | 1 |
| 0 | 1 | 1 | 0 | 0 | 1 | 0 | 1 | 0 | 1 | 1 | 0 | 1 | 1 | 2 |
| 0 | 1 | 1 | 0 | 0 | 1 | 1 | 1 | 0 | 0 | 1 | 1 | 1 | 1 | 3 |
| 0 | 1 | 1 | 0 | 1 | 0 | 0 | 1 | 1 | 0 | 0 | 1 | 1 | 0 | 4 |
| 0 | 1 | 1 | 0 | 1 | 0 | 1 | 1 | 1 | 0 | 1 | 1 | 0 | 1 | 5 |
| 0 | 1 | 1 | 0 | 1 | 1 | 0 | 1 | 1 | 1 | 1 | 1 | 0 | 1 | 6 |
| 0 | 1 | 1 | 0 | 1 | 1 | 1 | 0 | 0 | 0 | 0 | 1 | 1 | 1 | 7 |
| 0 | 1 | 1 | 1 | 0 | 0 | 0 | 1 | 1 | 1 | 1 | 1 | 1 | 1 | 8 |
| 0 | 1 | 1 | 1 | 0 | 0 | 1 | 1 | 1 | 0 | 1 | 1 | 1 | 1 | 9 |
| 0 | 1 | 1 | 1 | 0 | 1 | 0 | 0 | 0 | 0 | 0 | 0 | 0 | 0 | 灭 |
| 0 | 1 | 1 | 1 | 1 | 1 | 0 | 0 | 0 | 0 | 0 | 0 | 0 | 0 | 灭 |

$\overline{BI}$：灭零输入，在$\overline{LT}=1$时，$\overline{BI}=0$，使 $a \sim g$ 输出全为低电平，可使共阴极 LED 数码管熄灭。

$LE$：锁存允许，在$\overline{LT}=1$、$\overline{BI}=1$ 时，$LE=1$，此时计数器保持一个计数状态不变，具有锁存功能。

CD4511 和数码管的连接如图 12-13 所示，计数器的每一位都须要对应连接一个 CD4511 进行译码。CD4518 的输出和 CD4511 的输入在进行连接时，一定要对应连接（$Q_3$—$A_3$，$Q_2$—$A_2$，$Q_1$—$A_1$，$Q_0$—$A_0$）。

5. 校时电路

当数字钟走时出现误差时，须要对其进行时间校准。校时电路包括校准小时电路和校准分钟电路（也可包括校准秒电路，但校准信号频率必须大于 1Hz），可手动校时或脉冲校时，可由机械开关与门电路构成无抖动开关来实现校时。本任务只对时计数器和分计数器进行校时。电路如图 12-14 所示。

校时电路正常工作时开关拨向右边，门 5 输出高电平，门 4 输出低电平，正常输入信号通过门 3 和门 1 输出，加到个位计数器的 $CP$ 脉冲端。作为校“时”电路，正常输入信号是“分”进位信号，校准信号可以用秒脉冲信号。需要校准时将开关拨向左边，校准信号（秒脉冲）就可以通过门 2 和门 1 送到时个位计数器的计数输入端。“分”校时与“时”校时是相同的，只是输入信号不同。与非门 5 和与非门 4 构成的是一个基本 RS 触发器，开关拨向右边时，即使开关有抖动，与非门 5 的输出都始终为高电平，实现了消抖功能。

6. 整点报时电路

整点报时电路，要求在差 10s 到整点时产生每隔 1s 鸣叫一次的响声，声音共 6 次，每

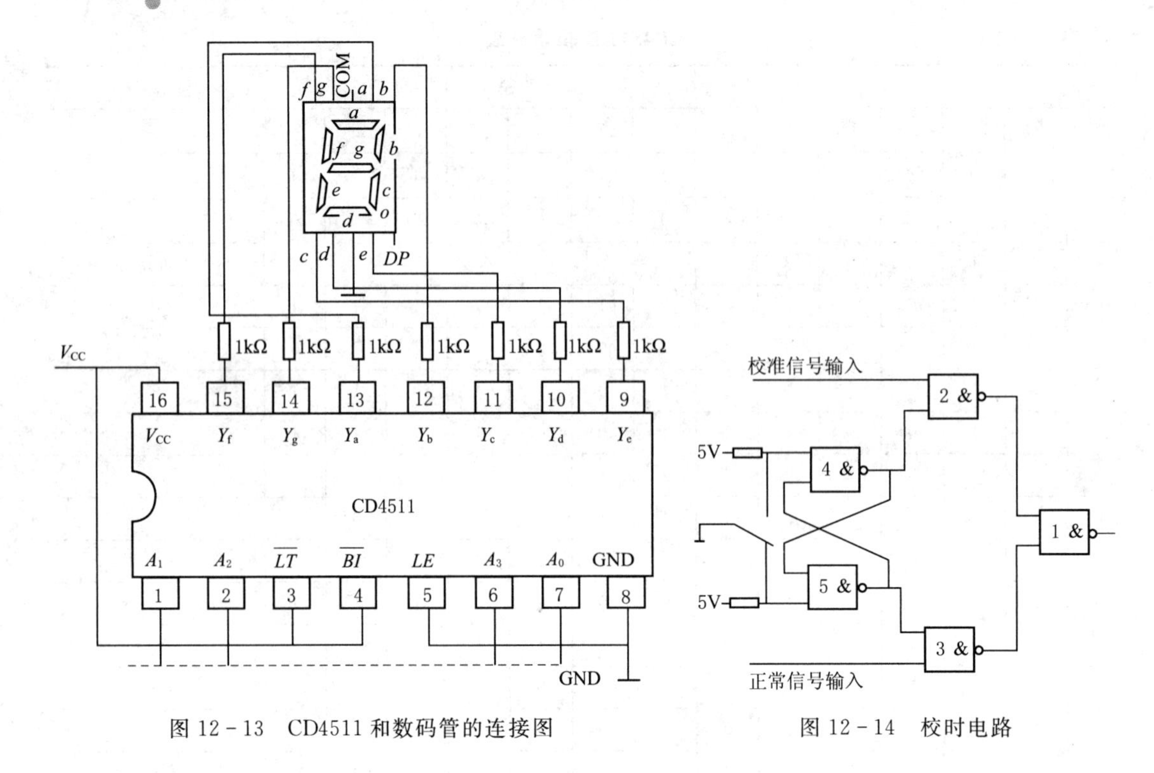


图 12-13　CD4511 和数码管的连接图　　　　图 12-14　校时电路

次持续 1s，利用与非门来完成，电路如图 12-15 所示。

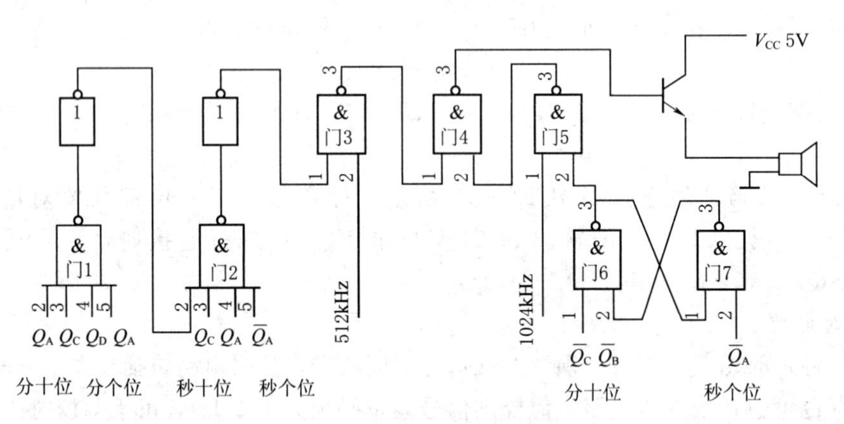


图 12-15　整点报时电路图

当分计数器和秒计数器计到 59 分 50 秒时，“分”十位 $Q_DQ_CQ_BQ_A=0101$，“分”个位 $Q_DQ_CQ_BQ_A=1001$，“秒”十位 $Q_DQ_CQ_BQ_A=0101$，“秒”个位 $Q_DQ_CQ_BQ_A=0000$，从 59 分 50 秒到 60 分 0 秒（0 分 0 秒），只有“秒”个位在计数，最后到整点时全部置“0”。在 59 分 50 秒到 59 分 59 秒期间，门 1 的输入全为高电平，门 2 的输入除“秒”个位 $Q_A$ 外也是高电平，那么当“秒”个位 $Q_A=0$ 时，门 2 输出低电平，时间对应 50s、52s、54s、56s、58s。在这几个时间点上，500Hz 的振荡信号可以通过门 3，再经过门 4 送到音响电路，发出 5 次音响。而当时间达到整点时，门 2 输出为 1，500Hz 的信号不能通过门 3，此刻在“分”十位有一个反馈归零信号 $Q_CQ_B$，引来触发由门 6、门 7 构成的基本 RS 触发器并使门 6 的输出为高电平“1”，这时 1kHz 振荡信号可以通过门 5，再经过门 4 送入音响电路，在整点时，报出最后一响。触发器的状态保持 1s 后被“秒”个位 $Q_A$ 作用回到 0，整个电路结束报时。报时所需的 500Hz 和 1kHz 信号可以从分频电路中取出，频率分别为 512Hz 和 1024Hz。

## 五、任务准备

1. 设备、工具的准备

为完成工作任务，每个工作小组需要向工作站内仓库管理教师提供借用工具清单。

2. 材料的准备

供参考选择的元件清单：

集成电路：74LS393　2 片，74LS04　1 片，4011　2 片，4012　1 片，4069　1 片，4518　3 片，4511　6 片。

电阻：1kΩ　42 个；10MΩ　1 个。

三极管：9013　1 个。

电容：20～40pF　1 个，5～35pF 微调电容　1 个。

其他：4MHz 石英晶振　1 个，8Ω 扬声器　1 个。

为完成工作任务，每个工作小组需要向工作站内仓库管理教师提供领用材料清单。

3. 团队分配方案

将学生分为 3 个工作岛，每个工作岛再分为 6 组，根据工作岛工位要求，每个工作岛指定 1 人为组长、2 人为材料管理员，材料管理员负责材料领取分发，小组长负责组织本组相关问题的计划、实施及讨论汇总，填写各组人员工作任务实施所需文字材料的相关记录表。

## 六、任务实施

1. 设计电路

根据控制要求设计一个电路原理图。

2. 装配步骤

(1) 布局。在面包板上进行安装插接，要求熟悉面包板的结构和要使用的元器件（个数、引脚等），然后在面包板上对元器件进行总体布局。

(2) 连接顺序。根据实物连接图，按照信号的传递方向，逐级进行实物连接。注意每连接完成一个功能器件都要保证该器件能够正确地实现功能，然后再连接下一级器件，这样做的最大好处在于提高电路设计的成功率。

(3) 使用导线。使用线径为 0.5～0.6mm 的塑料铜单芯导线，要求线头剪成 45°斜口，以便能方便地插入面包板。线头剥皮长度为 6～8mm，使用时应全部插入，既保证良好接触，又避免裸露在外与其他导线发生短路。

(4) 布线。要求横平竖直、整齐清楚，尽可能使用不同颜色的导线，以便检查。走线不要跨越集成电路。布线的顺序一般是先布电源和地线，再连接固定电平线，最后由时钟源开始逐级连接信号线，以免漏线。

3. 调试要求

(1) 秒信号发生电路调试。测量晶体振荡器输出频率，调节微调电容 $C_2$，使振荡频率为 32768Hz。

(2) 计数器的调试。将秒脉冲送入秒计数器，检查秒个位、十位是否按 10s、60s 进位。

采用同样方法检测分计数器和时计数器。

(3) 译码显示电路的调试。观察在1Hz的秒脉冲信号作用下数码管的显示情况。

(4) 校时电路的调试。调试好“时”“分”“秒”计数器后，通过校时开关依次校准“秒”“分”“时”，使数字钟正常走时。

(5) 整点报时电路的调试。利用校时开关加快数字钟走时，调试整点报时电路，使其分别在59min51s、59min53s、59min55s、59min57s时鸣叫4声低音，在59min59s时鸣叫一声高音。

## 七、任务总结

1. 本次任务用到了哪些知识？
2. 你从本次任务中获得了哪些经验？
3. 任务实施中，你遇到了哪些问题？是如何解决的？

## 八、思考

如果用单片机来完成该任务，电路如何设计？试编程完成。

# 参考文献


［1］ 朱振豪. 电子技能工作岛学习工作页［M］. 北京：中国轻工业出版社，2013.

［2］ 胡宴如. 模拟电子技术［M］. 北京：高等教育出版社，2015.

［3］ 杨忠. 数字电子技术［M］. 北京：高等教育出版社，2018.

［4］ 林平勇. 电工电子技术［M］. 北京：高等教育出版社，2016.